Σ BEST シグマベスト

高校 これでわかる
化学

卜部吉庸 著

文英堂

基礎からわかる！

成績が上がるグラフィック参考書。

1 ワイドな紙面で，わかりやすさバツグン

2 わかりやすい図解と斬新レイアウト

3 イラストも満載，面白さ満杯

4 どの教科書にもしっかり対応

- ► 学習内容が細かく分割されているので，どこからでも能率的な学習ができる。
- ► テストに出やすいポイントがひと目でわかる。
- ► 方法と結果だけでなく，考え方まで示した重要実験。
- ► 図が大きくてくわしいから，図を見ただけでもよく理解できる。
- ► 化学の話題やクイズを扱った ホッとタイム で，学習の幅を広げ，楽しく学べる。

5 章末の定期テスト予想問題で試験対策も万全！

もくじ

1編 物質の状態

1章 物質の状態変化
1 状態変化と分子間力 …………… 6
2 粒子の熱運動と蒸気圧 ………… 9
重要実験 液体の蒸気圧と沸騰 12
テスト直前チェック …………… 13
定期テスト予想問題 …………… 14

2章 気体の性質
1 ボイル・シャルルの法則 ……… 16
2 気体の状態方程式 ……………… 18
3 混合気体の圧力 ………………… 20
4 理想気体と実在気体 …………… 23
重要実験 気体の分子量測定 25
テスト直前チェック …………… 26
定期テスト予想問題 …………… 27

3章 固体の構造
1 結晶の種類と金属結晶 ………… 28
2 イオン結晶 ……………………… 32
3 共有結合の結晶と分子結晶・非晶質 … 34
4 結晶の種類と性質 ……………… 37
テスト直前チェック …………… 38
定期テスト予想問題 …………… 39
ホッとタイム 知っているかい？
こんな話 あんな話① … 40

4章 溶液の性質
1 溶液と溶解のしくみ …………… 42
2 固体の溶解度 …………………… 44
3 気体の溶解度 …………………… 46
4 溶液の濃度 ……………………… 48
5 希薄溶液の性質 ………………… 50
6 コロイド溶液 …………………… 54

重要実験 凝固点降下度を調べる …… 58
重要実験 コロイド溶液の性質
を調べる …………… 59
テスト直前チェック …………… 60
定期テスト予想問題 …………… 61

2編 物質の変化

1章 化学反応と熱・光
1 反応エンタルピーと熱化学反応式 … 64
2 ヘスの法則 ……………………… 67
3 結合エンタルピー ……………… 69
4 化学反応と光 …………………… 71
重要実験 ヘスの法則を確かめる …… 72
テスト直前チェック …………… 73
定期テスト予想問題 …………… 74

2章 電池と電気分解
1 電池の原理 ……………………… 76
2 実用電池 ………………………… 78
3 標準電極電位と電池の起電力 … 81
4 電気分解 ………………………… 82
5 電気分解の量的関係 …………… 84
重要実験 電池について調べる …… 86
テスト直前チェック …………… 87
定期テスト予想問題 …………… 88

3章 化学反応の速さ
1 反応の速さ ……………………… 90
2 反応速度を変える条件 ………… 93
3 反応速度と活性化エネルギー …… 96
重要実験 温度と反応速度の関係
を調べる …………… 98
重要実験 濃度と反応速度の関係
を調べる …………… 99

テスト直前チェック ……………… 100
定期テスト予想問題 ……………… 101

4章 化学平衡

1 可逆反応と化学平衡 ……… 102
2 平衡定数 ………………… 104
3 化学平衡の移動 ………… 107
重要実験 平衡の移動を調べる …… 111
テスト直前チェック ……………… 112
定期テスト予想問題 ……………… 113

5章 電解質水溶液の平衡

1 電離平衡と電離定数 …… 114
2 水のイオン積とpH ……… 116
3 緩衝液 …………………… 118
4 塩の加水分解 …………… 120
5 難溶性塩の溶解平衡 …… 122
重要実験 酢酸の電離度と電離定数
を求める ……………… 124
テスト直前チェック ……………… 125
定期テスト予想問題 ……………… 126

3編 無機物質

1章 非金属元素の性質

1 元素の周期表 …………… 128
2 水素と貴ガス …………… 130
3 ハロゲンの単体 ………… 132
4 ハロゲンの化合物 ……… 134
5 酸素とその化合物 ……… 136
6 硫黄とその化合物 ……… 138
7 窒素とその化合物 ……… 140
8 リンとその化合物 ……… 142
9 炭素とその化合物 ……… 143
10 ケイ素とその化合物 …… 145
11 気体の製法と性質 ……… 147
重要実験 ハロゲンの性質を調べる … 149
テスト直前チェック ……………… 150
定期テスト予想問題 ……………… 151

2章 金属元素とその化合物

1 アルカリ金属とその化合物 ……… 154
2 2族元素とその化合物 ……… 157
3 アルミニウムとその化合物 ……… 160
4 亜鉛・スズ・鉛とその化合物 ……… 163
5 錯イオン ………………… 165
6 鉄とその化合物 ………… 166
7 銅とその化合物 ………… 169
8 銀とその化合物 ………… 171
9 クロム・マンガンとその化合物 … 172
10 イオンの分離と検出 …… 173
重要実験 アルミニウム・鉄と
その化合物 ……… 176
重要実験 銅・銀とその化合物 … 177

3章 無機物質と人間生活

1 金属 ……………………… 178
2 セラミックス …………… 180
テスト直前チェック ……………… 183
定期テスト予想問題 ……………… 184

4編 有機化合物

1章 有機化合物の特徴

1 有機化合物の特徴と分類 … 188
2 異性体 …………………… 190
3 有機化合物の構造決定 … 192
テスト直前チェック ……………… 195
定期テスト予想問題 ……………… 196
ホッとタイム 知っているかい？
こんな話 あんな話② ………… 197

2章 脂肪族炭化水素

1 アルカン ………………… 198
2 アルケン ………………… 200
3 アルキン ………………… 202
4 天然ガスと石油 ………… 204
5 有機化合物の命名法 …… 205

重要実験 メタンとエチレンの性質
を調べる ……………… 206
テスト直前チェック ……………… 207
定期テスト予想問題 ……………… 208

3章 酸素を含む脂肪族化合物

1 アルコール ……………… 210
2 アルデヒドとケトン ……………… 212
3 カルボン酸とエステル ……………… 214
4 油脂 ……………… 217
5 セッケンと合成洗剤 ……………… 219
重要実験 ホルムアルデヒドの
合成と性質 ……………… 221
重要実験 エステルの合成とけん化 ……… 222
テスト直前チェック ……………… 223
定期テスト予想問題 ……………… 224

4章 芳香族化合物

1 芳香族炭化水素 ……………… 226
2 フェノール類 ……………… 228
3 芳香族カルボン酸 ……………… 230
4 窒素を含む芳香族化合物 ……… 232
5 芳香族化合物の分離 ……………… 234
重要実験 フェノール類の性質
を調べる ……………… 235
重要実験 ニトロベンゼンとアニリン
について調べる ……………… 236

5章 有機化合物と人間生活

1 医薬品の化学 ……………… 237
2 洗剤 ……………… 240
3 染料 ……………… 241
テスト直前チェック ……………… 243
定期テスト予想問題 ……………… 244

5編 高分子化合物

1章 天然高分子化合物

1 高分子化合物の分類と特徴 ……… 248
2 糖類の分類 ……………… 250
3 単糖類 ……………… 251
4 二糖類 ……………… 253
5 多糖類 ……………… 255
6 アミノ酸 ……………… 258
7 ペプチド ……………… 261
8 タンパク質 ……………… 262
9 酵素 ……………… 265
10 核酸 ……………… 267
重要実験 糖類の反応 ……………… 270
重要実験 タンパク質の反応 ……………… 271
重要実験 酵素のはたらきを調べる …… 272
テスト直前チェック ……………… 273
定期テスト予想問題 ……………… 274

2章 合成高分子化合物

1 繊維の分類と天然繊維 ……………… 276
2 再生繊維と半合成繊維 ……………… 278
3 合成繊維 ……………… 280
4 熱可塑性樹脂 ……………… 284
5 熱硬化性樹脂 ……………… 286
6 ゴム ……………… 288
7 機能性高分子 ……………… 290
8 プラスチックの処理と再利用 ……… 292
重要実験 ナイロン66の合成 ……………… 293
重要実験 フェノール樹脂の合成 ……… 294
テスト直前チェック ……………… 295
定期テスト予想問題 ……………… 296
ホッとタイム 知っているかい？
こんな話 あんな話③ ……………… 298
ホッとタイム 復習もまた楽し
クロスワードパズル ……………… 300

定期テスト予想問題 の解答 ……………… 302
ホッとタイム の解答 ……………… 337
さくいん ……………… 338

1.編
物質の状態

1章 物質の状態変化

1 状態変化と分子間力

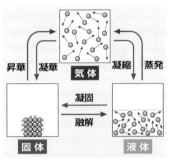

図1. 物質の三態と状態変化
（→は加熱，→は冷却を示す。）

☆1. 凝固点において，液体1 molが固体になるときに放出する熱量を凝固熱という。

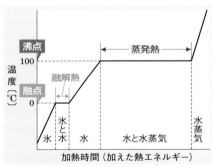

図2. 加熱による水の温度変化
1 molの水（氷）を加熱し続けた場合を示している。

☆2. 蒸発熱の値は，温度により異なるので，温度を明示すること。
例 水の蒸発熱
　25℃　44.2 kJ/mol
　100℃　40.7 kJ/mol
なお，蒸発熱の値は，分子からなる物質にはたらく分子間力の大きさを推定する目安となる。

1 状態変化は熱の出入りを伴う

■ **固体⇄液体の状態変化**　固体を加熱すると，ある温度で液体へと変化する。この現象を**融解**といい，融解が起こる温度を**融点**という。融点において，固体1 molが液体になるときに吸収する熱量を**融解熱**という。たとえば，水の融解熱は6.0 kJ/molである。

融解熱は固体の粒子間の結合の一部を切断するのに必要な熱量に相当し，融解中は物質の温度は変化しない。

逆に，液体を冷却すると，ある温度で固体へと変化する。この現象を**凝固**といい，凝固が起こる温度を**凝固点**という。純物質では，融点と凝固点は等しく，融解熱と凝固熱の大きさも等しい。

■ **液体⇄気体の状態変化**　液体の表面付近にある分子のうち，運動エネルギーが大きい分子は，分子間力（→p.7）を振り切って液面から空間へ飛び出す。この現象を**蒸発**といい，すべての温度で起こる。さらに液体の温度を上げると，液体内部からさかんに蒸気（気体）が発生するようになる。この現象を**沸騰**といい，沸騰が起こる温度を**沸点**という。また，一定圧力のもとで，液体1 molが気体になるときに吸収する熱量を**蒸発熱**という。たとえば，100℃での水の蒸発熱は約41 kJ/molである。

蒸発熱は液体の粒子間の結合のすべてを切断するのに必要な熱量に相当し，沸騰中は物質の温度は変化しない。

逆に，気体を冷却すると，ある温度で液体へと変化する。この現象を**凝縮**といい，気体が凝縮するときには，蒸発熱と同量の熱量（**凝縮熱**）が放出される。

> **ポイント**
> 融解熱…固体1 molが融解するときに吸収する熱量
> 蒸発熱…液体1 molが蒸発するときに吸収する熱量

② 分子の間にはたらく力

■ **分子間力**　気体の二酸化炭素CO_2を$-80℃$近くに冷却すると，固体の二酸化炭素（ドライアイス）になる。これは，分子どうしの間にはある種の引力がはたらくからである。極性・無極性を問わず，分子の間にはたらく弱い引力をまとめて，**分子間力**という。

■ **ファンデルワールス力**　電荷の偏りをもつ極性分子では，やや正電荷（δ+）を帯びた部分とやや負電荷（δ-）を帯びた部分が静電気的な力で引き合う。また，無極性分子であっても，電子の運動によって瞬間的な電荷の偏り（極性）が生じるため，すべての分子間には弱い引力がはたらく。このように，極性分子の間にはたらく引力（**静電気力**）と，すべての分子の間にはたらく引力（**分散力**）を合わせて，**ファンデルワールス力**という。

　分子間力には，ファンデルワールス力のほかに，特別な分子の間にはたらく**水素結合**（→p.8）もある。

分子間力 ┌ ファンデルワールス力（静電気力，分散力）
　　　　 └ 水素結合

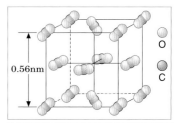

図3．二酸化炭素の結晶格子（上）とドライアイス（下）

❖3．気体の窒素N_2を冷却すると，$-196℃$で液体，$-210℃$で固体になる。こうしてできたN_2の固体は，分子結晶である。

③ 分子間力と沸点の関係は

■ **分子量と沸点の関係**　図4のように，ハロゲンの単体（二原子分子）の沸点は，分子量が大きくなるほど高くなる。貴ガスの単体（単原子分子）でも同様の関係がある。これは，構造の似た分子では分子量が大きいほどファンデルワールス力が強くなり，液体の分子どうしを引き離して気体にするのに大きなエネルギーが必要になるためである。

■ **極性による沸点の高低**　ファンデルワールス力は，分子内の電荷の偏りが原因となって生じる引力である。このため，分子量が同程度であれば，極性分子のほうが無極性分子よりもファンデルワールス力が強くはたらくため，沸点が高くなる。

　❶　構造の似た分子性物質では，分子量が大きいほど融点・沸点が高い。
　❷　分子量が同程度の分子性物質では，極性分子は無極性分子より融点・沸点が高い。

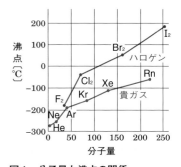

図4．分子量と沸点の関係

❖4．極性による沸点の高低の例

	O_2	H_2S
分子量	32	34
極性	無極性分子	極性分子
沸点〔℃〕	-183	-61

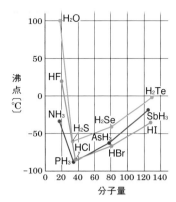

図5. 水素化物の分子量と沸点

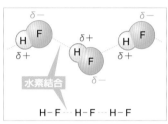

図6. フッ化水素分子間に見られる水素結合

H原子はF原子のもつ3組の非共有電子対のうち、その1組と水素結合（……）を形成する。このように、水素結合は共有結合と同じように方向性をもった結合であるといえる。

4 フッ化水素の沸点はなぜ高い

■ **フッ化水素の沸点の異常性**　ハロゲン化水素など、分子構造が似た物質の沸点を図5に示す。塩化水素HCl、臭化水素HBr、ヨウ化水素HIは、分子量が大きくなるに従って沸点が高くなる。この傾向に基づくと、分子量が最小のフッ化水素HFの沸点は－90℃程度と予想されるが、実際にはずっと高い値（20℃）を示す。

■ **水素結合の形成**　HF、HCl、HBr、HIはすべて極性分子であるが、フッ素Fの電気陰性度は全元素中で最大である。このため、HF分子中のF原子は強い負電荷（δ－）を帯び、H原子は強い正電荷（δ＋）を帯びる。このような強い極性をもつHF分子どうしが近づくと、一方の分子のH原子と他方の分子のF原子が静電気的な力で引き合い、図6に示すように、何個かの分子がつながった状態になる。

このように、極性が強い分子間にはたらくH原子を仲立ちとした結合を水素結合といい、通常……で表記する。

1 **水素結合をつくる分子**　水素原子Hと電気陰性度が特に大きい原子（F、O、Nのみ）との結合をもつ分子に限られる。フッ化水素HF、水H_2O、アンモニアNH_3のほか、アルコールR-OH、カルボン酸R-COOH、アミンR-NH_2なども水素結合をつくる。

2 **水素結合の強さ**　水素結合は、化学結合（イオン結合、共有結合、金属結合の総称）よりは弱い結合であるが、ファンデルワールス力よりも強い結合である。

ポイント
HF、H_2O、NH_3などは、分子間に水素結合を形成するので、融点・沸点が異常に高い。

5 水の特異性は水素結合が原因

■ **水の特異性**　多くの物質では、液体から固体になるとその体積が減少するが、水の場合、氷になると約10％も体積が増加する。これは、水が氷になると図7に示すようなダイヤモンドの構造に似た隙間の多い結晶構造になるためである。逆に、氷がとけて水になると、隙間に水分子が入り込むので体積が減少し、密度は大きくなる。液体よりも固体のほうが密度が小さいのは、水、ケイ素Si、ゲルマニウムGeなど、ごく限られた物質だけである。

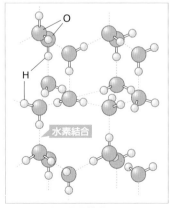

図7. 氷の結晶構造

2 粒子の熱運動と蒸気圧

1 気体に圧力が生じるわけ

■ **気体の圧力** 気体を容器に入れると，激しく熱運動している気体分子が容器の壁（器壁）に衝突するため，器壁を外側に押す力が生まれる。この力が気体の圧力となる。

1 気体分子が器壁に衝突したとき，単位面積あたりにおよぼす力を**気体の圧力**という。

2 国際単位系による圧力の単位は**パスカル（Pa）**で，$1\,Pa$は$1\,m^2$の面積に$1\,N$の力がはたらく圧力である。

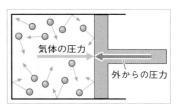

図1．気体の圧力
気体の体積が一定のときは，気体の圧力と外からの圧力が等しい。

2 大気圧をどう測定するか

■ **大気圧の測定** 地表をとり巻く大気の圧力を**大気圧**といい，海面上での大気圧の平均値（**標準大気圧**）を**1気圧**（記号atm）という。

一方を閉じた長いガラス管に水銀を満たし，これを水銀槽の中に倒立させると，管内の水銀柱は約760mmの高さで止まる。このとき，水銀面にはたらく大気圧Pと760mmの水銀柱による圧力P_hがつり合う。つまり，**大気圧の大きさは高さ約760mmの水銀柱による圧力と等しい。**

■ **圧力の単位の換算** 1mmの水銀柱による圧力を**1mmHg（ミリメートル水銀柱）**とすると，大気圧に関して次のような関係がある。

> **ポイント**
> 標準大気圧の大きさは，
> $1\,atm = 1.013 \times 10^5\,Pa = 760\,mmHg$

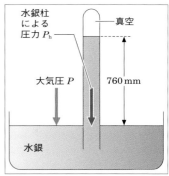

図2．大気圧と水銀柱の圧力
高さ760mmの水銀柱によって生じる圧力と大気圧が，容器の水銀面でつり合う。

3 蒸気圧とは何か

■ **気液平衡** 密閉容器に液体を入れて放置すると，最初は単位時間あたりに蒸発する分子の数（蒸発速度）が単位時間あたりに凝縮する分子の数（凝縮速度）よりも多いが，容器の空間を満たす蒸気の分子が増えるにつれて，凝縮する分子の数も増えていく。やがて，**蒸発速度と凝縮速度が等しくなり，見かけ上，蒸発も凝縮も起こっていないような状態となる。このような状態を気液平衡という。**

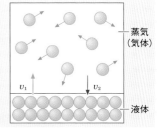

図3．気液平衡
v_1：蒸発速度
v_2：凝縮速度
$v_1 = v_2$のとき気液平衡という。

■ **飽和蒸気圧** 液体と気体が気液平衡にあるとき，容器の空間は蒸気（気体）で飽和された状態であり，その温度における蒸気の最大圧力を示す。この蒸気が示す圧力を，その液体の**飽和蒸気圧**，または単に**蒸気圧**という。

> **ポイント** 飽和蒸気圧（蒸気圧）…気液平衡の状態となったとき，蒸気（気体）が示す圧力

■ **蒸気圧の性質** 一定温度における液体の蒸気圧は，物質ごとに決まった値を示す。蒸気圧には次のような性質がある。

① 温度が高くなるにつれて，大きくなる。

② 温度が一定ならば，ほかの気体が存在していても，存在していなくても同じ値を示す。[1]

③ 温度が一定ならば，液体の量や容器の体積に関係なく，一定の値を示す（図4）。

❁1. 温度が一定のとき，真空中で水の蒸気圧を測定しても，空気中で水の蒸気圧を測定しても，まったく同じ値が得られる。

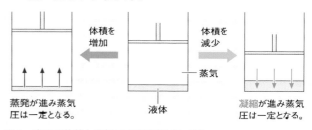

図4．容器の体積と蒸気圧の関係（温度一定）

4 液体はどんなときに沸騰するのか

■ **蒸気圧曲線** 液体の蒸気圧は，温度が高くなるほど大きくなる。温度と蒸気圧の関係を表したグラフを**蒸気圧曲線**という（図5）。同温で比較したとき，分子間力が小さい物質ほど蒸気圧は大きくなり，分子間力が大きい物質ほど蒸気圧は小さくなる。

■ **液体の沸騰** 開放容器で水を加熱した場合は，温度が上昇すると水の蒸気圧も大きくなる。100℃になると，水の蒸気圧が大気圧と等しくなり，液面だけでなく，液体内部からも気体（蒸気）が発生するようになる（図6）。このような現象を**沸騰**といい，そのときの温度を**沸点**という（→p.6）。

液体の蒸気圧が外圧に等しくなると沸騰が起こる。沸騰が始まると液体の温度は一定となるから，液体の蒸気圧が外圧を上回ることはない。

図5．蒸気圧曲線
a，b，cはそれぞれの物質の沸点である。

一般に，外圧が1.013×10^5 Pa（$= 1$ atm）のときに沸騰が起こる温度を，その液体の沸点という。

図5より，ジエチルエーテルとエタノールの蒸気圧が外圧の1.013×10^5 Paに達する温度は，それぞれ34℃（点a），78℃（点b）である。したがって，ジエチルエーテルの沸点は34℃，エタノールの沸点は78℃である。

沸騰…液体内部からも気体が発生する現象
沸点…液体の蒸気圧が外圧に等しくなる温度

■ **蒸気圧と沸点の関係** 液体は，その蒸気圧が外圧に等しくなれば沸騰する。したがって，外圧が変化すれば，液体の沸点は次のように変化する。

外圧を低くすれば，液体の沸点は低くなる。
外圧を高くすれば，液体の沸点は高くなる。

5 状態図とは何か

■ **状態図** 物質の状態は，温度・圧力によって変化する。温度と圧力によって物質がどのような状態をとるかを示した図を**状態図**といい，物質の種類によって決まった形のグラフになる。

状態図は3本の曲線で区切られ，固体と液体の境界線を**融解曲線**，液体と気体の境界線を**蒸気圧曲線**，固体と気体の境界線を**昇華圧曲線**という。それぞれの境界線上では2つの状態が共存できる。3本の曲線の交点を**三重点**といい，物質固有の定点となる。三重点では3つの状態が共存できる。

■ **CO₂の状態図** 二酸化炭素CO_2の状態図（図8）より，1.0×10^5 Paでは固体のCO_2は-78℃で昇華することや，液体にするには5.2×10^5 Pa以上の圧力が必要であることがわかる。

また，CO_2を31℃，7.4×10^6 Pa（この点を**臨界点**という）以上にすると，気体とも液体とも区別のつかない状態となる。このような状態にある物質を**超臨界流体**という。

超臨界流体…液体と気体の中間的な性質（液体の溶解性と気体の拡散性）をもつ状態（超臨界状態）で存在。

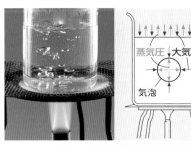
図6. 液体の沸騰とその条件

✿2. 大気圧の低い山岳地帯では，水の沸点が低くなり，米をおいしく炊けない。圧力鍋（図7）を使うと水の沸点が高くなり，地上と同じように米をおいしく炊くことができる。

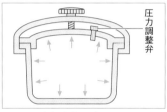
図7. 圧力鍋（断面図）

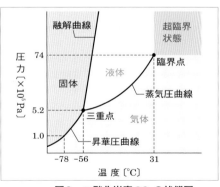
図8. 二酸化炭素CO_2の状態図

✿3. 水の三重点は，0.01℃，6.1×10^2 Paで，温度の定点として利用される。

✿4. CO_2の超臨界流体は，コーヒー豆からのカフェイン抽出などに利用される（→ p.41）。

液体の蒸気圧と沸騰

● 液体の蒸気圧の測定

方法

1　水の入ったメスシリンダーを水槽に倒立させ，空気を約100 mL入れ，その体積をはかる。同時に，水温と大気圧も測定する。

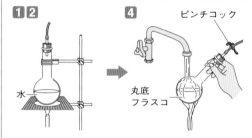

1 2

空気
約100 mL

ヘキサン

500 mL
メスシリンダー

温度計

駒込ピペット

水槽

水

2　1.0 mLのヘキサンを駒込ピペットでメスシリンダーに注入し，メスシリンダーを左右によく振り，メスシリンダー内の気体の体積をはかる。

結果

水温：25℃　大気圧：1.0×10^5 Pa
1　メスシリンダー内の空気の体積：100 mL
2　ヘキサン注入後の気体の体積：125 mL

考察

1　ヘキサン蒸発後のメスシリンダー内の空気とヘキサンの圧力の和は何と等しいか。
　→ 大気圧と等しい。
2　1と2の結果より，25℃でのヘキサンの蒸気圧を求めよ。ただし，25℃での水の蒸気圧は小さいので，無視できるものとする。
　→ 混合気体中のヘキサンと空気の物質量の比は$(125 - 100) : 100 = 1 : 4$である。
混合気体中の各成分気体について，**物質量の比＝圧力の比**が成り立つ（→p.21）から，
$$\frac{ヘキサンの物質量}{混合気体の物質量} = \frac{ヘキサンの蒸気圧}{混合気体の圧力}$$
$$\frac{1}{1 + 4} = \frac{x〔Pa〕}{1.0 \times 10^5 Pa}$$
$x = 2.0 \times 10^4$ Pa

● 低圧における水の沸騰

方法

1　丸底フラスコに水を半分ほど入れ，図のようにゴム栓（ガラス管・ゴム管つき）をはめる。
2　ガスバーナーで加熱し，水を沸騰させる。
3　加熱をやめ，ただちにゴム管をピンチコックでふさぐ。
4　しばらく放置した後，フラスコの外側を冷水で冷却し，フラスコ内のようすを観察する。

1 2

4

ピンチコック

水

丸底フラスコ

結果

　フラスコ内の水の温度が100℃より低い温度でも沸騰が起こった。

考察

1　方法4において，冷却されたフラスコ内の圧力はどうなったか。
　→ フラスコを加熱すると水蒸気が発生し，100℃で沸騰する。このとき，フラスコ内を占める水蒸気の圧力と大気圧がつり合い，フラスコ内の空気は追い出される。
方法4では，ゴム管をふさいでから冷却すると，フラスコ内を満たしていた水蒸気は凝縮し，フラスコ内の圧力が減少した。
2　実験結果のように，100℃より低い温度でも沸騰が起こった理由を考察せよ。
　→ フラスコに冷水を注ぐと，湯の温度が下がって水の蒸気圧が減少するが，それとともにフラスコ内の圧力も減少するので，100℃より低い温度でも水が沸騰する。

1 ☐ 固体が液体になる状態変化と，そのときの温度を何という？

2 ☐ 固体 1 mol が液体になるときに吸収する熱量を何という？

3 ☐ 液体の表面から分子が空間へ飛び出す現象を何という？

4 ☐ 液体内部からさかんに気体が発生する現象を何という？

5 ☐ 液体 1 mol が気体になるときに吸収する熱量を何という？

6 ☐ 気体 1 mol が液体になるときに放出する熱量を何という？

7 ☐ 分子の間にはたらく弱い引力（水素結合も含む）をまとめて何という？

8 ☐ 極性分子の間にはたらく引力とすべての分子の間にはたらく引力を合わせて何という？

9 ☐ 構造の似た分子では，何が大きくなるほど沸点は高くなる？

10 ☐ 極性が強い分子の間にはたらく水素原子を仲立ちとした結合を何という？

11 ☐ 水素結合をつくる分子には，HF のほかに何がある？

12 ☐ ファンデルワールス力，水素結合，化学結合のうち，最も強い力（結合）は？

13 ☐ 液体から固体になると体積が増加する物質の例を 1 つ挙げると？

14 ☐ 国際単位系では，圧力の単位には何を用いる？

15 ☐ 標準大気圧の 1 気圧は何 Pa？　また，何 mmHg？　（有効数字 3 桁）

16 ☐ 密閉容器中で，液体の蒸発速度と気体の凝縮速度が等しくなった状態を何という？

17 ☐ 気液平衡にあるときに，蒸気が示す圧力を何という？

18 ☐ 温度と蒸気圧の関係を表したグラフを何という？

19 ☐ 液体の沸騰は，液体の蒸気圧と何が等しくなると起こる？

20 ☐ 温度・圧力によって物質がどのような状態をとるかを示した図を何という？

21 ☐ 状態図で，固体と液体の状態を区切る曲線を何という？

22 ☐ 状態図で，3 本の曲線が交わった点を何という？

23 ☐ 高温・高圧で，液体と気体の区別がつかない状態にある物質を特に何という？

解答

1. 融解，融点
2. 融解熱
3. 蒸発
4. 沸騰
5. 蒸発熱
6. 凝縮熱
7. 分子間力

8. ファンデルワールス力
9. 分子量
10. 水素結合
11. H_2O，NH_3　など
12. 化学結合
13. 水，ケイ素，ゲルマニウム　など

14. パスカル（Pa）
15. 1.01×10^5 Pa
　　 760 mmHg
16. 気液平衡
17. 飽和蒸気圧（蒸気圧）
18. 蒸気圧曲線
19. 外圧（大気圧）

20. 状態図
21. 融解曲線
22. 三重点
23. 超臨界流体

① 物質の三態変化

右の図は，物質の三態
変化を模式的に表した
ものである。

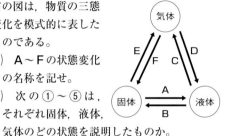

(1) A〜Fの状態変化
の名称を記せ。

(2) 次の①〜⑤は，
それぞれ固体，液体，
気体のどの状態を説明したものか。

① 分子間力が最も強くはたらいている。

② 分子は相互に位置を変え，流動性を示す。

③ ほかの状態に比べて，密度が著しく小さ
い。

④ 分子間力がほとんどはたらいていない。

⑤ 分子が規則正しく配列している。

② 物質の三態変化

次の文中の[　]に適する語句を記せ。

固体を加熱すると温度が上昇し，①[　　　]
に達すると，分子は互いの位置を入れかえるこ
とができるようになる。このような物質の状態
が②[　　　]であり，このとき起こった状態
変化を③[　　　]という。

液体を開放容器に入れて加熱すると，分子は
液体の表面から外部へと飛び出す。この現象を
④[　　　]という。さらに温度を高くすると，
液体の内部からもさかんに気体（蒸気）が発生す
るようになる。この現象を⑤[　　　]といい，
このときの温度を⑥[　　　]という。

液体を密閉容器に入れて放置しておくと，や
がて，単位時間あたりに④する分子の数と
⑦[　　　]する分子の数が等しくなる。この
状態を⑧[　　　]という。このときに蒸気が
示す圧力をその液体の⑨[　　　]といい，温
度が高いほど⑩[　　　]くなる。

③ 状態変化と熱量

0℃の氷18gを加熱して，すべて100℃の水蒸
気にするのに必要な熱量は何kJか。氷の融解
熱を6.0kJ/mol，水の比熱を4.2J/（g・K），水
の蒸発熱を41kJ/mol，水の分子量を18として
求めよ。なお，比熱とは，物質1gの温度を
1K上げるのに必要な熱量のことである。

④ 状態変化とエネルギー

下の図は，ある純物質の固体1molを一様に加
熱したときの温度変化を示したものである。

(1) AB間，BC間，
CD間，DE間，
EF間での物質の
状態をそれぞれ記
せ。

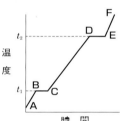

(2) 温度t_1，t_2をそ
れぞれ何というか。

(3) BC間，DE間で起きている状態変化をそ
れぞれ何というか。

(4) BC間，DE間で吸収される熱量をそれぞ
れ何というか。

⑤ 正誤問題

次の(1)〜(5)の文のうち，正しいものには○，
誤っているものには×を記せ。

(1) 気体の圧力は，温度が高くなり，容器の壁
に衝突する分子の運動エネルギーが大きくな
るほど大きくなる。

(2) 温度が一定のとき，容器の体積を小さくす
ると，液体の蒸気圧は大きくなる。

(3) 平地よりも高山のほうが，液体は低い温度
で沸騰する。

(4) 水蒸気が水になるとき，熱を吸収する。

(5) 氷は，同じ温度の水よりも密度が大きい。

❻ 水素化合物の沸点

右の図は，14族と 16族の水素化合物の沸点を表している。次の文中の［ ］に適する語句を記せ。

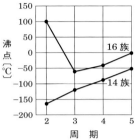

14族の水素化合物の沸点は，周期の増加とともに高くなる。これは，構造が似ている分子では，①［　　］が大きくなるほど②［　　］が強くなるためである。

一方，第2周期を除いて，16族の水素化合物は14族の水素化合物よりも常に沸点が高い。これは，14族の水素化合物が正四面体形で③［　　］分子であるのに対し，16族の水素化合物は折れ線形で④［　　］分子であるためである。また，16族の水素化合物のうち，第2周期の化合物の沸点が異常に高いのは，分子間に強い⑤［　　］が生じているためである。

❼ 蒸気圧の変化

右の図のように，ピストンつきの容器に少量の水と空気を入れてしばらく放置したところ，水の一部が蒸発して飽和状態になった。そこへ，次の(1)～(3)の操作を行うと，蒸気圧はそれぞれどう変化するか。あとの**ア〜ウ**から選べ。

(1) 体積を一定に保ち，ゆっくり温度を上げる。
(2) 温度を一定に保ち，ゆっくり体積を大きくする。
(3) 温度を一定に保ち，ゆっくり体積を小さくする。

　ア 大きくなる。　**イ** 小さくなる。
　ウ 変化しない。

❽ 蒸気圧曲線

下の蒸気圧曲線を見て，あとの問いに答えよ。

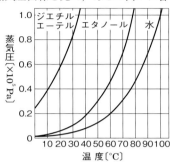

(1) ジエチルエーテルの22℃での蒸気圧は何Paか。
(2) 図中の3つの物質を，同じ温度での分子間力が大きい順に書け。
(3) エタノールの沸点は何℃か。
(4) 蒸発熱が最も大きい物質はどれか。
(5) 8.0×10^4 Paのもとでは，水は約何℃で沸騰するか。

❾ 状態図

下の図は水の状態図である。次の問いに答えよ。

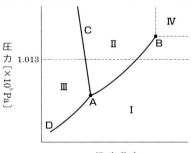

(1) 領域Ⅰ～Ⅲの物質の状態を答えよ。
(2) 一定圧力下でのⅠ→Ⅱ，Ⅲ→Ⅱ，Ⅲ→Ⅰへの状態変化は，何とよばれるか。
(3) 曲線AB，AC，ADは何とよばれるか。
(4) 点A，点Bは何とよばれるか。
(5) 領域Ⅳの状態にある物質は何というか。

2章 気体の性質

1 ボイル・シャルルの法則

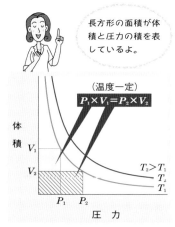

長方形の面積が体積と圧力の積を表しているよ。

（温度一定）
$$P_1 \times V_1 = P_2 \times V_2$$

体積

V_1

V_2

$T_2 > T_1$
T_2
T_1

P_1 P_2

圧力

図1. ボイルの法則
（気体の体積と圧力の関係）
気体の体積は，圧力に反比例している。

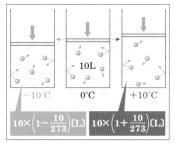

10L

−10℃　　0℃　　+10℃

$10 \times \left(1 - \dfrac{10}{273}\right)$(L)　$10 \times \left(1 + \dfrac{10}{273}\right)$(L)

図2. シャルルの法則
（気体の体積と温度の関係）
圧力が一定のもとで，気体の温度を上昇または下降させると，気体は膨張または収縮するが，その増減の割合は1℃につき$\dfrac{1}{273}$である。

✿1. 1742年，スウェーデンの物理学者セルシウスが提唱。

1 ボイルの法則とはどんな法則か

■ **ボイルの法則**　1662年，ボイル（イギリス）は，気体の体積と圧力の関係を調べ，次の法則を発見した。

> 温度が一定のとき，一定量の気体の体積Vは，圧力Pに反比例する。

これを**ボイルの法則**といい，次の式で表される。
$$PV = k \quad\cdots\cdots\cdots① $$
この場合のkは，温度によって決まる定数である。温度が一定のとき，圧力P_1で体積V_1の気体が，圧力P_2で体積V_2になったとき，次の関係が成り立つ。
$$P_1V_1 = P_2V_2 \quad\cdots\cdots\cdots② $$

2 シャルルの法則と絶対温度

■ **シャルルの法則**　1787年，シャルル（フランス）は，気体の体積と温度の関係を調べ，次の法則を発見した。

> 圧力が一定のとき，一定量の気体の体積Vは，温度tが1℃増減するごとに，0℃の体積V_0の$\dfrac{1}{273}$ずつ増減する。

これを**シャルルの法則**といい，次の式で表される。
$$V = V_0\left(1 + \frac{t}{273}\right) = V_0 \times \frac{273 + t}{273} \quad\cdots\cdots\cdots③ $$

■ **絶対温度**　③式で$t = -273$とおくと，$V = 0$となる。つまり，温度が−273℃になると，気体の体積は理論上0となり，これより低い温度では，気体の体積が負になってしまう（このようなことはない）。したがって，−273℃は自然界で到達しうる最低の温度であり，**絶対零度**という。

−273℃を原点とし，セルシウス温度（記号℃）と同じ目盛り間隔で表した温度を**絶対温度**という。絶対温度の単

位には**K（ケルビン）**を用いる。絶対温度T〔K〕とセルシウス温度t〔℃〕の間には，次の関係がある。

$$T = t + 273 \quad \cdots\cdots\cdots\cdots\cdots\cdots\cdots\cdots\cdots ④$$

これを前ページの③式へ代入すると，次式が得られる。

$$V = \frac{V_0}{273} T \quad \cdots\cdots\cdots\cdots\cdots\cdots\cdots\cdots\cdots ⑤$$

この場合，$\dfrac{V_0}{273}$ は定数kとなるから，

シャルルの法則は，$V = kT$と表すこともできる。

> 圧力が一定のとき，一定量の気体の体積Vは絶対温度Tに比例する。

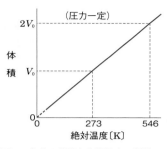

図3．気体の体積と絶対温度の関係
シャルルの法則を絶対温度を用いて表すと，上のグラフが得られる。

③ ボイルの法則とシャルルの法則の合体

■ **ボイル・シャルルの法則**　これまでに別々に調べてきた，気体の体積と圧力の関係，気体の体積と温度の関係をまとめると，次のようになる。

> 一定量の気体の体積Vは，圧力Pに反比例し，絶対温度Tに比例する。

これを**ボイル・シャルルの法則**といい，次式で表される。

$$V = k\frac{T}{P} \quad \cdots\cdots\cdots\cdots\cdots\cdots\cdots\cdots\cdots ⑥$$

圧力P_1，絶対温度T_1，体積V_1の気体が，圧力P_2，絶対温度T_2，体積V_2に変化したとき，次の関係が成り立つ。

$$\frac{P_1 V_1}{T_1} = \frac{P_2 V_2}{T_2} \quad \cdots\cdots\cdots\cdots\cdots\cdots\cdots\cdots ⑦$$

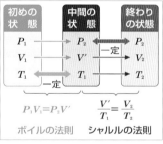

図4．ボイル・シャルルの法則の関係式の導き方

例題 **ボイル・シャルルの法則の利用**

27℃，1.0×10^5Paで10Lの気体がある。この気体を87℃，8.0×10^4Paにすると，体積は何Lになるか。

解説　温度を絶対温度に換算し，ボイル・シャルルの法則の⑦式に代入すればよい。このとき，圧力や体積の単位には何を用いてもよいが，両辺で，PaならPa，LならLと必ず単位をそろえること。

$$\frac{1.0 \times 10^5 \text{Pa} \times 10\text{L}}{(27 + 273)\text{K}} = \frac{8.0 \times 10^4 \text{Pa} \times V\text{〔L〕}}{(87 + 273)\text{K}}$$

$$V = 15\text{L}$$

答　15L

2 気体の状態方程式

1 気体計算の万能式―状態方程式

■ **気体定数**　一定量の気体について，ボイル・シャルルの法則は，次のように表すことができる。

$$\frac{PV}{T} = k \quad (一定) \quad \text{①}$$

ここで，一定量を「1 mol」として考えよう。**アボガドロの法則**から，0℃，1.013×10^5 Pa（**標準状態**）において，1 mol の気体の体積は，気体の種類によらず**22.4 L**（正確には22.414 L）である。これらの値を①式に代入すると，定数 k の値を求めることができる。

$$k = \frac{PV}{T} = \frac{1.013 \times 10^5 \text{Pa} \times 22.4 \text{L/mol}}{273 \text{K}}$$

$$\fallingdotseq \mathbf{8.31 \times 10^3 \, Pa \cdot L/(K \cdot mol)}$$

この値は，気体の種類に関係しない定数で**気体定数**とよばれ，記号 $\overset{\circ 1}{\boldsymbol{R}}$ で表す。

■ **気体の状態方程式**　1 mol の気体の圧力を P〔Pa〕，体積を v〔L〕，絶対温度を T〔K〕とし，上で求めた気体定数 R を使うと，すべての気体について，次の式が成り立つ。

$$Pv = RT \quad \text{②}$$

ここで，気体が n〔mol〕ある場合の体積を V〔L〕とすると，$V = nv$ である。したがって，②式の両辺に n をかけて整理すると，次の式が得られる。

$$\boldsymbol{PV = nRT} \quad \text{③}$$

この③式を，**気体の状態方程式**という。気体の状態方程式は，ボイル・シャルルの法則とアボガドロの法則を1つにまとめたものである。

気体の状態方程式は，ある状態の気体についての圧力 P〔Pa〕，体積 V〔L〕，物質量 n〔mol〕，絶対温度 T〔K〕の関係を示している。したがって，これらの4つの変数のうちの3つがわかれば，残りの1つの値を③式を使って求める $\overset{\circ 2}{ことができる。}$

> **ポイント**
> **気体の状態方程式**
> $\boldsymbol{PV = nRT} \quad \boldsymbol{R = 8.31 \times 10^3 \, Pa \cdot L/(K \cdot mol)}$

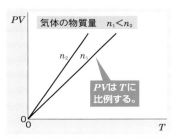

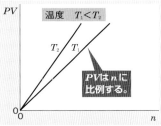

図1. 気体の圧力・絶対温度・体積・物質量の関係

✿1. 圧力の単位に m^3 を用いたときは，$22.4 \text{L} = 2.24 \times 10^{-2} m^3$ より，
$R = 8.31 \text{Pa} \cdot m^3/(K \cdot mol)$
$= 8.31 \text{J}/(K \cdot mol)$
R の値は用いる単位によって変化するので注意する。

✿2. 気体の状態方程式を使うときは，単位に注意する。一般には，圧力は Pa，絶対温度は K，体積は L であるが，与えられた気体定数に合致する単位に換算してから代入する。

② 気体の分子量を求める方法

■ **気体の分子量の測定** 気体，または揮発性の物質の分子量は，気体の状態方程式を利用すると求められる。^{☻3}

1 気体の質量が与えられている場合 気体の質量を w〔g〕，モル質量を M〔g/mol〕とすると，その物質量 n〔mol〕は $n = \dfrac{w}{M}$ と表される。したがって，気体の状態方程式は次のように書きかえることができる。

$$PV = \frac{w}{M}RT \Rightarrow M = \frac{wRT}{PV} \quad\cdots\cdots\cdots\cdots\cdots\cdots ④$$

④式を使うと，気体の圧力 P〔Pa〕，体積 V〔L〕，質量 w〔g〕，絶対温度 T〔K〕の値がわかれば，モル質量 M〔g/mol〕が求められるので，分子量 M もわかる。^{☻4}

> 例題 **揮発性液体の分子量測定（デュマ法）**
>
> 　右図のように，小穴をあけたアルミ箔でふたをしたフラスコ（内容積 540 mL）の質量は 153.2 g であった。このフラス
>
>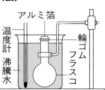
>
> コに揮発性の液体 A 2 mL を入れ，沸騰水（100℃）に浸して十分に蒸発させた。冷却後，フラスコの外側の水をふき取り，質量を測定すると 154.7 g であった。A の分子量を整数で求めよ。大気圧は 1.0×10^5 Pa，液体 A の蒸気圧は無視できるものとし，気体定数 $R = 8.3 \times 10^3$ Pa・L/（K・mol）とする。

解説 フラスコを加熱すると，A が蒸発しフラスコ内の空気を押し出しながら，フラスコ内を完全に蒸気で満たす。

　フラスコを冷却すると，実験前と同量の空気が入り込み，A の蒸気は液体となる。

　よって，実験前後のフラスコの質量の差が，100℃でフラスコを満たしていた蒸気の質量に等しい。^{☻5}

$P = 1.0 \times 10^5$ Pa，$V = 0.54$ L，$w = 154.7 - 153.2 = 1.5$ g，$T = 373$ K，$R = 8.3 \times 10^3$ Pa・L/（K・mol）を④式に代入する。

$$M = \frac{wRT}{PV} = \frac{1.5\,\text{g} \times 8.3 \times 10^3\,\text{Pa·L/(K·mol)} \times 373\text{K}}{1.0 \times 10^5\,\text{Pa} \times 0.54\text{L}}$$

$$= 85.9 \fallingdotseq 86\,\text{g/mol}$$

分子量は，単位 g/mol を除いた 86 である。

答 86

☻3. 常温・常圧下で揮発性の液体や，昇華性の固体物質でも，それらが完全に気体になるような条件を選べば，気体の状態方程式を利用して，分子量が求められる。

図2. 気体 1 mol と分子量
0℃，1.013×10^5 Pa で 22.4 L の気体の質量が M〔g〕であるとき，この気体の分子量は M である。

☻4. モル質量 M〔g/mol〕から単位〔g/mol〕をとると，分子量が M と求められる。

☻5. アルミ箔に小穴があいているので，フラスコ内の蒸気の圧力は大気圧とつり合っている。

> 気体の状態方程式を使うときは，単位を次のように直そう。
> 圧力→Pa
> 体積→L
> 温度→K

3 混合気体の圧力

1 混合気体についてのきまり

■ 混合気体の体積　温度・圧力を一定にして，体積V_Aの気体Aと，体積V_Bの気体Bを混合したとき，この混合気体の体積をVとすると，次の関係が成り立つ。

$$V = V_A + V_B$$

すなわち，混合気体の体積は，同温・同圧の各成分気体の体積の和に等しい（図1）。

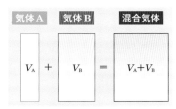

気体A　気体B　混合気体

V_A + V_B = V_A+V_B

図1. 混合気体の体積の関係
（温度・圧力一定）

■ 混合気体の圧力　互いに反応しない2種類以上の気体を1つの容器に入れたとき，気体分子はそれぞれ独立に熱運動を行って容器の壁に圧力をおよぼす。このとき，混合気体が示す圧力を**全圧**といい，各成分気体が単独で混合気体と同体積を占めたときに示す圧力を，各成分気体の**分圧**という。

⚙1. 分圧とは，混合気体の成分のうち着目した気体のみを残し，ほかの気体をすべて除いたときの圧力ともいえる。

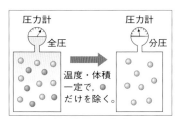

図2. 全圧と分圧の概念

■ 分圧の法則　図3のように，n_A〔mol〕の気体Aと，n_B〔mol〕の気体Bを体積V〔L〕の容器に入れ，温度をT〔K〕に保ったとき，混合気体の全圧がP〔Pa〕を示したとする。

このときの成分気体A，Bの分圧をそれぞれP_A〔Pa〕，P_B〔Pa〕とすると，各成分気体および混合気体のそれぞれについて，状態方程式が成り立つ。

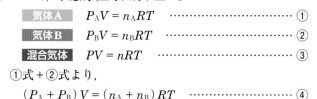

気体A　$P_A V = n_A RT$ ……………………①
気体B　$P_B V = n_B RT$ ……………………②
混合気体　$PV = nRT$ ……………………③

①式+②式より，

$$(P_A + P_B)V = (n_A + n_B)RT \qquad \text{……………} ④$$

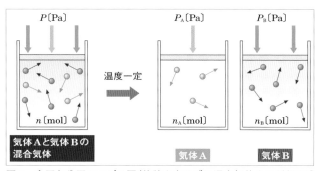

図3. 全圧と分圧のモデル図（体積を変えずに混合気体を2種類の成分気体A，Bに分離したとする。）

$n = n_A + n_B$なので，③式と④式より，次の式が得られる。

$$P = P_A + P_B$$

すなわち，混合気体の全圧は，各成分気体の分圧の和に等しい。この関係は，1801年，イギリスのドルトンによって発見されたので，**ドルトンの分圧の法則**という。

■ 混合気体の組成と分圧の関係

①式÷②式より，

$$\frac{P_A}{P_B} = \frac{n_A}{n_B} \Rightarrow P_A : P_B = n_A : n_B$$

すなわち，各成分気体の分圧の比は物質量の比に等しい。また，①式÷③式，②式÷③式より，

$$\frac{P_A}{P} = \frac{n_A}{n_A + n_B} \Rightarrow P_A = P \times \frac{n_A}{n_A + n_B} \quad \bigcirc 2$$

$$\frac{P_B}{P} = \frac{n_B}{n_A + n_B} \Rightarrow P_B = P \times \frac{n_B}{n_A + n_B}$$

すなわち，各成分気体の分圧は，全圧に各成分気体のモル分率をかけると求められる。

ドルトンは原子説を提唱した人だったね。

○2. $\dfrac{n_A}{n_A + n_B}$ は，混合気体の全物質量に対する気体Aの物質量の割合を示すので，これをAのモル分率という。同様に，$\dfrac{n_B}{n_A + n_B}$ をBのモル分率という。

ポイント

混合気体 $\begin{cases} \text{全圧…混合気体が示す圧力} \\ \text{分圧…各成分気体が単独で示す圧力} \end{cases}$

$$\overbrace{(\text{分圧の比}) = (\text{物質量の比})}^{\text{体積一定}} = \underbrace{(\text{体積の比})}_{\text{圧力一定}}$$

（気体Aの分圧）＝（全圧）×（Aのモル分率）

例題 混合気体の全圧と分圧

図の容器を用いて，一定温度で，水素と酸素をコックを開いて混合した。混合気体中の水素と酸素の分圧と，混合気体の全圧を求めよ。

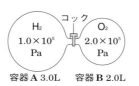

H₂ 1.0×10⁵ Pa　コック　O₂ 2.0×10⁵ Pa
容器 **A** 3.0L　　容器 **B** 2.0L

解説　コックを開くと，各気体は容器全体に拡散する。混合後の水素と酸素の分圧をP_{H_2}〔Pa〕，P_{O_2}〔Pa〕とすると，温度一定より，ボイルの法則$P_1V_1 = P_2V_2$を適用する。

水素　$1.0 \times 10^5 \times 3.0 = P_{H_2} \times 5.0$　　$P_{H_2} = 6.0 \times 10^4$ Pa

酸素　$2.0 \times 10^5 \times 2.0 = P_{O_2} \times 5.0$　　$P_{O_2} = 8.0 \times 10^4$ Pa

全圧をPとすると，ドルトンの分圧の法則より，

$$P = P_{H_2} + P_{O_2} = 6.0 \times 10^4 + 8.0 \times 10^4 = 1.4 \times 10^5 \text{ Pa}$$

答　水素の分圧…6.0×10^4 Pa　酸素の分圧…8.0×10^4 Pa
混合気体の全圧…1.4×10^5 Pa

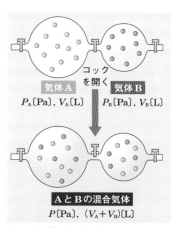

気体A
P_A〔Pa〕, V_A〔L〕　コックを開く　気体B
P_B〔Pa〕, V_B〔L〕

AとBの混合気体
P〔Pa〕, $(V_A + V_B)$〔L〕

図4. 気体の混合と体積・圧力

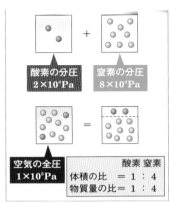

図5. 空気の組成と分圧
体積一定で，(分圧の比)＝(物質量の比)
圧力一定で，(体積の比)＝(物質量の比)
の関係が成り立つ。

⚙3. 水に溶けやすい気体の場合，
分子量が空気の平均分子量28.8
より大きいか小さいかで，捕集方
法が決まる。

分子量＞28.8➡下方置換
分子量＜28.8➡上方置換

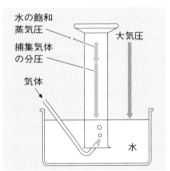

図6. 水上置換による気体の捕集
(捕集気体の分圧)＋(水の飽和蒸
気圧)＝(大気圧)の関係が成立す
るためには，メスシリンダーの内
外において，水面の高さをそろえ
ておく必要がある。

2 混合気体の取り扱い

■ **混合気体の平均分子量**　空気のように2種類以上の気体が一定の割合で混合している場合，この混合気体を1種類の単一の分子からなるとして取り扱うと便利である。このとき，混合気体を単一の分子からなるとみなして求めた見かけの分子量を，**平均分子量**という。

たとえば，空気中の窒素 N_2（分子量28）と酸素 O_2（分子量32）の体積の比は4:1なので，物質量の比も4:1である。空気1 mol中には，N_2 が $\frac{4}{5}$ mol，O_2 が $\frac{1}{5}$ mol存在すると考えて，空気1 molの質量は，

$$28\,\text{g/mol} \times \frac{4}{5}\,\text{mol} + 32\,\text{g/mol} \times \frac{1}{5}\,\text{mol} = 28.8\,\text{g}$$

よって，空気の平均分子量は**28.8**である。

混合気体の組成がわかれば平均分子量がわかるので，気体の状態方程式を適用することができる。

■ **水上置換で捕集した気体の圧力**　水素のように水に溶けにくい気体は，水上置換で捕集する。このとき，捕集した気体は，水蒸気が飽和した混合気体になっている。したがって，図6の水槽の水面では，次の関係が成り立つ。

(捕集気体の分圧)＋(水蒸気の分圧)＝(大気圧)

> **ポイント**
> $\begin{pmatrix}水上置換で捕集\\した気体の圧力\end{pmatrix}$ ＝(大気圧)－$\begin{pmatrix}その温度における\\水の飽和蒸気圧\end{pmatrix}$

例題　水上置換による気体の捕集

水素を水上置換で捕集すると，27℃, 1.00×10^5 Paの大気圧のもとで，その体積は830 mLであった。27℃の水の飽和蒸気圧を 4.0×10^3 Pa，気体定数 $R = 8.3 \times 10^3$ Pa・L/(K・mol)として，捕集した水素の物質量を求めよ。

解説　容器内では水素と水蒸気が混合しており，その全圧が大気圧とつり合っている。したがって，

(水素の分圧)＝(大気圧)－(水の飽和蒸気圧)
$$= 1.00 \times 10^5 - 4.0 \times 10^3 = 9.6 \times 10^4\,\text{Pa}$$

水素について，気体の状態方程式 $PV = nRT$ より，

$$9.6 \times 10^4 \times 0.83 = n \times 8.3 \times 10^3 \times 300$$
$$n = 3.2 \times 10^{-2}\,\text{mol}$$

答　3.2×10^{-2} mol

4 理想気体と実在気体

1 理想気体とはどんな気体か

■ **理想気体と実在気体**　あらゆる温度・圧力で気体の状態方程式に完全に従うと仮想した気体を，**理想気体**という。理想気体は，一定圧力のもとで温度Tを0に近づけたとき，気体のままで体積Vが限りなく0に近づく。

　一方，実際に存在する気体を**実在気体**という。実在気体は，一定圧力のもとで温度Tを下げていくと，凝縮や凝固が起こり，体積Vが0にはならない(図1)。これは，実在気体の場合，分子間に引力(**分子間力**)がはたらき，分子自身が体積(大きさ)をもつためである。

■ **理想気体の特徴**　理想気体は，次の条件を満たす。

> **1** 分子間力がはたらかず，低温・高圧でも液体や固体にならない。
>
> **2** 分子自身には体積(大きさ)がない。質量はある。

> **ポイント**
> 理想気体…状態方程式に完全に従う仮想の気体。
> ・分子間力は **0**　　・分子自身の体積も **0**

2 実在気体の理想気体からのずれ

■ **圧縮係数**[1]　理想気体については，状態方程式が成り立つから，圧縮係数(Z)はつねに1となる。ところが，実在気体について，種々の温度・圧力における体積を測定し，それらの値から計算でZを求め，圧力Pとの関係を調べると，図3のようなグラフが得られる。

■ **圧力の影響**

1 圧力を大きくすると，最初はZの値が1より小さくなる。これは，分子間の距離が小さくなったために**分子間力**の影響が大きくなり，実在気体の体積が理想気体の体積よりも減少したことを示している。

2 圧力をさらに大きくすると，Zの値は1より大きくなる。これは，分子間の距離がさらに小さくなったために**分子自身の体積**の影響が大きくなり，実在気体の体積が理想気体の体積よりも減少しにくかったことを示している。

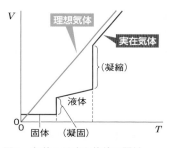

図1. 気体の温度と体積の関係

図2. 理想気体と実在気体のイメージ図

○1. $\dfrac{PV}{nRT}$の値を圧縮係数といい，実在気体の理想気体からのずれを表す。

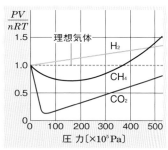

図3. 圧力変化に伴う理想気体からのずれ(0℃)

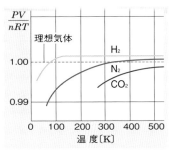

図4. 温度変化に伴う理想気体からのずれ（1.013×10^5 Pa）

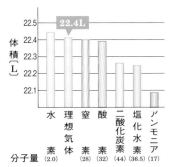

図5. 標準状態における気体1 molの体積

⚙2. 常温・常圧付近では，実在気体はほぼ理想気体とみなすことができる。

ファンデルワールスはオランダの人で，分子間力についても研究したんだ。

⚙3. この式がファンデルワールスの状態方程式であり，ある程度の高圧領域までは，実在気体に対してもよく成り立つ。なお，$a = 0$，$b = 0$ のとき，理想気体の状態方程式と一致する。

■ **温度の影響** 低温では分子の熱運動が穏やかなので，分子間力の影響が強くなり，Zの値は1より小さい（図4）。

■ **1 molの気体の体積** 標準状態（$0\,℃$，1.013×10^5 Pa）における理想気体1 molの体積は22.4Lであるが，種々の実在気体1 molの体積は図5のようである。

1 沸点が非常に低く，分子間力の小さい気体（H_2，N_2，O_2など）1 molの体積は，22.4Lに近い。

2 沸点が比較的高く，分子間力の大きい気体（CO_2，HCl，NH_3など）1 molの体積は，22.4Lより小さい。

■ **状態方程式の適用** 一般に，実在気体では，低温・高圧になるほど，分子間力や分子自身の体積の影響が大きくなり，理想気体からのずれが大きくなる。

しかし，高温になると，分子の熱運動が激しくなるので，分子間力の影響が無視できる。また，低圧になると，一定体積中の分子の数が少なくなるので，分子自身の体積の影響が無視できるようになる。したがって，実在気体は，高温・低圧になるほど，理想気体からのずれは小さくなる。

> **ポイント** 高温・低圧…理想気体に近づく。
> 低温・高圧…理想気体から外れる。

③ 実在気体の状態方程式

■ **ファンデルワールスの状態方程式** 理想気体の状態方程式に，分子自身の体積と分子間力に関する補正を加えたものに，**ファンデルワールスの状態方程式**がある。

1 実在気体1 molの体積をVとすると，分子自身の体積bを差し引いたものが，理想気体の体積V_Rとなる。

$$V_R = V - b$$

2 分子間力は，容器の壁に衝突する分子と，その周囲にある分子のそれぞれの濃度に比例するから，分子間力に関する定数をaとおくと，実在気体1 molの圧力Pは，理想気体の圧力P_Rよりも小さくなる。

$$P_R - \frac{a}{V^2} = P \quad \Rightarrow \quad P_R = P + \frac{a}{V^2}$$

これらを理想気体の状態方程式に代入すると，1 molの気体について，$\left(P + \dfrac{a}{V^2}\right)(V - b) = RT$ が成り立つ。

気体の分子量測定

方法

1. 丸底フラスコ（300 mL），アルミニウム箔，輪ゴムの合計の質量 w_1〔g〕を正確に測定する。
2. ①のフラスコにヘキサン約 2 mL を入れ，フラスコの口にアルミニウム箔をかぶせて輪ゴムでとめる。その後，アルミニウム箔の中央に小さな穴をあける。
3. ビーカーに水を半分ほどと沸騰石を入れて沸騰させ，その中に②のフラスコを首まで浸す。しばらく放置し，フラスコ内のヘキサンを完全に蒸発させる。このときの湯の温度 t〔℃〕と大気圧 P〔Pa〕を測定する。
4. 湯から取り出したフラスコを室温まで冷やす。冷却後，フラスコの外側の水をふき取る。
5. アルミニウム箔と輪ゴムをつけたまま，フラスコ全体の質量 w_2〔g〕を正確に測定する。
6. フラスコからアルミニウム箔を外し，フラスコに水を満たす。水をメスシリンダーに移してその体積 V〔mL〕を測定し，これをフラスコの容積とする。

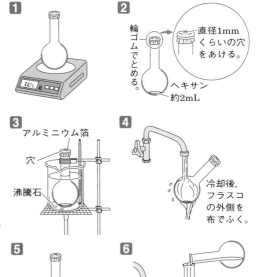

①
② 輪ゴムでとめる。 直径1mm くらいの穴をあける。 ヘキサン約2mL
③ アルミニウム箔 穴 沸騰石
④ 冷却後，フラスコの外側を布でふく。
⑤
⑥ フラスコの水をメスシリンダーに移す。

結果

1. 方法③では，$t = 100$℃，$P = 1.0 \times 10^5$ Pa であった。
2. 方法①・⑤より，$w_2 - w_1 = 0.86$ g であった。
3. 方法⑥では，$V = 310$ mL であった。

考察

1. $w_2 - w_1$ は何を示すか。

→ 方法③でフラスコ内を満たしていた気体のヘキサンが方法④で凝縮し，フラスコの底にたまっている。たまったヘキサンの液体の体積は無視できるほど小さいから，方法①と方法⑤におけるフラスコ内の空気の体積は同じである。よって，w_1 と w_2 の差は，方法⑤でフラスコの底にたまっていたヘキサン，すなわち，方法③でフラスコ内を満たしていたヘキサンの質量を示す。

2. 気体の状態方程式を使って，ヘキサンの分子量を求めよ。

→ $PV = \dfrac{w}{M} RT$ より，

$$M = \frac{wRT}{PV} = \frac{0.86 \times 8.3 \times 10^3 \times 373}{1.0 \times 10^5 \times 0.310} ≒ 86 \, \text{g/mol}$$ ➡ 分子量は **86**

1 ☐ 一定量の気体の体積は圧力に反比例する。この法則を何という？

2 ☐ 温度が 1 ℃上昇すると，気体の体積は 0 ℃の体積の何分の 1 ずつ増加する？

3 ☐ 最低の温度である−273 ℃のことを何という？

4 ☐ −273 ℃を原点とし，セルシウス温度と同じ目盛り間隔で表した温度を何という？

5 ☐ 一定量の気体の体積は絶対温度に比例する。この法則を何という？

6 ☐ 一定量の気体の体積は圧力に反比例し，絶対温度に比例する。この法則を何という？

7 ☐ 0 ℃，1.013×10^5 Pa において，気体 1 mol の体積は何 L ？（小数第 1 位まで）

8 ☐ $R = 8.31 \times 10^3$ Pa·L/(K·mol) という定数を何という？

9 ☐ $PV = nRT$ で表される式を何という？

10 ☐ 状態方程式を利用すると，気体や揮発性物質の何を求められる？

11 ☐ 混合気体が示す圧力を何という？

12 ☐ 各成分気体が単独で混合気体と同体積を占めたときの圧力を何という？

13 ☐ 混合気体の全圧は各成分気体の分圧の和に等しい。この法則を何という？

14 ☐ 混合物の成分の全物質量に対する 1 つの成分の物質量の割合を何という？

15 ☐ （各成分気体の分圧）＝（全圧）×（　　　）　（　）に入るのは？

16 ☐ 混合気体が単一の分子からなるとみなして求めた見かけの分子量を何という？

17 ☐ （水上置換で捕集した気体の圧力）＝（大気圧）−（　　　）　（　）に入るのは？

18 ☐ 気体の状態方程式に完全に従うと仮想した気体を何という？

19 ☐ 理想気体には，分子間力がはたらく？　はたらかない？

20 ☐ 理想気体では，気体分子自身に体積がある？　ない？

21 ☐ 水素と二酸化炭素のうち，標準状態における 1 mol の体積が 22.4 L に近いのは？

22 ☐ 実在気体が理想気体に近づく温度・圧力の条件は？

23 ☐ 実在気体が理想気体から外れる温度・圧力の条件は？

解答

1. ボイルの法則
2. 273分の 1
3. 絶対零度
4. 絶対温度
5. シャルルの法則
6. ボイル・シャルルの法則
7. 22.4 L
8. 気体定数
9. 気体の状態方程式
10. 分子量
11. 全圧
12. 分圧
13. ドルトンの分圧の法則
14. モル分率
15. モル分率
16. 平均分子量
17. 水の飽和蒸気圧
18. 理想気体
19. はたらかない
20. ない
21. 水素
22. 高温・低圧
23. 低温・高圧

計算に必要な場合は，気体定数を
$R = 8.3 \times 10^3\,Pa\cdot L/(K\cdot mol)$ とせよ。

1 気体の法則

一定量の理想気体について，次の(1)〜(3)の関係を表すグラフをあとの**ア〜エ**から選べ。
(1) 温度一定で，圧力xと体積yとの関係
(2) 圧力一定で，絶対温度xと体積yとの関係
(3) 温度一定で，圧力xと（圧力×体積）yの関係

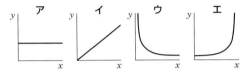

2 ボイル・シャルルの法則

次の文中の[　]に適する数値を記せ。
(1) $1.0 \times 10^5\,Pa$ のもとで$5.0\,L$の気体を，温度一定のまま容積$2.0\,L$の容器に入れると，圧力は①[　　　]Paになる。また，はじめの気体を温度一定のまま圧力が$1.0 \times 10^6\,Pa$になるように圧縮すると，体積は②[　　　]Lになる。
(2) $27\,℃$，圧力$8.0 \times 10^4\,Pa$のもとで$1.5\,L$の気体がある。この気体を$57\,℃$，圧力$1.0 \times 10^5\,Pa$にすると，体積は①[　　　]Lになる。また，はじめの気体を$0\,℃$のもとで体積を$1.0\,L$にすると，圧力は②[　　　]Paとなる。

3 状態方程式の利用

次の問いに答えよ。原子量：H = 1.0，C = 12
(1) $0.56\,mol$の気体を，$27\,℃$，$1.5 \times 10^5\,Pa$の状態に保つと，体積は何Lになるか。
(2) $127\,℃$のもとで，メタン$4.0\,g$を容積$5.0\,L$の容器につめた。このとき，容器内でのメタンの圧力は何Paになるか。
(3) ある揮発性の液体物質$0.465\,g$を$100\,℃$，$1.00 \times 10^5\,Pa$で完全に蒸発させたところ，$200\,mL$であった。この物質の分子量を求めよ。

4 混合気体の全圧と分圧

右の図の容器の左側には$2.0 \times 10^5\,Pa$の窒素，右側には$1.0 \times$
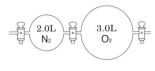
$10^5\,Pa$の酸素が入っている。一定の温度において，中央のコックを開いて両気体を混合させたとき，各気体の分圧と，全圧を求めよ。

5 水上置換で捕集した気体の圧力

水上置換でメスシリンダー内外の水面の高さを一致させて酸素を$830\,mL$捕集した。このときの水温は$27\,℃$，大気圧は$1.0 \times 10^5\,Pa$であった。水の$27\,℃$における飽和蒸気圧を$4.0 \times 10^3\,Pa$として，次の問いに答えよ。
(1) メスシリンダー内の酸素の分圧は何Paか。
(2) 捕集した酸素の物質量は何molか。

6 水の飽和蒸気圧

ピストンつきの容器に，$27\,℃$で$0.010\,mol$の水とある量の窒素を入れた。気体の体積を$3.0\,L$にしたところ，容器内の圧力は$6.4 \times 10^4\,Pa$を示し，液体の水が存在していた。$27\,℃$における水の飽和蒸気圧を$4.0 \times 10^3\,Pa$とし，窒素は水に溶けず，液体の水の体積は無視できるものとして，次の問いに答えよ。

(1) 容器の体積が$3.0\,L$のとき，窒素の分圧は何Paか。
(2) $27\,℃$で容器の体積を$2.0\,L$にすると，容器内の全圧は何Paになるか。
(3) $27\,℃$で容器内の水をすべて蒸発させるには，容器の体積を何L以上にすればよいか。

3章 固体の構造

1 結晶の種類と金属結晶

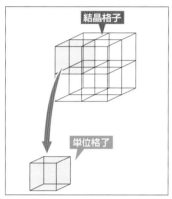

図1. 結晶格子と単位格子の関係

❖1. 化学結合（イオン結合，共有結合，金属結合）の結合力は強く，分子間力の結合力は弱い。

図2. 物質の構成粒子と結晶の種類

1 結晶の種類

■ **結晶**　固体には一定の形と体積をもつという特徴がある。これは，固体を構成する粒子の位置が固定されていることに起因する。一般に，原子，分子，イオンなどの粒子が規則正しく配列した固体を**結晶**という。

■ **単位格子**　結晶を構成する粒子の配列構造を表したものを**結晶格子**といい，その最小の繰り返し単位を**単位格子**という（図1）。

■ **結晶の種類**　結晶は，構成粒子の種類と粒子間にはたらく力の違いにより，次の4種類に分類される（図2）。

1 **金属結晶**　金属元素の原子が金属結合で結合した結晶で，融点は低いものから高いものまで多様である。

2 **イオン結晶**　陽イオンと陰イオンがイオン結合で結合した結晶で，融点は高く，常温ではすべて固体である。

3 **共有結合の結晶**　非金属元素の原子が共有結合だけで結合した結晶で，融点はきわめて高い。

4 **分子結晶**　分子が分子間力で集合した結晶で，融点は低く，常温では液体や気体として存在するものが多い。

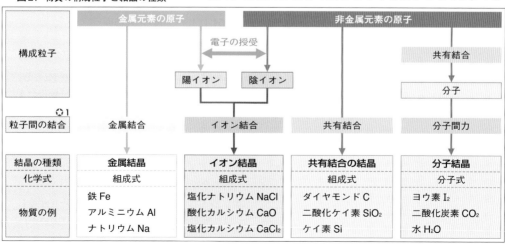

構成粒子	金属元素の原子		非金属元素の原子		
		陽イオン　陰イオン（電子の授受）			共有結合 → 分子
粒子間の結合 ❖1	金属結合	イオン結合	共有結合		分子間力
結晶の種類	**金属結晶**	**イオン結晶**	**共有結合の結晶**		**分子結晶**
化学式	組成式	組成式	組成式		分子式
物質の例	鉄 Fe アルミニウム Al ナトリウム Na	塩化ナトリウム NaCl 酸化カルシウム CaO 塩化カルシウム CaCl₂	ダイヤモンド C 二酸化ケイ素 SiO₂ ケイ素 Si		ヨウ素 I₂ 二酸化炭素 CO₂ 水 H₂O

② 金属結晶の構造を調べると

■ **金属結晶** 金属原子が金属結合によって規則正しく配列してできた結晶を**金属結晶**という。金属原子は，できるだけ多くの原子で取り囲まれるように配列している。

■ **金属の結晶構造** おもな金属の結晶格子には，**面心立方格子**，**体心立方格子**，**六方最密構造**がある（図3）。

✿ **2.** 立方体の各頂点と各面の中心に原子がある。

✿ **3.** 立方体の各頂点と中心に原子がある。

✿ **4.** 底面の正六角形の各頂点と中心に原子がある。7個，3個，7個の積み重ねの配列になっている。

結晶格子名	① 面心立方格子	② 体心立方格子	③ 六方最密構造
結晶格子	単位格子　$\frac{1}{8}$個　$\frac{1}{2}$個	単位格子　$\frac{1}{8}$個　1個	単位格子　$\frac{1}{12}$個　1個分　$\frac{1}{6}$個
所属原子数	4個	2個	2個
配位数	12	8	12
充塡率	74%	68%	74%
金属の例	Cu, Ag, Al, Ca, Au	Li, Na, K, Ba, Fe	Zn, Mg, Be, Ti

図3. 金属結晶の結晶格子

■ **所属原子数**

1 面心立方格子 立方体の頂点に$\frac{1}{8}$個，立方体の面の中心に$\frac{1}{2}$個の原子を含むから，

$$\frac{1}{8} \times 8 + \frac{1}{2} \times 6 = \mathbf{4}\text{個}$$

2 体心立方格子 立方体の頂点に$\frac{1}{8}$個，立方体の中心に1個の原子を含むから，**2個**となる。

3 六方最密構造 正六角柱の頂点に$\frac{1}{6}$個，正六角形の面の中心に$\frac{1}{2}$個，正六角柱の中間層に3個含むから，

$$\frac{1}{6} \times 12 + \frac{1}{2} \times 2 + 3 = 6\text{個} \Rightarrow \text{単位格子では } \mathbf{2}\text{個}$$

〔単位格子中の原子の数〕

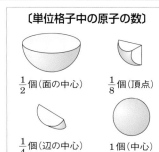

$\frac{1}{2}$個（面の中心）　$\frac{1}{8}$個（頂点）

$\frac{1}{4}$個（辺の中心）　1個（中心）

✿ **5.** 六方最密構造の正六角柱（所属原子数6）は，単位格子ではない。正確な単位格子（最小の結晶の繰り返し単位）は正六角柱の$\frac{1}{3}$の四角柱（図3で色がついた部分）だから，所属原子数は2となる。

ポイント
1 単位格子中に何個分の原子を含むか。（所属原子数）
2 1個の原子に隣接するほかの原子の数。（配位数）
3 単位格子の一辺の長さlと原子半径rの関係。
4 単位格子の体積に占める原子の体積の割合。（充塡率）

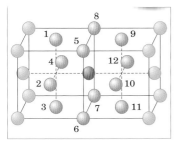

図4．面心立方格子の配位数

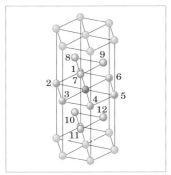

図5．六方最密構造の配位数

原子が接している
部分に着目しよう。

■ **配位数** 結晶中で，1個の粒子に隣接するほかの粒子の数を**配位数**という。

面心立方格子と六方最密構造は，いずれも球を空間に最も密に並べた構造（**最密構造**）である。一方，体心立方格子は最密構造ではなく，少し隙間が大きい構造である。

1 **面心立方格子** 単位格子を横に2つ並べ，その中央に位置する原子●に着目すると，その周囲を取り囲む12個の原子○（1～12）と接している（図4）。➡配位数**12**

2 **体心立方格子** 立方体の中心にある球は，各頂点にある8個の球と接している。➡配位数**8**

3 **六方最密構造** 単位格子を縦に2つ並べ，その中央に位置する原子●に着目すると，その周囲を取り囲む12個の原子○（1～12）と接している（図5）。➡配位数**12**

③ 単位格子から何がわかるのか

■ **単位格子の一辺の長さと原子半径の関係**

単位格子の一辺の長さl（**格子定数**という）から，原子半径rを求めることができる。

1 **面心立方格子** 図6（左）のように，原子は立方体の各面の対角線上で接している。面の対角線の長さは$\sqrt{2}\,l$で，これは原子半径4個分と等しいから，

$\sqrt{2}\,l = 4r$の関係がある。

2 **体心立方格子** 図6（右）のように，原子は立方体の対角線上で接している。立方体の対角線の長さは$\sqrt{3}\,l$で，これは原子半径4個分と等しいから，

$\sqrt{3}\,l = 4r$の関係がある。

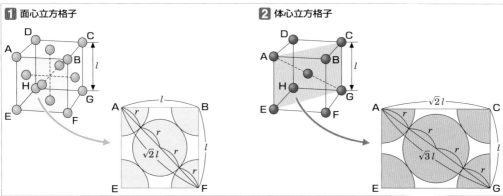

図6．格子定数lと原子半径rの関係

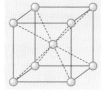

例題 **ナトリウムの単位格子**

　ナトリウムは右図のような結晶構造をもつ。単位格子の一辺の長さを4.30×10^{-8}cmとして，ナトリウムの原子半径を求めよ。

$\sqrt{2} = 1.41$，$\sqrt{3} = 1.73$

解説　右の図のように，体心立方格子では単位格子の対角線上で原子が接している。

　単位格子の一辺の長さをl〔cm〕とすると，**対角線の長さは$\sqrt{3}\,l$で**，この長さは原子半径rの4倍に等しいから，

$$r = \frac{\sqrt{3}\,l}{4} = \frac{1.73 \times 4.30 \times 10^{-8}}{4} ≒ 1.86 \times 10^{-8}\text{cm}$$

答　1.86×10^{-8}cm

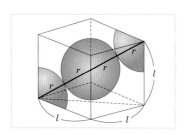

■ **充填率**（じゅうてんりつ）　単位格子の体積に占める原子の体積の割合を**充填率**という。

1　**面心立方格子**

$$\frac{\text{原子4個分の体積}^{●6}}{\text{単位格子の体積}} = \frac{\frac{4}{3}\pi r^3 \times 4}{l^3} = \frac{\frac{4}{3}\pi \left(\frac{\sqrt{2}}{4}l\right)^3 \times 4}{l^3} = \frac{\sqrt{2}\,\pi}{6} ≒ 0.74 \Rightarrow 74\%$$

2　**体心立方格子**

$$\frac{\text{原子2個分の体積}}{\text{単位格子の体積}} = \frac{\frac{4}{3}\pi r^3 \times 2}{l^3} = \frac{\frac{4}{3}\pi \left(\frac{\sqrt{3}}{4}l\right)^3 \times 2}{l^3} = \frac{\sqrt{3}\,\pi}{8} ≒ 0.68 \Rightarrow 68\%$$

●6. 原子半径をrとすると，球の体積の公式より，原子1個の体積は$\frac{4}{3}\pi r^3$である。

例題 **原子半径と結晶の密度，原子量の関係**

　銅は面心立方格子の結晶構造をとり，単位格子の一辺の長さは3.6×10^{-8}cmである。銅の結晶の密度は何g/cm^{3}か。原子量：Cu = 64　アボガドロ定数：6.0×10^{23}/mol，$3.6^3 = 46.6$

解説　面心立方格子なので，**単位格子の質量は銅原子4個分の質量に等しい。**$^{●7}$

　銅原子1個の質量は$\dfrac{64}{6.0 \times 10^{23}}$gなので，

$$密度 = \frac{\text{単位格子の質量}}{\text{単位格子の体積}} = \frac{\dfrac{64}{6.0 \times 10^{23}} \times 4}{(3.6 \times 10^{-8})^3} ≒ 9.2\,\text{g/cm}^3$$

答　$9.2\,\text{g/cm}^3$

●7. 単位格子中に含まれる銅原子の数は，

$\frac{1}{8}$（頂点）$\times 8 + \frac{1}{2}$（面心）$\times 6$
$= 4$（個）

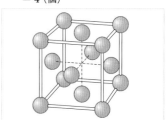

イオン結晶

1 イオン結晶の構造を探ると

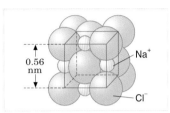

0.56 nm

Na⁺

Cl⁻

図1. 塩化ナトリウムの結晶構造

■ **イオン結晶** 塩化ナトリウム NaClの結晶は，正の電荷をもつナトリウムイオン Na^+ と負の電荷をもつ塩化物イオン Cl^- が交互に規則正しく積み重なってできている（図1）。このような，イオン結合でできた結晶を**イオン結晶**という。

■ **イオン結晶の種類** 陽イオンと陰イオンの価数や大きさなどにより，異なる結晶構造をとる。陽イオンと陰イオンの割合が1:1のイオン結晶の単位格子には，次の3種類がある（図2）。

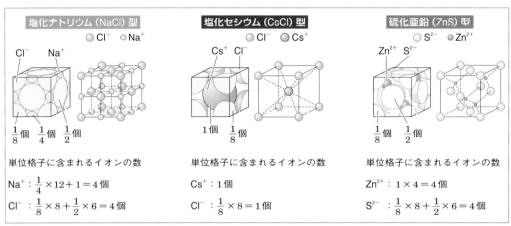

塩化ナトリウム (NaCl) 型	塩化セシウム (CsCl) 型	硫化亜鉛 (ZnS) 型
○ Cl⁻ ○ Na⁺	○ Cl⁻ ○ Cs⁺	○ S²⁻ ○ Zn²⁺

単位格子に含まれるイオンの数

$Na^+ : \dfrac{1}{4} \times 12 + 1 = 4$ 個

$Cl^- : \dfrac{1}{8} \times 8 + \dfrac{1}{2} \times 6 = 4$ 個

単位格子に含まれるイオンの数

$Cs^+ : 1$ 個

$Cl^- : \dfrac{1}{8} \times 8 = 1$ 個

単位格子に含まれるイオンの数

$Zn^{2+} : 1 \times 4 = 4$ 個

$S^{2-} : \dfrac{1}{8} \times 8 + \dfrac{1}{2} \times 6 = 4$ 個

図2. 代表的なイオン結晶の単位格子

☼1. Na^+ よりも Cs^+ のほうがイオン半径が大きいので，より多くの Cl^- がそのまわりを取り囲むことができる。つまり，配位数は大きくなる。

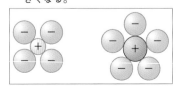

■ **配位数** イオン結晶では，あるイオンを取り囲む反対符号のイオンの数を**配位数**という。

NaCl型の結晶では，中心にある Na^+ は6個の Cl^- に取り囲まれており，Cl^- も6個の Na^+ に取り囲まれているから，配位数は6である。

CsCl型の結晶では，中心の Cs^+ は8個の Cl^- で取り囲まれているから，配位数は8である。

ZnS型の結晶では，Zn^{2+} は4個の S^{2-} で取り囲まれているから，配位数は4である。

いずれの結晶構造をとるかは，構成する陽イオンと陰イオンの半径の比などで決まる。

② イオン結晶の安定性とは

■ **イオン結晶の安定性**　イオン結晶は静電気的な引力（クーロン力）によって構成されており，その安定性について次のことがいえる。

> **1** 陽イオンと陰イオンが多く接触する（配位数が大きい）ほど安定である。
>
> **2** 陽イオンどうし，陰イオンどうしが接触すると，静電気的な反発力を生じ，不安定になる。

■ **イオン半径比と安定性**　陰イオンの半径はそのままで，陽イオンの半径を小さくしていく場合を考える（**図3**）。

(a) 陽イオンの半径が大きいときは，陰イオンどうしは接触しておらず，結晶は安定である。

(b) 陽イオンの半径が小さくなると，陰イオンどうしが接触して，結晶は安定限界となる。

(c) 陽イオンの半径がさらに小さくなると，陽イオンと陰イオンが接触しなくなり，結晶は不安定となる。

> イオン結晶が安定なのは，⊕と⊖が接していて，⊖どうしは離れている場合だよ。

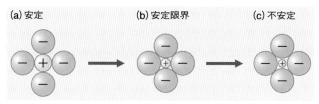

(a) 安定　　　(b) 安定限界　　　(c) 不安定

図3．イオン半径の大きさとイオン結晶の安定性

■ **限界半径比**　イオン結晶が図3の(b)のような安定限界にあるとき，陽イオンの半径r_+と陰イオンの半径r_-の比 $\dfrac{r_+}{r_-}$ を**限界半径比**という。**表1**に3種類のイオン結晶の配位数と限界半径比を示す。

結晶構造	配位数	限界半径比
塩化セシウム（CsCl）型	8	0.73より大
塩化ナトリウム（NaCl）型	6	0.41〜0.73
硫化亜鉛（ZnS）型	4	0.41より小

表1．イオン結晶の配位数と限界半径比 ♻2

　各イオン結晶が安定に存在できる限界半径比の範囲を超えると，その結晶構造は不安定となり，別の安定な結晶構造へと変化していく。限界半径比に近いイオン結晶では，温度・圧力などの変化によって結晶構造が変化することがある。このような現象を**相転移**という。

♻2．塩化カリウムKClの結晶は $\dfrac{r_+}{r_-}=0.91$ なので，CsCl型をとると予想されるが，実際にはNaCl型である。このように，**表1**の関係にあてはまらない例も多い。

♻3．たとえば，高温にすると熱運動が活発になり，より隙間の多い構造に，高圧にするとより隙間の少ない構造に変化する傾向がみられる。

3 共有結合の結晶と分子結晶・非晶質

1 ダイヤモンドは共有結合の塊

■ **共有結合の結晶** 14族の炭素C，ケイ素Siのように，原子価の大きい原子は，多数の原子が共有結合だけで結びついて結晶を形成する。このような結晶を共有結合の結晶という。共有結合の結晶は，結晶全体を1つの巨大な分子と考えることができる。共有結合の結晶には，ダイヤモンドC，黒鉛C，ケイ素Si（図1）のほか，二酸化ケイ素SiO_2（図2），炭化ケイ素SiCなどがある。これらの物質の化学式は，いずれも組成式で表す。

■ **共有結合の結晶の性質** 共有結合の結合力は非常に強い。したがって，次のような性質をもつ。

1 硬く，融点がきわめて高い。

2 水に溶けにくく，電気を通さないものが多い。[1]

■ **ダイヤモンド** 各炭素原子は4個の価電子を使って隣り合う4個の炭素原子と共有結合している。正四面体を基本単位とする立体網目構造を形成し（図3左），非常に硬く，電気を通さない。ダイヤモンド型の結晶構造をもつ物質には，ケイ素Si，炭化ケイ素SiCなどがある。

■ **黒鉛** 各炭素原子は3個の価電子を使って隣り合う3個の炭素原子と共有結合している。正六角形を基本単位とする平面層状構造を形成し（図3右），この平面構造どうしは比較的弱い分子間力で積み重なっているだけなので，薄く剝れやすく，軟らかい。また，残る1個の価電子は平面構造に沿って動くことができるので，電気をよく通す。

図1．シリコン（Siの結晶）

図2．水晶（SiO_2の結晶）

✿1．黒鉛は例外で，電気をよく通す。

> **ポイント**
> ダイヤモンド…立体網目構造，硬い，不導体
> 黒鉛 …………平面層状構造，軟らかい，良導体

ダイヤモンド

各炭素原子は4個の価電子を共有結合に使い，立体網目構造をつくる。電気を通さない。

0.154nm

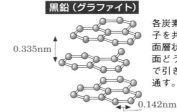

黒鉛（グラファイト）

各炭素原子は3個の価電子を共有結合に使い，平面層状構造をつくる。平面どうしは弱い分子間力で引き合う。電気をよく通す。

0.335nm

0.142nm

図3．ダイヤモンドと黒鉛の構造の違い

② ドライアイスを調べると

■ **分子結晶**　冷却剤に使われるドライアイスは，多数の
CO_2 分子がファンデルワールス力によって集合してでき
た固体である。一般に，多数の分子が分子間力によって規
則的に配列してできた結晶を**分子結晶**という。

代表的な分子結晶には，ヨウ素 I_2（**図4**）やナフタレン
$C_{10}H_8$，グルコース $C_6H_{12}O_6$ などがある。

また，気体の N_2 や O_2 なども十分に冷却すると凝固し，
分子結晶をつくる。

■ **分子結晶をつくる物質の性質**

1 ファンデルワールス力は弱いため，分子結晶は軟らか
く，融点も低い。また，無極性分子からなる分子結晶で
は，昇華しやすい性質（**昇華性**）をもつものが多い。

2 分子は電荷をもたないので，固体でも，加熱して液体
にしても電気を通さない。

③ 氷の構造は

■ **氷の結晶**　氷は，多数の水分子が水素結合によって規
則的に配列した分子結晶である。1個の水分子は正四面体
の頂点方向にある4個の水分子と**水素結合**を形成し，かな
り隙間が多い結晶構造（**図5**）をとる。

■ **水の密度変化**　一般の物質では，液体よりも固
体のほうが密度が大きいので，固体はその液体中に
沈むのが普通である（**図6**左）。

水では，液体よりも固体のほうが密度が小さいの
で，固体（氷）がその液体（水）に浮く（**図6**右）。氷
は方向性のある水素結合によってできた分子結晶
（配位数4）で，隙間が大きい。氷が融解して水にな
ると，氷の結晶構造が部分的に壊れ，自由になった
水分子がその隙間に入り込み，かえって密度が大き
くなるためと考えられる。

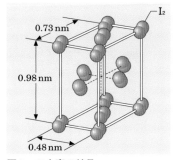

図4. ヨウ素の結晶
I_2 分子が直方体の面の中心と頂点
の位置に配置されている。

0.73 nm
0.98 nm
0.48 nm

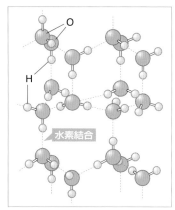

図5. 氷の結晶構造

図6. エタノール（左）と水（右）の液体と固体

> **ポイント** **分子結晶**…分子間力で集まってできた結晶
> ・方向性のない**ファンデルワールス力**によるもの
> 　⇨最密に近い構造　**例** CO_2（ドライアイス）
> ・方向性のある**水素結合**によるもの
> 　⇨隙間が多い構造　**例** H_2O（氷）

ダイヤモンドの結晶格子は，面心立方格子とよく似ているね。

例題 **ダイヤモンドの結晶の密度**

ダイヤモンドの単位格子は，一辺3.6×10^{-8}cmの立方体である。

(1) この単位格子に含まれる炭素原子は何個か。

(2) ダイヤモンドの結晶の密度を求めよ。原子量：$C = 12$ アボガドロ定数：6.0×10^{23}/mol，$3.6^3 = 46.6$

解説 単位格子に基づいて，密度を計算する。

(1) C原子は単位格子の各頂点，各面の中心，内部に存在するから，

$$\frac{1}{8}(頂点) \times 8 + \frac{1}{2}(面) \times 6 + 4(内部) = 8 個$$

2. 立方体の一辺を2等分してできる8つの小立方体の中心を1つおきに占めている。

(2) C原子1個の質量は，$\dfrac{12\,\mathrm{g/mol}}{6.0 \times 10^{23}/\mathrm{mol}} = 2.0 \times 10^{-23}\mathrm{g}$

単位格子の質量は，C原子8個分の質量に等しいから，

$$密度 = \frac{単位格子の質量}{単位格子の体積} = \frac{2.0 \times 10^{-23} \times 8}{(3.6 \times 10^{-8})^3} \fallingdotseq 3.4\,\mathrm{g/cm^3}$$

答 (1) 8個 (2) $3.4\,\mathrm{g/cm^3}$

4 アモルファスって何？

■ **非晶質** 多くの固体物質は，構成粒子が規則的に並んだ結晶構造をもつ。ところが，ガラスやプラスチックは固体であるが，構成粒子の配列は規則的ではない。

このように，構成粒子の配列が不規則な固体物質を，一般に**非晶質（アモルファス）**という。

■ **非晶質の性質** 結晶が一定の融点を示すのに対し，非晶質は一定の融点を示さず，融解が徐々に進行する。

3. 無定形炭素である煤やカーボンブラックなどもアモルファスである。

■ **アモルファスシリコン** ケイ素の融解液を急冷すると，非晶質のケイ素（アモルファスシリコン）が得られる。加工しやすく，結晶シリコンに比べて安価なので，太陽電池などの半導体材料として広く利用されている。

■ **ガラス**（→p.181） 二酸化ケイ素SiO_2を約2000℃に加熱して融解し，それを冷却すると非晶質の**石英ガラス**が得られる。日常使われている**ソーダガラス**は，図7のようにSiO_4の四面体の立体網目構造の中に，Na^+やCa^{2+}などが不規則に入り込んだ非晶質の構造で，決まった融点はなく，ある温度の幅で軟化する。

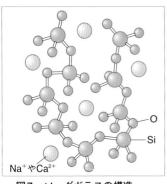

O
Si
Na^+やCa^{2+}

図7．ソーダガラスの構造

4 結晶の種類と性質

1 結晶の種類をまとめると

■ 結晶は，イオン結晶，共有結合の結晶，分子結晶，金属結晶の4つに分類される。結晶と，単体・化合物，金属元素・非金属元素との関係は次のようになる。

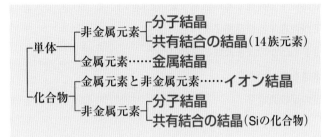

2 化学結合の強さと結晶の性質

■ **結合の強さと結晶の融点**　一般に，結合の強さと結晶の融点には密接な関係があり，結合力の強い結晶ほど融点は高い。すなわち，共有結合の結晶の融点はきわめて高いが，分子結晶の融点は低く，常温で液体や気体の物質が多い（図1）。

■ **結晶の種類と溶解性**　一般に，イオン結晶は水に溶けやすいものが多く，分子結晶は水に溶けにくいものが多い。共有結合の結晶や金属結晶は水に溶けない。

　また，分子結晶には，エーテルやヘキサンなどの有機溶媒に溶けるものが多い。

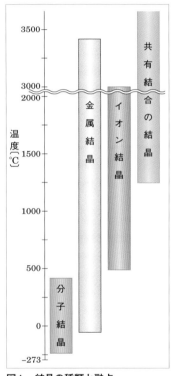

図1．結晶の種類と融点

特徴＼結晶	イオン結晶	共有結合の結晶	分子結晶	金属結晶
結合の種類	イオン結合	共有結合	分子間力	金属結合
結合の強さ	強い	非常に強い	弱い	強い（幅がある）
融点	高い	非常に高い	低い	高い〜低い
機械的性質	硬く，もろい	非常に硬い	軟らかく，砕けやすい	展性・延性を示す
電気伝導性	ない（液体はある）	ない（黒鉛はある）	ない	ある
水に対する溶解性	溶けやすいものが多い	溶けない	溶けにくいものが多い	溶けない
構成粒子	陽イオン・陰イオン	非金属元素の原子	分子	金属元素の原子
例	NaCl，$CuSO_4$	C（ダイヤモンド）	I_2，CO_2，H_2O	Na，Fe，Cu

表1．結晶の種類と性質の比較

1 ☐ 原子・分子・イオンなどが規則正しく配列した固体を何という？

2 ☐ 結晶を構成する粒子の配列構造を表したものを何という？

3 ☐ 結晶構造の繰り返しの最小単位を何という？

4 ☐ 金属元素の原子が金属結合によって規則正しく配列した結晶を何という？

5 ☐ 立方体の各頂点と各面の中心に粒子が存在する結晶格子を何という？

6 ☐ 立方体の各頂点と中心に粒子が存在する結晶格子を何という？

7 ☐ 結晶中で，1個の粒子に隣接するほかの粒子の数を何という？

8 ☐ 球を空間に最も密に並べた構造を何という？

9 ☐ 面心立方格子と六方最密構造の配位数は？

10 ☐ 体心立方格子の配位数は？

11 ☐ 単位格子の一辺の長さを特に何という？

12 ☐ 単位格子の体積に占める原子の体積の割合を何という？

13 ☐ イオン結合でできた結晶を何という？

14 ☐ 陽イオンと陰イオンの割合が1:1のイオン結晶の単位格子は何種類ある？

15 ☐ 非金属元素の原子が共有結合だけで結びついた結晶を何という？

16 ☐ ダイヤモンドの結晶では，炭素原子はどんな構造をとっている？

17 ☐ 黒鉛の結晶では，炭素原子はどんな構造をとっている？

18 ☐ 多数の分子が分子間力によって規則的に配列してできた結晶を何という？

19 ☐ 氷は，水分子が何という結合で結びついた分子結晶？

20 ☐ 構成粒子の配列が不規則な固体物質を何という？

21 ☐ ケイ素Siの融解液を急冷してできる非晶質のケイ素を何という？

22 ☐ 二酸化ケイ素の融解液を冷却してできる非晶質のガラスを何という？

23 ☐ 非晶質は一定の融点を示す？　示さない？

解答

1. 結晶	8. 最密構造	15. 共有結合の結晶	21. アモルファス
2. 結晶格子	9. 12	16. 立体網目構造	シリコン
3. 単位格子	10. 8	17. 平面層状構造	22. 石英ガラス
4. 金属結晶	11. 格子定数	18. 分子結晶	23. 示さない
5. 面心立方格子	12. 充填率	19. 水素結合	
6. 体心立方格子	13. イオン結晶	20. 非晶質	
7. 配位数	14. 3種類	（アモルファス）	

計算に必要な場合は，アボガドロ定数を
$N_A = 6.0 \times 10^{23}$/mol とせよ。

① 結晶の種類

次の文中の[ ]に適する語句を記せ。

(1) 多数の金属原子が集まると，価電子はもとの原子から離れ，金属中を動き回るようになる。このような電子を①[   ]といい，①によって金属原子が規則的に配列してできる結晶を②[   ]という。

(2) 陽イオンと陰イオンが静電気的な引力で引き合う結合を①[   ]といい，①によってできる結晶を②[   ]という。

(3) 分子間には，①[   ]とよばれる弱い引力がはたらく。多数の分子が①によって規則的に配列した結晶を②[   ]という。

(4) 多数の原子が共有結合だけで結びついてできる結晶を[   ]という。

② 面心立方格子

金属のアルミニウムは，右の図のような単位格子をもつ結晶で，その一辺の長さは4.05×10^{-8} cmである。
原子量：Al = 27
$4.05^3 = 66.4$，$\sqrt{2} = 1.41$

(1) この単位格子の名称を答えよ。

(2) アルミニウム原子の半径は何cmか。

(3) 単位格子中には，何個のアルミニウム原子が含まれるか。

(4) アルミニウムの結晶の密度は何 g/cm³か。

③ 体心立方格子

右の図は，ある金属結晶の単位格子を示しており，単位格子の一辺の長さは2.9×10^{-8} cmである。この結晶の密度が7.9 g/cm³のとき，次の問いに答えよ。$\sqrt{3} = 1.73$，$2.9^3 = 24.4$

(1) この金属原子の半径は何cmか。

(2) この単位格子には，何個の金属原子が含まれるか。

(3) この金属原子1個の質量は何gか。

(4) この金属の原子量を求めよ。

④ 六方最密構造

単位格子

右の図の太線で囲んだ部分は，ある金属結晶の単位格子を示している。

(1) この単位格子の名称を答えよ。

(2) この単位格子には，何個の金属原子が含まれるか。

⑤ イオン結晶

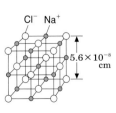

Cl⁻ Na⁺

5.6×10^{-8} cm

右の図は，塩化ナトリウムの結晶の単位格子である。
式量：NaCl = 58.5
$5.6^3 = 176$

(1) この単位格子に含まれるNa⁺とCl⁻は，それぞれ何個か。

(2) 塩化ナトリウムの結晶の密度は何 g/cm³か。

知っているかい？
こんな話 あんな話①

⊙ いわゆる化学に関する内容には，まずテストには出ないが，けっこうおもしろいものがたくさんあります。それらの中からいくつか選び出し，話に仕立ててみました。そう，コーヒーでも飲みながら読むのが，よく似合うかな。

❀ 液晶って何だろう？

　物質の中には，固体の規則性と液体の流動性をあわせもつものがあります。このような物質は，**液晶**とよばれます。以前は，電卓や腕時計の表示部分のような，ごく小さな面積で使われることが多かった液晶ですが，今や携帯電話やパソコン，テレビをはじめとするさまざまな製品に使われており，とても身近なものになりました。液晶とは，どのような物質なのでしょうか。

　液晶として最もよく使われているのは 4-シアノ-4′-ペンチルビフェニルという物質で(図1)，長い棒のような形をした極性分子です。この物質は，24℃以下では分子が規則正しく並んだ結晶状態を保ち(図2)，34℃を超えると液体となります。そして，この中間の24℃～34℃では，粘性が大きな少し濁った状態，つまり，液晶となります。液晶の状態では，分子は一定の方向に並んではいますが，その重心が一致していないため(図3)，ある程度，運動の自由度をもちます。このような液晶を**ネマチック液晶**といいます。

図1

4-シアノ-4′-ペンチルビフェニル

C_5H_{11} ━〈 〉━〈 〉━ $C≡N$
　δ+　　　　　　　　　δ−

結晶 ─**24℃**→ 液晶 ─**34℃**→ 液体
(固体)

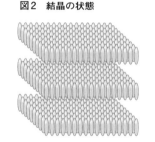

図2　結晶の状態

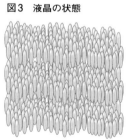

図3　液晶の状態

　ネマチック液晶を 2 枚の透明電極板の間に$10\,\mu m$程度の厚さに封入すると，液晶パネルができます。電圧のかからない状態では，液晶の分子はガラス板に平行に並びますが，電圧をかけると，分子の極性の影響で，ガラス板に垂直に並びます。すると，光の透過性が変化します。このとき，液晶パネルの両側に偏光板をうまく組み合わせておくと，液晶画面に文字や図を表すことができるのです。

超臨界流体って何だろう？

　ある温度・圧力において物質がどのような状態で安定に存在するかを表した図を，**状態図**といいます。p.11で二酸化炭素の状態図が出てきましたが，よく見ると，蒸気圧曲線だけは31℃，74×10^5Paのところで途切れていますね。二酸化炭素は，31℃以上，74×10^5Pa以上では，どのような状態で存在するのでしょうか。

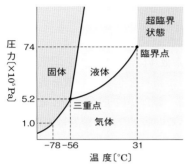

図4　二酸化炭素の状態図

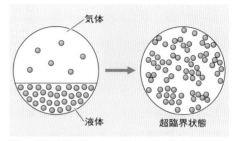

図5　超臨界状態における粒子のようす

　二酸化炭素を高温・高圧にしていくと，31℃，74×10^5Paまでであれば，液体や気体の状態（または，液体と気体が共存している状態）で存在します。しかし，この温度・圧力を超えると，二酸化炭素は液体と気体の区別のつかない特殊な状態（**超臨界状態**）となります。この状態にある物質は，**超臨界流体**とよばれ，この限界の温度・圧力をそれぞれ**臨界温度**，**臨界圧力**といいます。

　超臨界流体は，気体の特徴である拡散性と，液体の特徴である溶解性をあわせもっています。超臨界流体の分子は非常に大きな運動エネルギーをもちます。そのため，通常の液体に比べて粘性がきわめて小さく，物質内の隙間にすばやく浸透し，目的物質をよく溶解できます。この性質により，超臨界流体は新しい抽出溶媒として利用されるようになってきました。

　たとえば，コーヒー豆の粉末を二酸化炭素の超臨界流体の中へ入れ，温度・圧力を調整します。すると，コーヒーの味や香りを損なうことなく，眠気を除くカフェインという成分だけを抽出することができます。こうしてつくられたのがカフェインレスコーヒーです。

　二酸化炭素の超臨界流体は，柑橘類から芳香成分を抽出したり，鰹節から旨味成分を抽出したり，ホップから苦味成分を抽出したりするのにも使われています。

溶液の性質

1 溶液と溶解のしくみ

図1. シュリーレン現象
結晶を水につり下げると，高密度の溶液が下降する現象がみられる。

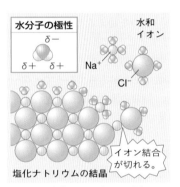

図2. 塩化ナトリウムの溶解

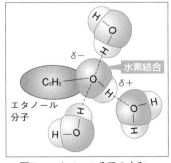

図3. エタノール分子の水和
極性をもつ–OH部分に水分子が水素結合をつくることにより，水和される。

1 溶液とはどんなものか

■ **溶液とは** 物質が液体に溶けたものを**溶液**という。また，液体に溶け込んだ物質を**溶質**，物質を溶かす液体を**溶媒**という。溶質は，細かい粒子（分子やイオン）となり，溶媒と均一に混合している。なお，溶質は固体に限らず，液体や気体の場合もある。

2 イオン結晶の溶け方

■ **塩化ナトリウムの溶解** 水分子 H_2O は極性をもち，酸素原子 O はやや負，水素原子 H はやや正に帯電している。塩化ナトリウム NaCl の結晶を水に入れると，結晶表面のナトリウムイオン Na^+ は水分子の O 原子，塩化物イオン Cl^- は水分子の H 原子と静電気力で引き合う。その結果，Na^+ と Cl^- はそれぞれ水分子に取り囲まれ安定化する（図2）。この状態を**水和**といい，水和されたイオンを**水和イオン**という。やがて，結晶内の Na^+ と Cl^- のイオン結合が切れ，水和イオンが熱運動によって水中へ拡散していくことで，NaCl の溶解が進行する。

3 分子性の物質の溶け方

■ **エタノールの溶解** エタノール C_2H_5OH の分子中には，–OH の部分に極性があるので，–OH の O 原子と水分子の H 原子，–OH の H 原子と水分子の O 原子との間に**水素結合**が生じて水和されるので，水とよく溶け合う（図3）。ヒドロキシ基–OH のように，極性があり，水和しやすい部分を**親水基**という。一方，エチル基 C_2H_5– のように，極性がなく，水和しにくい部分を**疎水基**という。アルコールでは炭素原子の数が多くなるほど水に溶けにくくなる。これは，分子全体において，疎水基の影響が親水基の影響を上回るためである。

■ **塩化水素の溶解**　塩化水素HClは極性分子で，水によく溶ける。HCl分子が水の中に入ると，HCl分子のH原子には水分子のO原子が引きつけられ，HCl分子のCl原子には水分子のH原子が引きつけられる。そのため，HCl分子中のH–Clの共有結合が切れ，それぞれオキソニウムイオンH_3O^+と塩化物イオンCl^-になる（図4）。

　HClやアンモニアNH_3などの分子は，水と反応して各イオンに電離し，溶けていく。

■ **ヨウ素の溶解**　水にヨウ素I_2の結晶を加えても，無極性のI_2分子には水和は起こらず，I_2はほとんど水に溶けない。

　しかし，I_2のような無極性分子は，ベンゼンやヘキサンのような無極性分子からなる溶媒とは分子間力によって取り囲まれる（**溶媒和**）ため，よく溶け合う（図5）。また，無極性分子どうしが溶け合うのは，物質の構成粒子が，規則正しい状態（乱雑さ小，不安定）から不規則な状態（乱雑さ大，安定）へ向かって変化が進行しやすいという，自然界の原理に基づいている。

④ 溶けるものと溶けないもの

■ **溶解性の一般原則**　液体（溶媒）が溶かすことのできる物質（溶質）の種類は，それぞれ決まっている。

　水（極性溶媒）に溶ける物質は，塩化ナトリウムのようなイオン結晶や，グルコース，エタノール，塩化水素などの極性分子である。

　一方，ヘキサンやベンゼン（無極性溶媒）に溶ける物質は，ナフタレンのほか，ヨウ素，黄リン，斜方硫黄など，いずれも無極性分子である。

　物質の溶け方と極性の関係は，次のようにまとめられる。

溶媒＼溶質	イオン結晶・極性分子	無極性分子
極性溶媒 （水，エタノール）	溶けやすい	溶けにくい
無極性溶媒 （ヘキサン，ベンゼン）	溶けにくい	溶けやすい

ポイント　溶解性の原則
　　極性の似たものどうし………溶けやすい
　　極性の異なるものどうし……溶けにくい

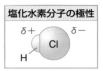
塩化水素分子の極性

$\delta+$　$\delta-$
Cl
H

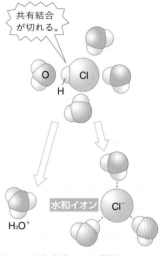
共有結合が切れる。

O　Cl
H

水和イオン　Cl^-
H_3O^+

図4．塩化水素HClの電離
HCl分子が水の中に入ると，H原子とCl原子はそれぞれ水分子H_2Oを引きつける。その結果，H原子とCl原子の間の共有結合が切れ，H原子とCl原子はそれぞれイオンになって電離する。

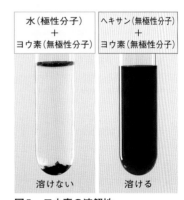

水（極性分子） ＋ ヨウ素（無極性分子）	ヘキサン（無極性分子） ＋ ヨウ素（無極性分子）
溶けない	溶ける

図5．ヨウ素の溶解性

極性があるものどうし，極性がないものどうしだと，溶けやすいんだね。

固体の溶解度

1 飽和溶液とはどんな溶液か

■ **飽和溶液** 一定量の溶媒に溶質を溶かしていくと，ある量以上は溶けないことが多い。この限度量を**溶解度**といい，溶解度まで溶かした溶液を**飽和溶液**という。

■ **溶解平衡** 水に多量のスクロースの結晶を加えると，最初は，結晶の表面からスクロース分子が水中に溶け出す。水中にスクロース分子が増えてくると，今度はスクロース分子が結晶表面に衝突し，結晶に取り込まれる現象（**析出**）も起こるようになる。

ついに，単位時間あたりで溶解する粒子の数と析出する粒子の数が等しくなると，見かけ上，溶解が停止した状態になる。この状態を**溶解平衡**という（図1）。

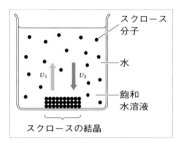

図1．スクロースの溶解平衡
v_1＝スクロースの溶解速度
v_2＝スクロースの析出速度
$v_1 = v_2$のとき溶解平衡という。

2 固体の溶解度とは何か

■ **固体の溶解度** 固体の溶解度は，ふつう，溶媒100 gに溶かすことのできる溶質の質量〔g〕の数値で表す。たとえば，20℃の水への溶解度が36ということは，「20℃の水100 gに溶質が36 gまで溶ける。」ことを意味する。

固体では，温度が高くなると溶解度が大きくなるものが多い。[1] 図2のように，物質の溶解度と温度との関係を表したグラフを**溶解度曲線**という。

> **ポイント** 固体の溶解度
> 溶媒**100 g**に溶ける溶質の最大質量〔**g**〕の数値

■ **水和物の溶解度** 硫酸銅（Ⅱ）五水和物 $CuSO_4 \cdot 5H_2O$ のように**水和水（結晶水）**をもつ物質を**水和物**といい，$CuSO_4$のように水和水をもたない物質を**無水物**という。

水和物の水への溶解度は，飽和溶液中の水100 gに溶ける無水物の質量〔g〕の数値で示す。

たとえば，20℃の水100 gに $CuSO_4 \cdot 5H_2O$ が36 gまで溶けた場合，20℃の水100 gに溶ける $CuSO_4$ の質量は次のように計算される。まず，$CuSO_4 \cdot 5H_2O$ 36 g中の $CuSO_4$（無水物）と水和水の質量は，式量・分子量が $CuSO_4 = 160$，$H_2O = 18$，$CuSO_4 \cdot 5H_2O = 250$ より，

◇1. 水酸化カルシウム $Ca(OH)_2$ のように，高温ほど溶解度が少しずつ減少する物質もある。
　0℃　0.171g, 40℃　0.134g
　80℃　0.091g, 100℃　0.014g

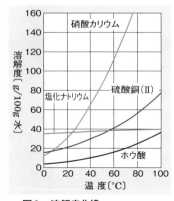

図2．溶解度曲線

$$\text{CuSO}_4 : 36 \times \frac{160}{250} \fallingdotseq 23\,\text{g} \qquad \text{H}_2\text{O} : 36 \times \frac{90}{250} \fallingdotseq 13\,\text{g}$$

よって，水113gにCuSO$_4$が23g溶けているので，水100g

あたりに換算すると，$23 \times \dfrac{100}{113} \fallingdotseq 20\,\text{g}$ ➡ 溶解度20

結晶中の水和水も溶媒の質量に加えて計算するんだね。

③ 再結晶とはどんな現象か

■ **再結晶の原理（冷却法）** 高温の溶媒に溶質を溶かして飽和溶液をつくる。その溶液を徐々に冷やしていくと，温度が下がるにつれて溶質の溶解度が減少するので，やがて溶けきれなくなった溶質が結晶として析出する。

たとえば，塩化カリウムKClは80℃の水100gに51gまで溶ける。この溶液を0℃まで冷やすと，0℃では28gしか溶けないから，51 − 28 = 23gのKClの結晶が析出する。

■ **再結晶の方法** 不純物を含んだ固体物質を高温の溶媒に溶かし，これを冷却すると，その物質の結晶が析出する。このとき，不純物は少量のため，飽和に達せず析出しない。このように，固体を適当な溶媒に溶かし，何らかの方法で再び結晶として析出させる方法を**再結晶**という。

1 冷却法 硝酸カリウムKNO$_3$のような，温度による溶解度の差が大きい物質に適する。高温の溶液を冷却すればよい。

2 濃縮法 塩化ナトリウムNaClのような，温度による溶解度の差が小さい物質に適する。溶液を加熱して溶媒を蒸発させればよい。📍2

図3. 硝酸カリウムの再結晶
（冷却法）

📍**2.** 冷却法や濃縮法以外にも，再結晶させる方法はある。たとえば，NaCl水溶液にエタノールを加えると，NaClの水への溶解度が下がり，NaClの結晶が析出する。

例題 **再結晶**

60℃の硝酸カリウム飽和水溶液100gを20℃まで冷やすと，何gの硝酸カリウムの結晶が得られるか。硝酸カリウムの溶解度は，20℃で32，60℃で110とする。

解説 水が100gのときを基準に考える。60℃の水100gにKNO$_3$は110gまで溶けるから，飽和水溶液は210gである。20℃の水100gにKNO$_3$は32gまでしか溶けないから，結晶の析出量は，110 − 32 = 78g

ここで，飽和水溶液が100gのときの析出量をx〔g〕とすると，析出量は飽和水溶液の量に比例するから，

$$\frac{析出量}{飽和水溶液の量} = \frac{78}{210} = \frac{x}{100} \qquad x \fallingdotseq 37\,\text{g}$$

答 37g

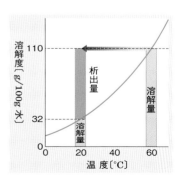

3 気体の溶解度

1 気体の溶解度を考える

■ **気体の溶解度と温度**　酸素や窒素などの気体分子は，液体中の水分子の隙間(すきま)に入り込んで溶ける。一般に，気体の溶解度は，温度が高くなると減少する(図1)。これは，温度が上がると，溶液中の気体分子の熱運動が活発になり，溶液中から飛び出しやすくなるためである。

■ **気体の溶解度**　溶媒に接している気体の圧力が1.013×10^5 Paのとき，水1Lに溶ける気体の物質量，または体積(標準状態に換算した値)で表されることが多い。

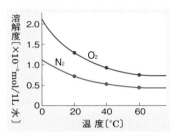

図1. 気体の溶解度の温度変化
(1.013×10^5 Pa)

⚙ 1. 1.013×10^5 Pa (1 atm)のもとで，水1Lに溶ける気体の体積を，0℃，1.013×10^5 Paでの体積(L)に換算した値で示す。

気体		0 ℃	20℃	40℃	60℃
水素	H₂	0.022	0.018	0.016	0.016
窒素	N₂	0.024	0.016	0.012	0.011
酸素	O₂	0.049	0.031	0.023	0.020
二酸化炭素	CO₂	1.71	0.88	0.53	0.36
塩化水素	HCl	510	463	419	349
アンモニア	NH₃	477	319	206	130

表1. 気体の溶解度⚙1

溶解度の大小により，各気体は次のように分類できる。

1 **溶解度が小さい気体**…H_2，N_2，O_2，貴ガスなど
➡ 比較的小さな無極性分子で，水と反応しないもの。

2 **溶解度が中程度の気体**…CO_2，Cl_2など
➡ 比較的大きな無極性分子で，水と少し反応するもの。

3 **溶解度が大きい気体**…NH_3，HClなど
➡ 極性分子で，水とかなり反応するもの。

■ **気体の溶解度と圧力**　炭酸飲料の栓を開けると，さかんに気泡が発生する(図2)。これは，高圧の二酸化炭素CO_2を溶かし込んだ炭酸飲料では，圧力が下がるとCO_2の溶解度も減少し，溶けきれなくなったCO_2が気体として発生するためである。

高圧　低圧

図2. 気体の溶解度と圧力の関係

⚙ 2. 溶解度の大きいNH_3，HClなどの気体は，水と反応してイオンに変化するので，ヘンリーの法則は成り立たない。溶解度の小さいO_2，N_2などの気体は，水に溶けても分子の状態なので，ヘンリーの法則が成り立つ。

2 ヘンリーの法則とはどんなものか

■ **ヘンリーの法則**　溶解度が比較的小さい気体では，一定温度で一定量の溶媒に溶ける気体の質量や物質量は，その気体の圧力(混合気体の場合は分圧)に比例する。これを**ヘンリーの法則**という。

また，気体の溶解度を体積で表す場合，ヘンリーの法則は次のように表現することもある。一定温度で一定量の溶媒に溶ける気体の体積は，溶かした圧力のもとでは，圧力に関係なく一定である。^{●3}

❂3. 気体は圧力が大きくなれば，圧縮されて体積が小さくなるので，温度が一定ならば，一定量の溶媒に溶ける気体の体積は，圧力が変わっても一定である。

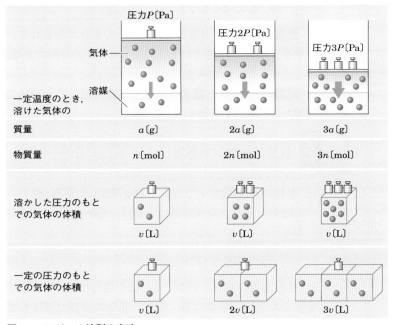

図3．ヘンリーの法則の意味

例題 ヘンリーの法則

　酸素O_2は，0℃，$1.0 \times 10^5\,Pa$において，水1.0Lに0.049L溶ける。0℃，$5.0 \times 10^5\,Pa$の酸素が水10Lに接しているとき，この水に溶けている酸素の質量は何gか。
分子量：$O_2 = 32$

解説　標準状態で水1.0Lに溶ける酸素の物質量は，

$$\frac{0.049}{22.4} \fallingdotseq 2.19 \times 10^{-3}\,mol$$

　ヘンリーの法則より，気体の溶解度（物質量）は圧力に比例する。また，水の体積にも比例するので，溶けている酸素の質量は，

$$\underset{O_2の物質量}{2.19 \times 10^{-3}\,mol} \times \underset{\substack{圧力（比）}}{\frac{5.0 \times 10^5\,Pa}{1.0 \times 10^5\,Pa}} \times \underset{水の体積（比）}{\frac{10L}{1.0L}} \times \underset{O_2のモル質量}{32\,g/mol} \fallingdotseq 3.5\,g$$

答　3.5 g

気体の溶解度は，測定条件で値が変化しない物質量で考えていったほうが，間違いが少ないよ。

4 溶液の濃度

1 濃度の表し方

■ **濃度** 溶液中に溶質がどれくらいの割合で含まれているかを，溶液の**濃度**という。濃度には，その目的により，いくつかの表し方がある。

■ **質量パーセント濃度** 溶液の質量に対して，溶質の質量が何%を占めるかを表した濃度。

$$\text{質量パーセント濃度〔\%〕} = \frac{\text{溶質の質量〔g〕}}{\text{溶液の質量〔g〕}} \times 100$$

 例 **水100gに塩化ナトリウムを15g溶かした溶液（図1）**
　　塩化ナトリウム水溶液の質量は，100 + 15 = 115 g だから，

$$\frac{15}{115} \times 100 \fallingdotseq 13\,\%$$

■ **モル濃度** 溶液1L中に何molの溶質が溶けているかを表した濃度。単位はmol/Lで，化学の計算では最もよく使われる。

$$\text{モル濃度〔mol/L〕} = \frac{\text{溶質の物質量〔mol〕}}{\text{溶液の体積〔L〕}}$$

例 **グルコース36gを水に溶かして500mLとした溶液**
　　グルコースの分子量は，$C_6H_{12}O_6 = 180$
　　よって，グルコースのモル質量は180 g/molである。
　　グルコース36gの物質量は，

$$\frac{36\,\text{g}}{180\,\text{g/mol}} = 0.20\,\text{mol}$$

　　モル濃度は，$\dfrac{0.20\,\text{mol}}{0.50\,\text{L}} = 0.40\,\text{mol/L}$

■ **質量モル濃度** 溶媒1kg中に何molの溶質が溶けているかを表した濃度で，単位はmol/kg。溶媒の質量を基準としているので，温度変化によって値が変化しない。溶液の沸点や凝固点を調べるときに使われる（→p.51）。

$$\text{質量モル濃度〔mol/kg〕} = \frac{\text{溶質の物質量〔mol〕}}{\text{溶媒の質量〔kg〕}}$$

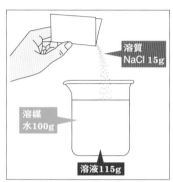

図1. 質量パーセント濃度
日常生活において最もよく使われている濃度である。

溶質 NaCl 15g
溶媒 水100g
溶液115g

◇1. 質量パーセント濃度を求めるとき，分母は「溶液」の質量であって，「溶媒」の質量ではないから，注意しよう。

◇2. 一定モル濃度溶液の調製

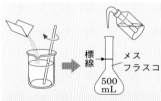

適当量（約200mL）の水に溶かす。　純水を加えて500mLにする。

水500mLの中にグルコースを入れて溶かしてはいけない。全体で500mLにしているというところがポイントである。

② 濃度の利用と換算

■ **モル濃度の利用**　溶液の濃度をモル濃度で表すと，溶液の体積をはかれば，その中に含まれる溶質の物質量〔mol〕がすぐにわかる。モル濃度の公式より，

溶質の物質量＝溶液のモル濃度×溶液の体積

例題 **モル濃度の計算**

18.0 mol/L の濃硫酸を水で薄め，1.00 mol/L の希硫酸を 500 mL つくりたい。濃硫酸は何 mL 必要か。

解説　溶液をいくら薄めても，その中に含まれる溶質の物質量は変化しない。必要な濃硫酸を x〔mL〕とすると，

$$18.0\,\text{mol/L} \times \frac{x}{1000}\,[\text{L}] = 1.00\,\text{mol/L} \times \frac{500}{1000}\overset{\circ 3}{\text{L}}$$

$$x \fallingdotseq 27.8\,\text{mL}$$

答　27.8 mL

■ **濃度の換算**　モル濃度は溶液の体積，質量パーセント濃度は溶液の質量，質量モル濃度は溶媒の質量を基準としている。したがって，溶液の密度がわかると，濃度の換算ができる。[4]

例題 **濃度の換算**

10.0 % 塩化ナトリウム水溶液の密度は，1.07 g/cm³ である。この水溶液のモル濃度と質量モル濃度をそれぞれ求めよ。原子量：Na = 23，Cl = 35.5

解説　モル濃度への換算は，溶液 1 L あたりで考える。

この水溶液 1 L（＝1000 cm³）の質量は，

$$1.07\,\text{g/cm}^3 \times 1000\,\text{cm}^3 = 1070\,\text{g}$$

水溶液 1 L 中の NaCl の物質量は，式量 NaCl = 58.5 より，

$$\frac{1070\,\text{g} \times 0.100}{58.5\,\text{g/mol}} \fallingdotseq 1.83\,\text{mol}$$

したがって，モル濃度は 1.83 mol/L

このとき，水の質量は，1070 − 107 = 963 g

水 1 kg に溶けている NaCl の物質量は，

$$1.83\,\text{mol} \times \frac{1000\,\text{g}}{963\,\text{g}} \fallingdotseq 1.90\,\text{mol}$$

したがって，質量モル濃度は 1.90 mol/kg

答　モル濃度…1.83 mol/L　質量モル濃度…1.90 mol/kg

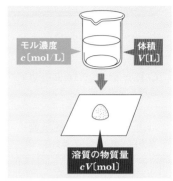

図2．モル濃度と溶質の物質量の関係

♺ **3.** n〔mol/L〕の溶液 V〔L〕中に溶けている溶質の物質量は，
$$n\,[\text{mol/L}] \times V\,[\text{L}] = nV\,[\text{mol}]$$
である。かける体積の単位は L でなければならないから，もし v〔mL〕で与えられたら，$\frac{v}{1000}$〔L〕に直してからかけるようにすること。

♺ **4.** 質量パーセント濃度は溶質の質量，モル濃度，質量モル濃度は溶質の物質量を基準としている。したがって，各濃度の換算には溶質のモル質量も必要である。

モル濃度は溶液 1 L，質量モル濃度は溶媒 1 kg が基準だったね。

5 希薄溶液の性質

1 海水でぬれた水着は乾きにくい

■ **蒸気圧降下** 塩化ナトリウムやスクロースのような不揮発性の物質を溶かした溶液では，溶液全体の粒子の数に対する溶媒分子の数の割合（溶媒のモル分率）が減るため，同じ温度の純粋な溶媒（純溶媒）に比べて蒸発しにくくなる（図1）。このように，溶液の蒸気圧が純溶媒の蒸気圧よりも低くなる現象を**蒸気圧降下**という。

○1. 一般に，0.1mol/kg以下の溶液を希薄溶液という。

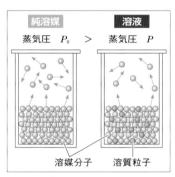

純溶媒 　　　　　　溶液
蒸気圧 P_0 ＞ 蒸気圧 P

溶媒分子　　　溶質粒子

図1. 蒸気圧降下

2 水溶液は100℃では沸騰しない

■ **沸点上昇** 液体の沸点は，蒸気圧が大気圧（1.013×10^5 Pa）に等しくなる温度である（→p.10）。不揮発性の物質を溶かした溶液では，蒸気圧降下が起こるので，溶液の蒸気圧が大気圧と等しくなるためには，純溶媒の沸点よりも高い温度にしなければならない。つまり，溶液の沸点は純溶媒の沸点より高くなる。この現象を**沸点上昇**といい，溶液と純溶媒の沸点の温度差を**沸点上昇度Δt_b**という。

図2. 水溶液の沸点上昇
1.013×10^5 Paのもとでは，純水の沸点は100℃を示すが，これに不揮発性の物質を溶かして水溶液にすると，同じ温度の純水よりも蒸気圧が低くなる。そのため，水溶液の沸点（水蒸気圧が1.013×10^5 Paになる温度）が，純水の沸点の100℃よりもΔt_bだけ高くなる。

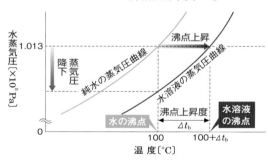

水蒸気圧〔$\times 10^5$ Pa〕

1.013

沸点上昇

純水の蒸気圧曲線

水溶液の蒸気圧曲線

蒸気圧降下

水の沸点

沸点上昇度 Δt_b

水溶液の沸点

0　　　　100　　　$100+\Delta t_b$

温 度〔℃〕

3 海水は0℃では凍らない

図3. 流氷

■ **凝固点降下** 純粋な水は0℃で氷になるが，海水は－2℃近くにならないと凍らない。このように溶液の凝固点が純溶媒の凝固点より低くなる現象を**凝固点降下**といい，溶液と純溶媒との凝固点の温度差を**凝固点降下度Δt_f**という。なお，溶液の凝固点とは，溶液中の溶媒が凝固しはじめる温度のことである。

■ **モル沸点上昇・モル凝固点降下**　希薄溶液の沸点上昇・凝固点降下度 Δt〔K〕は，溶かした溶質の種類には関係なく，**溶液の質量モル濃度 m〔mol/kg〕に比例する。**

$$\Delta t_b = k_b \cdot m \qquad \Delta t_f = k_f \cdot m$$
（k_b：モル沸点上昇　k_f：モル凝固点降下）

　k_b，k_f は，溶液の濃度が1 mol/kgのときの沸点上昇度・凝固点降下度を表す比例定数であり，それぞれ**モル沸点上昇，モル凝固点降下**という。k_b，k_f は溶媒の種類によって決まった値をとり，同じ溶媒では $k_b < k_f$ となる。

■ **分子量の測定**　分子量が M の溶質 w〔g〕を，W〔g〕の溶媒に溶かしたとき，溶液の質量モル濃度 m〔mol/kg〕は，

$$\frac{w}{M}〔mol〕 \div \frac{W}{1000}〔kg〕 = \frac{1000w}{MW}〔mol/kg〕$$

これを $\Delta t = k \cdot m$ に代入すると，

$$\Delta t = k \times \frac{1000w}{MW} \quad \Longrightarrow \quad M = \frac{1000wk}{W \cdot \Delta t}$$

　Δt，W，w を測定すれば，溶質の分子量 M が求められる。

■ **溶質が電解質のとき**　溶質が電解質の場合，沸点上昇度・凝固点降下度は，電離によって生じたすべての溶質粒子（イオン，分子）の質量モル濃度に比例する。

　たとえば，水溶液中で塩化ナトリウム NaCl は，NaCl $\longrightarrow$ Na$^+$ + Cl$^-$ と電離し，溶質粒子の数はもとの2倍になる。したがって，溶質が非電解質のときに比べて，沸点上昇度・凝固点降下度は2倍になる。[3]

例　非電解質…グルコース，スクロース，尿素(NH$_2$)$_2$CO
　　電解質……NaCl，CaCl$_2$，KNO$_3$，Na$_2$SO$_4$

沸点上昇度・凝固点降下度と分子量
$$\Delta t = k \times \frac{1000w}{MW}$$
kはモル沸点上昇またはモル凝固点降下

4 凝固点をどう測定するか

■ **凝固点の測定**　p.52の図4のような装置に純溶媒を入れ，よくかき混ぜながら冷却し，一定時間ごとに温度を測定すると，図5のⅠのグラフが得られる。この溶媒に一定量の溶質を溶かして同様の操作を行うと，Ⅱのグラフが得られる。

❷2. 温度差を表すときは，単位として〔℃〕ではなく〔K〕を用いる。

溶媒	沸点〔℃〕	モル沸点上昇〔K・kg/mol〕
水	100	0.52
酢酸	118	2.5
ナフタレン	218	5.8

表1.　いろいろな溶媒の沸点とモル沸点上昇 k_b

溶媒	凝固点〔℃〕	モル凝固点降下〔K・kg/mol〕
水	0	1.85
酢酸	17	3.9
ナフタレン	80	6.9

表2.　いろいろな溶媒の凝固点とモル凝固点降下 k_f

❸3. 塩化カルシウム CaCl$_2$ なら，1 mol で非電解質3 mol分の効果を示す。

$$CaCl_2 \longrightarrow Ca^{2+} + 2Cl^-$$
1 mol　　1 mol　2 mol
　　　　　3 mol

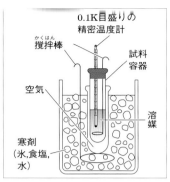

図4．液体の凝固点の測定装置
外側の太い試験管には何も入れない。この中の空気層が寒剤による冷却を穏やかにして，過冷却を起こりにくくしている。

道路の連結防止剤の塩化カルシウムは，凝固点降下の原理を利用しているんだって。

図6．凍結防止剤が散布された道路

○4．この溶液の質量モル濃度 m〔mol/kg〕は，溶質の物質量が $\frac{0.65}{M}$〔mol〕，溶媒の質量が $\frac{20}{1000}$ kg であるから，

$$m = \frac{0.65}{M} \div \frac{20}{1000}$$
$$= \frac{0.65}{M} \times \frac{1000}{20} \text{〔mol/kg〕}$$

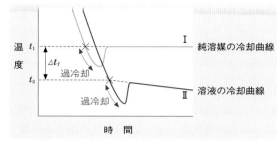

図5．冷却曲線

図5のⅠ，Ⅱのようなグラフを**冷却曲線**という。

液体を冷却すると，凝固点以下になっても凝固せずに液体状態を保つ現象（**過冷却**）が見られる。この状態は不安定で，振動を与えるなどすると，急激に結晶が析出する。このとき，多量の凝固熱が発生するので，冷却しているにもかかわらず一時的に温度上昇が見られる。これ以降は，

1 純溶媒の場合，凝固熱による発熱量と寒剤による吸熱量がつり合い，凝固点は一定となる（グラフは水平）。

2 溶液の場合，溶媒だけが先に凝固するので，しだいに溶液の濃度が大きくなり，凝固点は低下する（グラフは右下がり）。

グラフⅠ，Ⅱで，過冷却が起こらなかった場合，理想的な純溶媒と溶液の凝固点は，それぞれグラフの後半の直線部分を左に延長して求めた t_1，t_2 となるから，この差 $t_1 - t_2$ が凝固点降下度 Δt_f と求められる。

例題 **凝固点降下度と分子量**

ベンゼン20gにある非電解質の溶質0.65gを溶かした溶液の凝固点を測定したら，4.2℃であった。ベンゼンの凝固点を5.5℃，モル凝固点降下を5.1 K・kg/mol として，この溶質の分子量を求めよ。

解説 凝固点降下度 Δt_f が溶液の質量モル濃度 m〔mol/kg〕に比例することを利用する。公式は，$\Delta t_f = k_f \cdot m$

溶液の凝固点降下度は，純溶媒と溶液の凝固点の差で，

$$\Delta t_f = 5.5 - 4.2 = 1.3 \text{ K}$$

溶媒の質量は $W = 20$ g，溶質の質量は $w = 0.65$ g，モル凝固点降下は $k_f = 5.1$ K・kg/mol だから，溶質の分子量を M とおくと，次式が成り立つ。

$$1.3 = 5.1 \times \frac{0.65}{M} \times \frac{1000}{20} \qquad M ≒ 128$$

答 128

5 水の浸透とはどんな現象か

■ **半透膜** 溶液中のある成分のみを通し，ほかの成分は通さないという選択性をもつ膜を半透膜[5]という。たとえば，セロハン膜は，水のような小さな分子は通すが，デンプンなどの比較的大きな分子は通さない。

■ **浸透** 図7のように溶媒と溶液を半透膜で分けて放置すると，溶媒分子は半透膜を自由に通れるので溶液側に拡散していき，溶液の濃度は小さくなる。一般に，水などの溶媒分子が膜を通って移動する現象を浸透という。

❋5. 半透膜としては，セロハン膜，動物のぼうこう膜などが使われる。生物の細胞膜も，半透膜としてのはたらきをもつ。

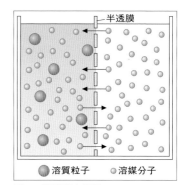

図7. 半透膜と浸透

6 浸透圧はどうして生じるか

■ **浸透圧** 図8の(a)のように，U字管の中央を半透膜で仕切り，一方には水，他方にはデンプン水溶液を同じ高さになるように入れる。長時間放置すると，(b)のように，水の液面は下がり，水溶液の液面は上がる。液面の高さを同じにするには，(c)のように，溶液側に余分な圧力を加えなければならない。この圧力を溶液の浸透圧[6]という。

キュウリを塩もみにすると水分が出てくるのも，浸透圧のせいなんだよ。

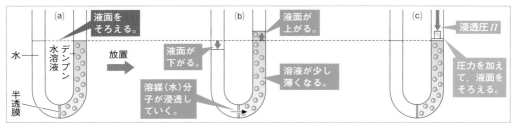

図8. 浸透圧のモデル

> **ポイント**
> 溶液の浸透圧…溶媒の浸透を防ぐために溶液側に加える余分な圧力

■ **浸透圧の大きさ** 希薄溶液の浸透圧は溶液のモル濃度と絶対温度に比例し，溶媒や溶質の種類には無関係である（ファントホッフの法則）。

溶液のモル濃度がc〔mol/L〕，絶対温度がT〔K〕のとき，溶液の浸透圧Π〔Pa〕は，次の式で表される。

$$\Pi = cRT \quad (Rは気体定数) \quad \cdots\cdots\cdots\cdots ①$$

ここで，溶液の体積をV〔L〕，溶質の物質量をn〔mol〕とすると，$c = \dfrac{n}{V}$より，①式は次のように変形できる。

$$\Pi V = nRT \quad [7]$$

❋6. 図8の(c)で，溶液側に浸透圧Πより大きな圧力を加えると，水分子だけを溶液側から溶媒側へと移動させることができる（逆浸透）。この方法で，電子工業用の超純水や製薬用の無菌水などがつくられている。

❋7. 気体の状態方程式$PV = nRT$と同じ形である。

コロイド溶液

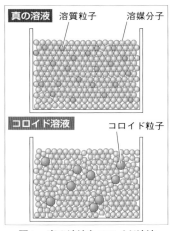

図1. 真の溶液とコロイド溶液

✿1. コロイド(colloid)の名は,ギリシャ語のcolla(にかわ), oid(〜に似たもの)からきている。

✿2. セッケン水,デンプン水溶液,タンパク質水溶液など,高分子化合物の水溶液に多い。また,牛乳もコロイド溶液である。

✿3. 真の溶液における溶質にあたるのが分散質,溶媒にあたるのが分散媒である。
例 雲(分散媒…空気,分散質…水)
墨汁(分散媒…水,分散質…炭素)

✿4. こんにゃく,ゼリー,寒天も,ゲルに分類される。

1 コロイドって何?

■ **コロイド** 塩化ナトリウム水溶液では,ほぼ大きさの等しい溶質粒子と溶媒分子とが均一に混合している。このような溶液を**真の溶液**という。一方,デンプンやゼラチンの水溶液では,わずかに粘性や濁りが見られる。この濁りは,ろ紙は通り抜けるが,半透膜は通り抜けられない。したがって,デンプンやゼラチンは,ろ紙の目と半透膜の目の中間程度の大きさの粒子と考えられる。

一般に,直径が10^{-9}〜10^{-6} m程度の大きさの粒子を物質の種類に関係なく**コロイド粒子**といい,コロイド粒子が液体中に均一に分散したものを**コロイド溶液**という。

10^{-10}	10^{-9}	10^{-8}	10^{-7}	10^{-6}	10^{-5}〔m〕
分子やイオン		コロイド粒子			沈殿粒子
真の溶液		コロイド溶液			—

表1. コロイド粒子の大きさ
コロイド粒子の大きさを直径10^{-9}〜10^{-7} m程度とする場合もある。

■ **コロイドの種類** コロイド粒子が物質中に均一に分散したものを**コロイド**といい,分散している粒子を**分散質**,分散させている物質を**分散媒**という。コロイドには分散質と分散媒の状態の違いにより次のような種類がある。

分散質／分散媒	気体	液体	固体
気体	—	雲,霧	煙
液体	泡	牛乳,クリーム	ペンキ,墨汁
固体	軽石,スポンジ	豆腐,寒天	真珠,色ガラス

表2. コロイドの例

■ **コロイドの状態** セッケン水のような流動性のあるコロイドを**ゾル**,豆腐のような流動性を失ったコロイドを**ゲル**,ゲルを乾燥したものを**キセロゲル**という。

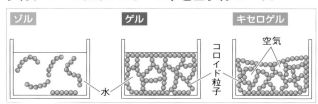

図2. ゾル・ゲル・キセロゲル(模式図)

2 コロイド溶液の性質を調べる

■ **コロイド溶液のつくり方** 沸騰水に塩化鉄(Ⅲ)$FeCl_3$ の水溶液を加えると，次の反応が起こり，赤褐色の酸化水酸化鉄(Ⅲ)$FeO(OH)$のコロイド溶液ができる。

$$FeCl_3 + 2H_2O \longrightarrow FeO(OH) + 3HCl \overset{\circ 5}{}$$

■ **コロイド溶液の性質** コロイド溶液は，コロイド粒子が大きいので，真の溶液とは異なる性質を示す。

1 チンダル現象 コロイド溶液に横から強い光を当てると，光の進路が光って見える。この現象を**チンダル現象**という(図3)。チンダル現象が起こるのは，コロイド粒子が大きいために，光をよく散乱するからである。

2 ブラウン運動 コロイド溶液を限外顕微鏡で観察すると，コロイド粒子が絶えず不規則な運動をしている。このような運動を**ブラウン運動**という(図4)。ブラウン運動は，分散媒の水分子が熱運動によってコロイド粒子に不規則に衝突することによって起こる。

3 透析 セロハンなどの半透膜は，イオンや水分子などの小さな粒子は通すが，コロイド粒子のように大きい粒子は通さない。イオンなどの不純物を含むコロイド溶液をセロハン袋に入れ，流水中に浸しておくと(図5)，不純物はセロハンを通り抜けて袋の外に出ていき，袋の中にはコロイド粒子だけが残る。このようにして，コロイド溶液を精製する方法を**透析**という。

4 電気泳動 コロイド粒子は，正・負のいずれかに帯電しているので，コロイド溶液に電極を入れて直流電圧をかけると，コロイド粒子が一方の電極へ向かって移動する。このような現象を**電気泳動**という(図6)。なお，正に帯電したコロイドを**正コロイド**，負に帯電したコロイドを**負コロイド**という。

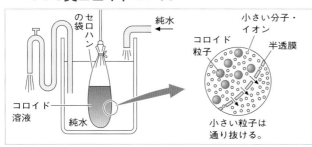

図5．透析とその原理

コロイド 溶液
セロハンの袋
純水
純水
コロイド粒子
小さい分子・イオン
半透膜
小さい粒子は通り抜ける。

○5．従来，$FeCl_3 + 3H_2O \longrightarrow Fe(OH)_3 + 3HCl$ の反応式とされていた。生成物の水酸化鉄(Ⅲ)$Fe(OH)_3$つまり，$[Fe(OH)_3(H_2O)_3]_n$ は，安定な物質ではなく，実際には，OHとH_2Oの間で脱水縮合を繰り返してできた立体網目構造の$[FeO(OH)]_n$として存在することが明らかになり，反応式も左記のように変更された。

塩化ナトリウム水溶液　セッケン水

図3．チンダル現象
横からレーザー光線を当てている。

○6．側面から強い光を当てて観察する顕微鏡で，暗視野中でコロイド粒子が光点として見える。

コロイド粒子はジグザグに運動する。
分散媒の分子がぶつかる。
コロイド粒子

図4．ブラウン運動

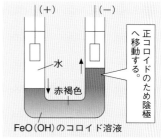

(+)　(−)
水
赤褐色
正コロイドへ移動する。のため陰極
$FeO(OH)$のコロイド溶液

図6．電気泳動

○7．正コロイドは陰極へ，負コロイドは陽極へと移動する。

性質	現象	原因
チンダル現象	光の進路が光って見える	コロイド粒子が光を散乱
ブラウン運動	コロイド粒子の不規則な運動	分散媒分子の熱運動
透析	イオンや小さい分子が除かれる	コロイド粒子は半透膜を通過できない
電気泳動	コロイド粒子の電極への移動	コロイド粒子の帯電の正・負

表3．コロイド溶液の性質

③ コロイドの安定性を考える

■ **疎水コロイドと親水コロイド** コロイド溶液は，電解質を加えたときの沈殿のしかたの違いにより，疎水コロイドと親水コロイドの2つに大別される。

1 疎水コロイドと凝析 粘土や酸化水酸化鉄(Ⅲ)のコロイドのように，水との親和力が小さいコロイドを**疎水コロイド**という。疎水コロイドの水溶液に少量の電解質を加えると沈殿が生じる。この現象を**凝析**という（図7）。疎水コロイドには，水に溶けにくい無機物質が水中に分散したものが多い。

2 親水コロイドと塩析 デンプンやタンパク質のコロイドのように，水との親和力が大きいコロイドを**親水コロイド**という。親水コロイドの水溶液に少量の電解質を加えても沈殿しないが，多量の電解質を加えると沈殿する。この現象を**塩析**という。親水コロイドには，水に溶けやすい有機物質が水中に分散したものが多い。

■ **凝析のしくみ** 疎水コロイドは本来，水に溶けにくい物質であるが，コロイド粒子自身のもつ電荷の反発力によって水中に分散している。疎水コロイドの水溶液に少量の電解質を加えると，コロイド粒子に反対符号のイオンが吸着されて，粒子間の電気的な反発力が失われ，コロイド粒子どうしが集まって沈殿する（図8）。

酸化水酸化鉄(Ⅲ)のコロイド溶液

少量のNa_2SO_4を加える。

図7．酸化水酸化鉄(Ⅲ)コロイドの凝析

♻8．凝析は，河川水の濁りを除き，水道水をつくるときに利用されている。

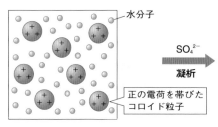
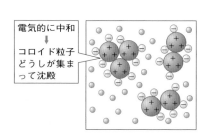

水分子

$SO_4{}^{2-}$

凝析

正の電荷を帯びたコロイド粒子

電気的に中和
↓
コロイド粒子どうしが集まって沈殿

図8．凝析のしくみ

■ **凝析力** 一般に，コロイド粒子とは反対の電荷をもち，価数の大きいイオンほど，凝析力は大きくなる。

1 **正コロイドに対する凝析力**
Cl^-, NO_3^- < SO_4^{2-} < PO_4^{3-}

2 **負コロイドに対する凝析力**
Na^+, K^+ < Mg^{2+}, Ca^{2+} < Al^{3+}

例 河川水を清澄化するとき，$Al_2(SO_4)_3$ が用いられる。

■ **塩析のしくみ** 親水コロイドの粒子は，表面に-OHや-COOHなどの親水基をもち，多数の水分子が水和することにより，水中で安定に存在している（図9）。

親水コロイドの水溶液に多量の電解質を入れると，この水和水が取り除かれ，さらにコロイド粒子がもつ電荷が打ち消されて粒子間の電気的な反発力が失われるため，コロイド粒子どうしが集まって沈殿する。

例 濃いセッケン水に食塩を加えて，セッケンをつくる。

ポイント
疎水コロイド⇨少量の電解質を加えると沈殿（凝析）
親水コロイド⇨多量の電解質を加えると沈殿（塩析）

河口付近で三角州ができやすいのは，海水中のイオンによって粘土の疎水コロイドが凝析するからなんだよ。

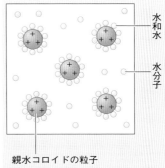

水和水
水分子
親水コロイドの粒子
図9．親水コロイド

4 保護コロイドとは

■ **保護コロイド** 疎水コロイドに一定量以上の親水コロイドを加えると，凝析が起こりにくくなることがある。これは，疎水コロイドの粒子のまわりを親水コロイドの粒子が取り囲むからである（図10）。このようなはたらきをする親水コロイドを，特に**保護コロイド**という。

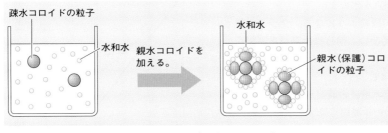

疎水コロイドの粒子
水和水
親水コロイドを加える。
水和水
親水（保護）コロイドの粒子

墨汁…炭素（疎水コロイド）＋にかわ（親水コロイド）
インク…色素（疎水コロイド）＋アラビアゴム[9]（親水コロイド）

ポイント
保護コロイド…疎水コロイドを沈殿（凝析）しにくくするために加える親水コロイド

図10．保護コロイド生成のモデル
疎水コロイドに親水コロイドを加えると，保護コロイドができる。保護コロイドの粒子は，そのまわりに水分子を引きつけている（水和）。

♻9．アカシア属の樹液から得られる粘性のある多糖類。切手の糊にも利用される。

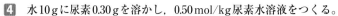

重要実験 凝固点降下度を調べる

方法

1. 500 mL ビーカーに寒剤（氷と食塩を混合したもの）を用意する。
2. 試験管に水 10 g を入れ，右の図のようにデジタル温度計をセットする。
3. 液温が 2.0℃以下になったら，20秒ごとに液温を測定し，温度がほぼ一定になったら測定を終了する。
   ※実験中は試験管をこまめに動かし，水が均一に冷却されるようにする。
4. 水 10 g に尿素 0.30 g を溶かし，0.50 mol/kg 尿素水溶液をつくる。
5. 4 の尿素水溶液についても 1 〜 3 の操作を行い，液温を測定する。

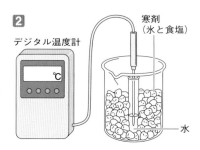

2

デジタル温度計

寒剤（氷と食塩）

水

結果

1 水の温度変化

時間〔s〕	0	20	40	60	80	100	120	140	160	180	200
液温〔℃〕	2.0	1.2	0.4	− 0.3	− 1.0	− 1.6	− 2.0	− 0.7	0.4	0.4	0.4

2 0.50 mol/kg 尿素水溶液の温度変化

時間〔s〕	0	20	40	60	80	100	120	140	160	180	200
液温〔℃〕	2.0	1.0	0.0	− 1.0	− 2.0	− 3.0	− 1.0	− 1.2	− 1.3	− 1.5	− 1.6

考察

1. 得られた結果をもとに冷却曲線をかき，水および尿素水溶液の凝固点を求めよ。

   → 冷却曲線は右の図のようになる。グラフの後半の直線部分を延長し，得られた交点を凝固点とするから，

   水の凝固点：**0.4℃**

   0.50 mol/kg 尿素水溶液の凝固点：**− 0.5℃**

2. この実験から水のモル凝固点降下を求めよ。

   → 0.50 mol/kg 尿素水溶液の凝固点降下度は，

   $0.4 - (- 0.5) = 0.9 \, \text{K}$

   $\Delta t = km$ の式に $\Delta t = 0.9 \, \text{K}$，$m = 0.50 \, \text{mol/kg}$ を代入して，

   $0.9 \, \text{K} = k \times 0.50 \, \text{mol/kg}$

   $k = \textbf{1.8 K·kg/mol}$

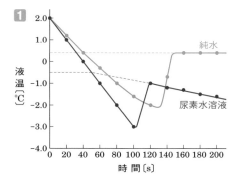

1

純水

尿素水溶液

重要実験 コロイド溶液の性質を調べる

方法

1 ビーカーに純水50mLをとり，沸騰させる。この中に20％塩化鉄(Ⅲ)水溶液2mLを加えてから加熱を止め，よくかき混ぜて酸化水酸化鉄(Ⅲ)のコロイド溶液をつくる。

2 **1**のコロイド溶液を透析チューブに入れて糸でしばり，ビーカーに入れた純水に約5分間浸しておく。

3 2本の試験管**A**，**B**に，**2**のビーカー内の水を5mLずつとる。試験管**A**には硝酸銀水溶液，試験管**B**にはBTB溶液を数滴加えて振り混ぜ，溶液の変化を観察する。

4 3本の試験管**C**，**D**，**E**に，透析チューブ内のコロイド溶液を5mLずつとる。試験管**C**には0.1mol/L塩化ナトリウム水溶液1mL，試験管**D**には0.05mol/L硫酸ナトリウム水溶液1mLを加えて振り混ぜ，溶液の変化を観察する。

5 試験管**E**に1％ゼラチン水溶液2mLを加え，よく振り混ぜる。その後，0.05mol/L硫酸ナトリウム水溶液1mLを加えて振り混ぜ，溶液の変化を観察する。

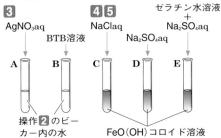

結果

1 方法**3**では，試験管**A**の溶液は白濁し，試験管**B**の溶液は黄色になった。

2 方法**4**では，試験管**C**では変化が見られなかったが，試験管**D**では赤褐色の沈殿が生じた。

3 方法**5**では，変化が見られなかった。

考察

1 方法**1**で，酸化水酸化鉄(Ⅲ)のコロイド溶液ができるときの変化を，化学反応式で示せ。 → $FeCl_3 + 2H_2O \longrightarrow FeO(OH) + 3HCl$

2 方法**2**の目的を説明せよ。 → コロイド溶液から小さな分子やイオンを除き，精製するため。

3 結果**1**から，ビーカー内の水にはどんなイオンがあったことがわかるか。 → 試験管**A**…AgClの白色沈殿 ➡ 塩化物イオンCl^-
試験管**B**…溶液は酸性 ➡ 水素イオンH^+

4 結果**2**のようになったのはなぜか。 → $FeO(OH)$コロイドを凝析させるには，1価のCl^-より2価のSO_4^{2-}のほうが有効だから。

5 結果**3**のようになったのはなぜか。 → ゼラチンが$FeO(OH)$コロイドに対して，保護コロイドとしてはたらいたから。

1 ☐ 水溶液中でイオンなどが水分子に取り囲まれ安定化する現象を何という？

2 ☐ 一定量の溶媒に溶質を溶解度まで溶かした溶液を何という？

3 ☐ （溶質の溶解速度）＝（溶質の析出速度）となった状態を何という？

4 ☐ 物質の溶解度と温度との関係を表したグラフを何という？

5 ☐ 固体を溶媒に溶かし，冷却するなどして再び結晶として析出させる方法を何という？

6 ☐ 気体の溶解度（質量，物質量）はその気体の圧力に比例する。この法則を何という？

7 ☐ 溶液の質量に対する溶質の質量の割合を％で表した濃度を何という？

8 ☐ 溶液1L中に何molの溶質が溶けているかを表した濃度を何という？

9 ☐ 溶媒1kg中に何molの溶質が溶けているかを表した濃度を何という？

10 ☐ 溶液の蒸気圧が純溶媒の蒸気圧よりも低くなる現象を何という？

11 ☐ 溶液の沸点が純溶媒の沸点よりも高くなる現象を何という？

12 ☐ 溶液の凝固点が純溶媒の凝固点よりも低くなる現象を何という？

13 ☐ 液体が凝固点以下になっても凝固せず，液体状態を保つ現象を何という？

14 ☐ 溶媒の浸透を防ぐために溶液側に加える余分な圧力を何という？

15 ☐ 溶液の浸透圧は溶液のモル濃度と絶対温度に比例する。この法則を何という？

16 ☐ 直径が10^{-9}〜10^{-6}m程度の大きさの粒子を何という？

17 ☐ コロイド粒子が液体中に均一に分散したものを何という？

18 ☐ コロイド溶液に横から強い光を当てると光の通路が光って見える現象を何という？

19 ☐ コロイド粒子が絶えず行っている不規則な運動を何という？

20 ☐ コロイド粒子が一方の電極へ向かって移動する現象を何という？

21 ☐ 疎水コロイドに少量の電解質を加えると沈殿を生じる現象を何という？

22 ☐ 親水コロイドに多量の電解質を加えると沈殿を生じる現象を何という？

23 ☐ 疎水コロイドを沈殿（凝析）しにくくする親水コロイドを何という？

解答

1. 水和
2. 飽和溶液
3. 溶解平衡
4. 溶解度曲線
5. 再結晶
6. ヘンリーの法則
7. 質量パーセント濃度
8. モル濃度
9. 質量モル濃度
10. 蒸気圧降下
11. 沸点上昇
12. 凝固点降下
13. 過冷却
14. 浸透圧
15. ファントホッフの法則
16. コロイド粒子
17. コロイド溶液
18. チンダル現象
19. ブラウン運動
20. 電気泳動
21. 凝析
22. 塩析
23. 保護コロイド

1 物質の溶解

次の(1)〜(4)にあてはまる物質を，あとの**ア**〜**ケ**からすべて選べ。

(1) 水によく溶ける物質で，電解質
(2) 水によく溶ける物質で，非電解質
(3) ヘキサンなどの有機溶媒によく溶ける物質
(4) 水にもヘキサンにも溶けない物質

ア 塩化ナトリウム **イ** 硝酸カリウム
ウ スクロース **エ** ナフタレン
オ グルコース **カ** 炭酸カルシウム
キ 硫酸バリウム **ク** 塩化水素
ケ ヨウ素

2 溶液の濃度

次の(1)〜(4)の［ ］に適する数値を，有効数字2桁で記せ。原子量：Na = 23，Cl = 35.5
アボガドロ定数：$N_A = 6.0 \times 10^{23}$/mol

(1) 化合物A 1.0 molを溶かした5.0 Lの水溶液のモル濃度は，［ ］mol/Lである。
(2) 化合物B 1.00 molを水400 gに溶かした水溶液の質量モル濃度は，［ ］mol/kgである。
(3) 水溶液100 mL中に，塩化ナトリウムが11.7 g含まれているとき，この水溶液のモル濃度は［ ］mol/Lである。
(4) 水溶液200 mL中に，グルコース分子が1.2×10^{22}個含まれているとき，この水溶液のモル濃度は［ ］mol/Lである。

3 濃度の換算

質量パーセント濃度が96.0 %の濃硫酸の密度は，1.84 g/cm³である。分子量：$H_2SO_4 = 98.0$

(1) この濃硫酸のモル濃度を求めよ。
(2) この濃硫酸を水で薄め，1.00 mol/Lの希硫酸を200 mLつくりたい。濃硫酸は何mL必要か。

4 溶解度曲線と結晶の析出

下のグラフは，硝酸ナトリウムの溶解度曲線である。これをもとに，あとの文の①，②については｜ ｜から適する語句を選べ。また，③，④には適する数値を整数で記せ。

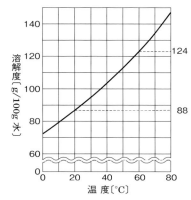

60℃の水100 gに硝酸ナトリウムを100 g加えると，硝酸ナトリウムは①｜すべて溶け 一部だけ溶け｜，できた水溶液は②｜ちょうど飽和 結晶を含む飽和 不飽和｜水溶液となる。この水溶液を冷やしていくと，③［ ］℃になったあたりで結晶が析出しはじめる。
また，60℃の硝酸ナトリウムの飽和水溶液100 gを20℃まで冷やすと，④［ ］gの結晶が析出する。

5 気体の溶解度

0℃，1.0×10^5 Paのもとで，水素は1 Lの水に22.4 mL溶けるとする。原子量：H = 1.0

(1) 0℃，5.0×10^5 Paでは，水素は10 Lの水に何mol溶けるか。
(2) 0℃，5.0×10^5 Paで1 Lの水に溶ける水素は，溶かした圧力のもとでは何mLか。
(3) 水素と酸素を3：1の物質量の比で混合した気体を1 Lの水に接触させ，0℃，1.0×10^6 Paに保ったとき，水素は何g溶けるか。

⑥ 沸点上昇と凝固点降下

次の文の［　］に適する語句を記せ。

　一般に，①［　　　　］の物質を溶かした希薄溶液の蒸気圧は，同じ温度の純溶媒の蒸気圧より低くなる。この現象を②［　　　］という。

　水に①の物質を溶かした溶液の沸点は，純溶媒の沸点より高くなる。この現象を③［　　　］という。また，溶液の凝固点は純溶媒の凝固点より低くなる。この現象を④［　　　］という。

　③や④の度合いは，溶液中の溶質粒子の種類にはよらず，溶液の⑤［　　　　］に比例する。

⑦ 沸点上昇度と凝固点降下度

水のモル沸点上昇を $0.52\,\mathrm{K\cdot kg/mol}$，水のモル凝固点降下を $1.85\,\mathrm{K\cdot kg/mol}$ として，次の問いに答えよ。

原子量：$H = 1.0$，$C = 12$，$O = 16$

(1) 水 $200\,\mathrm{g}$ にグルコース $C_6H_{12}O_6$ を $27.0\,\mathrm{g}$ 溶かした水溶液の沸点上昇度は何 K か。

(2) 水 $500\,\mathrm{g}$ にグルコースを $18.0\,\mathrm{g}$ 溶かした水溶液の凝固点は何℃か。

(3) 水 $200\,\mathrm{g}$ に塩化ナトリウムを $0.050\,\mathrm{mol}$ 溶かした水溶液の沸点は何℃か。

⑧ 凝固点の測定

右の図は，ある水溶液の冷却曲線である。

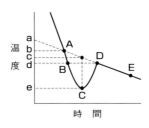

(1) 結晶が析出しはじめるのは，A～Eのどの点か。

(2) この溶液の凝固点を示しているのは，a～eのどの点か。

(3) DE間で温度が下がっているのはなぜか。

⑨ 溶液の浸透圧

ヒトの血液の浸透圧は，$0.29\,\mathrm{mol/L}$ のグルコース水溶液の $37℃$ における浸透圧とほぼ等しい。ヒトの血液の浸透圧は $37℃$ で何 Pa を示すか。

気体定数：$R = 8.3 \times 10^3\,\mathrm{Pa\cdot L/(K\cdot mol)}$

⑩ コロイド溶液の性質

次の文中の［　］に適する語句を記せ。

　塩化鉄(Ⅲ)飽和水溶液を沸騰水に加えてかき混ぜ，①［　　　　］のコロイド溶液(A液)をつくった。

　A液の一部に少量の硫酸ナトリウム水溶液を加えると，②［　　　］色のコロイド粒子が沈殿した。このような現象を③［　　　］という。これに対し，デンプンやゼラチンの水溶液のような④［　　　］コロイド溶液からコロイド粒子を沈殿させるには，多量の電解質が必要であり，このような現象を⑤［　　　］という。

　A液の一部をセロハンの袋に入れ，純水を入れたビーカーに浸し，⑥［　　　］によって精製した。そのビーカーの水に硝酸銀水溶液を数滴加えたところ，白濁した。これは，⑦［　　　　］がセロハン膜を通り抜けたことを示す。

　A液をU字管にとり，2本の電極を入れて直流電圧をかけると，コロイド粒子は陰極側に移動した。この現象は⑧［　　　］とよばれ，このコロイド粒子が⑨［　　　］に帯電していることがわかる。

　A液に横から強い光を当てると，光の進路が輝いて見える。この現象は⑩［　　　］とよばれ，コロイド粒子が光を強く⑪［　　　］するために起こる。

　A液の側面から光を当てて，⑩を観察できるようにつくられた限外顕微鏡で観察すると，光った粒子が不規則に運動しているのが確認できる。この運動を⑫［　　　］という。

2編

物質の変化

1章 化学反応と熱・光

1 反応エンタルピーと熱化学反応式

1 化学反応では熱の出入りがある

■ **反応熱** 化学変化に伴って出入りする熱量を**反応熱**（記号Q）という。熱を発生する反応を**発熱反応**といい，熱を吸収する反応を**吸熱反応**という。

■ **反応エンタルピー** 一定圧力下で行われる定圧反応において，出入りする熱量を**反応エンタルピー**（記号ΔH）という。反応エンタルピーΔHは，次式で求められる。

> **ΔH ＝（生成物のエンタルピーの和）**
> **－（反応物のエンタルピーの和）**

発熱反応（$Q > 0$）では，反応系のエンタルピーは減少し$\Delta H < 0$
吸熱反応（$Q < 0$）では，反応系のエンタルピーは増加し$\Delta H > 0$

> **ポイント** 反応熱Qと反応エンタルピーΔHは，大きさが等しく，符号が逆になる。単位は〔**kJ/mol**〕。

■ **エンタルピー図** 各物質のエンタルピーの大きさを図1のように表すことができる（**エンタルピー図**という）。エンタルピー図では，エンタルピーの大きい物質を上位に，小さい物質を下位に書く。したがって，下に向かう反応が**発熱反応**，上に向かう反応が**吸熱反応**となる。

2 反応式に反応エンタルピーを書き込む

■ **熱化学反応式** 化学反応式に反応エンタルピーΔHを書き加えた式（**熱化学反応式**）は，次のように書き表す。

> **ポイント**
> **1** 着目する物質の係数を1として，反応式を書く。
> **2** 反応エンタルピーΔHの値には，発熱反応では－，吸熱反応では＋（省略）をつけ，反応式の後に書き加える。
> **3** 物質の状態を（固），（液），（気）と付記する。

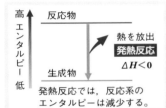

発熱反応では，反応系の
エンタルピーは減少する。

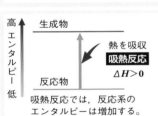

吸熱反応では，反応系の
エンタルピーは増加する。

図1. エンタルピー図

✿1. 反応エンタルピーの単位はkJ/molであるが，熱化学反応式中では，着目する物質の物質量が1 molであることが示されているので，単位はkJとする。

✿2. 25℃，1.013×10^5 Paにおいて，物質の状態が明らかなときは，省略してもよい。

64 2編　物質の変化

例題 熱化学反応式の書き方

水素1.0 molを完全燃焼すると，液体の水が生成し，286 kJの熱量が発生した。この反応を熱化学反応式で表せ。

解説 着目する水素H_2の係数を1とする反応式を書く。

$$H_2 + \frac{1}{2}O_2 \longrightarrow H_2O$$

発熱反応なので，ΔHに－の符号をつけて書き加え，物質の状態を付記する。

答 $H_2(気) + \frac{1}{2}O_2(気) \longrightarrow H_2O(液)$　$\Delta H = -286\,kJ$

③ 反応エンタルピーには種類がある

■ **燃焼エンタルピー**　物質1 molが完全燃焼するときの発熱量。

例 $C(黒鉛) + O_2(気) \longrightarrow CO_2(気)$　$\Delta H = -394\,kJ$ [3]

■ **生成エンタルピー**　化合物1 molがその成分元素の単体から生成するときの発熱・吸熱量。

例 $H_2(気) + \frac{1}{2}O_2(気) \longrightarrow H_2O(液)$　$\Delta H = -286\,kJ$

■ **溶解エンタルピー**　物質1 molが多量の水に溶解したときの発熱・吸熱量。

例 $NaOH(固) + aq \longrightarrow NaOHaq$　$\Delta H = -44.5\,kJ$ [4]

■ **中和エンタルピー**　酸・塩基の水溶液の中和反応によって，水1 molを生成するときの発熱量。

例 $NaOHaq + HClaq \longrightarrow NaClaq + H_2O(液)$

$\Delta H = -56.5\,kJ$

■ **状態変化を熱化学反応式で表す方法**

1 **蒸発エンタルピー**　液体1 molが気体になるときの吸熱量。

例 $H_2O(液) \longrightarrow H_2O(気)$　$\Delta H = 44\,kJ$

2 **融解エンタルピー**　固体1 molが液体になるときの吸熱量。

例 $H_2O(固) \longrightarrow H_2O(液)$　$\Delta H = 6.0\,kJ$

3 **昇華エンタルピー**　固体1 molが気体になるときの吸熱量。

例 $H_2O(固) \longrightarrow H_2O(気)$　$\Delta H = 51\,kJ$

物質	燃焼エンタルピー
硫黄	－297
炭素(黒鉛)	－394
水素	－286
一酸化炭素	－283
メタン	－891
プロパン	－2219
エタノール	－1368

表1．燃焼エンタルピー〔kJ/mol〕
（25℃，1.013×10^5 Pa）

物質(状態)	生成エンタルピー
NH_3(気)	－45.9
HCl(気)	－92.3
CO_2(気)	－394
CO(気)	－111
SO_2(気)	－297
CH_4(気)	－74.9
C_2H_4(気)	52.5

表2．生成エンタルピー〔kJ/mol〕
（25℃，1.013×10^5 Pa）

♻ **3.** 元素に同素体が存在する場合，C(黒鉛)，C(ダイヤモンド)のようにその名称を付記する。

♻ **4.** aqはラテン語aqua(水)の略で，「多量の水」を意味する。NaOH aqは薄い水酸化ナトリウムの水溶液を意味する。

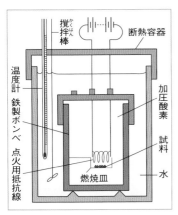

図2. ボンベ熱量計
燃焼皿に一定質量の試料を入れ, 酸素を約2.5×10^6Paになるように充填する。これを一定量の水が入った熱量計に浸し, 電流を通じて試料に点火する。一定時間経過後, 水の温度変化を測定する。

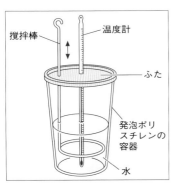

図3. 反応熱の測定装置
周囲への熱の逃散ができるだけ少なくなるように, 発泡ポリスチレンなどの断熱容器を用いる。

4 反応エンタルピーの測定法は

■ **反応エンタルピーの測定** 外部との熱の出入りがない断熱容器(**熱量計**)内で行う。たとえば, 炭素の燃焼エンタルピーは, 鉄製ボンベ内で一定量の炭素を完全燃焼させ, そのとき発生した熱を一定量の水に吸収させて, その温度上昇から求められる。

■ **熱量の求め方** 熱量と温度変化には次の関係がある。

> **ポイント** 熱量〔**J**〕=質量〔**g**〕×比熱〔**J/(g・K)**〕×温度変化〔**K**〕

例題 炭素の燃焼エンタルピーの測定

炭素1.0kgを完全燃焼させたら, 熱量計内の水1.0kgの温度が7.8K上昇した。水の比熱を4.2J/(g・K)として, 炭素の燃焼エンタルピー〔kJ/mol〕を求めよ。(C=12)

解説 発熱量〔J〕= 1000g × 4.2J/(g・K) × 7.8K = 32760J
これを炭素1mol(=12g)あたりに換算すると,
32.76kJ × 12 = 393.1 ≒ 393kJ
炭素の燃焼エンタルピーは, -393kJ/molである。

答 -393kJ/mol

例題 NaOHの水への溶解による発熱量の測定

断熱容器に入れた水48gにNaOHの結晶2.0gを加え, 撹拌しながら液温を測定したところ, 右図の結果が得られた。この実験で発生した熱量は何kJか。ただし, NaOH水溶液の比熱は4.2J/(g・K)とする。

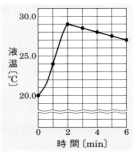

解説 2分後の液温(29.0℃)は真の最高温度ではない。この2分間においても周囲に熱が逃げているからである。瞬間的にNaOHの水への溶解が終了し, 周囲への熱の逃散がなかったとみなせる真の最高温度は, グラフ後半の直線部分を時間0まで延長して求めた交点の30.0℃である。

発熱量〔J〕=質量〔g〕×比熱〔J/(g・K)〕×温度変化〔K〕
発熱量 = (48 + 2.0)g × 4.2J/(g・K) × (30.0 - 20.0)K
= 2100J

答 2.1kJ

2 ヘスの法則

1 ヘスの法則とはどんな法則か

■ **水素の燃焼**　水素 H_2 を完全燃焼させて液体の水 H_2O (液) をつくるとき, 次の2つの反応経路が考えられる。

■ **ヘスの法則**

〔経路Ⅰ〕　H_2 1 mol が完全燃焼して H_2O (液) が生じるときの発熱量は286 kJで, $\Delta H = -286$ kJ である。

〔経路Ⅱ〕　H_2 1 mol が完全燃焼して水蒸気 H_2O (気) が生じるときの発熱量は242 kJで, $\Delta H = -242$ kJ である。さらに H_2O (気) 1 mol が凝縮して H_2O (液) になるときの発熱量は44 kJで, $\Delta H = -44$ kJ であるから, その和は286 kJで, $\Delta H = -286$ kJ に等しくなる。

> **ポイント**　反応エンタルピーは, 反応前と反応後の物質の状態だけで決まり, 反応経路には無関係である。これを**ヘスの法則**(総熱量保存の法則)という。

2 熱化学反応式は連立方程式と同じ

■ ヘスの法則を使うと, 熱化学反応式は数学の方程式と同じように四則計算や移項ができ, 直接測定が難しい反応エンタルピーも計算によって求められる。

例 一酸化炭素 CO の生成エンタルピーを求める。

C と O_2 から CO を生成する反応では, CO_2 を生じる副反応が同時に起こるため, CO の生成エンタルピーは直接測定はできない。しかし, 測定可能な C の燃焼エンタルピーと CO の燃焼エンタルピーから計算で求められる。

$$C (黒鉛) + O_2 (気) \longrightarrow CO_2 (気) \quad \Delta H = -394 \text{ kJ} \quad \cdots\cdots\cdots ①$$

$$CO (気) + \frac{1}{2} O_2 (気) \longrightarrow CO_2 (気) \quad \Delta H = -283 \text{ kJ} \quad \cdots\cdots\cdots ②$$

①式 − ②式より, 不要な CO_2 を消去し, 式を整理すると,

$$C (黒鉛) + \frac{1}{2} O_2 (気) \longrightarrow CO (気) \quad \Delta H = -111 \text{ kJ}$$

よって, CO の生成エンタルピーは −111 kJ/mol である。

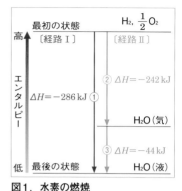

図1. 水素の燃焼
直接 H_2O (液) を生成する場合も, H_2O (気) を経由して H_2O (液) を生成する場合も, 反応エンタルピーの総和は変わらない。①=②+③

💡1. 目的の熱化学反応式に必要ではない化学式を消去していく方法を消去法という。

③ 反応エンタルピーの計算方法は

■ 反応エンタルピーの求め方

1 与えられた反応エンタルピーを熱化学反応式で表す。

2 求める反応エンタルピーを熱化学反応式で表す。

3 **1**から必要な化学式を選び出し，**2**を組み立てる。

4 **3**で決めた計算方法に従い，ΔHの部分も計算する。

別解 反応に関係する全物質の生成エンタルピーがわかっている場合，次の公式を使用できる。

$$\left(\begin{matrix}反応エンタ\\ルピー\Delta H\end{matrix}\right) = \left(\begin{matrix}生成物の生成エ\\ンタルピーの和\end{matrix}\right) - \left(\begin{matrix}反応物の生成エ\\ンタルピーの和\end{matrix}\right)$$

ただし，単体の生成エンタルピーは0とする。

例題 熱化学反応式の計算

次の熱化学反応式を用いて，メタン CH_4 の生成エンタルピー〔kJ/mol〕を求めよ。

C（黒鉛）$+ O_2$（気）

　　$\longrightarrow CO_2$（気）　$\Delta H = -394\,kJ$　…………①

H_2（気）$+ \dfrac{1}{2}O_2$（気）

　　$\longrightarrow H_2O$（液）　$\Delta H = -286\,kJ$　…………②

CH_4（気）$+ 2O_2$（気）$\longrightarrow$

　　CO_2（気）$+ 2H_2O$（液）　$\Delta H = -891\,kJ$　…③

解説 求めるメタンの生成エンタルピーを x〔kJ/mol〕とおき，その熱化学反応式を書く。

　　C（黒鉛）$+ 2H_2$（気）$\longrightarrow CH_4$（気）　$\Delta H = x$〔kJ〕… ④

④式に含まれる化学式を，①～③式から選び出し，目的の熱化学反応式を組み立てる。

左辺の C（黒鉛）に着目　　　　　$\longrightarrow$　①式×1

左辺の $2H_2$（気）に着目　　　　$\longrightarrow$　②式×2

右辺の CH_4（気）に着目（移項必要）$\longrightarrow$　③式×(-1)

よって，④式は，①式＋②式×2－③式で求まる。

ΔHの部分も同様の計算を行うと，

　　$x = (-394) + (-286 \times 2) - (-891) = -75\,kJ$

答 $-75\,kJ/mol$

○**2.** ある発熱反応を考えると，

反応物→生成物

　$\Delta H = -x$〔kJ〕　…………(1)

(1)式で単体のもつエンタルピーを0（基準）として，エンタルピー図で表すと下図のようになり，右の公式が導ける。

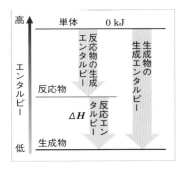

○**3.** このように，目的の熱化学反応式に必要な化学式を選び出し，それを組み立てる方法を組立法という。

別解 ①式は CO_2（気），②式は H_2O（液）の生成エンタルピーを表すから，③式に対して，〔公式〕を適用できる。

$-891 = \{(-394) + (-286 \times 2)\}$
（生成物の生成エンタルピーの和）
　　　　$- (x + 0)$
（反応物の生成エンタルピーの和）

$x = -75\,kJ$

3 結合エンタルピー

1 結合エンタルピーを考える

■ **結合エンタルピー** 原子間の共有結合を切断したり，原子間に共有結合が形成されるときには，熱の出入りがある。一般に，気体分子間の共有結合 **1 mol** を切断するのに必要なエネルギーを，その結合の**結合エンタルピー**といい，単位はkJ/molで表される。

たとえば，水素分子 1 mol を水素原子 2 mol にするには，436 kJ のエネルギーが必要である。すなわち，H_2分子中のH-H結合の結合エンタルピーは436 kJ/molである。

$$H_2（気） \longrightarrow 2H（気） \quad \Delta H = 436\,kJ$$

逆に，H原子 2 mol がH_2分子になるとき，436 kJ のエネルギーが放出される。

$$2H（気） \longrightarrow H_2（気） \quad \Delta H = -436\,kJ$$

2 結合エンタルピーと反応エンタルピーの関係

■ 各結合エンタルピーの値がわかれば，種々の化学反応の反応エンタルピーを計算で求めることができる。

例 H-H，Cl-Cl，H-Clの各結合エンタルピーを436 kJ/mol，243 kJ/mol，432 kJ/molとして，次の反応の反応エンタルピーΔHを求めよ。

$$H_2（気） + Cl_2（気） \longrightarrow 2HCl（気） \quad \cdots\cdots\cdots Ⓐ$$

〔熱化学反応式を利用する方法〕

$$H_2（気） \longrightarrow 2H（気） \qquad \Delta H = 436\,kJ \quad \cdots\cdots ①$$
$$Cl_2（気） \longrightarrow 2Cl（気） \qquad \Delta H = 243\,kJ \quad \cdots\cdots ②$$
$$HCl（気） \longrightarrow H（気） + Cl（気） \quad \Delta H = 432\,kJ \quad \cdots\cdots ③$$

Ⓐ式の反応エンタルピーをx〔kJ/mol〕とおくと，Ⓐ式は，①式＋②式－③式×2で組み立てられる。

ΔHの部分に対して，同様の計算を行うと，

$$x = (436 + 243) - (432 \times 2) = -185\,kJ \quad \cdots\cdots ④$$

反応物の結合エンタルピー　生成物の結合エンタルピー　反応エンタルピー

④式より，反応エンタルピーと各結合エンタルピーの間には，次の関係がある。[1]

$$\begin{pmatrix} 反応エンタ \\ ルピー\Delta H \end{pmatrix} = \begin{pmatrix} 反応物の結合エン \\ タルピーの総和 \end{pmatrix} - \begin{pmatrix} 生成物の結合エン \\ タルピーの総和 \end{pmatrix}$$

結合	結合エンタルピー 〔kJ/mol〕
H-H	436
O-H（H_2O）	463
H-Cl	432
Cl-Cl	243
C-H（CH_4）	416
N-H（NH_3）	391
O=O	498
N≡N	946

表1. 結合エンタルピー （25℃における値）

結合エンタルピーは，通常，共有結合の切断・生成のどちらにも適用できるように，絶対値で表される。

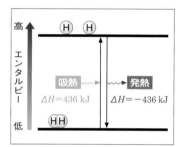

図1. H-Hの結合エンタルピー

🔘 1. この関係は反応物・生成物ともに気体の場合にのみ成立する。

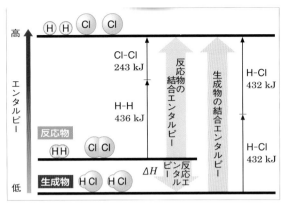

高 ← エンタルピー → 低

Cl-Cl
243 kJ

H-H
436 kJ

反応物の結合エンタルピー

生成物の結合エンタルピー

H-Cl
432 kJ

H-Cl
432 kJ

反応物

生成物

ΔH 反応エンタルピー

図2. エンタルピー図

〔エンタルピー図を利用する方法〕

1️⃣ 反応物がいったん，ばらばらの原子に解離する。（吸熱反応）

2️⃣ 原子間に新たな結合が生じ，生成物になる。（発熱反応）

Ⓐ式の反応のエンタルピー図は左図で表される。左図より，反応エンタルピー ΔH の大きさは，

$$(432 \times 2) - (436 + 243) = 185\,kJ$$

反応エンタルピーを表す矢印（⇒）が下向きなので，**発熱反応**（$\Delta H < 0$）である。

よって，Ⓐ式の反応エンタルピーは，

$$\Delta H = -185\,kJ/mol$$

■ 各結合エンタルピーの値から反応エンタルピーを求める場合，熱化学反応式やエンタルピー図を書くのはかなり時間がかかる。解答時間短縮のため，なるべく下の公式の利用をお薦めしたい。

ポイント

$$\begin{pmatrix} 反応エンタルピー\Delta H \end{pmatrix} = \begin{pmatrix} 反応物の結合エン \\ タルピーの総和 \end{pmatrix} - \begin{pmatrix} 生成物の結合エン \\ タルピーの総和 \end{pmatrix}$$

(注)反応物・生成物が気体の場合にのみ成立する。

例題 反応エンタルピーの算出

　H-H，O=O，O-Hの各結合エンタルピーは，それぞれ436 kJ/mol，498 kJ/mol，463 kJ/molである。

　これらの値を用いて次の反応の反応エンタルピー ΔH〔kJ/mol〕を求めよ。

$$H_2（気） + \frac{1}{2} O_2（気） \longrightarrow H_2O（気） \quad \cdots\cdots①$$

解説 上式の反応エンタルピー $\Delta H = x$〔kJ/mol〕とおく。

（反応エンタルピー）＝（反応物の結合エンタルピーの総和）
　　　　　　　　　－（生成物の結合エンタルピーの総和）

より

☸2. H_2Oの構造式は

 なので，H_2O 1 mol中には，O-H結合 2 mol含まれる。

$$\Delta H = \left(436 + 498 \times \frac{1}{2} \right) - (463 \times \overset{☸2}{2})$$

　　　　　反応物の結合エンタルピー　生成物の結合エンタルピー

$$= -241\,kJ$$

答 -241 kJ/mol

4 化学反応と光

1 光を放出する反応

■ **発光の原理**　各物質が外部からのエネルギーを吸収すると, エネルギーの高い不安定な状態(**励起状態**)になるが, 直ちに, エネルギーの低い安定な状態(**基底状態**)に戻る。このときのエネルギー差が可視光線(波長400～800nm)の範囲にあれば, 私達の目には発光が感じられる。

■ **炎色反応**　Na原子が高温に熱せられると, M殻にある最外殻電子はより外側の軌道へ移動するが, この状態は不安定で, 直ちにもとの軌道へ戻る。このとき, 黄色光(波長598nm)を発生する。

■ **化学発光**　一部の化学反応では, 光の出入りを伴う。たとえば, 黄リンP_4は, 空気中で徐々に酸化されるときに光(燐光)を放出する。化学反応に伴う発光は**化学発光**とよばれる。化学発光では, 反応物と生成物のもつ化学エネルギーの差が, 熱ではなく光として放出されている。

■ **ルミノール反応**　ルミノールは, 塩基性条件下で鉄などを触媒として, 過酸化水素などの酸化剤と酸化還元反応を起こし, 青色光(波長460nm)を発生する。この反応は**ルミノール反応**とよばれ, 科学捜査における血痕の鑑定に利用される。

2 光を吸収する反応

■ **光合成**　緑色植物は, 光エネルギーを用いて, 化学エネルギーが低い二酸化炭素と水から, 複雑な反応過程を経て, 化学エネルギーが高い糖類(有機物)と酸素をつくる。この反応を**光合成**という。光合成の熱化学反応式は, 次式のように大きな吸熱反応である。

$$6CO_2 + 6H_2O(液) \longrightarrow C_6H_{12}O_6 + 6O_2 \quad \Delta H = 2803\,kJ$$

■ **光化学反応**　光合成のように, 光エネルギーの吸収によって起こる反応を**光化学反応**という。

　水素と塩素の混合気体に光を当てると爆発的に反応して塩化水素を生成する反応は, 代表的な光化学反応である。

$$H_2 + Cl_2 \xrightarrow{\text{光}} 2HCl \quad ☯1$$

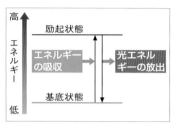

図1. 発光の原理

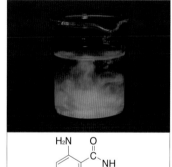

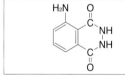

図2. ルミノール反応(上)とルミノールの構造(下)

血液中のヘモグロビンに含まれる鉄分が, ルミノール反応の触媒としてはたらく。

☯1. 詳しい反応機構は次の通り。
(1) Cl_2が光を吸収して, 不対電子をもつ塩素原子$Cl\cdot$を生じる。

$$Cl_2 \xrightarrow{\text{光}} 2Cl\cdot$$

(2) $Cl\cdot$がH_2から$H\cdot$を引き抜く。

$$Cl\cdot + H_2 \longrightarrow HCl + H\cdot$$

(3) $H\cdot$がCl_2から$Cl\cdot$を引き抜く。

$$H\cdot + Cl_2 \longrightarrow HCl + Cl\cdot$$

いったん$Cl\cdot$が生じると, (2), (3)の反応を繰り返す。このような反応を連鎖反応という。

方法

〈水酸化ナトリウムの溶解エンタルピーの測定〉 **1** 発泡スチロール製のコップに純水100 mLを入れ，水温を測定する。

2 コップに固体の水酸化ナトリウム2.0 g（0.050 mol）を入れ，静かにかき混ぜながら20秒ごとに温度を測定し，グラフに表す。

〈水酸化ナトリウム水溶液と塩酸の中和エンタルピーの測定〉 **3** 0.50 mol/L水酸化ナトリウム水溶液50 mL（0.025 mol）と0.50 mol/L塩酸50 mL（0.025 mol）を別々のビーカーに入れる。液温を測定し，双方の温度が等しいことを確かめておく。

4 両液を発泡スチロール製のコップに入れ，かき混ぜながら混合液の温度を20秒ごとに測定し，グラフに表す。

〈水酸化ナトリウムと塩酸の反応エンタルピーの測定〉 **5** 0.50 mol/L塩酸50 mLと純水50 mLを発泡スチロール製のコップに入れ，液温を測定する。

6 **5**の水溶液に水酸化ナトリウム1.0 g（0.025 mol）を入れ，静かにかき混ぜながら20秒ごとに温度を測定し，グラフに表す。

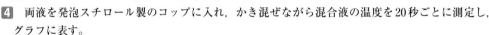

結果

1 水酸化ナトリウムの溶解エンタルピー

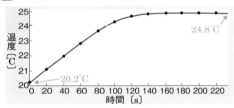

2 水酸化ナトリウム水溶液と塩酸の中和エンタルピー

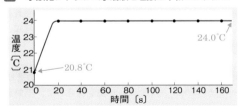

3 水酸化ナトリウムと塩酸の反応エンタルピー

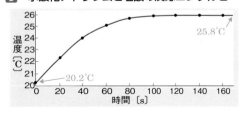

考察

1 **1**～**3**から上昇温度を求めよ。また，水溶液の比熱をいずれも4.2 J/(g·K)として，発熱量を求めよ。

→ 発熱量Qは次の式で求めることができる。

$$Q(J) = m(g) \cdot C(J/(g \cdot K)) \cdot t(K)$$

1では，$t = 24.8 - 20.2 = \textbf{4.6 K}$より，
$Q = 102\,g \times 4.2\,J/(g \cdot K) \times 4.6\,K ≒ \textbf{1971 J}$

2では，$t = 24.0 - 20.8 = \textbf{3.2 K}$より，
$Q = 100\,g \times 4.2\,J/(g \cdot K) \times 3.2\,K = \textbf{1344 J}$

3では，$t = 25.8 - 20.2 = \textbf{5.6 K}$より，
$Q = 101\,g \times 4.2\,J/(g \cdot K) \times 5.6\,K ≒ \textbf{2376 J}$

2 **1**より，水酸化ナトリウムの溶解エンタルピーH_1(kJ/mol)，水酸化ナトリウム水溶液と塩酸の中和エンタルピーH_2(kJ/mol)，水酸化ナトリウムと塩酸の反応エンタルピーH_3(kJ/mol)を求めよ。

→ $\Delta H_1 = -1971\,J \div 0.050\,mol ≒ \textbf{-39.4 kJ/mol}$

$\Delta H_2 = -1344\,J \div 0.025\,mol ≒ \textbf{-53.8 kJ/mol}$

$\Delta H_3 = -2376\,J \div 0.025\,mol ≒ \textbf{-95.0 kJ/mol}$

3 ヘスの法則が成り立つことを確かめよ。

→ $\Delta H_1 + \Delta H_2 = \textbf{-93.2 kJ/mol}$で，$\Delta H_3$とほぼ等しいので，ヘスの法則が成り立つ。

1 ☐ 定圧反応において，出入りする熱量を何という？

2 ☐ 熱を発生する反応を何という？

3 ☐ 熱を吸収する反応を何という？

4 ☐ 熱化学反応式では，着目する物質の係数はいくらにする？

5 ☐ 1 molの物質が完全燃焼するときの発熱量を何という？

6 ☐ 化合物 1 molがその成分元素の単体から生成するときの発熱・吸熱量を何という？

7 ☐ 酸・塩基の水溶液が反応して，水 1 molを生成するときの発熱量を何という？

8 ☐ 1 molの物質を多量の水に溶かしたときの発熱・吸熱量を何という？

9 ☐ （反応物がもつエンタルピー）＞（生成物がもつエンタルピー）となるのは何反応？

10 ☐ （反応物がもつエンタルピー）＜（生成物がもつエンタルピー）となるのは何反応？

11 ☐ 反応エンタルピーは，反応前と反応後の物質の状態だけで決まり，反応経路には無関係である。この法則を何という？

12 ☐ 気体分子間の共有結合 1 molを切断するのに必要なエンタルピーを何という？

13 ☐ H_2（気）$\longrightarrow$ $2H$（気） $\Delta H = 436\,kJ$ のとき，H-Hの結合エンタルピーは？

14 ☐ 各物質がもつエンタルピーの大きさの関係を図に表したもの（エンタルピー図）において，下向きの反応は何反応？

15 ☐ 各物質がもつエンタルピーの大きさの関係を図に表したもの（エンタルピー図）において，上向きの反応は何反応？

16 ☐ 反応エンタルピー＝反応物の結合エンタルピーの総和－（　　　），（　）に入るのは？

17 ☐ 化学反応に伴う発光を何という？

18 ☐ 化学発光の代表例を 1 つ挙げると？

19 ☐ $6CO_2 + 6H_2O$（液）$\longrightarrow$ $C_6H_{12}O_6 + 6O_2$ $\Delta H = 2803\,kJ$ で表される，植物が行う反応を何という？

解答

1. 反応エンタルピー

2. 発熱反応

3. 吸熱反応

4. 1

5. 燃焼エンタルピー

6. 生成エンタルピー

7. 中和エンタルピー

8. 溶解エンタルピー

9. 発熱反応

10. 吸熱反応

11. ヘスの法則
（総熱量保存の法則）

12. 結合エンタルピー

13. $436\,kJ/mol$

14. 発熱反応

15. 吸熱反応

16. 生成物の結合エンタ
ルピーの総和

17. 化学発光

18. ルミノール反応
（ホタルの発光）など

19. 光合成

定期テスト予想問題 解答 → p.308

1 熱化学反応式

次の(1)〜(5)の内容を熱化学反応式で表せ。
式量：NaOH = 40
(1) プロパン C_3H_8 0.1 mol を完全燃焼させると，222 kJ の熱が発生する。
(2) アンモニア NH_3 の生成エンタルピーは -46 kJ/mol である。
(3) 水酸化ナトリウム NaOH 2.0 g を多量の水に溶かすと，2.2 kJ の熱が発生する。
(4) 酸素 O_2 からオゾン O_3 が生成するとき，オゾン 1 mol あたり 142 kJ の熱を吸収する。
(5) 0.10 mol/L 塩酸 200 mL と 0.10 mol/L 水酸化ナトリウム水溶液 200 mL を混合すると，1.14 kJ の熱が発生する。

2 熱化学反応式の意味

N_2 (気) + O_2 (気) $\longrightarrow$ 2NO (気)　$\Delta H = 180$ kJ
で表される熱化学反応式について，次の問いに答えよ。
(1) この反応は，発熱反応と吸熱反応のどちらか。
(2) 反応物と生成物では，どちらのほうが大きなエンタルピーをもっているか。
(3) $\Delta H = 180$ kJ/mol は，N_2 の燃焼エンタルピーを表しているといえるか。
(4) $\Delta H = 90$ kJ/mol は，何という反応エンタルピーを表しているか。

3 燃焼エンタルピー

次の熱化学反応式を参考にして，あとの問いに答えよ。原子量：C = 12
　C (黒鉛) + O_2 (気) $\longrightarrow$ CO_2 (気)　$\Delta H = -394$ kJ
(1) 18 g の黒鉛が完全燃焼したときの発熱量は何 kJ か。
(2) (1)で発生した熱量をすべて 10 kg の水に吸収させたとすると，水の温度は何 K 上昇するか。ただし，水の比熱を 4.2 J/(g・K) とする。

4 反応エンタルピーの種類

次の(1)〜(5)の式は，何という反応エンタルピーを表しているか。下から記号で選べ。
(1) NaOHaq + HClaq $\longrightarrow$ NaClaq + H_2O (液)
　　$\Delta H = -56.5$ kJ
(2) KNO_3 (固) + aq $\longrightarrow$ KNO_3aq
　　$\Delta H = 35$ kJ
(3) C (黒鉛) + $\frac{1}{2}O_2$ (気) $\longrightarrow$ CO (気)
　　$\Delta H = -111$ kJ
(4) C (黒鉛) $\longrightarrow$ C (気)　$\Delta H = 715$ kJ
(5) CH_4 (気) + $2O_2$ (気) $\longrightarrow$
　　CO_2 (気) + $2H_2O$ (液)　$\Delta H = -891$ kJ
　ア　燃焼エンタルピー　　イ　生成エンタルピー
　ウ　溶解エンタルピー　　エ　中和エンタルピー
　オ　蒸発エンタルピー　　カ　昇華エンタルピー

5 反応エンタルピーの計算

(1) 次の熱化学反応式を用いて，二酸化硫黄 SO_2 の生成エンタルピーを求めよ。
　　S (斜方) + $\frac{3}{2}O_2$ (気) $\longrightarrow$ SO_3 (気)
　　$\Delta H = -396$ kJ
　　SO_2 (気) + $\frac{1}{2}O_2$ (気) $\longrightarrow$ SO_3 (気)
　　$\Delta H = -99$ kJ
(2) 次の熱化学反応式を用いて
　　C (黒鉛) + CO_2 (気) $\longrightarrow$ 2CO (気)　$\Delta H = x$ 〔kJ〕 の x の値を求めよ。
　　C (黒鉛) + O_2 (気) $\longrightarrow$ CO_2 (気)
　　$\Delta H = -394$ kJ
　　CO (気) + $\frac{1}{2}O_2$ (気) $\longrightarrow$ CO_2 (気)
　　$\Delta H = -283$ kJ
(3) エチレン(エテン) C_2H_4 の燃焼エンタルピーは -1411 kJ/mol，二酸化炭素 CO_2 と水 (液体) H_2O の生成エンタルピーはそれぞれ -394 kJ/mol，-286 kJ/mol である。これらをもとに，エチレンの生成エンタルピーを求めよ。

⑥ エンタルピー図

次の熱化学反応式を参考にして，下のエンタルピー図中の〔　〕に適する化学式や数値を入れよ。

$$H_2(気) + \frac{1}{2}O_2(気) \longrightarrow H_2O(気)$$
$$\Delta H = -242\,kJ$$
$$H_2O(液) \longrightarrow H_2O(気) \quad \Delta H = 44\,kJ$$

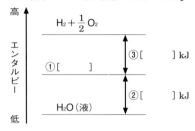

⑦ 溶解エンタルピーの測定

右の図のように，純水100 gを入れた断熱容器に固体の水酸化ナトリウム5.0 gを完全に溶かしたところ，液温が13.0 K上昇した。この水溶液の比熱を

4.2 J/(g·K)として，水酸化ナトリウムの水への溶解エンタルピーを求めよ。式量：NaOH = 40

⑧ 反応エンタルピーの計算

次の熱化学反応式を用いて，プロパンC_3H_8の燃焼エンタルピーを求めよ。

$$C(黒鉛) + O_2(気) \longrightarrow CO_2(気)$$
$$\Delta H = -394\,kJ$$
$$H_2(気) + \frac{1}{2}O_2(気) \longrightarrow H_2O(液)$$
$$\Delta H = -286\,kJ$$
$$3C(黒鉛) + 4H_2(気) \longrightarrow C_3H_8(気)$$
$$\Delta H = -106\,kJ$$

⑨ 反応エンタルピー

酸化アルミニウムAl_2O_3の生成エンタルピーは$-1676\,kJ/mol$，酸化鉄(III)Fe_2O_3の生成エンタルピーは$-824\,kJ/mol$である。これより，次式の反応エンタルピーx〔kJ/mol〕を求めよ。

$$2Al(固) + Fe_2O_3(固) \longrightarrow$$
$$Al_2O_3(固) + 2Fe(固) \quad \Delta H = x\,〔kJ〕$$

⑩ 結合エンタルピー

次のエンタルピー図を見て，あとの問いに考えよ。

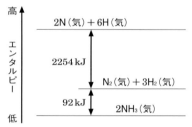

(1) アンモニアの生成エンタルピーを求めよ。
(2) 水素のH–H結合の結合エンタルピーを$436\,kJ/mol$として，窒素のN≡N結合の結合エンタルピーを求めよ。
(3) アンモニアのN–H結合の結合エンタルピーはいくらか。

⑪ 結合エンタルピーと反応エンタルピー

C–C結合，C=C結合，C–H結合，H–H結合の結合エンタルピーは，それぞれ$330\,kJ/mol$，$589\,kJ/mol$，$416\,kJ/mol$，$436\,kJ/mol$として，エチレンC_2H_4と水素H_2が反応してエタンC_2H_6が生成する反応の反応エンタルピーx〔kJ/mol〕を求めよ。

$$\Delta H = x\,〔kJ〕$$

2章 電池と電気分解

1 電池の原理

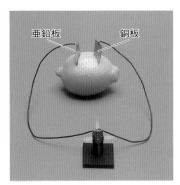

亜鉛板　銅板

図1. 果物電池

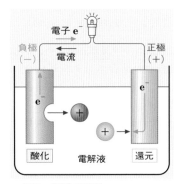

電子 e⁻

負極 （−）　　　電流　　　正極 （＋）

e⁻　　　　　　　e⁻

酸化　　電解液　　還元

図2. 電池の原理
正極と負極の金属のイオン化傾向の差が大きいほど，電池の起電力が大きい。

1. 負極，電解液，正極の間を縦線 | で区切る。電解液を2種類用いた場合は，その間も | で区切る。
例 （−）Zn | H₂SO₄ aq | Cu （＋）

1 電池のしくみ

■ **電池とは**　酸化還元反応に伴って放出される化学エネルギーを電気エネルギーとして取り出す装置を，**電池（化学電池）**という。一般に，電池は**イオン化傾向が異なる2種類の金属**と，電解液の組み合わせでできている。

酸化反応と還元反応を別々の場所で行わせ，その間を導線で結ぶと，一定方向に電子が移動する。

■ **電池の原理**　イオン化傾向の大きい金属は陽イオンとなって電解液中に溶け出す（酸化反応）。生じた電子は，導線を通ってもう一方の金属へ移動し，そこで別の金属イオンが電子を受け取る（還元反応）。

■ **電極と起電力**　電解液に浸した2種類の金属を**電極**という。酸化反応が起こり，外部に電子が流れ出す電極を**負極**といい，外部から電子が流れ込み，還元反応が起こる電極を**正極**という。正極と負極の間に生じる電位差（電圧）を電池の**起電力**といい，単位には V を用いる。

■ **活物質**　電池内の酸化還元反応に関わる物質を**活物質**という。負極で還元剤としてはたらく物質を**負極活物質**，正極で酸化剤としてはたらく物質を**正極活物質**という。

■ **電池式**　電池の構成を表す化学式を**電池式**といい，左から負極，電解液，正極の順に，それぞれ化学式で書く。[1]

ポイント

電池　{ 負極……イオン化傾向**大**　┐ 電子の流れ
　　　{ 正極……イオン化傾向**小**　┘
電子の流れと逆方向が電流の方向となる。

2 一次電池と二次電池の違い

■ **一次電池**　電池から電流を取り出すことを**放電**という。マンガン乾電池（→p.78）のように，放電すると起電力が低下し，もとの状態に戻せない電池を**一次電池**という。

■ **二次電池** 鉛蓄電池（→ p.79）のように，放電して起電力が低下しても，外部から放電時とは逆向きの電流を流すと起電力を回復できる電池を**二次電池（蓄電池）**という。また，二次電池の起電力を回復させる操作を**充電**という。

③ ボルタ電池とは

■ **ボルタ電池** イタリアの**ボルタ**が1800年に発明した最初の電池で，希硫酸に亜鉛板と銅板を浸したものである。

■ **負極と正極の反応** イオン化傾向の大きい亜鉛Znが負極となり，イオン化傾向の小さい銅Cuが正極となる。

　負極では，Znがイオンになって溶け出し，電子e^-を残す。

　　（負極）　$Zn \longrightarrow Zn^{2+} + 2e^-$

　正極では，Cuは変化せず，水素イオンH^+がe^-を受け取り，水素分子H_2になる。

　　（正極）　$2H^+ + 2e^- \longrightarrow H_2$

■ **電池の分極** ボルタ電池で豆電球を点灯すると，最初起電力は約 **1 V** あるが，すぐに約 0.4 V に下がり，電球は消えてしまう。このように，電池の起電力が急激に下がる現象を**電池の分極**という。[2]

④ ダニエル電池とは

■ **ダニエル電池** イギリスの**ダニエル**が1836年に考案した，ボルタ電池の改良型である。素焼きの筒に濃い硫酸銅(Ⅱ)水溶液と銅板を入れ，これを薄い硫酸亜鉛水溶液と亜鉛板を入れた容器中に沈めたものである。

　ダニエル電池の電池式は次式のように表される。

　　$(-)$ Zn | ZnSO₄ aq | CuSO₄ aq | Cu $(+)$

■ **負極と正極の反応** ダニエル電池を放電すると，各電極で次の反応が起こる。

　　（負極）　$Zn \longrightarrow Zn^{2+} + 2e^-$ （酸化）

　　（正極）　$Cu^{2+} + 2e^- \longrightarrow Cu$ （還元）

　ボルタ電池とは異なり，正極に水素が発生しないので，分極が起こりにくく，起電力は長時間低下しない。

■ **活物質** 亜鉛Znが負極活物質，銅(Ⅱ)イオンCu^{2+}が正極活物質としてはたらき，起電力は約1.1 Vである。放電を続けると，$[Zn^{2+}]$は大きくなり，$[Cu^{2+}]$は小さくなるので，ZnSO₄水溶液の濃度を薄く，CuSO₄水溶液の濃度を濃くしておくと，長時間放電することができる。

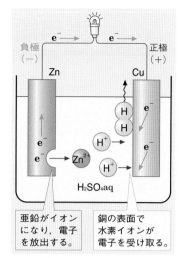

亜鉛がイオンになり，電子を放出する。｜銅の表面で水素イオンが電子を受け取る。

図3．ボルタ電池

✿**2.** 銅板の表面に水素の気泡が付着し，銅板と希硫酸が接触できなくなり，電子の授受が妨げられるためである。

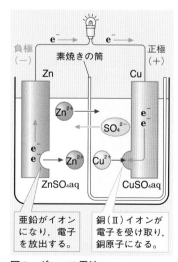

亜鉛がイオンになり，電子を放出する。｜銅(Ⅱ)イオンが電子を受け取り，銅原子になる。

図4．ダニエル電池
素焼きの筒（隔膜）は，Cu^{2+}とZn^{2+}を混合しにくくするためのものであるが，イオンを通過させるため，両側の溶液を電気的に接続する役割もある。

2 実用電池

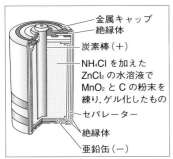

金属キャップ
絶縁体
炭素棒 (+)
NH₄Cl を加えた ZnCl₂ の水溶液で MnO₂ と C の粉末を練り，ゲル化したもの
セパレーター
絶縁体
亜鉛缶 (−)

図1. マンガン乾電池

💠 **1.** 負極でZn²⁺の濃度が高まると亜鉛の溶解が妨げられ，分極の一因となる。Zn²⁺をNH₄⁺と反応させることにより，Zn²⁺の濃度を低い状態に保っている。

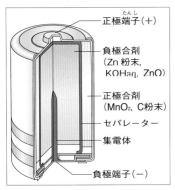

正極端子 (+)
負極合剤 (Zn 粉末，KOHaq，ZnO)
正極合剤 (MnO₂, C粉末)
セパレーター
集電体
負極端子 (−)

図2. アルカリマンガン乾電池
多量の Zn 粉末を混合しているので，マンガン乾電池よりも電池の放電容量が約2倍ある。

図3. コイン形リチウム電池(手前) とアルカリボタン電池(奥)
リチウム電池の起電力は約3Vである。

1 マンガン乾電池とは

■ **実用電池** ボルタ電池は放電すると，すぐに分極(→p.77)が起こり，実用には使えない。分極が起こりにくく，安定した電流を長時間取り出せる電池が**実用電池**である。

■ **マンガン乾電池** 電解液をペースト(糊)状にして，持ち運びが便利なように工夫された電池が**乾電池**である。現在，最もよく用いられている一次電池は**マンガン乾電池**で，次のような電池式で表される。

$$(-)\,Zn\,|\,ZnCl_2\,aq,\ NH_4Cl\,aq\,|\,MnO_2\,(+)$$

■ **負極と正極の反応** 亜鉛Znは負極活物質(還元剤)としてはたらき，電子e^-を放出して亜鉛イオンZn^{2+}となる。

$$(負極)\quad Zn \longrightarrow Zn^{2+} + 2e^-$$

$$Zn^{2+} + 4NH_4^+ \longrightarrow [Zn(NH_3)_4]^{2+} + 4H^+$$

一方，酸化マンガン(Ⅳ) MnO_2 は正極活物質(酸化剤)としてはたらき，電子e^-を受け取る。

$$(正極)\quad MnO_2 + H^+ + e^- \longrightarrow MnO(OH)$$

また，電解液には，塩化亜鉛$ZnCl_2$に少量の塩化アンモニウムNH_4Clを加えた水溶液をゲル化して用いる。

なお，マンガン乾電池の起電力は約1.5Vである。

■ **アルカリマンガン乾電池** マンガン乾電池の電解液を，酸化亜鉛ZnOを含む水酸化カリウムKOH水溶液に変えたもので，一般にアルカリ乾電池とよばれている。起電力は約1.5Vであるが，電解液の電気抵抗が小さく，大きな電流を長時間にわたって取り出すことができる。

$$(-)\,Zn\,|\,KOH\,aq\,|\,MnO_2\,(+)$$

2 リチウム電池とは

■ **リチウム電池** 負極活物質にイオン化傾向が最大の金属Li，正極活物質に酸化マンガン(Ⅳ)を用いた一次電池で，その電池式は次式で表される。

$$(-)\,Li\,|\,LiClO_4(有機溶媒)\,|\,MnO_2\,(+)$$

電解液には有機溶媒にリチウム塩を溶かして電導性を高めたものを用いる。これは，金属Liは水と激しく反応するためである。

③ 鉛蓄電池とはどんな電池か

■ **鉛蓄電池** 鉛蓄電池は，自動車のバッテリーなどに用いられる二次電池で，起電力は約$2.0\,V$である。負極活物質には鉛Pb，正極活物質には酸化鉛(IV)PbO_2，電解液には希硫酸が用いられ，その電池式は次式で表される。

$$(-)\,Pb\,|\,H_2SO_4\,aq\,|\,PbO_2\,(+)$$

■ **放電時の負極と正極の反応**

(負極)　$Pb + SO_4^{2-} \longrightarrow PbSO_4 + 2e^-$

(正極)　$PbO_2 + 4H^+ + SO_4^{2-} + 2e^- \longrightarrow PbSO_4 + 2H_2O$

(両極)　$Pb + PbO_2 + 2H_2SO_4 \longrightarrow 2PbSO_4 + 2H_2O$

上式からわかるように，放電すると，両極とも水に不溶で白色の硫酸鉛(II)$PbSO_4$で覆われるとともに，硫酸H_2SO_4の濃度も減少し，起電力はしだいに低下する。

■ **充電** 鉛蓄電池は，起電力が$1.8\,V$に低下するまでに充電しなければならない。充電の方法は，外部の直流電源の＋極を鉛蓄電池の正極に，一極を負極につないで，$2.0\,V$以上の電圧で電流を流す。すると，放電時の逆反応が起こってもとの状態に戻り，起電力が回復する。

■ **過充電** さらに，充電を続けると，水の電気分解が起こり，負極から水素H_2，正極から酸素O_2が発生してしまう(**過充電**)。

④ 燃料電池とは

■ **燃料電池の構造** 負極には水素H_2などの燃料，正極には酸素O_2(空気)を連続的に供給して反応させ，燃料がもつ化学エネルギーを効率よく電気エネルギーとして取り出す装置を**燃料電池**という。代表的な燃料電池では，負極活物質にH_2，正極活物質にO_2，電解液にリン酸H_3PO_4水溶液を用いており，起電力は約$1.2\,V$である。

$$(-)\,H_2\,|\,H_3PO_4\,aq\,|\,O_2\,(+)$$

■ **燃料電池の反応** 水素H_2は負極で電子を放出してH^+となる。H^+は電解液中を移動し，正極で酸素O_2と反応して水H_2Oになる。

(負極)　$H_2 \longrightarrow 2H^+ + 2e^-$

(正極)　$O_2 + 4H^+ + 4e^- \longrightarrow 2H_2O$

■ **燃料電池の特徴** エネルギー変換効率が高いうえに，生成物は水であり，地球環境を汚染することがない。

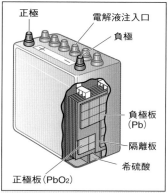

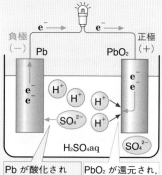

正極　　　　　　電解液注入口
　　　　　　　　　　負極

負極板
(Pb)

隔離板

希硫酸

正極板(PbO_2)

負極
($-$)　Pb　　　　　　PbO$_2$　正極
($+$)

Pb が酸化され Pb^{2+} となって SO_4^{2-} と結びつく。

PbO_2 が還元され，Pb^{2+} となって SO_4^{2-} と結びつく。

図4. 鉛蓄電池の放電

⚙ **2.** 鉛蓄電池内の希硫酸の体積は，水の蒸発や過充電などによって減少することがある。このときは，蒸留水を加えてもとの体積に戻す。

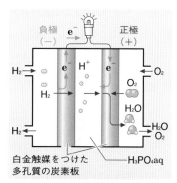

負極
($-$)　　　　　　　　　正極
($+$)

白金触媒をつけた多孔質の炭素板　　　H_3PO_4aq

図5. 水素-酸素型の燃料電池
自動車の動力源や家庭用の電源として注目されている。

⑤ ニッケル・水素電池とは

■ **ニッケル・水素電池**　負極活物質に**水素吸蔵合金**MH（水素を吸収・放出できる合金），正極活物質に酸化水酸化ニッケル(Ⅲ) NiO(OH)，電解液に水酸化カリウムKOH水溶液を用いた二次電池である。その電池式は次式で表され，起電力は約1.3 Vである。

$$(-)\ \text{MH} \mid \text{KOH aq} \mid \text{NiO(OH)}\ (+)$$

負極：$\text{MH} + \text{OH}^- \underset{充電}{\overset{放電}{\rightleftharpoons}} \text{M} + \text{H}_2\text{O} + \text{e}^-$

正極：$\text{NiO(OH)} + \text{e}^- + \text{H}_2\text{O}$

$$\underset{充電}{\overset{放電}{\rightleftharpoons}} \text{Ni(OH)}_2 + \text{OH}^-$$

放電・充電により，KOH水溶液の濃度が変化しないので，長時間，一定の起電力を保つ特徴がある。

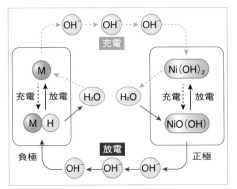

図6．ニッケル・水素電池の反応原理

ニッケル・水素電池は，電動自転車，携帯音楽プレーヤー，コードレス電話などに利用されている。

⑥ リチウムイオン電池とは

■ **リチウムイオン電池**　負極活物質にLi⁺を収容した黒鉛(LiC₆)❸，正極活物質にはコバルト(Ⅲ)酸リチウム LiCoO₂，電解液には有機溶媒にリチウム塩を溶かしたものを用いた二次電池である。その電池式は次式で表され，起電力は約4.0 Vである。

$$(-)\ \text{LiC}_6 \mid \text{Li塩（有機溶媒）} \mid \text{LiCoO}_2\ (+)$$

放電時には，次のような反応が起こる。

負極：$\text{Li}_x\text{C}_6 \longrightarrow \text{C}_6 + x\text{Li}^+ + x\text{e}^-$
$(0 < x < 0.5)$❹

正極：$\text{Li}_{(1-x)}\text{CoO}_2 + x\text{Li}^+ + x\text{e}^-$
$\longrightarrow \text{LiCoO}_2 \quad (0 < x < 0.5)$❹

放電時，負極では黒鉛の層に収容されたLi⁺の一部が電解液中に抜け出す。正極では，Li⁺の一部が抜けたCoO₂の層の中にLi⁺が入り込む。

充電時には，放電時の逆向きの反応が起こる。

リチウムイオンLi⁺が負極と正極の間を往復するシンプルな構造で，放電・充電の繰り返しに強く，小型・軽量・高起電力のため，携帯電話，ノートパソコン，電気自動車等に広く利用されている。

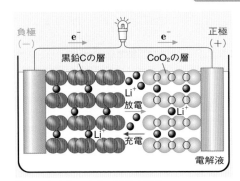

図7．リチウムイオン電池の基本原理

❸3．黒鉛は，C原子6個あたり最大1個までLi⁺を収容できるので，満充電の負極はLiC₆と表す。

❹4．化合物を構成する原子の数が整数で表せない場合，小数xを用いて表す。たとえば，Li$_{(1-x)}$CoO₂とはLiCoO₂からx個（$0 < x < 0.5$）のLi⁺が抜け出した状態にあることを示す。

3 標準電極電位と電池の起電力

■ **半電池**　金属Mとその陽イオンM^{n+}の水溶液（1 mol/L）でつくられる電池（**半電池**という）の電極電位は，直接測定できないので，次の水素電極を基準として決められる。

■ **標準水素電極**　水素イオン濃度$[H^+]$が1 mol/Lの水溶液中に白金電極を浸し，その表面に25℃，1.01×10^5 Paの水素ガスを吹きつけたものを**標準水素電極**という。その電極表面では$H_2 \rightleftarrows 2H^+ + 2e^-$の平衡が成立している。この水素電極の電位を基準（0 V）とする。

■ **標準電極電位**　この標準水素電極とある金属の半電池を，図1のように塩橋で接続したとき，生じた電池の起電力を，その金属の**標準電極電位E^0**という。

一般に，電極反応を還元反応として①式のように表す。

$$M^{n+} + ne^- \rightleftarrows M \quad \cdots\cdots\cdots\cdots ①$$

イオン化傾向の大きい金属ほど，①式の平衡は左に偏り，電極は負極となるので，E^0は負（−）の値を示す。

イオン化傾向の小さい金属ほど，①式の平衡は右に偏り，電極は正極となるので，E^0は正（＋）の値を示す。

■ **金属のイオン化傾向**　イオン化傾向の大きい金属ほど標準電極電位E^0は低く，イオン化傾向の小さい金属ほどE^0は高くなる。すなわち，**金属のイオン化傾向**は金属のE^0の低いものから高いものへの順番と一致する。

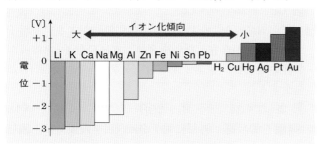

図2．標準水素電極を基準（0）にした標準電極電位

■ **電池の起電力**　たとえば，ダニエル電池
$(-)$ Zn | ZnSO$_4$ aq || CuSO$_4$ aq | Cu $(+)$の起電力Eは，Zn，Cuの標準電極電位を-0.76 V，$+0.34$ Vとすれば，両金属の標準電極電位の差から，次のように求められる。

$$E = +0.34 - (-0.76)$$
$$= 1.10 \text{ V}$$

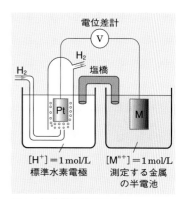

電位差計

図1．標準電極電位の測定

$[H^+] = 1$ mol/L
標準水素電極

$[M^{n+}] = 1$ mol/L
測定する金属の半電池

✿1. 塩橋は，KClやKNO$_3$などの濃厚な塩の水溶液を寒天などで固めたもの。2つの半電池を電気的に接続するはたらきをする。電池式では ‖ と表す。

✿2. 標準電極電位は，金属イオンの濃度が1 mol/Lのときの値であり，溶液の濃度を変えると，電極電位の値はわずかに変化する。

✿3. 電池の起電力を求めるときは，必ず，電位の高い方（正極）の金属のE^0から，電位の低い方（負極）の金属のE^0を引くようにすること。

4 電気分解

1 電気分解とはどんな変化か

■ **電気分解のしくみ**　電解質を水に溶かしたり、加熱して融解させたりすると、陽イオンと陰イオンがばらばらになり、自由に動けるようになる。このような状態になった${}^{\diamond 1}$ところに電極を浸し、外部から直流電流を流すと、電解質に化学変化を起こすことができる(図1)。このように、電気エネルギーを用いて強制的に酸化還元反応を起こす操作を、**電気分解(電解)**という。

　電気分解において、電源の負極につないだ電極を**陰極**、電源の正極につないだ電極を**陽極**という。

> **ポイント**
> 電気分解 $\begin{cases} \text{陰極(電子が流れ込む電極)……還元反応} \\ \text{陽極(電子が流れ出す電極)……酸化反応} \end{cases}$

2 水溶液の電気分解

■ **陰極での反応**　外部から電子が流れ込む陰極では、最も還元されやすい物質が電子e^-を受け取り還元される。

[1] Cu^{2+}、Ag^+のようにイオン化傾向が小さい金属イオンが存在すれば、これらのイオンが還元され、金属として析出する。

　例 $Cu^{2+} + 2e^- \longrightarrow Cu$

[2] K^+、Na^+、Al^{3+}のようにイオン化傾向が大きい金属イオンだけしか存在しない場合は、水H_2O分子(水溶液が${}^{\diamond 2}$酸性の場合は、水素イオンH^+)が還元され、水素H_2が${}^{\diamond 3}$発生する。

　例 $2H_2O + 2e^- \longrightarrow H_2 + 2OH^-$　　　$2H^+ + 2e^- \longrightarrow H_2$

■ **陽極での反応**　外部に電子が流れ出す陽極では、最も酸化されやすい物質が電子e^-を失い酸化される。

[1] Cl^-、I^-などのハロゲン化物イオンが存在すれば、これらのイオンが酸化され、Cl_2やI_2が生じる。

　例 $2Cl^- \longrightarrow Cl_2 + 2e^-$

[2] SO_4^{2-}やNO_3^-などの多原子イオンだけしか存在し${}^{\diamond 4}$ない場合は、水H_2O分子(水溶液が塩基性の場合は、水酸化物イオンOH^-)が酸化され、酸素O_2が発生する。${}^{\diamond 5}$

$\diamond$**1.** 電気分解の電極には、ふつう、化学的に安定な白金Ptや黒鉛Cを用いる。

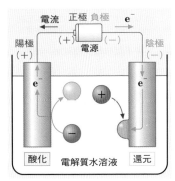

電流　正極 負極　e^-

陽極　電源　陰極

(+)　　　　　　(−)

酸化　電解質水溶液　還元

図1. 電気分解の原理

$\diamond$**2.** これらの金属イオンはきわめて還元されにくい。

$\diamond$**3.** たとえば、塩化ナトリウムNaCl水溶液を電気分解すると、イオン化傾向が大きいNa$^+$は還元されない。陰極で電子を受け取って還元されるのは、水溶液中の水H_2O分子である。

$2H_2O + 2e^- \longrightarrow H_2 + 2OH^-$

$\diamond$**4.** これらの多原子イオンはきわめて酸化されにくい。

$\diamond$**5.** たとえば、希硫酸H_2SO_4を電気分解すると、陽極で電子を失って酸化されるのは、水溶液中の水H_2O分子である。

$2H_2O \longrightarrow O_2 + 4H^+ + 4e^-$

例 $2H_2O \longrightarrow O_2 + 4H^+ + 4e^-$

$4OH^- \longrightarrow 2H_2O + O_2 + 4e^-$

3 白金Pt，炭素C以外の物質を陽極に用いた場合は，陽極自身が酸化され，陽イオンとなって溶け出す。

例 $Cu \longrightarrow Cu^{2+} + 2e^-$

■ **陰極で生成する物質**
①イオン化傾向が小さい金属（Cu，Agなど）は析出。
②イオン化傾向が大きい金属は析出せず，H_2が発生。
■ **陽極で生成する物質**
①Cl^-が存在するときは，Cl_2が発生。
②SO_4^{2-}，NO_3^-しか存在しないときは，O_2が発生。

③ 銅の電解精錬

■ 銅の鉱石（黄銅鉱$CuFeS_2$）を溶鉱炉内でコークスや石灰石と反応させると，硫化銅（Ⅰ）Cu_2Sになる。次に転炉で酸素を通じると，単体の銅が得られる。この段階では，不純物として，Au，Ag，Ni，Fe，Zn，Pbなどが約1％含まれているので，**粗銅**とよばれる。

図2のように，粗銅板を陽極，純銅板を陰極とし，硫酸酸性の硫酸銅（Ⅱ）$CuSO_4$水溶液を約0.4Vの低電圧で電気分解すると，陰極に**純銅**（純度99.99％程度）が析出する。

（陽極）　$Cu \longrightarrow Cu^{2+} + 2e^-$

（陰極）　$Cu^{2+} + 2e^- \longrightarrow Cu$

④ 融解塩の電気分解

■ K，Ca，Na，Mg，Alなど，イオン化傾向が大きい金属の場合，そのイオンを含む水溶液を電気分解しても，陰極に単体を析出させることはできない。そこで，高温の融解液を電気分解して，これらの金属の単体を取り出す。この操作を，**溶融塩電解（融解塩電解）**という。

■ **アルミニウムの製錬**　アルミニウムの原料は酸化アルミニウムAl_2O_3である。Al_2O_3の融点は2054℃にもなるが，ひょうしょうせき
氷晶石Na_3AlF_6に混ぜて熱すると，約1000℃で融解する。この融解液を，炭素電極を用いて電気分解を行う。

（陰極）　$Al^{3+} + 3e^- \longrightarrow Al$

（陽極）　$C + O^{2-} \longrightarrow CO + 2e^-$

　　　　　$C + 2O^{2-} \longrightarrow CO_2 + 4e^-$

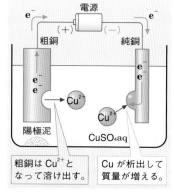

図2．銅の電解精錬
電気分解を利用して，金属の純度を高める方法を電解精錬という。粗銅中の不純物のうち，銅Cuよりイオン化傾向の大きいものはイオンになって溶け出すが，低電圧のため，陰極に金属として析出しない。一方，Cuよりイオン化傾向の小さいAuやAgは，単体のまま陽極の下に沈殿する。これを陽極泥といい，これから金や銀が回収される。

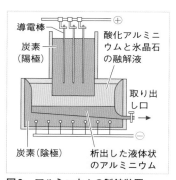

図3．アルミニウムの製錬装置
陰極に析出したアルミニウムは液体状で底にたまる。陽極の炭素は酸素と反応して消費されるので，絶えず補給する必要がある。

5　電気分解の量的関係

1　生成物の量は電気量に比例

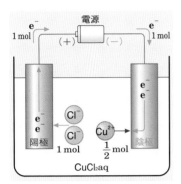

図1.　電極に生成する物質と電気
　　　量の関係

（陰極）　$Cu^{2+} + 2e^- \longrightarrow Cu$
（陽極）　$2Cl^- \longrightarrow Cl_2 + 2e^-$

 1.　ファラデー（1791〜1867）
イギリスの物理学者・化学者。貧
しい鍛冶屋の家庭に育ったため，
学校教育が受けられず，製本屋で
徒弟奉公をしながら，独学で自然
科学を学んだ。のち，王立研究所
のデービー教授の助手になり，研
究者への道が開かれると，たちま
ち才能を発揮し，いろいろな分野
で多彩な業績をあげた。

物質	イオンの価数 の合計	物質量〔mol〕
H_2	2	0.5
O_2	4	0.25
Cl_2	2	0.5
Ag	1	1
Cu	2	0.5
Zn	2	0.5
Al	3	0.33

表1.　電子1molの電気量による
　　　各物質の変化量

■　**電気分解の量的関係**　電気分解において，同じ時間
内に陰極で陽イオンが受け取る電子の数と，陽極で陰イオ
ンが失う電子の数は等しい。また，陰極と陽極での生成物
の物質量は，各電極で授受した電子の物質量に比例する。
よって，電気分解において陰極と陽極で変化した物質の量
は，流れた電気量に比例する。これを**ファラデー[1]の電
気分解の法則**という。

> **1**　電極で変化するイオンの物質量は，流れる電気
> 量に比例する。
> **2**　流れる電気量が同じときは，変化するイオンの
> 物質量はイオンの価数に反比例する。

■　**電気量の単位**　電気量の単位には**クーロン**（記号**C**）
が用いられる。1Cとは1Aの電流を1秒間流したときの
電気量である。

■　**ファラデー定数**　電子1molがもつ電気量の大きさは
96500Cである。この**96500C/mol**を**ファラデー定
数**といい，記号**F**で表す。

> 電気量 Q〔C〕＝電流 I〔A〕×時間 t〔s〕
> ファラデー定数 $F = 96500\,C/mol$

■　**電極での反応式の見かた**　反応式から生成物の物質
量を計算するときは，化学反応式の量的計算と同様に，電
子と生成物の係数の比に着目すればよい。すなわち，電気
分解の各電極での反応式には，必ず電子 e^- が含まれてい
るが，計算においては，この e^- の物質量に相当する電気
量を考えること。

 $Cu^{2+} + 2e^- \longrightarrow Cu$
　　　　　　　2 mol　　　1 mol
（2molの e^- が流れると，Cu1molが析出する。）

 $2H_2O \longrightarrow O_2 + 4H^+ + 4e^-$
　　　　　　　　　　1 mol　　　　　4 mol
（4molの e^- が流れると，O_2 1molが発生する。）

例題 **ファラデーの法則**

　　白金電極を用いて，硫酸銅(Ⅱ) $CuSO_4$ 水溶液を $5.0\,A$ の電流で16分5秒間電気分解した。原子量：$Cu = 64$

(1)　陰極に析出する銅は何 g か。

(2)　陽極から発生する酸素は，標準状態で何 L か。

まず，電気量から求めていこう。

解説　流れた電気量は，

$$5.0\,A \times (60 \times 16 + 5)\,s = 4825\,C$$

よって，流れた電子の物質量は，

$$\frac{4825\,C}{96500\,C/mol} = 0.050\,mol$$

(1)　陰極での反応は，$Cu^{2+} + 2e^- \longrightarrow Cu$

　　電子 e^- 2 mol で銅 Cu 1 mol が析出するから，

$$0.050\,mol \times \frac{1}{2} \times 64\,g/mol = 1.6\,g \quad \text{← Cuの物質量}$$

(2)　陽極での反応は，$2H_2O \longrightarrow O_2 + 4H^+ + 4e^-$

　　電子 e^- 4 mol で酸素 O_2 1 mol が発生するから，

$$0.050\,mol \times \frac{1}{4} \times 22.4\,L/mol = 0.28\,L \quad \text{← O}_2\text{の物質量}$$

答　(1)　1.6 g　　(2)　0.28 L

例題 **電解槽の直列接続**

　　右図のような装置を組み立てて電気分解を行ったところ，電極Ⅱには1.28 gの金属が析出した。

原子量：$Cu = 64$，$Ag = 108$

(1)　流れた電気量は何 C か。

(2)　電極Ⅳで析出した金属は何 g か。

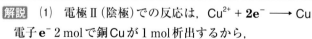

電源　電流計

Ⅰ　Ⅱ　　Ⅲ　Ⅳ

C　C　　C　C

$CuCl_2$aq　　$AgNO_3$aq

解説　(1)　電極Ⅱ(陰極)での反応は，$Cu^{2+} + 2e^- \longrightarrow Cu$

　　電子 e^- 2 mol で銅 Cu が 1 mol 析出するから，

$$\frac{1.28\,g}{64\,g/mol} \times 2 = 0.040\,mol \quad \text{← Cuの物質量} \atop \text{← e}^-\text{の物質量}$$

　　よって，流れた電気量は，

$$96500\,C/mol \times 0.040\,mol = 3.86 \times 10^3\,C$$

(2)　直列回路なので，電極Ⅰ～Ⅳに流れる電気量はすべて等しい。電極Ⅳでの反応は，$Ag^+ + e^- \longrightarrow Ag$

　　e^- 1 mol で銀 Ag 1 mol が析出するから，

$$0.040\,mol \times 1 \times 108\,g/mol = 4.32\,g \quad \text{← Agの物質量}$$

答　(1)　$3.86 \times 10^3\,C$　　(2)　4.32 g

✿ **2. 電解槽の接続**

電解槽の直列接続

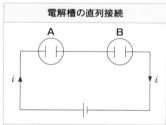

A　　　　B

i　　　　　　　i

どの電解槽にも，同じ大きさの電流が同じ時間だけ流れるから，各電解槽を流れる電気量は，すべて等しい。

電解槽の並列接続

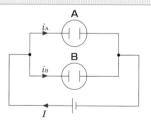

A

i_A

B

i_B

I

電源から出た全電流 I と，各電解槽を流れる電流 i_A, i_B, …… の間には，

$$I = i_A + i_B + \cdots\cdots$$

の関係がある。全電気量は，各電解槽に流れた電気量の和に等しい。

重要実験 電池について調べる

方法

〈ダニエル電池〉

1 300 mL ビーカーに 0.1 mol/L 硫酸亜鉛水溶液 200 mL と亜鉛板を入れ，その中に，セロハン袋に 1 mol/L 硫酸銅(Ⅱ)水溶液に銅板を差し込んだものを図のようにセットし，プロペラモーターにつなぐ。電極での変化を観察する。

2 直流電圧計を接続して，電圧を測定する。

3 亜鉛板と硫酸亜鉛水溶液をニッケル板と硫酸ニッケル(Ⅱ)水溶液に取り替え，電圧の変化を調べる。

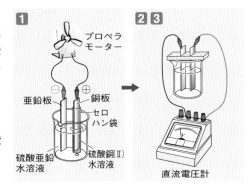

〈鉛蓄電池〉

4 ビーカーに 3 mol/L 希硫酸を入れ，2 枚の鉛板を浸す。

5 直流電源につないで 6 V の電圧を加え，約 5 分間電流を流す。このときの両極板での変化を観察する。

6 電源を外し，2.5 V 用の豆電球をつなぐ。

7 豆電球が消えたら，**5**，**6** を繰り返す。

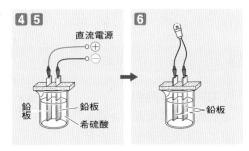

結果

1 方法**1**では，プロペラモーターは回転し続けた。各電極では気体は発生しなかった。

2 方法**2**では，約 1.1 V の電圧を示し，ほぼ一定の電圧が維持された。

3 方法**3**では，約 0.5 V の電圧を示し，ほぼ一定の電圧が維持された。

4 方法**5**では，両方の鉛板から気体が発生した。電源の正極につないだ鉛板の色が褐色になった。

5 方法**6**では，豆電球が点灯したが，数十秒で消えた。

6 方法**7**では，再び豆電球が点灯するようになったが，数十秒で消えた。

考察

1 結果**1**で起こった反応式は。 ──────▶ $Zn + Cu^{2+} \longrightarrow Zn^{2+} + Cu$ で表される反応が起こった。

2 結果**2**，**3**での電圧の変化について説明せよ。 ──────▶ イオン化傾向の順番は，$Zn > Ni > Cu$ である。したがって，亜鉛と銅からなる電池よりもニッケルと銅からなる電池のほうが起電力は小さくなると考えられる。

3 結果**4**で発生した気体は，それぞれ何か。 ──────▶ 鉛を電極として水の電気分解を行ったことになる。よって，負極につないだ鉛板から発生したのは水素 H_2，正極につないだ鉛板から発生したのは酸素 O_2 である。

4 結果**4**で生じた褐色の物質は何か。 ──────▶ 鉛 Pb が酸化されて，酸化鉛(Ⅳ)PbO_2 が生じている。

1 ☐ 酸化還元反応で放出される化学エネルギーを電気エネルギーに変換する装置を何という？

2 ☐ 1で，外部へ電子が流れ出す電極を何という？

3 ☐ 1で，外部から電子が流れ込む電極を何という？

4 ☐ 電池の正極と負極の間に生じる電位差を，電池の何という？

5 ☐ 電池内で起こる酸化還元反応に関係する物質を何という？

6 ☐ 電池の構成を表す化学式を何という？

7 ☐ 電池から電流を取り出すことを何という？

8 ☐ 放電を続けると起電力が低下し，もとの状態に戻せない電池を何という？

9 ☐ 起電力が低下しても，充電すれば起電力を回復できる電池を何という？

10 ☐ 希硫酸中に亜鉛板と銅板を浸した電池を何という？

11 ☐ 電池を放電すると，急激に起電力が低下する現象を電池の何という？

12 ☐ $(-)$ Zn $|$ ZnSO$_4$ aq $|$ CuSO$_4$ aq $|$ Cu $(+)$ の電池式で表される電池を何という？

13 ☐ $(-)$ Zn $|$ ZnCl$_2$ aq，NH$_4$Cl aq $|$ MnO$_2$ $(+)$ の電池式で表される電池を何という？

14 ☐ マンガン乾電池の電解液を酸化亜鉛を含む水酸化カリウム水溶液に変えた電池を何という？

15 ☐ $(-)$ Pb $|$ H$_2$SO$_4$ aq $|$ PbO$_2$ $(+)$ の電池式で表される電池を何という？

16 ☐ $(-)$ H$_2$ $|$ H$_3$PO$_4$ aq $|$ O$_2$ $(+)$ の電池式で表される電池を何という？

17 ☐ 電気エネルギーを用いて，強制的に酸化還元反応を起こす操作を何という？

18 ☐ 電気分解で，電源の負極，正極につないだ電極をそれぞれ何という？

19 ☐ 電気分解を利用して，金属の純度を高める方法を何という？

20 ☐ 高温の融解液を電気分解して，金属の単体を取り出す方法を何という？

21 ☐ 1 A の電流が 1 秒間流れたときの電気量は？

22 ☐ 電子 1 mol がもつ電気量の大きさを表す定数を何という？

23 ☐ 各電極で変化するイオンの物質量は流れる電気量に比例する。この法則を何という？

解答

1. 電池(化学電池)
2. 負極
3. 正極
4. 起電力
5. 活物質
6. 電池式
7. 放電

8. 一次電池
9. 二次電池
　　(蓄電池)
10. ボルタ電池
11. 分極
12. ダニエル電池
13. マンガン乾電池

14. アルカリマンガン
　　乾電池
15. 鉛蓄電池
16. 燃料電池
17. 電気分解(電解)
18. 陰極，陽極
19. 電解精錬

20. 溶融塩電解
　　(融解塩電解)
21. 1 クーロン(C)
22. ファラデー定数
23. ファラデーの電気
　　分解の法則

定期テスト予想問題　解答→p.310

❶ 電池の原理

次の文中の[　]に適する語句を記せ。

　電池は，①[　　　　]反応に伴って放出されるエネルギーを電気エネルギーに変える装置である。電極のうち，外部に電子が流れ出すほうを②[　　　　]といい，外部から電子が流れ込むほうを③[　　　　]という。②と③の間に生じた電位差を電池の④[　　　　]という。

　マンガン乾電池のように，放電すると④が低下し，もとに戻らない電池を⑤[　　　　]という。これに対し，鉛蓄電池のように，外部から放電時とは逆向きの電流を流すと④が回復し，繰り返し使用できる電池を⑥[　　　　]という。

❷ ダニエル電池

右の図に示す電池について，次の問いに答えよ。

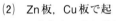

(1) この電池の名称を記せ。
(2) Zn板，Cu板で起こる変化を，それぞれイオン反応式で表せ。
(3) 電流の向きは，図中のa，bのどちらか。
(4) 負極活物質，正極活物質を，それぞれ化学式で記せ。
(5) ZnとZnSO₄水溶液のかわりにNiとNiSO₄水溶液を用いると，起電力はどうなるか。

❸ 鉛蓄電池

鉛蓄電池について，次の問いに答えよ。
(1) 鉛蓄電池の電池式を記せ。
(2) 放電時に負極，正極で起こる変化を，それぞれイオン反応式で表せ。
(3) 鉛蓄電池が放電すると，電解液の濃度はどうなるか。
(4) 鉛蓄電池を充電するとき，負極は外部電源の何極と接続すればよいか。

❹ 電気分解の原理

次の文中の[　]に適する語句を記せ。

　電気分解において，直流電源の負極に接続した電極を①[　　　　]極といい，直流電源の正極に接続した電極を②[　　　　]極という。

　陰極では③[　　　　]反応が起こり，電極の種類に関係なく，水溶液中の④[　　　　]イオンや水分子が電子を受け取る。

　一方，陽極では⑤[　　　　]反応が起こる。電極に白金や炭素を用いた場合は，水溶液中の⑥[　　　　]イオンや水分子が電子を失うが，銅を用いた場合は，銅が⑦[　　　　]となって溶け出す。

❺ 電気分解と電気量

次のア～オから正しいものを1つ選べ。

ア　1価のイオンの場合，96500 Cの電気量で反応する物質量は1 molである。
イ　酸素(気体)1 molを電気分解でつくるには，2 molの電子が必要である。
ウ　H⁺，Cl⁻が同じ電気量で電気分解されたとき，生じる気体の体積の比は2：1となる。
エ　同じ電気量で析出する金属の質量は，各金属の原子量に比例する。
オ　i[A]の電流をt[min]通じたときの電気量はit[C]と表される。

❻ 電気分解の計算

次の問いに有効数字2桁で答えよ。
原子量：Cu = 64
ファラデー定数：$F = 9.65 \times 10^4$ C/mol

(1) 1.25 Aの電流を1時間4分20秒間通じたとき，流れた電気量は何Cか。
(2) (1)の電気量を白金電極を用いて硫酸銅(Ⅱ)水溶液に通じて電気分解を行った。
　① 陰極に析出する銅の質量は何gか。
　② 陽極に発生する気体の体積は，標準状態で何Lか。

7 電気分解の生成物

次の問いに答えよ。

(1) 次の**ア**〜**オ**のうち，水溶液を電気分解した ときに陰極に金属が析出しないものを選べ。

ア $AgNO_3$　**イ** $CuCl_2$　**ウ** $NiSO_4$
エ $ZnSO_4$　**オ** $CaCl_2$

(2) 次の**ア**〜**オ**のうち，水溶液を電気分解した とき，ほかとは異なる物質が生じるものを選べ。

ア H_2SO_4　**イ** NaOH　**ウ** HCl
エ HNO_3　**オ** Na_2SO_4

(3) 塩化ナトリウム水溶液を電気分解したとき に生じる物質の組み合わせとして正しいもの を，次の**ア**〜**オ**から選べ。

ア $NaOH$，Cl_2　**イ** Na，Cl_2
ウ H_2，Cl_2　　**エ** $NaOH$，H_2，Cl_2
オ Na，H_2，Cl_2

8 アルミニウムの溶融塩電解

両電極に炭素を用いてアルミナ Al_2O_3 を融解し て電気分解し，アルミニウムを製造した。流し た電流を200 A，電流効率を90.0 %として，次 の問いに答えよ。原子量：Al = 27
ファラデー定数：$F = 9.65 \times 10^4$ C/mol

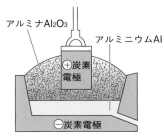

アルミナAl_2O_3
アルミニウムAl
(+)炭素電極
(−)炭素電極

(1) 陰極・陽極で起こる反応を，それぞれイオ ン反応式で表せ。

(2) アルミニウム1.80 kgを得るには，何時間 電流を流せばよいか。

(3) 電解液にアルミナ以外に加える物質は何 か。また，その理由を記せ。

9 直列回路の電気分解

右の図のように，
電解槽**A**に硝酸銀
水溶液，電解槽**B**
に硫酸銅(Ⅱ)水溶
液を入れ，白金電
極を用いて電気分

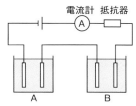

電流計 抵抗器
A　　　　B

解を行った。45分後，電解槽**A**の陰極には 8.10 gの金属が析出した。次の問いに答えよ。 ただし，数値は有効数字 2 桁で答えること。
原子量：Cu = 64，Ag = 108
ファラデー定数：$F = 9.65 \times 10^4$ C/mol

(1) 溶液中を流れた電気量は何Cか。

(2) 流れた電流は平均何Aか。

(3) 電解槽**B**の陽極で発生した気体は何か。ま た，その体積(標準状態)は何Lか。

(4) 電解槽**B**の陰極で析出する金属は何か。ま た，その質量は何gか。

10 並列回路の電気分解

右の図のように，電解槽**A**
に硫酸銅(Ⅱ)水溶液，電解
槽**B**に希硫酸を入れ，白金
電極を用いて電気分解した。
3.0 Aの電流を32分10秒間
流したところ，電解槽**A**の
陰極の質量が0.64 g増加し
た。次の問いに，有効数字
2桁で答えよ。
原子量：Cu = 64
ファラデー定数：$F = 9.65 \times 10^4$ C/mol

電流計 抵抗器
A
B

(1) 電解槽**A**に流れた電気量は何Cか。

(2) 電解槽**A**の陽極で発生した気体の体積(標 準状態)は何Lか。

(3) 電解槽**B**の両極で発生した気体の体積(標 準状態)は，合計で何Lか。

3章 化学反応の速さ

1 反応の速さ

1 反応の速さはさまざま

■ **速い反応と遅い反応**　塩化ナトリウム NaCl の水溶液に硝酸銀 AgNO₃ の水溶液を加えると，瞬時に反応が起こり，塩化銀 AgCl の白色沈殿が生じる。これ以外にも，酸・塩基の中和反応や気体の爆発反応のような，瞬間的に起こる**速い反応**がある（図1）。一方，鉄や銅などの金属が空気中でさびる反応や，微生物による発酵によって味噌や醬油をつくる反応のような，ゆっくりと起こる**遅い反応**もある（図2）。

また，酢酸とエタノールが反応して酢酸エチルと水が生じる反応（エステル化，→p.216）のように，有機化合物どうしの反応は，上記の中間の速さで進むものが多い。

✿ 1. 一般に，イオンどうしの反応は，速く進むものが多い。

✿ 2. 一般に，分子どうしの反応は，イオンどうしの反応に比べて遅く進むものが多い。

図1. 速い反応

図2. 遅い反応

■ **反応の速さと条件**　同じ反応であっても，反応物の濃度，温度，圧力，触媒の有無などによって，反応の速さは変化する（→p.93）。

2 反応速度の表し方

■ **反応速度と濃度**　化学反応が進むにつれて，反応物の量はしだいに減少し，生成物の量はしだいに増加する。

一般に，反応の速さは単位時間あたりの反応物の減少量，または，生成物の増加量で表される。これを**反応速度**という。

反応が一定体積中で進む場合，物質の変化量は濃度の変化量にも等しい。したがって，反応速度を単位時間あたりの物質の濃度の変化量で表すことが多い。[注3]

ポイント
$$v = \frac{反応物の濃度の減少量}{反応時間}$$
$$v = \frac{生成物の濃度の増加量}{反応時間}$$

■ **反応式の係数と反応速度**　A ⟶ 2B の反応の場合，時刻 t_1 から t_2 の間に [A] が c_1 から c_2 に変化した場合，この間の平均の A の減少速度 v_A は次式で表される。

$$v_A = -\frac{c_2 - c_1}{t_2 - t_1} = -\frac{\Delta[\text{A}]}{\Delta t}\ [注4]$$

　時刻 t_1 から t_2 の間に [B] が c_1' から c_2' に変化した場合，この間の平均の B の増加速度 v_B は次式で表される。

$$v_B = \frac{c_2' - c_1'}{t_2 - t_1} = \frac{\Delta[\text{B}]}{\Delta t}$$

　この反応では，A の濃度が 1 mol/L 変化すると，B の濃度は 2 mol/L 変化するので，つねに $v_A : v_B = 1 : 2$ である。つまり，各物質の反応速度の比は，反応式の係数の比に等しい。このように，同じ反応でも，着目する物質によって反応速度が異なることに注意したい。

③ 反応速度を表す式がある

■ **反応速度式**　約400℃の高温では，気体の水素 H_2 とヨウ素 I_2 が反応して，気体のヨウ化水素 HI が生成する。[注5]

　　　$H_2 + I_2 \longrightarrow 2HI$

　最初，I_2 の濃度 [I_2] を一定にして H_2 の濃度 [H_2] を 2 倍にすると，HI の生成速度 v は約 2 倍になった。

　また，[H_2] を一定にして [I_2] を 2 倍にすると，v は約 2 倍になった。このような実験の結果，反応速度 v は [H_2] と [I_2] の積に比例することがわかった。

　　　$v = k[\text{H}_2][\text{I}_2]$ ……………………………… ①

　①式のような，反応速度と反応物の濃度の関係を表す式を**反応速度式**という。なお，比例定数 k を**反応速度定数**，または単に**速度定数**といい，その値は反応の種類ごとに異なる。温度や触媒の有無によっても変化する（→**p.93**）が，反応物や生成物の濃度には無関係である。

❖3．反応速度の単位には，mol/(L·s)，mol/(L·min) のほか，mol/s，mol/min など，さまざまなものが用いられる。

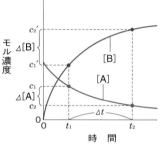

図3．反応時のモル濃度の変化

❖4．Δt は正の値，$\Delta[\text{A}]$ は負の値になるので，マイナスをつけて，反応速度が正の値になるようにしている。

❖5．H_2 は無色，I_2 は紫色，HI は無色だから，この反応が進行すると，気体の紫色がやや薄くなるのが観察される。

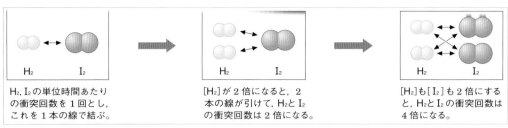

H₂, I₂の単位時間あたり
の衝突回数を1回とし,
これを1本の線で結ぶ。

[H₂]が2倍になると, 2
本の線が引けて, H₂とI₂
の衝突回数は2倍になる。

[H₂]も[I₂]も2倍にする
と, H₂とI₂の衝突回数は
4倍になる。

図4. 濃度と反応速度の関係(イメージ)

▣ 反応速度式の表し方

1 ヨウ化水素の分解反応 $2HI \longrightarrow H_2 + I_2$

➡ HIの分解速度 v は, $v = k[HI]^2$

2 過酸化水素の分解反応 $2H_2O_2 \longrightarrow 2H_2O + O_2$

➡ H_2O_2 の分解速度 v は, $v = k[H_2O_2]$

反応速度が反応物の濃度の何乗に比例するかは実験によ◯6
って求められ, 反応式の係数から決まるわけではない。

> **ポイント**
>
> $aA + bB \longrightarrow cC$ の反応(a, b, c は係数)で,
> $v = k[A]^x[B]^y$(k:速度定数)
>
> Aについて x 次反応, Bについて y 次反応, あわ
> せて $(x+y)$ 次反応という。

❂6. 反応速度式が $v = k[$反応物$]^x$
で表されるとき, x を反応の次数
といい, $x=1$ のとき1次反応,
$x=2$ のとき2次反応という。

(例題) **反応速度の計算**

　過酸化水素の分解反応において, 過酸化水素のモル
濃度と時間の関係を左図に示す。

(1)　4分から8分における平均の過酸化水素の分解速
度 $[mol/(L \cdot s)]$ を求めよ。

(2)　5分から10分における平均の酸素の生成速度
$[mol/(L \cdot s)]$ を求めよ。

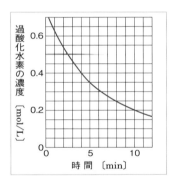

過酸化水素の濃度 〔mol/L〕

時間 〔min〕

解説　反応式は, $2H_2O_2 \longrightarrow 2H_2O + O_2$

(1)　時間 t_1 から t_2 の間に過酸化水素の濃度が c_1 から c_2 に減
少したとき, この間の平均の過酸化水素の分解速度 v は,

$$v = -\frac{c_2 - c_1}{t_2 - t_1} = -\frac{\Delta[H_2O_2]}{\Delta t} = -\frac{0.25 - 0.40}{(8-4) \times 60}$$

$$\fallingdotseq 6.3 \times 10^{-4} \, mol/(L \cdot s)$$

(2)　$v = -\dfrac{0.20 - 0.35}{(10-5) \times 60} = 5.0 \times 10^{-4} \, mol/(L \cdot s)$

　H_2O_2 と O_2 の係数の比が2:1なので, 酸素の生成速
度はこの $\dfrac{1}{2}$ で, $2.5 \times 10^{-4} \, mol/(L \cdot s)$

答　(1)　$6.3 \times 10^{-4} \, mol/(L \cdot s)$　　(2)　$2.5 \times 10^{-4} \, mol/(L \cdot s)$

反応速度を変える条件

1 反応の条件と反応速度の関係

■ **反応速度と濃度の関係**　スチールウールを空気中で熱すると，表面が赤くなって燃えるだけで，内部は変化しない。一方，熱したスチールウールを酸素中に入れると，火花を出して激しく燃焼して黒色の四酸化三鉄 Fe_3O_4 になる（図1）。

$$3Fe + 2O_2 \longrightarrow Fe_3O_4$$

この違いは，集気びんの中の酸素濃度が空気中よりも約5倍大きいことによる。

一般に，化学反応は，反応物の濃度が大きいほど速くなる。これは反応物の濃度が大きいほど，単位時間あたりの反応物の粒子どうしの衝突回数が増えるからである。

■ **反応速度と温度の関係**　硫酸酸性の過マンガン酸カリウム $KMnO_4$ 水溶液にシュウ酸 $(COOH)_2$ 水溶液を加えると，過マンガン酸イオン MnO_4^- の赤紫色が消える。

$$2MnO_4^- + 5(COOH)_2 + 6H^+ \longrightarrow 2Mn^{2+} + 10CO_2 + 8H_2O$$

この反応は，低温では遅くてなかなか色が消えないが，高温では速く進み，すみやかに色が消える（図2）。このように，反応速度は温度が高くなると急激に大きくなる。

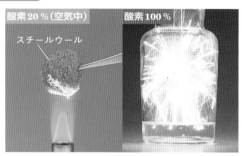

図1. スチールウールの燃焼

図2. 硫酸酸性下における過マンガン酸カリウム $KMnO_4$ とシュウ酸 $(COOH)_2$ の反応（5分後）

🔎 1. 温度が10K上昇するごとに，反応速度が2〜4倍になることが多い。

例題 **反応速度と温度**

10Kの温度上昇で反応速度がちょうど3倍になる反応がある。$\log_{10}3 = 0.48$, $\log_{10}10 = 1$

(1) 温度を10℃から50℃に上げると，反応速度は何倍になるか。

(2) 温度が何K上昇すると，反応速度が10倍になるか。

解説　(1) 温度が40K上昇 ➡ 反応速度は $3^4 = 81$（倍）

(2) x〔K〕上昇したとすると，$3^{\frac{x}{10}} = 10$ が成り立つ。

$$\frac{x}{10} \log_{10}3 = \log_{10}10 \qquad \frac{x}{10} = \frac{\log_{10}10}{\log_{10}3} = \frac{1}{0.48} \qquad x ≒ 21\,K$$

答 (1) 81倍　(2) 21 K

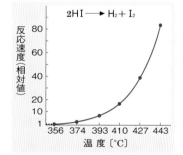

図3. 温度と反応速度の関係
反応物の濃度が同じならば，温度が上昇すると，反応速度が大きくなる。これは，速度定数 k が大きくなるということでもある。

図4. 過酸化水素の分解反応における触媒のはたらき

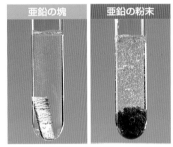

図5. 亜鉛Znと塩酸HClの反応

✿2. この反応では, Cl_2が光を吸収すると, 不対電子をもつ反応性の大きな塩素原子Clを生じる。このCl原子がH_2から水素原子Hを引き抜くことで, HClが生成する。

■ **反応速度と触媒の関係** 過酸化水素H_2O_2は室温ではなかなか分解しないが, 少量の酸化マンガン(Ⅳ)MnO_2や塩化鉄(Ⅲ)$FeCl_3$の水溶液を加えると, 激しく分解して酸素が発生する(図4)。

$$2H_2O_2 \longrightarrow 2H_2O + O_2$$

しかし, 反応前後のMnO_2やFe^{3+}の量を調べると, 変化していない。このように, 反応の前後で自身は変化せず, 反応速度を大きくする物質を**触媒**という。

生体内で起こるさまざまな化学反応(代謝)は, 体温に近い程度の温度でもすみやかに進行している。これらの反応には, タンパク質を主成分とする生体触媒(酵素)がはたらいている(→p.265)。

■ **反応速度を変えるほかの条件**

1 **固体の表面積** 亜鉛Znと塩酸HClが反応すると, 水素H_2が発生する。

$$Zn + 2HCl \longrightarrow ZnCl_2 + H_2$$

この反応では, 亜鉛の塊よりも粉末を用いたほうが, より激しく水素が発生する(図5)。これは, 固体の場合, 表面積を大きくすると, 固体表面にあって反応できる粒子の数が増加するからである。

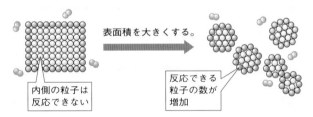

表面積を大きくする。

内側の粒子は反応できない

反応できる粒子の数が増加

2 **光** 光エネルギーによって開始されたり促進されたりする反応を**光化学反応**という。たとえば, 水素H_2と塩素Cl_2の混合気体に光(紫外線)を当てると, 爆発的に反応が進み, 塩化水素HClが生成する(→p.71)。

$$H_2 + Cl_2 \longrightarrow 2HCl$$

光化学反応には, 光合成や写真の感光などがある。

$$2AgBr \longrightarrow 2Ag + Br_2$$

3 **気体の分圧** 温度が一定の条件では, 気体の濃度と圧力(分圧)は比例する。

ポイント
気体どうしの反応の場合
　反応物の圧力(分圧)が大きい⇨反応速度も大

② 触媒のはたらき方

■ **触媒の種類**　触媒は，反応物に対する作用のしかたの違いにより，次の2つに分類される。

1 **均一触媒**　過酸化水素H_2O_2の分解反応の際に加える塩化鉄(Ⅲ)$FeCl_3$のような，反応物と均一に混じり合ってはたらく触媒を**均一触媒**という。Fe^{3+}のほか，酸のH^+や塩基のOH^-，可溶性の遷移金属の錯イオン，生体内ではたらく酵素なども均一触媒である。

　均一触媒では，反応物と触媒が結合して中間体をつくり，それが分解して生成物を生じるとともに，触媒が再生される(図6)。

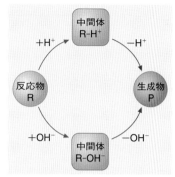

図6．均一触媒のはたらき方のモデル図

2 **不均一触媒**　過酸化水素H_2O_2の分解反応の際に加える酸化マンガン(Ⅳ)MnO_2のような，**反応物とは混じり合わずにはたらく触媒**を**不均一触媒**という。MnO_2のほか，白金Ptや四酸化三鉄Fe_3O_4など多くの固体触媒は，不均一触媒である。

　不均一触媒では，まず，反応物が触媒の表面に吸着されて反応しやすい状態になる。続いて，触媒の表面上で反応物どうしが衝突すると，容易に結合の組み換えが起こり，生成物となって触媒の表面から脱離する(図7)。

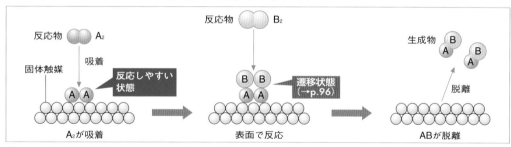

図7．不均一触媒(固体触媒)のはたらき方のモデル図

■ **触媒の利用**　化学工業では，多くの触媒が利用されている(表1)。

製造物	触媒(主成分)	化学反応式
硫酸♻3	V_2O_5	$2SO_2 + O_2 \longrightarrow 2SO_3$
アンモニア	Fe_3O_4♻4	$N_2 + 3H_2 \longrightarrow 2NH_3$
硝酸♻5	Pt	$4NH_3 + 5O_2 \longrightarrow 4NO + 6H_2O$
メタノール	ZnO, Cr_2O_3	$CO + 2H_2 \longrightarrow CH_3OH$
硬化油	Ni	脂肪油 $+ H_2 \longrightarrow$ 硬化油

表1．化学工業で利用されている触媒

♻**3.** この反応で得られたSO_3を水と反応させて，H_2SO_4とする(→p.139)。

♻**4.** アンモニアの工業的製法(ハーバー・ボッシュ法→p.110)で用いる四酸化三鉄Fe_3O_4は，反応時に水素H_2により還元されて鉄Feとなり，触媒として作用する。

♻**5.** この反応で得られたNOを酸化してNO_2とし，これを水に吸収させてHNO_3とする(→p.141)。

反応速度と活性化エネルギー

1 化学反応の進み方

◆ 1. 粒子が衝突するときの方向

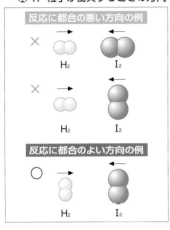

■ **遷移状態** 化学反応が起こるためには，反応物の粒子どうしが衝突する必要がある。しかし，衝突した粒子すべてが反応するわけではない。実際に反応が起こるためには，一定以上のエネルギーをもった粒子どうしが，新しい結合を形成するのに都合のよい方向から衝突しなければならない。

たとえば，$H_2 + I_2 \longrightarrow 2HI$ の反応では，水素分子 H_2 とヨウ素分子 I_2 が十分なエネルギーをもって正面衝突すれば，結合の組み換えが起こるエネルギーの高い状態となる。この状態を**遷移状態（活性化状態）**といい，このとき生じた原子の複合体を**活性錯体**という。

◆ 2. 活性化エネルギーは，反応物と遷移状態とのエネルギー差を活性錯体 1 mol あたりで表したもので，単位は kJ/mol である。

■ **活性化エネルギー** 反応物の粒子を遷移状態にするのに必要なエネルギーを，その反応の**活性化エネルギー**という。

衝突した粒子がもつ運動エネルギーの和が活性化エネルギーよりも大きいときは反応が起こるが，運動エネルギーの和が活性化エネルギーよりも小さいときは反応が起こらない。

> **ポイント** 活性化エネルギー…ある反応が起こるために必要な最小のエネルギー

H_2 と I_2 が活性化エネルギーの山を越えると，HI ができるんだね。

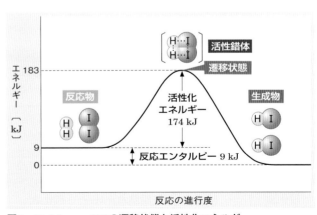

図1．$H_2 + I_2 \longrightarrow 2HI$ の遷移状態と活性化エネルギー

■ **反応速度と活性化エネルギー** 活性化エネルギーは，反応の種類によって異なる。一般に，反応条件が同じとき，活性化エネルギーが小さい反応ほど，反応速度は大きい。[3]

> **ポイント**
> 活性化エネルギー小⇒反応速度が大きい
> 活性化エネルギー大⇒反応速度が小さい

■ **結合エンタルピーと活性化エネルギー**

　$H_2 + I_2 \longrightarrow 2HI$ の反応において，H–H のエンタルピーは $436\,kJ/mol$，I–I の結合エンタルピーは $153\,kJ/mol$ であり，$1\,mol$ の水素 H_2 とヨウ素 I_2 のすべての結合を切ってばらばらの原子にするには，$589\,kJ$ のエネルギーが必要である。[4] しかし，実際にはこの反応の活性化エネルギーは $174\,kJ$ で，結合エンタルピーの和のおよそ $30\,\%$ である。

　よって，この反応では，いったん H_2 と I_2 がばらばらの原子の状態になってから HI が生成するのではなく，H–H，I–I の結合が切れかかり，H–I の結合ができつつあるような遷移状態を経由して HI が生成すると考えられる。

② 反応速度とエネルギーの関係は

■ **活性化エネルギーと温度** 一般に，温度が $10\,K$ 上昇すると，反応速度は $2 \sim 4$ 倍に増加するが，反応物の粒子の衝突回数は，わずか数％しか増加しない。[5] 温度を上げると反応速度が飛躍的に大きくなるのは，図2のように，温度が高くなると分子のエネルギー分布曲線が右側にずれ，活性化エネルギーを上回るエネルギーをもつ分子の数が急激に増加するためである。

■ **活性化エネルギーと触媒** 触媒を加えると反応速度が大きくなるのは，触媒と反応物の粒子が結びつき，活性化エネルギーが小さい別の反応経路を通って反応が進むようになるからである（図3）。これは，山を越える場合，山頂を通らずに，低い峠越えの道を進むほうが早く目的地に到着できることとよく似ている。

　なお，触媒を加えても，反応エンタルピーの大きさそのものは変わらない。[6]

> **ポイント**
> 触媒…活性化エネルギーが小さい別の反応経路をつくり，反応速度を大きくする。反応エンタルピーそのものは変わらない。

✿ 3. 水溶液中のイオン反応の活性化エネルギーは，かなり小さい。各イオンは，常温でも遷移状態になるのに十分なエネルギーをもっている。

✿ 4. H_2 と I_2 各 $1\,mol$ に $589\,kJ$ のエネルギーを加えてばらばらの原子にするには，$1000\,℃$ 以上の高温が必要とされている。

✿ 5. したがって，温度上昇による反応速度の増大は，単に反応物の粒子の衝突回数の増加だけでは説明できない。

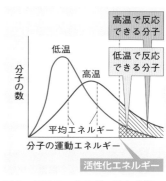

図2. 分子のエネルギー分布曲線と温度
曲線の下側の面積は粒子の総数を表し，温度によらず一定である。

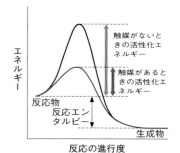

図3. 触媒による活性化エネルギーの変化

✿ 6. 反応エンタルピーの大きさは，反応前と反応後の物質の状態によって決まる（ヘスの法則）ので，触媒を加えても変わらない。

重要実験 温度と反応速度の関係を調べる

方法

1 ふたまた試験管の一方に3%過酸化水素水5mL，他方に0.5mol/L塩化鉄（Ⅲ）水溶液1mLを入れ，気体誘導管つきゴム栓を取りつける。

2 300mLビーカーに水道水を入れ，ふたまた試験管を2分以上浸してから水温を測定する。

温度計

過酸化水素水　塩化鉄（Ⅲ）水溶液

3 水を満たしたメスシリンダーを水槽に倒立させ，右の図のように水上捕集の準備をする。

4 ふたまた試験管を傾け，両液を混合する。混合後，20秒ごとに発生した酸素の総体積を測定する。

※混合直後だけ試験管を振り混ぜ，その時点からの時間を計測する。

5 ビーカーの水に湯を加え，**2**の水温より5K高い温水をつくる。ここにふたまた試験管を2分以上浸してから水温を測定し，**4**と同様の実験を行う。

6 ビーカーの水に氷を加え，**2**の水温より5K低い冷水をつくり，**5**と同様に実験を行う。

結果

時間〔s〕	20	40	60	80	100
1 室温での酸素の総体積〔mL〕	12.1	21.4	31.4	40.0	49.9
2 室温＋5Kでの酸素の総体積〔mL〕	16.9	30.7	47.6	61.9	75.9
3 室温−5Kでの酸素の総体積〔mL〕	6.9	13.0	19.9	27.0	31.6

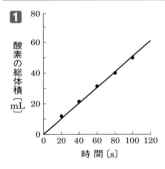

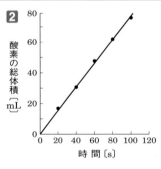

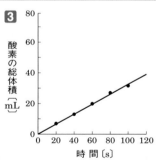

考察

1 過酸化水素の分解反応を化学反応式で表せ。 ━━▶ $2H_2O_2 \longrightarrow 2H_2O + O_2$

2 塩化鉄（Ⅲ）はどんなはたらきをしているか。 ━━▶ 過酸化水素の分解反応を促進させる触媒のはたらきをしている。

3 過酸化水素の分解速度$v_{H_2O_2}$と酸素の発生速度v_{O_2}の間には，どんな関係があるか。 ━━▶ 反応式の係数の比より，$v_{H_2O_2} : v_{O_2} = 2 : 1$の関係がある。

4 反応速度（酸素の発生速度）と温度の間にはどんな関係があるか。 ━━▶ 高温ほどグラフの傾きが大きいので，高温ほど反応速度が大きくなる。

重要実験　濃度と反応速度の関係を調べる

方法

1 5個の三角フラスコ **a〜e** に，0.20 mol/L，0.16 mol/L，0.12 mol/L，0.08 mol/L，0.04 mol/L のチオ硫酸ナトリウム水溶液をそれぞれ50 mL ずつ入れる。

2 **a〜e** に 2.0 mol/L の希硫酸を 2.5 mL ずつ加えてすばやく混合し，黒い十字マークを書いた白紙の上に置く（右図）。

3 希硫酸を加えてから混合溶液が白濁して十字マークが見えなくなるまでの時間（これを反応時間とする）を測定する。このとき，有毒な SO_2 が発生するので，三角フラスコに顔を近づけすぎないように注意する。

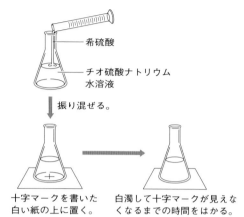

希硫酸
チオ硫酸ナトリウム水溶液

振り混ぜる。

十字マークを書いた白い紙の上に置く。

白濁して十字マークが見えなくなるまでの時間をはかる。

結果

下の表のような結果が得られた。横軸にチオ硫酸ナトリウムの濃度，縦軸に十字マークが見えなくなるまでの時間の逆数をとり，グラフにすると，右のようになった。

チオ硫酸ナトリウムの濃度	反応時間	反応時間の逆数
0.20 mol/L	13 s	0.077/s
0.16 mol/L	16 s	0.063/s
0.12 mol/L	21 s	0.048/s
0.08 mol/L	29 s	0.034/s
0.04 mol/L	70 s	0.014/s

（測定温度：23℃）

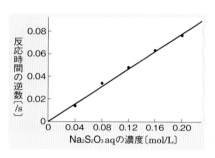

反応時間の逆数〔/s〕 / $Na_2S_2O_3$ aqの濃度〔mol/L〕

考察

1 チオ硫酸ナトリウムと希硫酸が反応するときの化学反応式を書け。

→ $Na_2S_2O_3 + H_2SO_4$

白濁の原因↓

$\longrightarrow Na_2SO_4 + H_2O + SO_2 + S$

2 反応時間の逆数は何を表すか。

→ 反応時間が短いほど反応速度が大きいといえるので，反応時間の逆数は反応速度に比例する相対反応速度を表している。

3 チオ硫酸ナトリウムの濃度と反応速度の間には，どのような関係があるか。

→ グラフから，チオ硫酸ナトリウムの濃度と反応速度には，比例の関係があることがわかる。

4 反応速度式 $v = k[Na_2S_2O_3]$ において，k の値を求めよ。

→ グラフの傾きが反応速度式の k の値だから，

$$k = \frac{v}{[Na_2S_2O_3]} = \frac{0.077}{0.20} = 0.39/s$$

1 ☐ 塩化銀の生成反応や酸と塩基の中和反応は，速い反応？　遅い反応？

2 ☐ 鉄や銅が空気中でさびる反応は，速い反応？　遅い反応？

3 ☐ 単位時間あたりの反応物の濃度の減少量や，生成物の濃度の増加量を何という？

4 ☐ 同じ反応に関係する物質の反応速度の比は，反応式の何に等しい？

5 ☐ 反応速度と反応物の濃度の関係を表す式を何という？

6 ☐ 反応速度式において，比例定数 k を何という？

7 ☐ 反応速度式で，反応速度が反応物の濃度の1乗に比例する反応を何という？

8 ☐ 反応速度式で，反応速度が反応物の濃度の2乗に比例する反応を何という？

9 ☐ 反応物の濃度が大きいほど，反応速度はどうなる？

10 ☐ 反応の前後で自身は変化しないが，反応速度を大きくする物質を何という？

11 ☐ 過酸化水素の分解反応 $2H_2O_2 \longrightarrow 2H_2O + O_2$ で用いられる固体触媒は何？

12 ☐ 固体が関係する反応で，反応速度を大きくするには何を大きくすればよい？

13 ☐ 光エネルギーによって開始・促進される反応を何という？

14 ☐ 反応物と均一に混じり合ってはたらく触媒を何という？

15 ☐ 反応物と均一に混じり合わずにはたらく触媒を何という？

16 ☐ $N_2 + 3H_2 \longrightarrow 2NH_3$ の反応で使われる触媒の化学式は？

17 ☐ 反応の途中で，結合の組み換えが起こるエネルギーの高い状態を何という？

18 ☐ 活性化状態で生じた原子の複合体を何という？

19 ☐ 反応物を遷移状態にするのに必要なエネルギーを何という？

20 ☐ 反応条件が同じとき，活性化エネルギーが小さいほど，反応速度はどうなる？

21 ☐ 反応条件が同じとき，活性化エネルギーが大きいほど，反応速度はどうなる？

22 ☐ 一般に，温度が10K上昇すると，反応速度は何倍になる？

23 ☐ 触媒は，活性化エネルギーを大きくする？　小さくする？

解答

1. 速い反応
2. 遅い反応
3. 反応速度
4. 係数の比
5. 反応速度式
6. 反応速度定数
　（速度定数）
7. 1次反応
8. 2次反応
9. 大きくなる
10. 触媒
11. 酸化マンガン(IV)
12. 表面積
13. 光化学反応
14. 均一触媒
15. 不均一触媒
16. Fe_3O_4
17. 遷移状態
　（活性化状態）
18. 活性錯体
19. 活性化エネルギー
20. 大きくなる
21. 小さくなる
22. 2～4倍
23. 小さくする

定期テスト予想問題　解答→p.313

① 反応速度とエネルギー

次の文中の［　］に適する語句を入れよ。

化学反応において，単位時間に①［　　　］する反応物の濃度，または，②［　　　］する生成物の濃度を，反応速度という。一般に，反応物の濃度が大きくなると，反応速度は③［　　　］くなる。これは，反応物の濃度が大きいほど，反応物の粒子どうしの④［　　　］が多くなるからである。

温度を上昇させると，反応速度は⑤［　　　］くなる。これは，温度を高くすると，大きなエネルギーをもつ粒子が増加し，化学反応が起こるのに必要な⑥［　　　］以上のエネルギーをもつ粒子の数が増加するためである。

⑦［　　　］を用いると，⑥が小さな別の反応経路を経て反応が進行するため，反応速度は大きくなる。

② 反応速度を変える条件

次の(1)～(6)は，反応速度に関して述べたものである。それぞれの文と最も関係が深いものをあとのア～カから選べ。

(1) 過酸化水素の分解反応は，酸化マンガン(Ⅳ)を加えると激しくなる。

(2) 濃硝酸は，褐色のびんに入れて保存する。

(3) 過酸化水素水は，冷蔵庫で保存する。

(4) 過酸化水素水を皮膚につけても特に変化は見られないが，傷口につけると激しく発泡する。

(5) 1mol/Lの塩酸と1mol/L酢酸にそれぞれ亜鉛の小片を入れると，塩酸のほうが激しく水素が発生する。

(6) 鉄は，塊状のものよりも粉末状のもののほうが速くさびる。

ア	温度	イ	圧力
ウ	濃度	エ	表面積
オ	光	カ	触媒

③ 活性化エネルギー

一酸化窒素はオゾンと反応して二酸化窒素と酸素になる。この反応に伴うエネルギーの変化は，右の図のようになる。

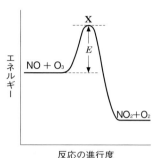

(1) この反応は，発熱反応と吸熱反応のどちらか。

(2) 図の中間状態Xを，一般に何というか。

(3) 図のエネルギー差Eを何というか。

(4) この反応の速度を増大させるためには，反応条件をどのように変えればよいか。3つ答えよ。

(5) 触媒を加えたとき，反応に伴うエネルギーの変化はどうなるか。図中に示せ。

④ 反応速度式

A＋B──→Cの反応がある。AとBの初濃度を変えて生じるCの濃度を測定し，反応速度を求めると，表のような結果が得られた。なお，[A]

[A]	[B]	v
1.00	0.30	0.036
0.50	0.30	0.009
0.50	0.60	0.018

と[B]はAとBの初濃度〔mol/L〕，vは反応直後のCの生成速度〔mol/(L・s)〕である。

(1) この反応の反応速度式は，次のどの式で表されるか。

　ア　$v = k[A]$　　　　　イ　$v = k[A][B]$
　ウ　$v = k[A]^2[B]$　　エ　$v = k[A][B]^2$
　オ　$v = k[A]^2[B]^2$

(2) 反応速度定数kを有効数字2桁で求めよ。

(3) [A]＝1.50mol/L，[B]＝0.20mol/Lのときのvを求めよ。

4章 化学平衡

1 可逆反応と化学平衡

1 どちらの向きにも進む反応がある

■ **可逆反応** 密閉容器に水素H_2とヨウ素I_2を入れ，高温に保つと，その一部が反応してヨウ化水素HIが生成する。一方，ヨウ化水素だけを密閉容器に入れ，高温に保つと，その一部が分解して水素とヨウ素が生成する。

$$H_2 + I_2 \rightleftharpoons 2HI$$

一般に，左向きにも右向きにも進む反応を**可逆反応**といい，記号$\rightleftharpoons$で表す。可逆反応において，右向きの反応（$\longrightarrow$）を**正反応**，左向きの反応（$\longleftarrow$）を**逆反応**という。

例 $N_2 + 3H_2 \rightleftharpoons 2NH_3$

　　$2SO_2 + O_2 \rightleftharpoons 2SO_3$

■ **不可逆反応** 可逆反応に対して，一方向だけに進む反応を**不可逆反応**という。

たとえば，プロパンC_3H_8を燃焼させると二酸化炭素CO_2と水H_2Oが生じるが，この逆反応は起こらない。

$$C_3H_8 + 5O_2 \longrightarrow 3CO_2 + 4H_2O$$

一般に，反応エンタルピーが特に大きい反応や，発生した気体が反応系の外へ出ていく反応[1]，水溶液の反応のうち沈殿が生成するものなどは，いずれも不可逆反応である。

例 $Zn + H_2SO_4 \longrightarrow ZnSO_4 + H_2\uparrow$

　　$Ba^{2+} + SO_4^{2-} \longrightarrow BaSO_4\downarrow$

2 化学平衡とはどんな状態か

■ **$H_2 + I_2 \rightleftharpoons 2HI$の化学平衡** 同じ物質量の水素$H_2$とヨウ素$I_2$を密閉容器に入れて加熱し，温度を700Kに保ったとする。

$$H_2 + I_2 \rightleftharpoons 2HI$$

上式の正反応の反応速度（HIの生成速度）をv_1，逆反応の反応速度（HIの分解速度）をv_2とすると，実験結果から，反応速度式は次のように表される。

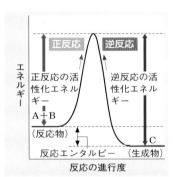

図1. 可逆反応と活性化エネルギー

正反応　逆反応

エネルギー

正反応の活性化エネルギー

逆反応の活性化エネルギー

A＋B

（反応物）

C

反応エンタルピー　（生成物）

反応の進行度

✿1. 密閉容器で気体を反応させた場合，一定時間が経過すると，逆反応も起こるようになる。一般に，反応物と生成物が共存する密閉容器で反応を行うと，化学平衡の状態（→ **p.103**）となることが多い。

$$v_1 = k_1[\mathrm{H_2}][\mathrm{I_2}]$$
$$v_2 = k_2[\mathrm{HI}]^2$$
（k_1, k_2 は反応速度定数）

　反応の初期では$\mathrm{H_2}$や$\mathrm{I_2}$の濃度が大きく，v_1が大きいが，反応が進むと，$\mathrm{H_2}$や$\mathrm{I_2}$の濃度が減少し，v_1も小さくなる。一方，反応が進むにつれてHIの濃度は増加するので，v_2はしだいに大きくなる（図2）。

　ある時間が経過すると，$v_1 = v_2$となり，見かけ上，反応が停止した状態となる。この状態を**化学平衡の状態**，または，単に**平衡状態**という。平衡状態では，図3のように，反応物の濃度$[\mathrm{H_2}]$，$[\mathrm{I_2}]$および，生成物の濃度$[\mathrm{HI}]$はいずれも一定である。

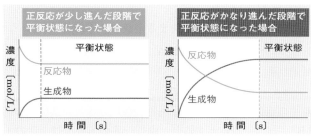

図3．いろいろな平衡状態

図2．平衡状態にいたる過程

✿2．反応が完全に停止しているのではない。実際には，両方向への反応がちょうど等しい速さで行われている。

> **ポイント**
> ## 化学平衡の状態（平衡状態）
> **1** 反応が止まったように見える状態
> **2** 正反応の速度＝逆反応の速度
> **3** 反応物と生成物の濃度がそれぞれ一定

■ **化学平衡の特徴**　図4のように，水素$\mathrm{H_2}$ 1 mol，ヨウ素$\mathrm{I_2}$ 1 molから反応を開始しても，逆にヨウ化水素HI 2 molから反応を開始しても，同じ温度（700 K）ならば，どちらの場合も$\mathrm{H_2}$ 0.2 mol，$\mathrm{I_2}$ 0.2 mol，HI 1.6 molの割合で平衡状態となる。

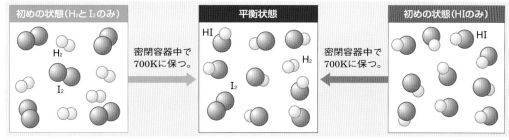

図4．$\mathrm{H_2} + \mathrm{I_2} \rightleftarrows 2\mathrm{HI}$の平衡状態（モデル図）

2 平衡定数

1 化学平衡の法則とは

■ **平衡定数** 可逆反応 $H_2 + I_2 \rightleftharpoons 2HI$ において，正反応の速度を v_1，逆反応の速度を v_2 とおくと，平衡状態では $v_1 = v_2$ の関係が成り立つから，

$$k_1[H_2][I_2] = k_2[HI]^2$$

これを濃度を左辺，速度定数を右辺に分けて整理すると，

$$\frac{[HI]^2}{[H_2][I_2]} = \frac{k_1}{k_2} = \overset{\circ1}{K}$$

この K は温度によって決まる定数で，**平衡定数**という。

■ **化学平衡の法則** 物質 A，B，C，D について，次の可逆反応

$$aA + bB \rightleftharpoons cC + dD \quad (a, b, c, d \text{ は係数})$$

が平衡状態にあるとき，平衡時の各成分のモル濃度を $[A]$，$[B]$，$[C]$，$[D]$ とすると，温度一定のもとでは，次の①式が成り立つ。

$$\frac{[C]^c[D]^d}{[A]^a[B]^b} = K \quad (K: \text{平衡定数}) \quad \cdots\cdots\cdots ①$$

①式で表される関係を**化学平衡の法則**，または，**質量作用の法則**という。

たとえば，$N_2 + 3H_2 \rightleftharpoons 2NH_3$ の平衡定数 K は，

$$K = \frac{[NH_3]^2}{[N_2][H_2]^3} \, (\text{mol/L})^{-2}$$

ポイント 化学平衡の法則

$aA + bB + \cdots \rightleftharpoons xX + yY + \cdots$ の化学平衡

$$\frac{[X]^x[Y]^y\cdots}{[A]^a[B]^b\cdots} = K \quad (\text{温度一定で一定})$$

K は平衡定数，単位は $(\text{mol/L})^{(x+y+\cdots)-(a+b+\cdots)}$

■ **固体が関わる平衡** $C(固) + CO_2(気) \rightleftharpoons 2CO(気)$ のような固体が関わる平衡では，固体の濃度は常に一定とみなせるので，その量の多少は平衡には影響しない。したがって，平衡定数は気体成分の濃度だけで次のように表す。

$$\overset{\circ6}{K} = \frac{[CO]^2}{[CO_2]}$$

---

1. 平衡定数は，反応物の濃度に関する値が分母，生成物の濃度に関する値が分子にくるようにする。

2. 速度定数 k_1，k_2 はともに温度によって変化するので，半衡定数 K の値も温度によって変化する。

3. ノルウェーのグルベルグとワーゲによって，1867年に提唱された。

4. 平衡定数の単位は，反応式の係数によってそれぞれ異なるので，注意が必要である。

5. 固体が関わる平衡

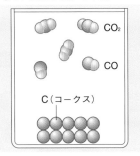

6. $[C(固)]$ を定数とみなし，平衡定数 K の中に含めている。

② 平衡定数をどう利用するか

■ **平衡定数の利用（その1）** 平衡定数が与えられているときは，反応開始時の物質A，Bの濃度から，平衡状態における反応物A，Bの濃度，および生成物C，Dの濃度を計算で求めることができる。

例題 **平衡定数の計算**

(1) 容積5.0Lの容器に水素H_2 2.4 molとヨウ素I_2 2.0 molを入れ，一定温度に保ったところ，次の式で表される平衡状態となり，ヨウ化水素HIが3.2 mol存在していた。

$$H_2 + I_2 \rightleftharpoons 2HI$$

この反応の平衡定数を求めよ。

(2) H_2 1.0 molとI_2 1.0 molを容積2.0Lの容器に入れ，(1)と同じ温度に保ち，平衡状態にした。平衡時に存在するHIの物質量を求めよ。$\sqrt{2} = 1.41, \sqrt{3} = 1.73$

解説 (1) H_2，I_2がx〔mol〕ずつ反応し，平衡に達したとする。平衡時の各成分の物質量を求めると，

	H_2	+	I_2	$\rightleftharpoons$	$2HI$	
反応前	2.4		2.0		0	〔mol〕
平衡時	$2.4 - x$		$2.0 - x$		$2x$	〔mol〕

したがって，$2x = 3.2$ $x = 1.6$ mol
これを平衡定数の式に代入して，

$$K = \frac{[HI]^2}{[H_2][I_2]} = \frac{\left(\frac{3.2}{5.0} \text{ mol/L}\right)^2}{\frac{0.8}{5.0} \text{ mol/L} \times \frac{0.4}{5.0} \text{ mol/L}} = 32$$

(2) H_2，I_2がx〔mol〕ずつ反応し平衡に達したとする。

	H_2	+	I_2	$\rightleftharpoons$	$2HI$	
平衡時	$1.0 - x$		$1.0 - x$		$2x$	〔mol〕

$$K = \frac{[HI]^2}{[H_2][I_2]} = \frac{\left(\frac{2x}{2.0} \text{ mol/L}\right)^2}{\left(\frac{1.0 - x}{2.0} \text{ mol/L}\right)^2} = \frac{(2x)^2}{(1.0 - x)^2} = 32$$

$$\frac{2x}{1.0 - x} = 4\sqrt{2} = 5.64 \qquad x ≒ 0.738 \text{ mol}$$

HIの物質量 $= 2x = 2 \times 0.738 = 1.47 ≒ 1.5 \text{ mol}$

答 (1) 32   (2) 1.5 mol

❖7. 左辺の係数の和と右辺の係数の和が等しい反応では，平衡定数の単位はない。

平衡定数の計算問題

①平衡状態における各成分の物質量を，xを使って表す。

↓

②平衡定数の式を書く。このとき，反応物（反応式の左辺の物質）の濃度が分母，生成物（反応式の右辺の物質）の濃度が分子にくるようにする。

↓

③モル濃度$= \dfrac{\text{物質量}}{\text{体積}}$の関係式を使い，①の値を②の式に代入する。

↓

④できた方程式を解く。
(1)左辺が完全平方式のときは，両辺の平方根をとり，できた1次方程式を解く。
(2)左辺が完全平方式ではないときは，2次方程式の解の公式を使って解く。このとき，解が2つ出てくるので，条件に合うものを答えとする。

8. $K' < K$ ならば，正反応が進んで平衡状態に達する。また，$K' > K$ ならば，逆反応が進んで平衡状態に達する。

■ 平衡定数の利用（その2）
ある時点における各成分の濃度を平衡定数の式に代入してK'の値を求め，その値を真の平衡定数Kと比較すると，反応がこれからどちらの方向に進むかが推定できる。[8]

> **例題** 平衡定数と反応が進む向き
>
> 可逆反応 $H_2 + I_2 \rightleftarrows 2HI$ のある温度における平衡定数は8.0である。$\sqrt{5} = 2.24$
>
> (1) 同じ温度で，10 L の密閉容器に H_2 1.0 mol，I_2 1.0 mol，HI 2.0 mol を入れた。この反応はどちら向きに進むか。
>
> (2) 同じ温度で，10 L の密閉容器に H_2 2.0 mol，I_2 1.0 mol を入れて放置した。平衡時のHIの物質量を求めよ。

解説 (1) 与えられた各物質の濃度を平衡定数の式に代入し，得られた計算値K'と真の平衡定数Kを比較する。

$K' < K$ のとき……正反応（右方向）へ反応が進む。
$K' = K$ のとき……平衡状態。反応は進まない。
$K' > K$ のとき……逆反応（左方向）へ反応が進む。

$$K' = \frac{[HI]^2}{[H_2][I_2]} = \frac{\left(\frac{2.0}{10} \text{ mol/L}\right)^2}{\frac{1.0}{10} \text{ mol/L} \times \frac{1.0}{10} \text{ mol/L}} = 4.0$$

$K' < K$なので，反応は右向きに進む。

(2) H_2，I_2 が x〔mol〕ずつ反応して平衡に達したとする。

	H_2	+	I_2	$\rightleftarrows$	2HI	
反応前	2.0		1.0		0	〔mol〕
変化量	$-x$		$-x$		$2x$	〔mol〕
平衡時	$2.0 - x$		$1.0 - x$		$2x$	〔mol〕

$$K = \frac{[HI]^2}{[H_2][I_2]} = \frac{\left(\frac{2x}{10} \text{ mol/L}\right)^2}{\frac{2.0-x}{10} \text{ mol/L} \times \frac{1.0-x}{10} \text{ mol/L}} = 8.0$$ [9]

$$4x^2 = 8(2 - 3x + x^2) \qquad x^2 - 6x + 4 = 0$$

$$x = \frac{6 \pm \sqrt{36-16}}{2} = \frac{6 \pm 2\sqrt{5}}{2} = 3 \pm \sqrt{5}$$

$0 < x < 1.0$ より，$x = 0.76$ mol

したがって，HIの物質量は，

$$2x = 2 \times 0.76 = 1.52 ≒ 1.5 \text{ mol}$$

答 (1) 右向き　(2) 1.5 mol

9. 左辺が完全平方式ではないので，2次方程式を立て，解の公式を使って解く。
2次方程式 $ax^2 + bx + c = 0$ について，
$$x = \frac{-b \pm \sqrt{b^2 - 4ac}}{2a}$$

3 化学平衡の移動

1 平衡の移動とは

■ **平衡移動**　可逆反応が平衡状態にあるとき，反応の条件(濃度，圧力，温度など)を変化させると，反応が左右のいずれかの方向に進んで，はじめと違った新しい平衡状態となる。この現象を**化学平衡の移動**，単に**平衡の移動**という。

■ **平衡移動の原理**　1884年，ルシャトリエ(フランス)は，平衡の移動に関して次のような原理を発表した。

「可逆反応が平衡状態にあるとき，濃度・圧力・温度などの反応条件を変化させると，その影響を打ち消す方向へ平衡が移動し，新しい平衡状態となる。」

これを**ルシャトリエの原理**，または**平衡移動の原理**という。この原理は，化学平衡だけでなく，気液平衡や溶解平衡など，物理変化に伴う平衡でも成り立つ。

図2. 反応条件の変化と平衡移動

2 ルシャトリエの原理

■ **濃度変化と平衡移動**　可逆反応 $H_2 + I_2 \rightleftharpoons 2HI$ が平衡状態にあるとき，温度・体積を一定に保ちながら水素 H_2 を加える。すると，ヨウ化水素HIを生成する方向へ反応が進み，新しい平衡状態となる[1]。これは，H_2 の濃度の増加を打ち消す(H_2 の濃度を減少させる)方向へ平衡移動が起こったと考えればよい。

平衡に関係する**物質の濃度**が
増加⇨その物質の濃度が減少する方向に平衡移動
減少⇨その物質の濃度が増加する方向に平衡移動

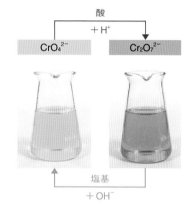

図1. CrO_4^{2-} と $Cr_2O_7^{2-}$ の平衡
クロム酸イオン CrO_4^{2-} を含む水溶液(左)を酸性にすると，H^+ が減少する方向に平衡が移動し，ニクロム酸イオン $Cr_2O_7^{2-}$ を生じて赤橙色に変化する(右)。一方，$Cr_2O_7^{2-}$ を含む水溶液を塩基性にすると，OH^- が減少する方向に平衡が移動し，CrO_4^{2-} を生じて黄色に変化する。

$$2CrO_4^{2-} + H^+$$
$$\rightleftharpoons Cr_2O_7^{2-} + OH^-$$

🔄 1. 新しい平衡状態の H_2 の濃度は，もとの平衡状態のときの濃度よりも少なくなることはない。

濃度変化と平衡定数 $H_2 + I_2 \rightleftarrows 2HI$ の反応では，平衡定数は次式で表される。

$$K = \frac{[HI]^2}{[H_2][I_2]} \quad\text{......................} ①$$

　平衡状態にある水素H_2，ヨウ素I_2，ヨウ化水素HIの混合気体にH_2を加えると，$[H_2]$が増加する。もし，$[I_2]$，$[HI]$が変化しなければ，①の右辺の値はKよりも小さくなる。そこで，右辺の値がKと等しくなるまで$[H_2]$，$[I_2]$は減少し，$[HI]$は増加する。つまり，平衡は右向きに移動する。

圧力変化と平衡移動　常温付近では，二酸化窒素NO_2（赤褐色）とその2分子が結合した四酸化二窒素N_2O_4（無色）は，次のような平衡状態にある。

$$2NO_2 \rightleftarrows N_2O_4 \quad\text{......................} ②$$

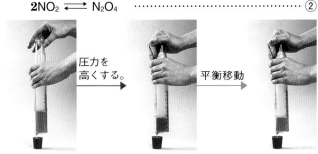

図3．$2NO_2 \rightleftarrows N_2O_4$ の平衡（圧力変化）

　NO_2とN_2O_4の混合気体を注射器に入れ，温度一定で，注射器のピストンを押して加圧する。混合気体は濃縮されるので，その色（赤褐色）は一瞬濃くなるが，やがて，色が少し薄くなる（図3）。これは，**圧力の増加によって気体分子の数が減少する方向**，つまり，**右向きに平衡が移動したためである。**

　逆に，注射器のピストンを引いて減圧すると，減圧した瞬間は混合気体は希釈されるので，その色（赤褐色）は一瞬薄くなるが，やがて，色が少し濃くなる。これは，**圧力の減少によって気体分子の数が増加する方向**，つまり，**左向きに平衡が移動したためである。**

　なお，反応の前後で気体分子の数が変化しない反応では，圧力を変化させても平衡は移動しない。

◇2. ②式の平衡定数は次式で表される。

$$K = \frac{[N_2O_4]}{[NO_2]^2}$$

体積を$\frac{1}{2}$にすると，$[NO_2]$，$[N_2O_4]$はともに2倍となる。したがって，上式の右辺の値は$\frac{1}{2}K$となるから，右辺の値がKと等しくなるまで，$[NO_2]$が減少し，$[N_2O_4]$が増加する。つまり，平衡は右向きに移動する。

> **ポイント**
> 平衡に関係する気体の圧力が
> 増加⇨気体分子の数が減少する方向に平衡移動
> 減少⇨気体分子の数が増加する方向に平衡移動

■ **温度変化と平衡移動**　二酸化窒素 NO_2（赤褐色）から四酸化二窒素 N_2O_4（無色）に変化する反応を，熱化学反応式で表すと次のようになる。

$$2NO_2（気）\longrightarrow N_2O_4（気）\quad \Delta H = -57\,kJ（発熱反応）\cdots ③$$

平衡状態にある NO_2 と N_2O_4 の混合気体を，体積一定で加熱して温度を上げると，吸熱反応の方向に平衡が移動し，赤褐色が濃くなる。これは，温度の上昇を打ち消す方向へ平衡が移動したからである。逆に，冷却して温度を下げると，発熱反応の方向に平衡が移動し，赤褐色が薄くなる。

> 温度を上げる⇨吸熱反応の方向に平衡移動
> 温度を下げる⇨発熱反応の方向に平衡移動

■ **温度変化と平衡定数**　温度を変えると，平衡定数そのものが変化する。一般に，③式のような発熱反応の場合，温度を上げると，吸熱反応の方向，つまり，左に平衡が移動し，平衡定数 K は小さくなる（図5）。

■ **触媒と平衡移動**　触媒は，反応におけるエネルギー障壁である**活性化エネルギー**を小さくするので，正反応の速度を大きくすると同時に，逆反応の速度も大きくする。したがって，触媒を加えたときは，平衡状態に達するまでの時間（反応時間）は短くなるが，平衡の移動は起こらず，平衡定数 K は変化しない。

例題　気体の追加と平衡移動

$N_2 + 3H_2 \rightleftarrows 2NH_3$ の可逆反応が平衡状態にある。次のように条件を変えると，平衡はどうなるか。

(1)　体積を一定に保ったまま，アルゴンを加える。

(2)　全圧を一定に保ったまま，アルゴンを加える。

解説　(1)　アルゴン Ar を加えたので，全圧は大きくなるが，体積が一定なので，平衡に関係する気体（窒素 N_2，水素 H_2，アンモニア NH_3）の分圧は変化しない。よって，平衡は移動しない。

(2)　全圧を一定に保ちながら Ar を加えると，気体の体積は増大する。よって，平衡に関係する気体（N_2，H_2，NH_3）の分圧は減少する。したがって，圧力の減少を打ち消す方向，つまり，気体分子の数が増加する方向に平衡が移動する。すなわち，平衡は左に移動する。

答　(1)　移動しない。　　(2)　左に移動する。

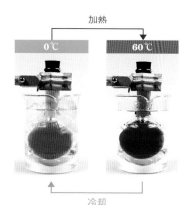

図4．$2NO_2 \rightleftarrows N_2O_4$ の平衡（温度変化）

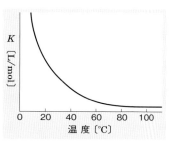

図5．平衡定数の温度変化（$2NO_2 \rightleftarrows N_2O_4$）

平衡が左に移動すると，$[NO_2]$ は大きくなり，$[N_2O_4]$ は小さくなるので，$K = \dfrac{[N_2O_4]}{[NO_2]^2}$ は小さくなる。

✿3. ルシャトリエの原理を用いて平衡移動の向きを考える場合，体積，質量，物質量などは系内の粒子の数に比例するので示量変数，温度，濃度，圧力などは系内の粒子の数によらないので示強変数という。ルシャトリエの原理は，示強変数の変化に対してのみ成り立つので，気体の「体積減少」は「圧力増加」と読みかえてルシャトリエの原理を適用しなければならない。

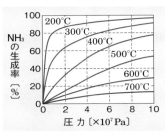

図6. 平衡状態におけるNH₃の生成率

🔢 化学平衡をどう利用するか

■ **化学平衡の工業への応用**　窒素 N_2 と水素 H_2 からアンモニア NH_3 を合成する反応の熱化学反応式は，④式で表される。

$$N_2(気) + 3H_2(気) \longrightarrow 2NH_3(気) \quad \Delta H = -92\,kJ（発熱反応）\cdots ④$$

この反応が右に進むと，気体分子の数は減少し，熱が発生する。したがって，NH_3 の生成率を高めるには，圧力が高く，温度が低いほうがよい（図6）。

■ **問題点**　化学平衡上は低温・高圧が理想だが，実際には，反応速度や反応装置の強度も問題となる。

1　温度が低いと，化学平衡の面では有利だが，反応速度が小さくなる。➡平衡に達するまでの時間（反応時間）が長く，生産効率が悪くなる。

2　圧力が高いと，それに耐えうる反応装置をつくるのに多額の費用がかかる。➡経済的ではない。

■ **解決法**

1　ハーバー（ドイツ）は，NH_3 の合成反応に適する触媒を研究した。

2　ボッシュ（ドイツ）は，高圧に耐えうる二重鋼管*4 の反応装置を開発した。

■ **現在の製法**　現在は，反応速度や反応装置の強度を考慮し，温度が500℃前後，圧力が $2 \sim 5 \times 10^7\,Pa$ という条件のもと，四酸化三鉄 Fe_3O_4 を主成分とする触媒を用い，N_2 と H_2 を直接反応させて NH_3 を得ている。この工業的製法を，**ハーバー・ボッシュ法**という（図7）。

このとき，生成した NH_3 を冷却して液体にし，反応系から分離すれば，平衡がさらに右に移動するので，NH_3 の生成率を高めることができる。

*4. 内側には炭素量の少ない軟鋼（→p.178）を使って H_2 との反応を抑え，外側には炭素量の多い硬鋼（→p.178）を使って強い圧力に耐えられるようにした，二層構造の反応塔のこと。

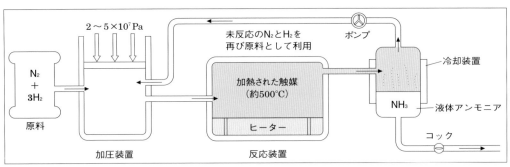

図7. ハーバー・ボッシュ法によるアンモニアの合成装置（概念図）

方法

1 ふたまた試験管の一方に銅片0.5gを入れ，他方には濃硝酸5mLを入れる。気体誘導管を取りつけ，試験管を傾けて銅片と濃硝酸を混合し，二酸化窒素NO_2を発生させる。発生したNO_2を乾いた3本の試験管**a**，**b**，**c**に下方置換で捕集し，試験管にゴム栓をする。

2 試験管**a**を80℃の湯，試験管**b**を氷水につけ，色の変化を見る。色の変化が生じたら，試験管をつけるビーカーを入れかえ，色の変化を見る。

3 試験管**c**から注射器で気体を吸い取り，注射器の先にゴム栓をする。注射器のピストンを押したり引いたりして，色の変化を見る。

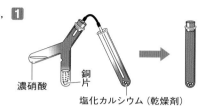

濃硝酸　銅片
塩化カルシウム（乾燥剤）

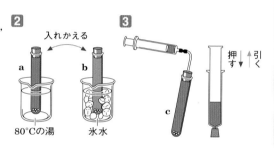

入れかえる

a　b
80℃の湯　氷水

押す↕引く

c

結果

1 方法**2**では，80℃の湯につけた試験管は赤褐色が濃くなり，氷水につけた試験管は赤褐色が薄くなった。

2 方法**3**では，注射器のピストンを押すと赤褐色が濃くなり，しばらく押したままにすると色が少し薄くなった。また，注射器のピストンを引くと赤褐色が薄くなり，しばらく引いたままにすると色は少し濃くなった。

考察

1 銅と濃硝酸が反応するときの化学反応式を書け。→ $Cu + 4HNO_3 \longrightarrow Cu(NO_3)_2 + 2NO_2 + 2H_2O$

2 $2NO_2 \rightleftharpoons N_2O_4$の正反応は，発熱反応と吸熱反応のどちらか。結果**1**をもとに説明せよ。→ ルシャトリエの原理から判断する。高温にしたとき，赤褐色が濃くなったことから，平衡はNO_2が増加する向き（左）に移動したことがわかる。したがって，この逆反応が吸熱反応で，正反応は発熱反応である。

3 圧力の変化と平衡の移動の関係を，結果**2**をもとに説明せよ。→ 圧縮した瞬間は気体が濃縮されるために赤褐色が濃くなるが，その後，色が薄くなっている。したがって，平衡は右に移動し，正反応が進んだことがわかる。このことから，圧力が増加すると，気体分子の数が少なくなる向きに平衡が移動するといえる。

1 ☐ 右向きにも左向きにも進む反応を何という？

2 ☐ 可逆反応において，左辺から右辺への反応を何という？

3 ☐ 可逆反応において，右辺から左辺への反応を何という？

4 ☐ 一方向だけに進む反応を何という？

5 ☐ 正反応の速度と逆反応の速度が等しくなった状態を何という？

6 ☐ 平衡状態では，反応物の濃度と生成物の濃度はどうなっている？

7 ☐ $a\text{A} + b\text{B} \rightleftarrows c\text{C} + d\text{D}$ （a, b, c, d は係数）が平衡状態にあるとき，$K = \dfrac{[\text{C}]^c [\text{D}]^d}{[\text{A}]^a [\text{B}]^b}$ の関係が成り立つ。この法則を何という？

8 ☐ $\text{N}_2 + 3\text{H}_2 \rightleftarrows 2\text{NH}_3$ の反応の平衡定数 K を式で表すと？

9 ☐ 可逆反応が平衡状態にあるとき，その条件を変えると反応が左右いずれかの方向に進んで新しい平衡状態になることを何という？

10 ☐ 平衡移動に影響を与える条件を 3 つ挙げると？

11 ☐ 平衡移動の原理のことを，別の言い方で何という？

12 ☐ ある物質の濃度が増加すると，その濃度がどうなる方向へ平衡が移動する？

13 ☐ 反応系の温度が高くなると，平衡は発熱反応と吸熱反応のどちらの方向に移動する？

14 ☐ 反応系の圧力が高くなると，気体分子の数がどうなる方向に平衡が移動する？

15 ☐ 発熱反応の場合，温度を上げると平衡定数は増加する？　減少する？

16 ☐ 吸熱反応の場合，温度を上げると平衡定数は増加する？　減少する？

17 ☐ 触媒を加えると，平衡は移動する？　移動しない？

18 ☐ 触媒を加えると，平衡定数は変化する？　変化しない？

19 ☐ $\text{N}_2 + 3\text{H}_2 \longrightarrow 2\text{NH}_3$　$\Delta H = -92\,\text{kJ}$ の反応の場合，NH_3 の生成率を高めるには温度・圧力はどんな条件にするのがよい？

20 ☐ 触媒を用いて高圧で N_2 と H_2 を直接反応させて NH_3 をつくる工業的製法を何という？

解答

1. 可逆反応
2. 正反応
3. 逆反応
4. 不可逆反応
5. 化学平衡の状態
（平衡状態）
6. 一定

7. 化学平衡の法則
（質量作用の法則）
8. $K = \dfrac{[\text{NH}_3]^2}{[\text{N}_2][\text{H}_2]^3}$
9. 化学平衡の移動
（平衡の移動）
10. 濃度，温度，圧力

11. ルシャトリエの原理
12. 減少する方向
13. 吸熱反応の方向
14. 減少する方向
15. 減少する
16. 増加する
17. 移動しない

18. 変化しない
19. 低温・高圧
20. ハーバー・ボッシュ法

定期テスト予想問題 解答 → p.314

1 化学平衡

次の文中の[ ]に適する語句を記せ。

化学平衡の状態とは，可逆反応において，①[ ]の速度と②[ ]の速度が互いに等しくなり，見かけ上，反応が③[ ]した状態のことである。この状態では，単位時間あたりの各物質の増加量と④[ ]が等しくなっており，各物質の濃度は一定である。

しかし，可逆反応が平衡状態にあるとき，ある条件を変化させると，①または②がある程度進んで，新しい平衡状態になる場合がある。この現象を⑤[ ]という。⑤が起こる条件は，⑥[ ]，⑦[ ]，⑧[ ]の３つである。

2 化学平衡の状態

可逆反応 $N_2 + 3H_2 \rightleftharpoons 2NH_3$ が平衡状態にあるときについて述べた次のア～オから，正しいものをすべて選べ。

ア 反応が完全に停止している。
イ N_2，H_2，NH_3 の濃度が等しい。
ウ N_2，H_2，NH_3 の濃度の比が1：3：2である。
エ NH_3 の生成速度と分解速度が等しい。
オ N_2，H_2，NH_3 の濃度がそれぞれ一定になっている。

3 平衡定数の計算

酢酸 CH_3COOH とエタノール C_2H_5OH から酢酸エチル $CH_3COOC_2H_5$ を生成する反応では，次式で表される平衡が成り立つ。

$$CH_3COOH + C_2H_5OH$$
$$\rightleftharpoons CH_3COOC_2H_5 + H_2O$$

酢酸1.0molとエタノール2.0molを混合し，60℃で平衡状態に到達させたとき，生成している酢酸エチルの物質量を求めよ。ただし，この反応の60℃における平衡定数を4.0とする。
$\sqrt{2} = 1.41$，$\sqrt{3} = 1.73$

4 平衡の移動

$2SO_2 + O_2 \rightleftharpoons 2SO_3$ $\quad \Delta H = -198\,kJ$ で表される可逆反応が平衡状態にある。次の(1)～(5)の操作を行ったとき，平衡はどう移動するか。あとのア～ウから，それぞれ選べ。

(1) 圧力一定で，温度を上げる。
(2) 温度一定で，圧力を上げる。
(3) 温度・圧力一定で，触媒を加える。
(4) 温度・体積一定で，アルゴンを加える。
(5) 温度・圧力一定で，アルゴンを加える。
　ア 左へ移動する。
　イ 右へ移動する。
　ウ 移動しない。

5 反応速度と化学平衡

アンモニアの合成は，次の熱化学反応式で表される。

$N_2 + 3H_2 \rightleftharpoons 2NH_3$ $\quad \Delta H = -92\,kJ$

また，次のグラフの実線は，ある温度・圧力のもとで窒素と水素を反応させたときの，時間とアンモニアの生成量の関係を示している。あとの各問いに答えよ。

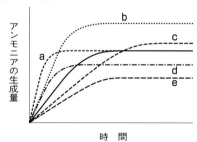

(1)～(5)のように反応条件を変えたときのグラフとして適当なものを，a～eから選べ。

(1) 温度を上げる。
(2) 温度を下げる。
(3) 圧力を上げる。
(4) 圧力を下げる。
(5) 触媒を加える。

5章 電解質水溶液の平衡

1 電離平衡と電離定数

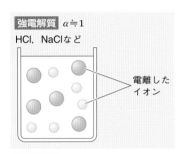

強電解質 $\alpha \fallingdotseq 1$
HCl，NaClなど

電離した
イオン

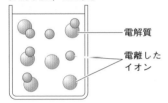

弱電解質 $\alpha \lll 1$
CH₃COOH，NH₃など

電解質

電離した
イオン

図1．強電解質と弱電解質

☆1．25℃では，0.1 mol/Lの酢酸の電離度は0.017である。つまり，水に溶けた酢酸のうち，1.7 ％が電離してH⁺とCH₃COO⁻となり，残りの98.3％はCH₃COOHのまま存在している。

1 電離平衡を考える

■ **強電解質と弱電解質** 強酸や強塩基は水に溶けるとほぼ完全に電離するので**強電解質**，弱酸や弱塩基は水に溶けても一部しか電離しないので**弱電解質**とよばれる。

■ **電離平衡** 酢酸 CH_3COOH などの弱酸を水に溶かすと，一部の分子だけが電離する。電離によって生じたイオンと，電離していない分子との間には次のような平衡が成立する。

$$CH_3COOH + H_2O \rightleftharpoons CH_3COO^- + H_3O^+$$

このような，電離による化学平衡を**電離平衡**という。

■ **電離度** 電解質を水に溶かしたとき，溶解した電解質のうち，電離しているものの割合を**電離度**といい，記号 α で表す。

> **ポイント**
> 電離度 $\alpha = \dfrac{\text{電離した電解質の物質量}}{\text{溶解した電解質の物質量}}$ （$0 < \alpha \leqq 1$）
> 強電解質では $\alpha \fallingdotseq 1$，弱電解質では $\alpha \lll 1$

2 弱酸・弱塩基の電離平衡

■ **弱酸の電離平衡** 酢酸 CH_3COOH を水に溶かしたときの電離式は，次の①式で表される。

$$CH_3COOH + H_2O \rightleftharpoons CH_3COO^- + H_3O^+ \quad \cdots\cdots \text{①}$$

①式に化学平衡の法則を適用すると，①式の平衡定数 K は次の②式で表される。

$$K = \frac{[CH_3COO^-][H_3O^+]}{[CH_3COOH][H_2O]} \quad \cdots\cdots\cdots\cdots\cdots\cdots \text{②}$$

希薄水溶液では水のモル濃度 $[H_2O]$ はほかのいずれの成分の濃度よりも十分に大きく，事実上一定（55.6 mol/L）とみなせる。したがって，$K[H_2O]$ を改めて K_a とし，H_3O^+ を H^+ と略記すれば，②式は次の③式のようになる。

$$K_a = \frac{[CH_3COO^-][H^+]}{[CH_3COOH]} \quad \cdots\cdots\cdots\cdots\cdots\cdots ③$$

このK_aを**酸の電離定数**といい，平衡定数と同様，温度が一定ならば，酸の濃度に関わらず一定の値をとる。

■ **酢酸のcとαの関係** 酢酸CH_3COOHの濃度c〔mol/L〕と電離度αの関係を，酢酸の電離定数K_aから求めてみよう。酢酸水溶液が電離平衡にあるとき，各成分の濃度は，

	CH_3COOH	$\rightleftharpoons$	CH_3COO^-	$+$	H^+
平衡時	$c(1-\alpha)$		$c\alpha$		$c\alpha$ 〔mol/L〕

これらの値を③式に代入して整理すると，

$$K_a = \frac{[CH_3COO^-][H^+]}{[CH_3COOH]} = \frac{c\alpha \cdot c\alpha}{c(1-\alpha)} = \frac{c\alpha^2}{1-\alpha}$$

酢酸は弱酸なので電離度αは非常に小さく，$1-\alpha \fallingdotseq 1$と近似できる😊²。よって，

$$K_a = c\alpha^2 \qquad \alpha = \sqrt{\frac{K_a}{c}} \quad \cdots\cdots\cdots\cdots\cdots\cdots ④$$

> **ポイント**
>
> c〔mol/L〕酢酸の電離度をα，電離定数をK_a〔mol/L〕とすると，
>
> $$\alpha = \sqrt{\frac{K_a}{c}} \qquad [H^+] = c\alpha = \sqrt{c \cdot K_a}$$
>
> （cがあまり小さくない場合）

④式の関係式を，**オストワルトの希釈律**という。

1 同じ弱酸では，モル濃度cが小さくなるほど，電離度αは大きくなる（図2）。

2 いろいろな弱酸を同じモル濃度cで比較すると，電離定数K_aが小さい酸ほど，弱い酸といえる。

■ **弱塩基の電離平衡** 弱塩基のアンモニアNH_3を水に溶かすと，次のような電離平衡の状態となる。

$$NH_3 + H_2O \rightleftharpoons NH_4^+ + OH^-$$

よって，化学平衡の法則から，次の関係式が成り立つ。

$$K = \frac{[NH_4^+][OH^-]}{[NH_3][H_2O]}$$

希薄水溶液では，酢酸のときと同様に，$[H_2O]$を一定とみなし，$K[H_2O]$を改めてK_bとすると，

$$K_b = \frac{[NH_4^+][OH^-]}{[NH_3]}$$

このK_bを**塩基の電離定数**という。

😊2. 酢酸の濃度がきわめて小さくなると，電離度は大きくなる。したがって，$1-\alpha \fallingdotseq 1$の近似は成り立たない。この場合，

$$K_a = \frac{c\alpha^2}{1-\alpha}$$

より，αの2次方程式
$c\alpha^2 + K_a\alpha - K_a = 0$を解の公式で解かなければならない。

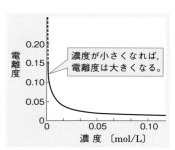

図2. 酢酸の濃度と電離度（25℃）

弱酸	電離定数〔mol/L〕
ギ酸 HCOOH	2.9×10^{-4}
酢酸 CH_3COOH	2.7×10^{-5}
フェノール C_6H_5OH	1.3×10^{-10}

表1. 弱酸の電離定数の例（25℃）
電離定数が小さいほど，電離平衡はより左へ偏っているから，弱い酸である。

弱塩基	電離定数〔mol/L〕
メチルアミン CH_3NH_2	3.2×10^{-4}
アンモニア NH_3	2.3×10^{-5}
アニリン $C_6H_5NH_2$	5.3×10^{-10}

表2. 弱塩基の電離定数の例（25℃）

2 水のイオン積とpH

1 水の電離とは

水中にイオンがないと，電流が流れないはずだね。

■ **水の電離平衡**　蒸留を繰り返した水でもわずかに電流が流れることから，純粋な水もわずかに電離し，**電離平衡**の状態にあると考えられる。

$$H_2O \rightleftharpoons H^+ + OH^- \quad \cdots\cdots\cdots\cdots\cdots ①$$

化学平衡の法則から，水の電離定数は次式で表される。

$$K = \frac{[H^+][OH^-]}{[H_2O]} \quad (K は温度で決まる定数)$$

■ **水のイオン積**　水の濃度$[H_2O]$は一定とみなせるから，$K[H_2O]$を改めてK_wとおくと，次式が得られる。

$$[H^+][OH^-] = K[H_2O] = K_w$$

このK_wを**水のイオン積**といい，25℃の純粋な水では，$[H^+] = [OH^-] = 1.0 \times 10^{-7}\,\text{mol/L}$なので，次の値になる。

$$K_w = [H^+][OH^-] = 1.0 \times 10^{-14}\,(\text{mol/L})^2$$

この関係は，純粋な水だけでなく，中性，酸性，および塩基性の希薄な水溶液でも成り立つ。

> **ポイント**
> **水のイオン積**
> $$K_w = [H^+][OH^-] = 1.0 \times 10^{-14}\,(\text{mol/L})^2 \quad (25℃)$$

■ **$[H^+]$と$[OH^-]$の関係**　水のイオン積の関係式より，水溶液中での$[H^+]$と$[OH^-]$の関係は，一方が増加すると他方は減少するという反比例の関係にある。たとえば，水に酸を溶かすと，$[H^+]$は$1.0 \times 10^{-7}\,\text{mol/L}$より大きくなり，①式の平衡が左に移動して，$[OH^-]$は$1.0 \times 10^{-7}\,\text{mol/L}$より小さくなる。しかし，$K_w$の値は一定に保たれる。

✿**1. 水のイオン積と温度の関係**
水のイオン積K_wは，温度が高くなるにつれて大きくなる。

　0℃…$1.0 \times 10^{-15}\,(\text{mol/L})^2$
　25℃…$1.0 \times 10^{-14}\,(\text{mol/L})^2$
　40℃…$3.0 \times 10^{-14}\,(\text{mol/L})^2$
　60℃…$1.0 \times 10^{-13}\,(\text{mol/L})^2$

これは，水の電離が
　$H_2O \rightleftharpoons H^+ + OH^-$　$\Delta H = 56\,\text{kJ}$
という吸熱反応なので，高温ほど平衡が右へ移動するためである。

✿**2.** 逆に水に塩基を溶かすと，$[OH^-]$は$1.0 \times 10^{-7}\,\text{mol/L}$より大きくなり，①の平衡が左に移動して$[H^+]$は$1.0 \times 10^{-7}\,\text{mol/L}$より小さくなる。しかし，$K_w$の値は一定に保たれる。

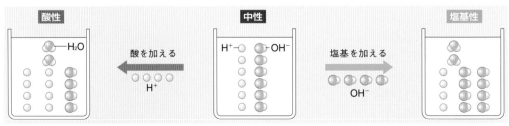

図1．水溶液中の$[H^+]$と$[OH^-]$の関係

> **ポイント** 酸性の水溶液……$[H^+] > 1.0 \times 10^{-7} \, \text{mol/L} > [OH^-]$
> 中性の水溶液……$[H^+] = 1.0 \times 10^{-7} \, \text{mol/L} = [OH^-]$
> 塩基性の水溶液…$[H^+] < 1.0 \times 10^{-7} \, \text{mol/L} < [OH^-]$

② 酸性・塩基性の強さの表し方

■ **塩基性の強さ** これまでは，酸性の強さは水素イオン H^+ の濃度$[H^+]$，塩基性の強さは水酸化物イオン OH^- の濃度$[OH^-]$ で表してきたが，水のイオン積の関係を用いると，塩基性の強さも $[H^+]$ で表すことができる。

■ **水素イオン指数** $[H^+]$ は小さな値で，広範囲にわたって変化することが多いので，そのままでは扱いにくい。そこで，$[H^+]$ を 10^{-n} の形で表し，その指数 n の値によって酸性・塩基性の強さを表す。この数値を **pH** または，**水素イオン指数**という。^{○3}

$$[H^+] = 10^{-n} \, (\text{mol/L}) \iff \text{pH} = n \iff [H^+] = 10^{-\text{pH}}$$

つまり，$[H^+]$ の常用対数をとり，その値にマイナスの符号をつけて得られた数値^{○4}が，pH である。

> **ポイント** $\text{pH} = -\log_{10}[H^+]$
> $[H^+] = a \times 10^{-n} \, \text{mol/L}$ のとき，$\text{pH} = n - \log_{10}a$

> **例題** **弱酸水溶液のpH**
>
> $0.10 \, \text{mol/L}$ の酢酸水溶液の pH を求めよ。ただし，水溶液の温度を 25℃，25℃における酢酸の電離定数を $K_a = 2.7 \times 10^{-5} \, \text{mol/L}$ とする。$\log_{10}2.7 = 0.43$

解説 酢酸 CH_3COOH の電離平衡において，

$$CH_3COOH \rightleftharpoons CH_3COO^- + H^+$$

平衡時　$c(1-\alpha)$　　　　$c\alpha$　　　$c\alpha \, (\text{mol/L})$

$$[H^+] = c\alpha = c \times \sqrt{\frac{K_a}{c}} = \sqrt{c \cdot K_a}^{○5}$$

$$= \sqrt{0.10 \times 2.7 \times 10^{-5}} = \sqrt{2.7} \times 10^{-3} \, \text{mol/L}$$

$$\text{pH} = -\log_{10}[H^+] = -\log_{10}(2.7^{\frac{1}{2}} \times 10^{-3}) = -\frac{1}{2}\log_{10}2.7 + 3$$

$$= 3 - \frac{1}{2} \times 0.43 = 2.785 \fallingdotseq 2.8$$

答 2.8

○3. 25℃では，次のようになる。
- 酸性の水溶液……pH＜7
- 中性の水溶液……pH＝7
- 塩基性の水溶液…pH＞7

○4. **常用対数の計算方法**

$$\log_{10}10 = 1$$
$$\log_{10}1 = 0$$
$$\log_{10}10^a = a$$
$$\log_{10}(a \times b) = \log_{10}a + \log_{10}b$$
$$\log_{10}\left(\frac{a}{b}\right) = \log_{10}a - \log_{10}b$$

○5. この関係式は，酢酸の濃度 c があまり薄くない水溶液の場合に成り立つ（→p.115）。

3 緩衝液

1 緩衝液とは何か

■ **緩衝液とは**　水 1 L に 1 mol/L 塩酸 1 mL を加えると，pH が 7 から 3 へと変化する。このように，水に少量の強酸や強塩基を加えると，水溶液の pH は大きく変化する。しかし，酢酸 CH_3COOH に酢酸ナトリウム CH_3COONa を加えた混合溶液では，**少量の酸や塩基を加えても pH がほとんど変化しない。このような溶液を緩衝液**という。これは，弱酸や弱塩基の電離平衡が，加えた H^+ や OH^- の濃度増加の影響を打ち消す方向に移動するからである。

　一般に，弱酸とその塩，および弱塩基とその塩の混合水溶液は，緩衝液となる。

■ **酢酸–酢酸ナトリウムの緩衝液**　酢酸は弱酸で，水溶液中ではその一部が電離し，電離平衡の状態にある。

$$CH_3COOH \rightleftharpoons CH_3COO^- + H^+ \quad\cdots\cdots\cdots\cdots\cdots ①$$

　一方，酢酸ナトリウムは塩であり，完全に電離するので，水溶液中に生じた CH_3COO^- のため，①式の平衡は大きく左に移動する。こうして，CH_3COOH と CH_3COO^- を多量に含んだ混合水溶液ができる。

1 混合水溶液に酸を加えると，次の反応が起こるので，H^+ はさほど増えない。

$$CH_3COO^- + H^+ \longrightarrow CH_3COOH$$

2 混合水溶液に塩基を加えると，次の反応が起こるので，OH^- はさほど増えない。

$$CH_3COOH + OH^- \longrightarrow CH_3COO^- + H_2O$$

> **ポイント**　緩衝液…少量の酸や塩基を加えても，pH がほとんど変化しない溶液

◎1. 少量の酸や塩基を加えても pH がほぼ一定に保たれる性質を，緩衝作用という。

◎2. ヒトの血液は pH が約 7.4 に保たれており，次式で示すような緩衝液となっている。
$HCO_3^- + H^+ \longrightarrow H_2CO_3$
$H_2CO_3 + OH^- \longrightarrow HCO_3^- + H_2O$

スポーツドリンクは，弱酸(クエン酸，乳酸など)とその陰イオンを含んでいるから，緩衝作用を示すよ。

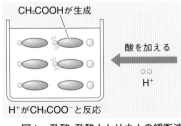
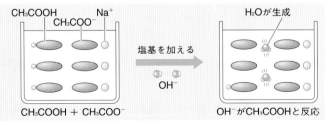

図1. 酢酸–酢酸ナトリウムの緩衝液

② 緩衝液のpHを求める

■ **緩衝液のpH**　緩衝液のpHは，その緩衝液をつくる弱酸(または弱塩基)の電離定数から求められる。

　たとえば，酢酸-酢酸ナトリウムの混合水溶液のpHは，酢酸の電離定数K_aと，酢酸と酢酸ナトリウム(塩)との混合比によって決まる。なぜなら，酢酸の電離平衡は，酢酸の水溶液だけでなく，酢酸ナトリウム(塩)が加わった混合水溶液でも成立するからである。

■ **[H$^+$]の求め方**　酢酸の電離定数の式を変形すると，

$$K_a = \frac{[CH_3COO^-][H^+]}{[CH_3COOH]} \Rightarrow [H^+] = K_a \times \frac{[CH_3COOH]}{[CH_3COO^-]}$$

[CH$_3$COOH]には，加えた酢酸の濃度C_a〔mol/L〕，[CH$_3$COO$^-$]には，加えた酢酸ナトリウムの濃度C_s〔mol/L〕を代入すれば，水素イオン濃度[H$^+$]が求められる。

> **例題**　**緩衝液のpH**
>
> 　0.10 mol/Lの酢酸100 mLに0.20 mol/Lの酢酸ナトリウム水溶液100 mLを混合した溶液のpHを求めよ。ただし，酢酸の電離定数を$K_a = 2.7 \times 10^{-5}$ mol/Lとする。$\log_{10}2 = 0.30$，$\log_{10}2.7 = 0.43$

解説　酢酸の電離平衡(①式)は，酢酸ナトリウムが加わった溶液中でも成り立つ。

$$CH_3COOH \rightleftharpoons CH_3COO^- + H^+ \quad\cdots\cdots\cdots\cdots\cdots ①$$

加えた酢酸ナトリウムは，②式のように完全に電離する。

$$CH_3COONa \longrightarrow CH_3COO^- + Na^+ \quad\cdots\cdots\cdots\cdots ②$$

酢酸イオンCH$_3$COO$^-$の量は，CH$_3$COONaの量と等しい。

　CH$_3$COO$^-$により①式の平衡は大きく左に移動するので，酢酸CH$_3$COOHの電離は，事実上，無視してよい。

　混合溶液中のCH$_3$COO$^-$とCH$_3$COOHの各濃度は，

$$[CH_3COO^-] = 0.20 \times \frac{1}{2} = 0.10 \text{ mol/L}$$

$$[CH_3COOH] = 0.10 \times \frac{1}{2} = 0.050 \text{ mol/L}$$

$$[H^+] = K_a \times \frac{[CH_3COOH]}{[CH_3COO^-]} = 2.7 \times 10^{-5} \times \frac{0.050}{0.10}$$

$$= \frac{2.7}{2} \times 10^{-5} \text{ mol/L}$$

$$pH = -\log_{10}(2.7 \times 2^{-1} \times 10^{-5}) = 5 - \log_{10}2.7 + \log_{10}2$$

$$= 5 - 0.43 + 0.30 = 4.87 \doteqdot 4.9$$

答　4.9

● **3.** この緩衝液を水で薄めても，$\dfrac{[CH_3COOH]}{[CH_3COO^-]}$の値は変わらないので，溶液のpHは一定に保たれる。

● **4.** ほかの緩衝液についても同様のことがいえる。したがって，弱酸・弱塩基の種類を決め，その塩との混合比を調整すれば，さまざまなpHの緩衝液をつくることができる。

> 混合によって溶液全体の体積が2倍に増えているので，それぞれの濃度が$\frac{1}{2}$になっていることに注意しよう。

4 塩の加水分解

1 塩の加水分解を考える

■ **塩の加水分解** 酸と塩基の中和で生じた塩の水溶液は，つねに中性とは限らず，酸性や塩基性を示すことがある。これは，塩の電離によって生じたイオンの一部が水と反応し，もとの弱酸や弱塩基に戻るからである。このような現象を，**塩の加水分解**という。

✿1. 強酸と強塩基からなる塩では，電離によって生じたイオンは水と反応しないので，加水分解は起こらない。

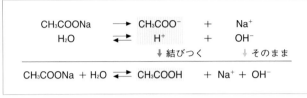

図1．酢酸ナトリウムCH_3COONaの加水分解

■ **酢酸ナトリウムの加水分解** 酢酸ナトリウムCH_3COONaは，水溶液中では完全に電離している。このとき，水H_2Oもわずかに電離し，電離平衡に達している。酢酸CH_3COOHは弱酸で，電離度が小さいため，酢酸イオンCH_3COO^-はH_2Oから水素イオンH^+を受け取り，CH_3COOHに戻りやすい。したがって，$[H^+] < [OH^-]$となり，酢酸ナトリウムの水溶液は弱塩基性を示す（図2）。

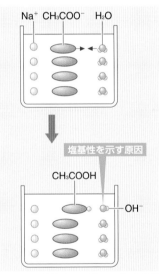

図2．酢酸ナトリウムの加水分解

■ **加水分解定数** CH_3COONa水溶液の加水分解では，次の平衡が成り立っている。

$$CH_3COO^- + H_2O \rightleftharpoons CH_3COOH + OH^- \quad \cdots\cdots ①$$

①式に化学平衡の法則を適用すると，

$$K = \frac{[CH_3COOH][OH^-]}{[CH_3COO^-][H_2O]}$$

ここで，$[H_2O]$を定数とみなし，$K[H_2O]$を改めてK_hとおくと，次の②式が得られる。

$$K_h = \frac{[CH_3COOH][OH^-]}{[CH_3COO^-]} \quad \cdots\cdots\cdots\cdots ②$$

このK_hを**加水分解定数**という。

②式の分母・分子に$[H^+]$をかけて整理すると，K_hを水のイオン積K_wと酸の電離定数K_aで表すことができる。

$$K_h = \frac{[CH_3COOH][OH^-][H^+]}{[CH_3COO^-][H^+]} = \frac{K_w}{K_a}$$

K_wは一定なので，K_aが小さいほどK_hは大きく，その弱酸の塩はより加水分解を受けやすいことになる。

✿2. 加水分解定数も，ほかの平衡定数と同じように，温度によって値が決まる。

✿3. つまり，弱酸と強塩基からなる塩では，もととなる酸が弱い（K_aが小さい）ほど加水分解されやすく（K_hが大きい），水溶液のpHは大きい。

例題 **中和滴定曲線とpH**

0.20 mol/L酢酸20 mLを0.20 mol/L水酸化ナトリウム水溶液で滴定したところ，右の図のような滴定曲線が得られた。酢酸

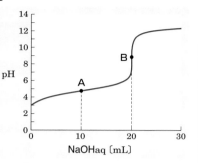

の電離定数を2.8×10^{-5} mol/Lとして，次の問いに答えよ。$\log_{10}2.8 = 0.46$，$\log_{10}2 = 0.30$，$\log_{10}3 = 0.48$

(1) A点の水溶液のpHを小数第1位まで求めよ。
(2) B点の水溶液のpHを小数第1位まで求めよ。

解説 (1) A点は中和反応の途中（中間点）であり，未反応のCH_3COOHの濃度と，中和反応で生じたCH_3COO^-の濃度がちょうど等しくなっている。

この**緩衝液**中では,酢酸の電離平衡が成り立つから, ♦4

$$K_a = \frac{[CH_3COO^-][H^+]}{[CH_3COOH]} \qquad [H^+] = K_a \times \frac{[CH_3COOH]}{[CH_3COO^-]}$$

$[CH_3COOH] \fallingdotseq [CH_3COO^-]$より,

$$[H^+] = K_a = 2.8 \times 10^{-5} \text{ mol/L}$$

$$pH = -\log_{10}(2.8 \times 10^{-5}) = -\log_{10}2.8 + 5 = 4.54 \fallingdotseq 4.5$$

(2) B点は**中和点**であり，溶液は酢酸ナトリウムの水溶液となっている。ただし，**液量が2倍なので，濃度は0.10 mol/Lである。**

酢酸イオンCH_3COO^-の加水分解定数をK_hとすると,

$$K_h = \frac{K_w}{K_a} = \frac{1.0 \times 10^{-14}}{2.8 \times 10^{-5}} \fallingdotseq 3.6 \times 10^{-10} \text{ mol/L} \quad \cdots\cdots ①$$

電離によって生じたCH_3COO^-の濃度をc〔mol/L〕,加水分解による濃度の減少分をx〔mol/L〕とすると,

	CH_3COO^-	$+$	H_2O	$\rightleftharpoons$	CH_3COOH	$+$	OH^-
平衡時	$c-x$		一定		x		x

したがって, $K_h = \dfrac{x^2}{c-x} \fallingdotseq \dfrac{x^2}{c}$ ♦5 $\cdots\cdots\cdots\cdots\cdots\cdots ②$

$$[OH^-] = x = \sqrt{c \cdot K_h} = 6.0 \times 10^{-6} \text{ mol/L}$$
♦6
$$pOH = -\log_{10}(6.0 \times 10^{-6}) = 6 - \log_{10}2 - \log_{10}3 = 5.22$$

$\mathbf{pH + pOH = 14}$より, $pH = 14 - 5.22 = 8.78 \fallingdotseq 8.8$

答 (1) 4.5 (2) 8.8

♦4. 酢酸と酢酸ナトリウムの混合水溶液中には，CH_3COOHとCH_3COO^-が多量に存在し，酢酸の電離平衡が成り立つ。

$$CH_3COOH \rightleftharpoons CH_3COO^- + H^+$$

♦5. 通常，加水分解はごくわずかしか起こらないので，$c \gg x$である。したがって，$c - x \fallingdotseq c$と近似できる。

♦6. pHと同様に，$[OH^-] = 10^{-n}$〔mol/L〕のとき，$pOH = n$とする。

$pH + pOH$
$= -\log_{10}[H^+] - \log_{10}[OH^-]$
$= -\log_{10}[H^+][OH^-]$
$= -\log_{10}(1.0 \times 10^{-14})$
$= 14$

5 難溶性塩の溶解平衡

1 溶解平衡とは何か

■ **溶解平衡** 水に塩化ナトリウム NaCl を加えていくと，やがて飽和水溶液になる。このとき，NaCl（固）と水に溶けたナトリウムイオン Na⁺ と塩化物イオン Cl⁻ との間には平衡が成り立つ。このような平衡を**溶解平衡**という。

$$\mathrm{NaCl（固）} \rightleftarrows \mathrm{Na^+ + Cl^-} \quad \cdots\cdots\cdots ①$$

■ **共通イオン効果** NaCl の飽和水溶液に塩化水素 HCl を通じたり，ナトリウム Na の小片を加えたりすると，新たに NaCl の結晶が生成する（図2）。これは，水溶液中の Cl⁻ や Na⁺ の濃度が大きくなり，①式の溶解平衡が左へ移動したためである。

このような，電解質の水溶液にその電解質を構成する同種のイオン（**共通イオン**）を加えると電離平衡が移動する。この現象を**共通イオン効果**という。

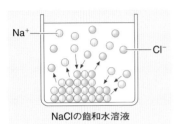

図1．NaClの溶解平衡
単位時間あたりに溶解するNaClの数と析出するNaClの数が等しい。

図2．共通イオン効果

2 沈殿の生成条件

■ **難溶性塩の溶解平衡** 塩化銀 AgCl は水に溶けにくい難溶性塩であるが，ごくわずかに水に溶け，飽和水溶液になる。溶けた塩化銀は，完全に電離してイオンとなり，残った沈殿との間には溶解平衡が成り立つ。

$$\mathrm{AgCl（固）} \rightleftarrows \mathrm{Ag^+ + Cl^-} \quad \cdots\cdots\cdots ②$$

■ **溶解度積** 化学平衡の法則から，②式の平衡定数は，

$$K = \frac{[\mathrm{Ag^+}][\mathrm{Cl^-}]}{[\mathrm{AgCl（固）}]}$$

ここで，固体の濃度 [AgCl（固）] は一定とみなせるから，水溶液中の各イオンの濃度の積 [Ag⁺][Cl⁻] も一定となる。

$$[\mathrm{Ag^+}][\mathrm{Cl^-}] = K_{sp} \quad （一定） \quad \cdots\cdots\cdots ③$$

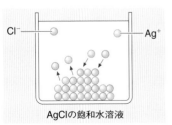

図3．AgClの溶解平衡

✿ 1．K_{sp} の sp は solubility product の略。溶解度積は物質固有の定数で，温度により変化する。

この定数K_{sp}をAgClの**溶解度積**という。

溶解度積は，難溶性塩の溶解度の大小の目安となる。一般に，K_{sp}が小さい塩はイオン濃度が小さくても沈殿しやすく，K_{sp}が大きい塩はイオン濃度がある程度大きくならないと沈殿しない。この性質を利用すると，金属イオンの分離を行うことができる。

塩	溶解度積K_{sp}
塩化銀 AgCl	$[Ag^+][Cl^-] = 1.8 \times 10^{-10}\ (mol/L)^2$
臭化銀 AgBr	$[Ag^+][Br^-] = 5.2 \times 10^{-13}\ (mol/L)^2$
ヨウ化銀 AgI	$[Ag^+][I^-] = 2.1 \times 10^{-14}\ (mol/L)^2$
硫化銅(II) CuS	$[Cu^{2+}][S^{2-}] = 6.5 \times 10^{-30}\ (mol/L)^2$
硫化亜鉛 ZnS	$[Zn^{2+}][S^{2-}] = 2.2 \times 10^{-18}\ (mol/L)^2$
炭酸カルシウム CaCO₃	$[Ca^{2+}][CO_3^{2-}] = 6.7 \times 10^{-5}\ (mol/L)^2$
クロム酸銀 Ag₂CrO₄	$[Ag^+]^2[CrO_4^{2-}] = 3.6 \times 10^{-12}\ (mol/L)^3$

表1．難溶性塩の溶解度積（25℃）

> **ポイント**
> 難溶性塩A_mB_nについて，飽和水溶液中で
> $$A_mB_n(固) \rightleftharpoons mA^{n+} + nB^{m-}$$
> の溶解平衡が成り立つとき，
> $$K_{sp} = [A^{n+}]^m[B^{m-}]^n$$

■ **沈殿生成の判定**　水溶液中でA⁺とB⁻を反応させたとき，混合直後のイオン濃度の積$[A^+][B^-]$と，塩ABの溶解度積K_{sp}から，沈殿生成の有無を判断できる。

> **ポイント**
> $[A^+][B^-] > K_{sp}$…過飽和水溶液 ⟶ 沈殿が生成する
> $[A^+][B^-] = K_{sp}$…飽和水溶液
> $[A^+][B^-] < K_{sp}$…不飽和水溶液 ⟶ 沈殿が生成しない

■ **硫化物の沈殿生成**　希塩酸で酸性にした銅(II)イオンCu^{2+}と亜鉛イオンZn^{2+}を含む水溶液がある。これに硫化水素H_2Sを通じると，硫化銅(II)CuSは沈殿するが，硫化亜鉛ZnSは沈殿しない。この理由を考えてみよう。

硫化水素H_2Sは，水溶液中で次の電離平衡が成り立つ。
$$H_2S \rightleftharpoons 2H^+ + S^{2-} \quad\quad\cdots\cdots\cdots ④$$
酸性の水溶液では，④式の電離平衡は左に偏るため，$[S^{2-}]$は小さくなる。CuSはK_{sp}が小さいため，$[Cu^{2+}][S^{2-}] > K_{sp}$となり，沈殿する。一方，ZnSは$K_{sp}$が比較的大きいため，$[Zn^{2+}][S^{2-}] < K_{sp}$となり，沈殿しない。

なお，中性・塩基性の水溶液では，④式の電離平衡は右に偏るため，$[S^{2-}]$は大きくなる。よって，K_{sp}が比較的大きいZnSでも$[Zn^{2+}][S^{2-}] > K_{sp}$となり，沈殿が生じる。

沈殿生成の条件	沈殿の化学式と色
中性・塩基性のみで沈殿	ZnS（白），FeS（黒），NiS（黒）
酸性でも沈殿	Ag₂S（黒），CuS（黒），PbS（黒），CdS（黄）

表2．硫化物の沈殿とその色

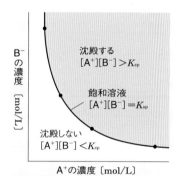

図4．溶解度積による沈殿生成の判定

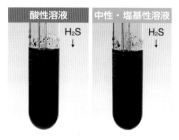

図5．CuSの沈殿生成

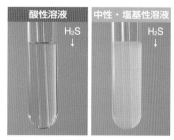

図6．ZnSの沈殿生成

酢酸の電離度と電離定数を求める

方法

1. 0.1 mol/Lの酢酸水溶液を正確に純水で薄め，0.05 mol/L，0.01 mol/L，0.005 mol/L，0.001 mol/Lの酢酸水溶液をつくる。

2. 各濃度の酢酸水溶液を25℃に保ちながら，pHメーターを使ってpHを測定する。

3. 2で測定したpHの値から，関数電卓や真数-対数対照表を使って水素イオン濃度を求める。

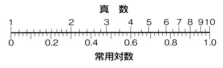

真数-対数対照表

pHから$[H^+]$を求めるときは，常用対数から真数を求めるようにする。

4. 各濃度について，酢酸の電離度αの値を，酢酸の濃度cと水素イオン濃度$[H^+]$を使って求める。

5. 各濃度について，酢酸の電離定数K_aの値を，酢酸の濃度cと水素イオン濃度$[H^+]$を使った近似式 $K_a = \dfrac{[H^+]^2}{c}$ によって求める。

結果

酢酸水溶液の濃度〔mol/L〕	pH	水素イオン濃度〔mol/L〕	酢酸の電離度	酢酸の電離定数〔mol/L〕
0.1	2.9	1.3×10^{-3}	0.013	1.7×10^{-5}
0.05	3.0	1.0×10^{-3}	0.020	2.0×10^{-5}
0.01	3.3	5.0×10^{-4}	0.050	2.5×10^{-5}
0.005	3.5	3.2×10^{-4}	0.064	2.0×10^{-5}
0.001	3.9	1.3×10^{-4}	0.130	1.7×10^{-5}

考察

1. 酢酸水溶液の濃度と電離度の間には，どんな関係があるか。

→ 結果より，酢酸水溶液の濃度と電離度の関係をグラフに表すと，右の図のようになる。したがって，酢酸水溶液の濃度と電離度には反比例に近い関係があることがわかる。

2. 方法5で，酢酸の電離定数K_aの値がこのような近似式で求められる理由を説明せよ。

→ 電離平衡が成り立っているとき，$[CH_3COOH] = c(1 - \alpha)$〔mol/L〕，$[CH_3COO^-] = [H^+] = c\alpha$〔mol/L〕で，$\alpha \ll 1$より，$1 - \alpha \doteqdot 1$と近似できる。したがって，

$$K_a = \frac{[CH_3COO^-][H^+]}{[CH_3COOH]} = \frac{[H^+]^2}{c}$$

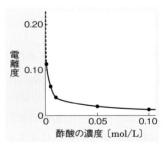

3. 酢酸水溶液の濃度と電離定数の間には，どんな関係があるか。

→ 結果より，酢酸の電離定数は，濃度によらずほぼ一定になることがわかる。

4. 酢酸水溶液の電離定数を求めよ。

→ 各濃度におけるK_aの値の平均値より，$K_a = 2.0 \times 10^{-5}$ mol/L

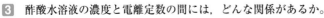

1 ☐ 強酸・強塩基のように，水に溶けるとほぼ完全に電離する物質を何という？

2 ☐ 弱酸・弱塩基のように，水に溶けても一部しか電離しない物質を何という？

3 ☐ 電離で生じたイオンと電離していない分子の間で成り立つ平衡を何という？

4 ☐ 溶解した電解質に対する電離したものの割合を何という？

5 ☐ 電離平衡を表す平衡定数を特に何という？

6 ☐ 酢酸の電離平衡 $CH_3COOH + H_2O \rightleftharpoons CH_3COO^- + H_3O^+$ の電離定数 K_a を表す式は？

7 ☐ アンモニアの電離平衡 $NH_3 + H_2O \rightleftharpoons NH_4^+ + OH^-$ の電離定数 K_b を表す式は？

8 ☐ 水溶液中における水素イオン濃度と水酸化物イオン濃度の積 $[H^+][OH^-]$ を何という？

9 ☐ 25℃の希薄な水溶液における $[H^+][OH^-]$ の値は？

10 ☐ 酸性・塩基性の強さを数値で表したものを何という？

11 ☐ pH＜7の水溶液は何性を示す？

12 ☐ pH＞7の水溶液は何性を示す？

13 ☐ 少量の酸や塩基を加えてもpHがほぼ一定に保たれる性質を何という？

14 ☐ 弱酸とその塩，弱塩基とその塩の混合水溶液は，一般に何とよばれる？

15 ☐ 弱酸の電離で生じたイオンの一部が水と反応して弱酸に戻る現象を何という？

16 ☐ 酢酸ナトリウム水溶液は加水分解によって何性を示す？

17 ☐ 塩の加水分解を表す平衡定数を特に何という？

18 ☐ 単位時間あたりに溶解する溶質の数と析出する溶質の数が等しい状態を何という？

19 ☐ 電解質の水溶液に共通イオンを加えると電離平衡が移動する現象を何という？

20 ☐ 水に難溶性の塩の飽和水溶液では，陽イオンと陰イオンの濃度の積が一定となる。このイオン濃度の積 K_{sp} を何という？

21 ☐ $AB（固） \rightleftharpoons A^+ + B^-$ の溶解平衡において，溶解度積 $[A^+][B^-] < K_{sp}$ のとき，沈殿は生成する？　生成しない？

解答

1. 強電解質
2. 弱電解質
3. 電離平衡
4. 電離度
5. 電離定数
6. $K_a = \dfrac{[CH_3COO^-][H^+]}{[CH_3COOH]}$

7. $K_b = \dfrac{[NH_4^+][OH^-]}{[NH_3]}$
8. 水のイオン積
9. $1.0 \times 10^{-14}\,(mol/L)^2$
10. pH（水素イオン指数）
11. 酸性

12. 塩基性
13. 緩衝作用
14. 緩衝液
15. 塩の加水分解
16. 塩基性
17. 加水分解定数
18. 溶解平衡

19. 共通イオン効果
20. 溶解度積
21. 生成しない

1 電離平衡

次の文中の〔　〕に適する語句や数値を入れよ。

水に溶かした電解質に対する電離したものの割合を①〔　　　〕といい，記号 α で表す。塩化水素や水酸化ナトリウムのような②〔　　　〕では，α の値はほぼ③〔　　　〕であるが，酢酸やアンモニアのような④〔　　　〕では，α の値は非常に小さくなる。

酢酸のような弱酸を水に溶かすと，その一部が電離し，生じたイオンと電離していない分子の間に平衡が成り立つ。この平衡を⑤〔　　　〕という。このとき，水溶液中では次の関係が成り立つ。

$$K_a = \frac{[CH_3COO^-][H^+]}{[CH_3COOH]}$$

K_a は温度によって決まる定数で，酢酸の⑥〔　　　〕という。

2 電離平衡の移動

酢酸水溶液では，次の電離平衡が成り立つ。

$$CH_3COOH \rightleftharpoons CH_3COO^- + H^+$$

酢酸水溶液に(1)～(4)の操作を行ったとき，平衡はどうなるか。あとの**ア～ウ**から，適当なものを選べ。

(1) 酢酸ナトリウム(固体)を加える。
(2) 塩化ナトリウム(固体)を加える。
(3) 水を加えて希釈する。
(4) 水酸化ナトリウム水溶液を加える。

　ア 左へ移動する。　**イ** 右へ移動する。
　ウ 移動しない。

3 アンモニアの電離平衡

アンモニアは，水溶液中では次のような電離平衡の状態にある。$K_b = 2.3 \times 10^{-5}\,mol/L$，$\log_{10}2 = 0.30$，$\log_{10}2.3 = 0.36$

$$NH_3 + H_2O \rightleftharpoons NH_4^+ + OH^-$$

(1) アンモニアの電離定数 K_b を表す式を書け。

(2) アンモニア水の濃度を c〔mol/L〕，アンモニアの電離度を α として，K_b を c，α を用いて表せ。ただし，$\alpha \ll 1$ とする。

(3) 0.20 mol/L のアンモニア水の pH を求めよ。

4 水溶液の pH

次の**ア～エ**から正しいものを1つ選べ。

ア 0.010 mol/L の硫酸の pH は，同濃度の硝酸の pH より大きい。

イ 0.10 mol/L の酢酸の pH は，同濃度の塩酸の pH より大きい。

ウ pH が3の塩酸を水で 10^5 倍に薄めると，溶液の pH は8になる。

エ pH が12の水酸化ナトリウム水溶液を水で10倍に薄めると，溶液の pH は13になる。

5 緩衝液

次の文中の〔　〕には適するイオン反応式，〔　〕には適する語句を記せ。

酢酸と酢酸ナトリウムの混合水溶液中では，次の電離平衡が成り立っている。

$$CH_3COOH \rightleftharpoons CH_3COO^- + H^+$$

この水溶液に少量の酸を加えると，①〔　　　〕の反応が起こる。また，少量の塩基を加えると，②〔　　　〕の反応が起こる。どちらの場合も，加えられた酸や塩基による水素イオンや水酸化物イオンが消費されるので，pH はほぼ一定に保たれる。このような溶液を③〔　　　〕という。

6 溶解度積

$1.0 \times 10^{-3}\,mol/L$ 塩化ナトリウム水溶液 10 mL に，$1.0 \times 10^{-3}\,mol/L$ 硝酸銀水溶液 0.1 mL を加えた。塩化銀の溶解度積を $1.8 \times 10^{-10}\,(mol/L)^2$ として，沈殿が生じるかどうかを判定せよ。ただし，溶液の混合による体積の変化は無視できるものとする。

3 編
無機物質

1章 非金属元素の性質

1 元素の周期表

1 元素の性質の変化を調べる

■ **元素の周期律**　元素を原子番号の順に並べると，化学的性質の似た元素が周期的に現れる。この規則性を**元素の周期律**という。元素の周期律が成り立つのは，原子番号の増加に伴って，原子の価電子の数が図1のように周期的に変化するためである。

■ **元素の周期表**　元素の周期律を利用して，化学的性質のよく似た元素が同じ縦の列に並ぶように配列した表を**元素の周期表**，または，単に**周期表**という。

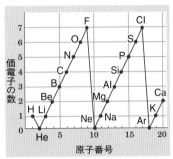

図1．価電子の数の周期的変化

✿1．メンデレーエフ（ロシア）は，1869年，当時発見されていた63種の元素を，原子量順に並べて，はじめて周期表の原型をつくった。

2 周期表で元素の性質を知る

■ **周期表の見方**　周期表の縦の列を**族**，横の列を**周期**という。周期には，第1～第7周期があり，族には，1族～18族まである。周期表で，同じ族に属する元素を**同族元素**という。同族元素は，価電子の数が等しいため，よく似た化学的性質を示す。同族元素のうち，特に性質がよく似ているものは，特別な名称でよばれている。

族 周期	1	2	3	4	5	6	7	8	9	10	11	12	13	14	15	16	17	18
1	1H	アルカリ金属		非金属元素													貴ガス ハロゲン	2He
2	3Li	4Be		金属元素									5B	6C	7N	8O	9F	10Ne
3	11Na	12Mg	アルカリ土類金属	性質がよくわかっていない元素									13Al	14Si	15P	16S	17Cl	18Ar
4	19K	20Ca	21Sc	22Ti	23V	24Cr	25Mn	26Fe	27Co	28Ni	29Cu	30Zn	31Ga	32Ge	33As	34Se	35Br	36Kr
5	37Rb	38Sr	39Y	40Zr	41Nb	42Mo	43Tc	44Ru	45Rh	46Pd	47Ag	48Cd	49In	50Sn	51Sb	52Te	53I	54Xe
6	55Cs	56Ba	ランタノイド 57~71	72Hf	73Ta	74W	75Re	76Os	77Ir	78Pt	79Au	80Hg	81Tl	82Pb	83Bi	84Po	85At	86Rn
7	87Fr	88Ra	アクチノイド 89~103	104Rf	105Db	106Sg	107Bh	108Hs	109Mt	110Ds	111Rg	112Cn	113Nh	114Fl	115Mc	116Lv	117Ts	118Og

典型元素　　遷移元素　　典型元素

図2．元素の周期表

③ 典型は両側，遷移は真ん中

■ **典型元素**　周期表の両側にある 1 族，2 族と 13 ～ 18 族の元素をまとめて**典型元素**という。典型元素では，原子番号が増加すると，価電子の数が 1 個ずつ増加し，元素の化学的性質が周期的に変化する。これは，電子が最外殻に配置されていくからである。すなわち，典型元素は，元素の周期律をはっきりと示す元素群である。典型元素の価電子の数は，貴ガスを除いて，族番号の 1 の位の数値と一致する。

■ **遷移元素**　第 4 周期以降に現れる 3 ～ 12 族の元素をまとめて**遷移元素**という。遷移元素では，原子番号の増加に伴う元素の化学的性質の変化は小さく，元素の周期律は典型元素ほどはっきりしない。これは，遷移元素では最外殻電子がいずれも 2（または 1）個であり，原子番号が増加しても，電子が内殻に配置されていくからである。

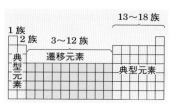
図3．典型元素と遷移元素

ポイント	典型元素	遷移元素
最外殻電子の数	周期的に変化する	2（または 1）個で一定
化学的性質	縦（同族）の類似性	横（同周期）の類似性
単体の密度	小さいものが多い	大きいものが多い
化合物（イオン）	無色のものが多い	有色のものが多い

④ 金属と非金属の違い

■ **金属元素**　周期表の左側にある約 80 ％の元素は，単体に金属光沢があり，電気や熱をよく導くなど，金属としての特性をもつので**金属元素**とよばれる。なお，金属元素は，陽イオンになりやすい**陽性**の元素でもある。元素の周期表では，左下に位置する元素ほど陽性が強くなる。遷移元素は，すべて金属元素に分類される。

■ **非金属元素**　金属元素以外の元素は，すべて**非金属元素**とよばれる。非金属元素には，陰イオンになりやすい**陰性**の元素のほか，イオンにならない貴ガスも含まれる。周期表では，18 族を除いて，右上に位置する元素ほど陰性が強くなる。非金属元素には，周期表の右上側にある約 20 ％の元素のほか，水素 H も含まれる。これは，水素は陽イオンになりやすいが，その単体 H_2 は気体で，金属としての特性を示さないからである。

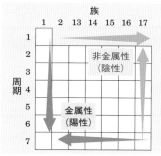
図4．典型元素の金属性と非金属性
左下の元素ほど金属性（陽性）が強く，右上の元素ほど非金属性（陰性）が強くなる（貴ガスを除く）。

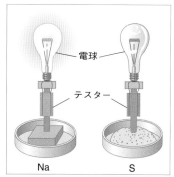
図5．金属元素と非金属元素
金属の単体は電気をよく導くが，非金属の単体は電気を導かないことで区別することができる。

2 水素と貴ガス

1 水素の取り出し方はコレ！

■ 水素は周期表の1族に属しているが，非金属元素である。そのため，ほかの1族元素とは異なる性質を示す。

■ **水素の単体** 水素分子H_2は，水素原子2個が共有結合によって結びついた二原子分子である。

■ **水素の工業的製法**

1 **水の電気分解** 水を電気分解する。

$$（陰極）\quad 2H_2O + 2e^- \longrightarrow H_2\uparrow + 2OH^- \quad\cdots\cdots ①$$
$$（陽極）\quad 4OH^- \longrightarrow O_2\uparrow + 2H_2O + 4e^- \quad\cdots\cdots ②$$

①式×2＋②式より，$2H_2O \longrightarrow 2H_2 + O_2$

2 **水性ガスからの分離** 赤熱したコークスCに水蒸気を当てると，一酸化炭素COと水素H_2の混合気体（水性ガス）が得られる。この混合気体からH_2を分離する。

$$C + H_2O \longrightarrow CO + H_2$$

3 **天然ガス・石油からの製造** 触媒の存在下で，天然ガスや石油の成分のナフサを高温の水蒸気と反応させる。

$$[天然ガス]\quad CH_4 + H_2O \xrightarrow{Ni} CO + 3H_2$$

■ **水素の実験室的製法** 亜鉛Znに希硫酸H_2SO_4または希塩酸HClを加える（図1，図2）。

$$Zn + H_2SO_4 \longrightarrow ZnSO_4 + H_2\uparrow$$
$$Zn + 2HCl \longrightarrow ZnCl_2 + H_2\uparrow$$

■ **水素の性質**

1 無色・無臭の気体で，すべての物質のなかで最も軽い。
2 水に溶けにくいので，水上置換で捕集する。
3 空気中で，無色に近い炎をあげてよく燃える。
4 水素と酸素の混合気体（水素爆鳴気）は激しく爆鳴を発して燃焼する（水素の検出）。
5 酸素との結合力が強く，高温ではさまざまな酸化物から酸素を奪う**還元剤**として利用される。

■ **水素の利用** アンモニア，塩化水素，メタノールなどの製造原料のほか，ロケットや燃料電池（→p.79）にも使われている。

❂1. 純粋な水は電流を流しにくいので，水酸化ナトリウムなどを少量溶かして電気分解する。

図1. 水素の製法

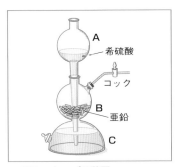

図2. キップの装置
キップの装置を利用して水素を発生させるには，Aには希硫酸を入れ，Bには亜鉛の小塊を入れる。コックを開くとAの希硫酸はCからBまで達し，Bにある亜鉛と接触して水素を発生する。コックを閉じると，発生した水素がBにある希硫酸を押し下げてCまで戻すとともに，一部をAに押し上げる。すると，希硫酸と亜鉛の接触が絶たれて反応が停止する。

❂2. 爆発しやすいなど，危険な気体であるため，赤色のボンベに入れて貯蔵する。

② 貴ガスとは

周期表の18族に属するヘリウムHe，ネオンNe，アルゴンAr，クリプトンKr，キセノンXe，ラドンRnは，**貴ガス（希ガス）**とよばれる。空気中にわずかに含まれており，液体空気の分留により得られる。

貴ガスの性質

1 いずれも閉殻，またはオクテットとよばれる安定な電子配置をもち，価電子の数は0である。1個の原子で安定な分子（**単原子分子**）として存在する。

2 化学的に安定で，ほかの元素とほとんど化合物をつくらない。

3 融点・沸点が低く，いずれも常温で気体として存在する。

4 放電管に入れて放電させると，それぞれ特有の色を発する。この性質はネオンサインとして利用されている。

元素	原子の電子配置					単体の沸点[℃]	空気中の存在率（体積%）	放電による発光の色
	K	L	M	N	O			
ヘリウム ₂He	2					−269	0.000524	黄白
ネオン ₁₀Ne	2	8				−246	0.00182	橙赤
アルゴン ₁₈Ar	2	8	8			−186	0.934	赤
クリプトン ₃₆Kr	2	8	18	8		−152	0.000114	緑紫
キセノン ₅₄Xe	2	8	18	18	8	−107	0.0000087	淡紫

表1．貴ガスの原子の電子配置（赤字は最外殻電子）と単体の性質

貴ガスの利用

アルゴン溶接

電球

ストロボ

溶接部分にアルゴンArを吹きつけ，金属の酸化を防いでいる。

フィラメントの蒸発を防ぐため，アルゴンArやクリプトンKrが充填されている。

ストロボには，キセノンXeの放電管の強い発光が利用されている。

飛行船

飛行船には，ヘリウムHeの軽く，不燃性であるという性質が利用されている。

♻ 3. アルゴン

イギリスのレイリーとラムゼーは，空気から酸素を除いて得た窒素が，純粋な窒素よりもわずかに重いことから，空気中から窒素より重くて不活性な気体を発見した。この新しい気体は，ギリシャ語の「なまけ者」にちなんで，アルゴンと命名された（1894年）。

放電管の内面に蛍光塗料が塗られているものもあり，さまざまな色を出せるようになっている。

ネオンサイン

3 ハロゲンの単体

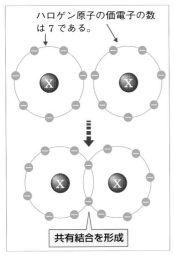

ハロゲン原子の価電子の数は 7 である。

共有結合を形成

図1. ハロゲン分子の生成

1 ハロゲンって何？

■ 周期表の17族に属する**フッ素F，塩素Cl，臭素Br，ヨウ素I，アスタチンAt**を**ハロゲン**という。ハロゲンの原子は，いずれも価電子の数が **7** であり，共有結合で二原子分子をつくるが，ほかの元素と反応しやすいため，天然には単体としては存在しない。

■ **ハロゲンの性質**

1 単体は，いずれも共有結合による**二原子分子**である。

2 酸化力が強く，1価の陰イオンになりやすい。

$$X + e^- \longrightarrow X^-$$

3 原子番号が小さいほど酸化力（反応性）が大きい。

$$F_2 > Cl_2 > Br_2 > I_2$$

例 臭化カリウム KBr 水溶液に塩素水を加えると，臭素が遊離する。$2KBr + Cl_2 \longrightarrow 2KCl + Br_2$

元素	原子の電子配置					単体の性質			
	K	L	M	N	O	色・状態（常温）	融点〔℃〕	沸点〔℃〕	水素との反応
フッ素 $_9$F	2	7				淡黄色・気体	−220	−188	冷暗所でも爆発的に反応
塩素 $_{17}$Cl	2	8	7			黄緑色・気体	−101	−34	常温で光により爆発的に反応
臭素 $_{35}$Br	2	8	18	7		赤褐色・液体	−7	59	高温・触媒下で反応
ヨウ素 $_{53}$I	2	8	18	18	7	黒紫色・固体	114	184	高温・触媒下でわずかに反応

表1. ハロゲンの原子の電子配置（赤字は最外殻電子）と単体の性質

◎1. 工業的には，塩化ナトリウム水溶液の電気分解で得ている。

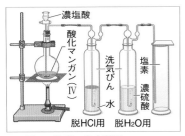

図3. 塩素の発生装置
発生する気体に含まれる塩化水素 HClを水 H_2O で除去した後，濃硫酸で H_2O を除き，乾燥した塩素 Cl_2 を下方置換で捕集する。

塩素

臭素

ヨウ素

図2. ハロゲンの単体

2 においが強くて有毒な塩素

■ **塩素の製法** 実験室では，次のような方法でつくる。

1 酸化マンガン（Ⅳ）MnO_2に濃塩酸を加えて熱する（図3）。

$$MnO_2 + 4HCl \longrightarrow MnCl_2 + 2H_2O + Cl_2 \uparrow$$

この反応では MnO_2 は酸化剤としてはたらき，HClを酸化して Cl_2 が発生する。

2 高度さらし粉 $Ca(ClO)_2 \cdot 2H_2O$ に希塩酸を加える（**図4**）。

$$Ca(ClO)_2 \cdot 2H_2O + 4HCl \longrightarrow CaCl_2 + 4H_2O + 2Cl_2 \uparrow$$

この反応では，ClO^- が酸化剤としてはたらき，HCl を酸化して Cl_2 が発生する。

■ 塩素の性質

1 常温で黄緑色，刺激臭がある有毒な気体。

2 水に少し溶ける。塩素が溶けた水溶液を**塩素水**という。

3 塩素水中では，Cl_2 の一部が水と反応する。

$$Cl_2 + H_2O \rightleftharpoons HCl + HClO \quad (次亜塩素酸)$$

4 **次亜塩素酸**は酸化力が強く，殺菌・漂白作用を示す。

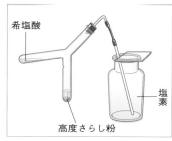

図4．塩素の製法

10分後

漂白作用

図5．塩素の漂白作用

③ 塩素以外はまとめて覚える

■ **フッ素 F_2 の性質** フッ素は淡黄色の気体で，きわめて毒性が強い。すべての元素のなかで最も酸化力が強く，水とも激しく反応して，酸素を発生する。

$$2F_2 + 2H_2O \longrightarrow 4HF + O_2 \uparrow$$

■ **臭素 Br_2 の性質** 臭素は赤褐色の液体で蒸発しやすい。蒸気も赤褐色をしており，刺激臭が強く，有毒である。

臭素は水に少し溶け，褐色の水溶液（**臭素水**）となる。臭素は，常温において液体であるただ1つの非金属元素の単体である。

■ **ヨウ素 I_2 の性質** ヨウ素 I_2 は，昇華性のある黒紫色の結晶で，水には溶けにくい。有機溶媒のヘキサンやベンゼンにはよく溶ける。また，ヨウ化カリウム水溶液に溶け，褐色の水溶液（**ヨウ素溶液**）となる。この溶液はデンプン水溶液と反応して青紫色を示す（**図7**）。この反応を**ヨウ素デンプン反応**といい，互いの検出に利用される。

図6．ヨウ素の凝華

✿ **2.** ヨウ素のヘキサン溶液は紫色，エタノール溶液は褐色，ベンゼン溶液は赤色を示すなど，溶媒の種類によって色調が変化する。

✿ **3.** ヨウ素 I_2 は，ヨウ化物イオン I^- を含む水溶液には，三ヨウ化物イオン I_3^-（褐色）となって溶ける。

$$I_2 + I^- \rightleftharpoons I_3^-$$

ヨウ素溶液＋デンプン水溶液

図7．ヨウ素デンプン反応

4 ハロゲンの化合物

1 ハロゲン化水素とは

■ **ハロゲン化水素** ハロゲンの単体と水素を反応させると，ハロゲン化水素を生じる。

$$H_2 + X_2 \longrightarrow 2HX \qquad (X = F,\ Cl,\ Br,\ I)$$

■ **ハロゲン化水素 HX の性質**

1 いずれも無色・刺激臭の気体で，有毒である。

2 水によく溶け，水溶液は酸性を示す。ただし，HF だけは弱酸であるが，これ以外は強酸である。

☆1. フッ化水素の酸性が弱いのは，H-F の結合エンタルピーがほかの H-X の結合エンタルピーよりもかなり大きいことが主原因である。

ハロゲン化水素		フッ化水素 HF	塩化水素 HCl	臭化水素 HBr	ヨウ化水素 HI
融点〔℃〕		-83	-114.2	-88.5	-50.8
沸点〔℃〕		19.5	-84.9	-67.0	-35.1
水への溶解度（20℃）〔cm^3/ 水 $1\ cm^3$〕		∞	442	612	417
水溶液	名称	フッ化水素酸	塩酸	臭化水素酸	ヨウ化水素酸
	酸の強さ	弱酸	強酸	強酸	強酸

表1．ハロゲン化水素の一般的性質

■ **フッ化水素の製法** フッ化カルシウム CaF_2（ホタル石）に濃硫酸を加えて加熱すると得られる。

$$CaF_2 + H_2SO_4 \longrightarrow CaSO_4 + 2HF \uparrow$$

■ **フッ化水素の性質**

1 ほかのハロゲン化水素に比べて著しく沸点が高い。これは，分子間で水素結合を形成しているためである。

2 フッ化水素の水溶液は**フッ化水素酸**とよばれ，ガラス（主成分は二酸化ケイ素 SiO_2）を溶かす性質があるため，ガラスに目盛りを刻むのに用いられる。また，その保存にはポリエチレン容器が用いられる。

$$SiO_2 + 4HF（気）\longrightarrow SiF_4 \uparrow + 2H_2O$$
四フッ化ケイ素

$$SiO_2 + 6HF\ aq \longrightarrow H_2SiF_6 + 2H_2O$$
ヘキサフルオロケイ酸

フッ化水素は，水にいくらでも溶けるよ。

2 塩化水素といえば

■ **塩化水素の製法** 塩化水素は，工業的には塩素と水素を直接反応させてつくる。

$$H_2 + Cl_2 \longrightarrow 2HCl$$

実験室では，図1のように塩化ナトリウムに濃硫酸を加え，穏やかに加熱してつくる。

$$NaCl + H_2SO_4 \longrightarrow NaHSO_4 + HCl\uparrow$$

■ **塩化水素の性質** 塩化水素には次のような性質がある。

1 無色で，刺激臭のある気体である。

2 水によく溶ける。水溶液は**塩酸**とよばれ，強い酸性を示す。

3 アンモニアと反応して，塩化アンモニウム NH_4Cl の白煙を生じる（図2）。HCl および NH_3 の検出が行われる。

$$HCl + NH_3 \longrightarrow NH_4Cl$$

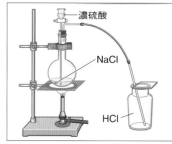

図1. 塩化水素の製法
穏やかに加熱すると，塩化水素の発生が促進される。

③ ハロゲン化銀とは

■ ハロゲン化銀 AgX

1 ハロゲンと銀の化合物を**ハロゲン化銀**といい，フッ化銀 AgF 以外は，すべて水に溶けにくい（→ **p.171**）。

2 Cl^-，Br^-，I^- を含む水溶液に，硝酸銀 $AgNO_3$ 水溶液を加えると，それぞれ塩化銀 $AgCl$，臭化銀 $AgBr$，ヨウ化銀 AgI の沈殿を生じる。

$$Ag^+ + Cl^- \longrightarrow AgCl（白色沈殿）$$
$$Ag^+ + Br^- \longrightarrow AgBr（淡黄色沈殿）$$
$$Ag^+ + I^- \longrightarrow AgI　（黄色沈殿）$$

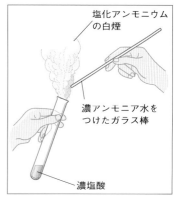

図2. 塩化水素の検出法

塩化銀	臭化銀	ヨウ化銀
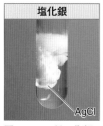 AgCl	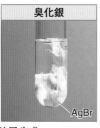 AgBr	 AgI

図3. ハロゲン化銀の沈殿生成

3 ハロゲン化銀の沈殿に光を当てると，容易に分解して銀の微粒子が遊離し，黒くなる（**感光性**）。この性質はフィルム写真の原理に利用されている。

■ **さらし粉** $CaCl(ClO)\cdot H_2O$ 消石灰 $Ca(OH)_2$ に塩素をゆっくり吸収させると得られる。

$$Ca(OH)_2 + Cl_2 \longrightarrow CaCl(ClO)\cdot H_2O$$

次亜塩素酸イオン ClO^- は酸化作用をもつので，さらし粉は漂白剤や殺菌剤に用いられる。

■ **塩素酸カリウム** $KClO_3$ 無色の結晶で，酸化力が強く，マッチや花火の原料として広く用いられる。

図4. マッチ
マッチの頭薬には，酸化剤として塩素酸カリウムが含まれる。また，塩素酸カリウムは，実験室で酸素の発生にも用いられる。

$$2KClO_3 \xrightarrow[\text{加熱}]{MnO_2} 2KCl + 3O_2$$

5 酸素とその化合物

1 酸素と硫黄は同じ仲間

■ 酸素 O と硫黄 S は周期表の16族の非金属元素で，価電子を 6 個もち，電子を 2 個取り込んで 2 価の陰イオンになりやすい。酸素，硫黄のほか，セレン Se[1]，テルル Te をあわせて**酸素族元素**という。

⚙1. セレンにも同素体が存在する。赤色セレンは Se_8 分子からなり，二硫化炭素 CS_2 に溶ける。常温で安定な灰色セレンは長い屈曲した鎖状分子で，CS_2 にも溶けない。

元素		原子の電子配置					単体の性質			
		K	L	M	N	O	色・状態(常温)	融点〔℃〕	沸点〔℃〕	密度〔g/cm³〕
酸素	₈O	2	6				無色・気体	−218.4	−182.96	0.00143
硫黄	₁₆S	2	8	6			黄色・固体	112.8	444.6	2.07
セレン	₃₄Se	2	8	18	6		灰色・固体	217	684.9	4.79
テルル	₅₂Te	2	8	18	18	6	銀白色・固体	450	990	6.25

表1. 16族元素の原子の電子配置(赤字は最外殻電子)**と単体の性質** 硫黄の単体は斜方硫黄，セレンの単体は灰色セレンの性質を示す。

2 酸素の兄弟はオゾン

■ **酸素の製法** 酸素の単体は，次のようにして取り出す。

〈工業的製法〉

1 水を電気分解する。

2 液体空気を分留する。

〈実験室的製法〉

3 過酸化水素水に酸化マンガン(IV)[2]を加える(図 1)。

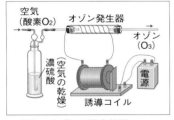

過酸化水素水

O_2

MnO_2

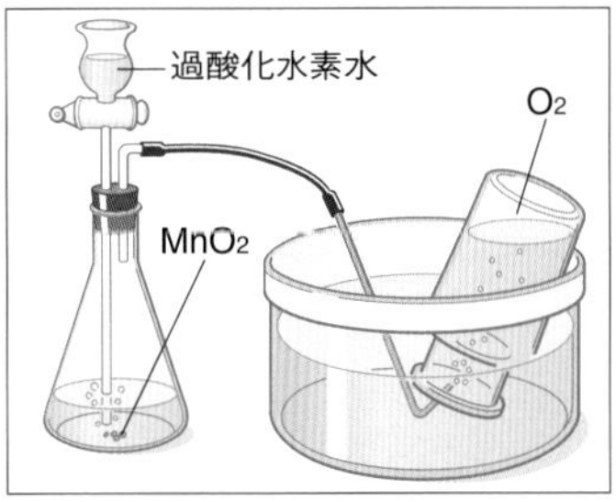

図1. 酸素の実験室的製法

$$2H_2O_2 \longrightarrow 2H_2O + O_2 \uparrow$$

■ **酸素の性質** 無色・無臭の気体で，水にはあまり溶けない。種々の元素と化合物(酸化物)をつくるが，その反応は常温では徐々に起こり，高温になるほど激しい。

⚙2. 酸化マンガン(IV)は，触媒としてはたらき，反応を促進する。

■ **オゾンの製法** オゾン O_3 は酸素の同素体で，空気中に微量存在する。オゾンは，酸素中で無声放電(図 2)をするか，酸素に強い紫外線を当てると生成する。

$$3O_2 \longrightarrow 2O_3$$

■ **オゾンの性質** オゾンは，淡青色で特異臭がある有毒な気体である。不安定な物質で，常温で徐々に分解して O_2 になりやすく，酸化力が強い。そのため，飲料水の殺菌や繊維の漂白，空気の浄化などに用いられる。

空気
(酸素 O_2)

オゾン発生器

オゾン
(O_3)

濃硫酸
(空気の乾燥)

誘導コイル

電源

図2. オゾンの発生装置
音や火花を伴わない静かな放電を無声放電という。なお，誘導コイルを用いると，数万Vの高電圧を得ることができる。

ポイント
オゾン O_3 淡青色・特異臭の気体
酸化力が強く，殺菌・漂白作用を示す。

③ Oが1個多い過酸化水素

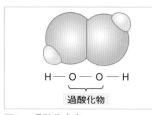

■ **水** H_2O　無色・無臭で，種々の無機物質や有機物質を溶かすので，溶媒として重要である。

■ **過酸化水素** H_2O_2　無色で粘性のある液体。約3%の水溶液は**オキシドール**とよばれ，消毒薬に利用される。

1 不安定で，徐々に分解して酸素を発生する。

$$2H_2O_2 \longrightarrow 2H_2O + O_2\uparrow$$

2 通常，酸化剤として，漂白剤，殺菌・消毒剤に利用される。

3 強い酸化剤（$KMnO_4$，$K_2Cr_2O_7$など）に対して還元剤としてはたらく。

図3. 過酸化水素

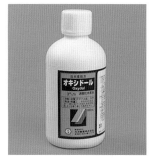

> **ポイント**
> 過酸化水素 H_2O_2
> 酸化剤としても還元剤としてもはたらく。

図4. オキシドール
傷口の消毒に用いられる。

④ 酸化物とオキソ酸の違い

■ **酸化物**　酸素がほかの元素と反応してできた化合物を**酸化物**という。酸素は陰性が強い元素で，陽性が強い金属元素とはイオン結合性の酸化物をつくり，陰性が強い非金属元素とは共有結合性の酸化物をつくりやすい。

3. イオン結合と共有結合の区別が明確でない酸化物も多い。

酸化物の種類	分類基準	特徴	例
酸性酸化物	非金属元素の酸化物	水に溶けると酸性を示す。また，塩基と反応して塩をつくる。	SO_2 CO_2
塩基性酸化物	陽性が強い金属元素の酸化物	水に溶けると塩基性を示す。また酸と反応して塩をつくる。	Na_2O CaO
両性酸化物	両性金属（→p.160）の酸化物	酸に対しては塩基として，塩基に対しては酸としてはたらき，塩をつくる。	ZnO Al_2O_3

表2. 酸化物の分類

■ **オキソ酸**　分子中に酸素原子を含む酸を**オキソ酸**（酸素酸）という。非金属元素の酸化物が水と反応して生じる酸は，すべてオキソ酸である。

オキソ酸は，中心原子の陰性が強いほど，強酸となる。

$$\underset{\text{ケイ酸}}{H_2SiO_3} < \underset{\text{リン酸}}{H_3PO_4} < \underset{\text{硫酸}}{H_2SO_4} < \underset{\text{過塩素酸}}{HClO_4}$$

また，同種のオキソ酸では，分子中のO原子が多いほど，強酸である。

$$\underset{\text{次亜塩素酸}}{HClO} < \underset{\text{亜塩素酸}}{HClO_2} < \underset{\text{塩素酸}}{HClO_3} < \underset{\text{過塩素酸}}{HClO_4}$$

$$\underset{\text{亜硝酸}}{HNO_2} < \underset{\text{硝酸}}{HNO_3} \qquad \underset{\text{亜硫酸}}{H_2SO_3} < \underset{\text{硫酸}}{H_2SO_4}$$

4. 中心原子の電気陰性度は，$Si(1.9)$，$P(2.2)$，$S(2.6)$，$Cl(3.2)$である。

5. オキソ酸を一般式$XO_m(OH)_n$で表せば，中心原子Xに直接結合するO原子の数mが多いほど，酸性が強くなる。（OHの数nには関係しない。）

6 硫黄とその化合物

☆1. 硫黄の同素体のつくり方
斜方硫黄をゆっくりと加熱すると，流動性のある黄色の液体の硫黄になり，これを冷却すると針状の単斜硫黄ができる。また，液体の硫黄をさらに熱すると，粘り気のある暗褐色の液体となり，これを冷水中に注いで急冷すると，弾性のあるゴム状硫黄ができる。ゴム状硫黄・単斜硫黄を室温で放置すると，やがて斜方硫黄に変わる。

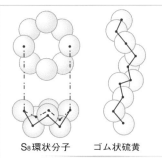

図1．硫黄の分子

図2．硫黄の燃焼

☆2. 石油や石炭などの燃料に含まれる硫黄分が燃焼したときに発生する気体もSO_2である。SO_2は大気汚染の原因物質の1つで，呼吸器を刺激し，慢性気管支炎などを引き起こす。

1 硫黄がゴム状になる

■ **硫黄の同素体** 硫黄には，斜方硫黄，単斜硫黄，ゴム状硫黄などの同素体があり，温度によって次のように変化する。

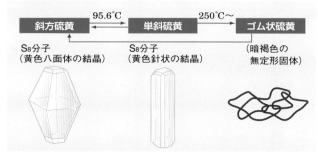

斜方硫黄 ←95.6℃→ 単斜硫黄 →250℃～ ゴム状硫黄

S_8分子（黄色八面体の結晶）　S_8分子（黄色針状の結晶）　（暗褐色の無定形固体）

■ **硫黄の性質**

① 点火すると，青い炎をあげて燃焼する（図2）。

② 高温では種々の元素と化合物（硫化物）をつくる。

2 二酸化硫黄は相手に注意

■ **二酸化硫黄の製法**

〈工業的製法〉

① 硫黄を燃焼させる。　$S + O_2 \longrightarrow SO_2$

〈実験室的製法〉

② 銅に濃硫酸を加えて加熱する。

$Cu + 2H_2SO_4 \longrightarrow CuSO_4 + 2H_2O + SO_2\uparrow$

③ 亜硫酸塩に強酸を加える。

$Na_2SO_3 + H_2SO_4 \longrightarrow Na_2SO_4 + H_2O + SO_2\uparrow$

■ **二酸化硫黄の性質**

① 無色・刺激臭のある有毒な気体である。

② 水に溶けて亜硫酸H_2SO_3（水中でのみ存在）を生じ，水溶液は弱酸性を示す。

$SO_2 + H_2O \rightleftarrows [H_2SO_3] \rightleftarrows H^+ + HSO_3^-$

③ 通常，還元剤としてはたらき，漂白剤に利用される。

$I_2 + SO_2 + 2H_2O \longrightarrow 2HI + H_2SO_4$

強い還元剤（H_2Sなど）に対して酸化剤としてはたらく。

$2H_2S + SO_2 \longrightarrow 3S + 2H_2O$

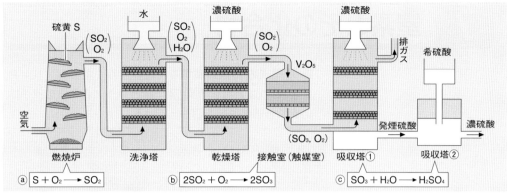

図3．接触法による硫酸の製造

③ 硫酸には多くの作用がある

■ **硫酸の製法** 工業的には，図3のような**接触法**でつくる。まず，硫黄Sを燃焼させる（ⓐ）。得られた二酸化硫黄SO_2を，**酸化バナジウム（V）**V_2O_5を触媒として500℃くらいの温度で加熱し，空気中の酸素によって酸化して三酸化硫黄SO_3をつくる（ⓑ）。生じた三酸化硫黄を濃硫酸に吸収させて**発煙硫酸**とし，これを希硫酸で薄めて約98％の濃硫酸をつくる（ⓒ）。

■ **濃硫酸の性質** 無色で粘性のある**不揮発性**の液体。
<ruby>不<rt>ふ</rt></ruby><ruby>揮<rt>き</rt></ruby><ruby>発<rt>はつ</rt></ruby><ruby>性<rt>せい</rt></ruby>

1 水に濃硫酸を加えると，多量の熱を発生する。

2 吸湿性が強く，乾燥剤（→ p.148）に用いる。

3 有機化合物からH：O＝2：1の割合で奪う（脱水作用）。

4 加熱した濃硫酸は強い酸化作用を示す。銅，銀，水銀などの金属を溶かし，SO_2を発生する。

④ 金属イオンと反応する硫化水素

■ **硫化水素**H_2S**の製法** 硫化鉄（II）に希硫酸を加える。
$$FeS + H_2SO_4 \longrightarrow FeSO_4 + H_2S$$

■ **硫化水素の性質** 硫化水素は，無色で腐卵臭がある有毒な気体である。多くの金属イオンと反応して不溶性の硫化物を沈殿するため，金属イオンの分離・検出に利用される（→ p.174）。また，強い還元作用をもつ。

	塩基性および中性の水溶液中で沈殿する硫化物	どのような液性の水溶液中でも沈殿する硫化物
沈殿（色）	FeS（黒）, NiS（黒）, ZnS（白）, MnS（淡赤）	PbS（黒）, CuS（黒）, Ag$_2$S（黒）, CdS（黄）

表1．金属硫化物の沈殿

■**硫酸の性質**
濃硫酸…不揮発性，脱水作用，酸化作用（加熱時），吸湿性
希硫酸…強酸性

図4．濃硫酸の脱水作用
スクロース（ショ糖）が濃硫酸によって脱水され，炭素が残る。
$$C_{12}H_{22}O_{11} \longrightarrow 12C + 11H_2O$$

図5．硫化水素の製法
H_2Sは水に溶け，弱酸性を示す。空気より重いので，下方置換で捕集する。

7 窒素とその化合物

■ 周期表の15族に属する元素のうち，窒素N，リンP，ヒ素Asの3元素を**窒素族元素**という。これらの原子は，いずれも価電子を5個もっている。

元素	原子の電子配置				単体の性質			
	K	L	M	N	色・状態(常温)	融点[℃]	沸点[℃]	密度[g/cm³]
窒素 $_7$N	2	5			無色・気体	-209.86	-195.82	0.00125
リン $_{15}$P	2	8	5		淡黄色・ろう状固体	44.2	280.5	1.84
ヒ素 $_{33}$As	2	8	18	5	灰色・光沢のある固体	616 (昇華)		5.78

表1. 窒素族元素の原子の電子配置（赤字は最外殻電子）**と単体の性質** リンの単体は黄リン，ヒ素の単体は灰色ヒ素の性質を示す。

1 見まわせば，窒素だらけ

■ **窒素とその化合物** 単体の N_2 として空気の約78％の体積を占めている。また，硝酸塩の形で土壌中に，タンパク質の構成元素として生物中にも広く分布している。

■ **アンモニアの製法**

〈**工業的製法**〉 約500℃，$2 \sim 5 \times 10^7$ Paの条件で，四酸化三鉄 Fe_3O_4 を主成分とする触媒を用い，窒素 N_2 と水素 H_2 から直接合成される（**ハーバー・ボッシュ法→p.110**）。

$$N_2 + 3H_2 \xrightarrow{\text{Fe触媒}} 2NH_3$$

〈**実験室的製法**〉 塩化アンモニウム NH_4Cl と水酸化カルシウム $Ca(OH)_2$ の混合物を加熱する（図2）。

$$2NH_4Cl + Ca(OH)_2 \longrightarrow CaCl_2 + 2H_2O + 2NH_3 \uparrow$$

■ **アンモニアの性質**

1 無色で，強い刺激臭のある気体。空気より軽い。

2 水によく溶け，水溶液（アンモニア水）は弱い塩基性を示す。

$$NH_3 + H_2O \rightleftharpoons NH_4^+ + OH^-$$

3 塩化水素 HCl と反応し，塩化アンモニウム NH_4Cl の白煙を生じる（**→p.135**）。

$$NH_3 + HCl \longrightarrow NH_4Cl$$

■ **一酸化窒素NOと二酸化窒素NO₂の製法**

1 一酸化窒素は，銅に希硝酸を加えると得られる（図3）。

$$3Cu + 8HNO_3 \longrightarrow 3Cu(NO_3)_2 + 4H_2O + 2NO \uparrow$$

2 二酸化窒素は，銅に濃硝酸を加えると得られる（図4）。

$$Cu + 4HNO_3 \longrightarrow Cu(NO_3)_2 + 2H_2O + 2NO_2 \uparrow$$

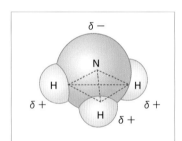

図1. アンモニア分子

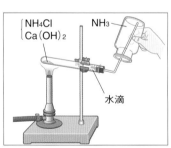

図2. アンモニアの実験室的製法 固体どうしを加熱するときは，試験管の口を少し下げる（**→p.147**）。塩基性の NH_3 の乾燥には，酸性物質の濃硫酸は不適である。塩基性物質の酸化カルシウム CaO などを用いる（**→p.148**）。

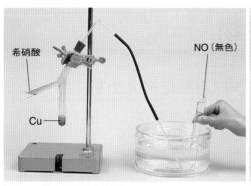

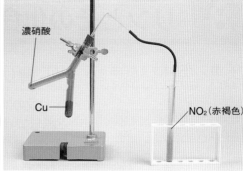

図3. 一酸化窒素NOの製法　　　　　　　　　図4. 二酸化窒素NO₂の製法

■ 一酸化窒素と二酸化窒素の性質

	一酸化窒素NO	二酸化窒素NO₂
常温での状態	無色の気体	赤褐色，刺激臭の気体
水溶性	溶けにくい	溶けやすく，硝酸となる
酸化反応	空気中で容易に酸化される。 $2NO + O_2 \longrightarrow 2NO_2$	高温で分解して，酸化作用を示す。 $2NO_2 \underset{冷却}{\overset{加熱}{\rightleftharpoons}} 2NO + O_2$

■ 硝酸の工業的製法

1 アンモニアNH₃を白金触媒を用いて酸化し，一酸化窒素NOをつくる（図5）。

$$4NH_3 + 5O_2 \longrightarrow 4NO + 6H_2O$$

2 一酸化窒素は容易に酸化され，二酸化窒素NO₂になる。

$$2NO + O_2 \longrightarrow 2NO_2$$

3 二酸化窒素を水に吸収させると，硝酸HNO₃が生成する。同時に副生する一酸化窒素は，**2**，**3**の過程を繰り返して，すべて硝酸に変える。

$$3NO_2 + H_2O \longrightarrow 2HNO_3 + NO$$

この硝酸の工業的製法を**オストワルト法**という。

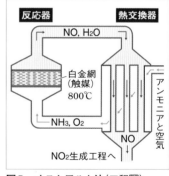

図5. オストワルト法（工程**1**）

■ 硝酸の性質

1 無色で，揮発性がある液体。水溶液は強い酸性を示す。

2 光や熱によって分解しやすく，分解して二酸化窒素と酸素を生成するので，濃硝酸は褐色びんで保存される。

$$4HNO_3 \longrightarrow 2H_2O + 4NO_2 + O_2$$

3 酸化力が強く，金・白金以外のイオン化傾向の小さな金属とも反応し，それらを溶かす。

4 Fe，Al，Niなどを濃硝酸に入れると，表面に緻密な酸化被膜を生じて反応が進まなくなる。このような状態を**不動態**という。

図6. 濃硝酸の保存

8 リンとその化合物

✿1. 黄リンを精製すると白色となるので，白リンともよばれる。

性質	黄リン	赤リン
融点[℃]	44	590
発火点[℃]	35	260
密度[g/cm³]	1.84	2.20
CS₂への溶解	溶解する	溶解しない
毒性	猛毒	微毒

表1. 黄リンと赤リンの性質

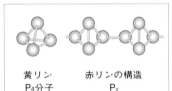

黄リン　　　　赤リンの構造
P_4分子　　　　　P_x

図1. 黄リンと赤リンの構造

図2. 酸素中での赤リンの燃焼
激しく燃焼し，十酸化四リンの白煙が生成する。

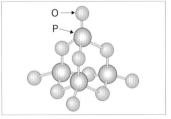

図3. 十酸化四リンP_4O_{10}の構造

1 黄リンは自然に燃え出す

■ リンの同素体とその性質　黄リン（淡黄色・ろう状）と赤リン（暗赤色・粉末状）とがある。

1 黄リン　きわめて毒性が強く，空気中で酸化されて自然発火する。そのため，水中に保存される。

2 赤リン　黄リンを空気を断って約250℃に長時間放置すると得られる。毒性はほとんどなく，空気中で自然発火することはない。赤リンを点火すると激しく白煙をあげて燃焼し，**十酸化四リン**P_4O_{10}を生成する。

$$4P + 5O_2 \longrightarrow P_4O_{10}$$

赤リンは，発火剤としてマッチの側薬に用いられる。

ポイント

リンの同素体
黄リン…猛毒，自然発火する，水中に保存
赤リン…微毒，自然発火しない，マッチの側薬

2 リンの酸化物は

■ 十酸化四リン　十酸化四リンは白色の粉末で，脱水作用や吸湿性が強いので，脱水剤や乾燥剤として使われる。水を加えて煮沸すると，**リン酸**H_3PO_4が得られる。

$$P_4O_{10} + 6H_2O \longrightarrow 4H_3PO_4$$

■ リン酸の性質

1 無色の結晶（融点42℃）で，潮解性が強い。市販のリン酸は水分を含むので，粘性の大きな液体である。

2 水に溶けやすく，水溶液は中程度の酸性を示す。

$$H_3PO_4 \rightleftharpoons H^+ + H_2PO_4^-　リン酸二水素イオン$$
$$H_2PO_4^- \rightleftharpoons H^+ + HPO_4^{2-}　リン酸水素イオン$$
$$HPO_4^{2-} \rightleftharpoons H^+ + PO_4^{3-}　リン酸イオン$$

■ リン酸の利用　リン酸カルシウム$Ca_3(PO_4)_2$はリン鉱石として天然に存在するが，水に溶けにくい。これを硫酸と反応させ，水溶性のリン酸二水素カルシウム$Ca(H_2PO_4)_2$にしたものは，リン酸肥料として利用される。

$$Ca_3(PO_4)_2 + 2H_2SO_4 \longrightarrow \underbrace{Ca(H_2PO_4)_2 + 2CaSO_4}_{過リン酸石灰}$$

9 炭素とその化合物

■ 炭素Cとケイ素Siは，周期表の14族に属する非金属元素で，**炭素族元素**という。炭素族元素は，いずれも4個の価電子をもち，安定した強い共有結合をつくる。

■ **炭素とその化合物** 天然には，単体のダイヤモンドや黒鉛として存在する。化合物では，有機物の主要元素や炭酸塩などとして土壌や生物中に広く存在する。

1 炭素の同素体には

■ **炭素の同素体** 炭素の単体は，比較的化学的に安定であり，**ダイヤモンド，黒鉛(グラファイト)，フラーレン，カーボンナノチューブ**などの同素体が存在する。黒鉛の微小な結晶が集まったものは**無定形炭素**とよばれ，木炭やカーボンブラックのほか，多孔質の**活性炭**や繊維状の**炭素繊維**もこれに含まれる。また，黒鉛の層状構造の1層分を単離したものを**グラフェン**といい，薄くて軽く，電気をよく導くので，幅広い用途への応用が期待されている。

◎1．カーボンナノチューブは，黒鉛の層状構造を筒状に丸めた構造をもつ。1991年に飯島澄男博士によって発見された。半導体など，電子部品への応用が期待されている。

← 約1 nm →

◎2．表面積が大きく，吸着剤や脱臭剤などに利用されている。

同素体	ダイヤモンド	黒鉛	フラーレン(C$_{60}$，C$_{70}$など)
構造	立体網目構造 0.15 nm	層状の平面構造 0.14 nm 0.35 nm	球状(サッカーボール形など) C$_{60}$ 約0.71 nm
性質	無色透明，きわめて硬い，電導性なし，3.5 g/cm^3	黒色，軟らかい，電導性あり，2.3 g/cm^3	黒色の粉末，有機溶媒に可溶，電導性なし，1.7 g/cm^3
用途	宝石，研磨剤	電極，鉛筆の芯	アルカリ金属を添加すると，超伝導を示す

表1．炭素の同素体

2 一酸化炭素には毒性がある

■ **一酸化炭素COの製法**

〈工業的製法〉 赤熱したコークスCに二酸化炭素を接触させると，一酸化炭素が生成する。

$$CO_2 + C \rightleftharpoons 2CO$$

◎3．炭素または炭素化合物が不完全燃焼しても生成する。

$$2C + O_2 \longrightarrow 2CO$$

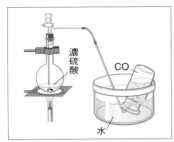

図1. 一酸化炭素の製法
濃硫酸の脱水作用を利用している。

〈実験室的製法〉 ギ酸HCOOHに濃硫酸を加えて加熱すると得られる。

$$HCOOH \xrightarrow{\text{濃硫酸}} H_2O + CO\uparrow$$

■ 一酸化炭素COの性質

1 無色・無臭の気体で，水に溶けにくい。

2 血液中のヘモグロビンと強く結合し，酸素を運搬する能力を失わせるため，きわめて毒性が強い。

3 空気中では，青色の炎をあげて燃焼する(可燃性)。

4 高温では還元性を示し，金属の製錬に利用される。

例 $Fe_2O_3 + 3CO \longrightarrow 2Fe + 3CO_2$ （鉄の製錬）

③ 二酸化炭素には毒性はない

■ 二酸化炭素CO₂の製法

〈工業的製法〉 石灰石$CaCO_3$を強熱してつくる。

$$CaCO_3 \longrightarrow CaO + CO_2\uparrow$$

〈実験室的製法〉 石灰石に希塩酸を加えてつくる(図2)。

$$CaCO_3 + 2HCl \longrightarrow CaCl_2 + H_2O + CO_2\uparrow$$

☆4. 希硫酸を用いると，石灰石の表面に水に不溶性の硫酸カルシウム$CaSO_4$を生じ，反応が進まなくなるので不適当である。

図2. 二酸化炭素の製法

■ 二酸化炭素CO₂の性質

1 無色・無臭の気体で，水に少し溶けて炭酸(水溶液中のみ存在)を生じ，弱酸性を示す。

$$CO_2 + H_2O \rightleftharpoons [H_2CO_3] \rightleftharpoons H^+ + HCO_3^-$$

2 酸性酸化物で，塩基と反応して塩をつくる。

$$2NaOH + CO_2 \longrightarrow Na_2CO_3 + H_2O$$

3 石灰水$Ca(OH)_2$に通すと，白濁する。➡ CO_2の検出

$$Ca(OH)_2 + CO_2 \longrightarrow CaCO_3\downarrow + H_2O$$

4 二酸化炭素の固体(ドライアイス)は昇華しやすく，その際，周囲から熱を奪うので冷却剤に利用される。

■ 温室効果ガス 二酸化炭素は，地表から放射される赤外線を吸収する能力があり，地球温暖化の原因となる温室効果ガスの1つと考えられている。産業革命以降，大気中の濃度が上昇を続けており，その抑制と削減への取り組みが進められている。

☆5. 温室効果ガスには，メタン(CH_4)，窒素酸化物(N_2O，NO，NO_2など)，フロン(クロロフルオロカーボン類など)がある。

ポイント
CO …水に難溶。還元性が強い。有毒。
CO₂…水に可溶。水溶液(炭酸水)は弱酸性。石灰水に通すと石灰水が白濁(⇨CO₂の検出)。

10 ケイ素とその化合物

1 ケイ素はダイヤモンドとうりふたつ

■ ケイ素は，天然には単体では存在しないが，酸化物 SiO_2 の形で岩石の主成分として存在する。

■ ケイ素の単体の製法

1 ケイ砂（主成分 SiO_2）をコークス C で還元する。

$$SiO_2 + 2C \xrightarrow{約2000℃} Si + 2CO$$

2 ケイ砂に過剰にコークスを加え強熱すると，**炭化ケイ素** SiC [1]が得られる。

$$SiO_2 + 3C \xrightarrow{約1800℃} SiC + 2CO$$

■ ケイ素の単体の性質

1 ダイヤモンドと同じ構造をもつ共有結合の結晶である。硬いがややもろく，灰黒色の金属光沢をもつ[2]。

2 化学的には比較的安定であるが，強塩基とは反応してケイ酸塩を生じる。

$$Si + 2NaOH + H_2O \longrightarrow Na_2SiO_3 + 2H_2 \uparrow$$

3 導体と不導体の中間の電導性を示す**半導体**の性質をもつ。高純度のケイ素は，コンピュータの部品や太陽電池などに利用される。

2 二酸化ケイ素は岩石の主成分

■ **二酸化ケイ素** SiO_2　ケイ素の化合物として最も重要なものは，**二酸化ケイ素**である。二酸化ケイ素は，Si 原子と O 原子が交互に共有結合した立体網目構造（図2）をもち，天然には石英やケイ砂，水晶（図3）[3]などとして産出する。

■ 二酸化ケイ素の性質

1 無色，透明の結晶で，硬く，融点が高い（水晶は1550℃）。

2 化学的に安定で，酸や塩基の水溶液と反応しない。ただし，フッ化水素酸とは反応して溶ける。

$$SiO_2 + 6HF \longrightarrow H_2SiF_6 + 2H_2O$$
ヘキサフルオロケイ酸

✿**1.** Si と C が交互に共有結合したダイヤモンド型の結晶で，カーボランダムともよばれ，硬いので研磨剤などに用いられる。

✿**2.** ケイ素は下図のように，ダイヤモンドと同じ結晶構造をもつ。ただし，原子間の距離がダイヤモンドより長い（約1.5倍）ため，ダイヤモンドほど硬くはない。

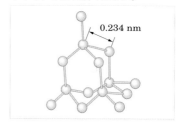

0.234 nm

図1．高純度ケイ素の結晶と薄板
コンピュータのLSI（大規模集積回路）の材料に多く利用される。

✿**3.** 石英の風化で生じた白色の砂はケイ砂，石英の大きな結晶は水晶とよばれる。

3 高純度の石英ガラス(→p.181)を繊維状にしたものは光をよく通すので，**光ファイバー**(図4)として光通信に利用される。

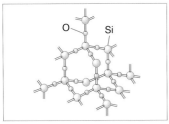

図2．SiO₂の構造の例

図3．水晶

図4．光ファイバー

③ 水ガラスからシリカゲルをつくる

1 二酸化ケイ素 SiO_2 を水酸化ナトリウム $NaOH$ や炭酸ナトリウム Na_2CO_3 などとともに加熱すると，ケイ酸ナトリウム Na_2SiO_3 が生じる。

$$SiO_2 + 2NaOH \longrightarrow Na_2SiO_3 + H_2O$$
$$SiO_2 + Na_2CO_3 \longrightarrow Na_2SiO_3 + CO_2$$

2 Na_2SiO_3 に水を加えて加熱すると，**水ガラス**とよばれる粘性の大きな液体が得られる。

3 水ガラスに希塩酸を加えると，白色ゲル状の**ケイ酸** H_2SiO_3 が沈殿する(**弱酸の遊離**)。

$$\underset{(弱酸の塩)}{Na_2SiO_3} + \underset{(強酸)}{2HCl} \longrightarrow \underset{(弱酸)}{H_2SiO_3} + \underset{(強酸の塩)}{2NaCl}$$

4 ケイ酸を加熱・乾燥すると，**シリカゲル**が生成する。シリカゲルは多孔質の固体で，表面に親水性の-OHの構造をもち，水蒸気やほかの分子を吸着する力が強い。[4]

❖4．シリカゲルは乾燥剤やクロマトグラフィーの吸着剤などに利用される。塩化コバルト(Ⅱ) $CoCl_2$ で青色に着色されたものは，水を吸着すると淡赤色に変化する。

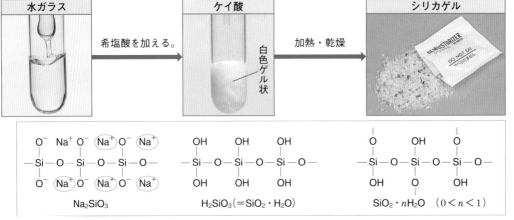

図5．シリカゲルの製法

11 気体の製法と性質

1 気体のおもな製法をまとめる

1　物理的な方法　N_2・O_2・貴ガス（液体空気の分留）

2　電気分解　H_2・O_2（H_2Oの電気分解），H_2・Cl_2（NaCl 水溶液の電気分解），F_2（KHF_2の溶融塩電解）

3　その他の分解　O_2（H_2O_2の分解），CO_2（$NaHCO_3$ や $CaCO_3$を加熱），CO（HCOOHを濃硫酸と加熱）

4　イオン化傾向の差を利用　H_2（金属と酸の反応）

5　酸化還元反応　H_2（H_2Oの還元），Cl_2（HClの酸化），SO_2（熱濃硫酸の還元），NO（希硝酸の還元），NO_2（濃硝酸の還元，NOの酸化）

6　弱酸の塩と強酸の反応　CO_2，H_2S，SO_2

7　弱塩基の塩と強塩基の反応　NH_3

8　揮発性の酸の追い出し反応　HCl

9　放電　O_3（酸素中での無声放電）

2 気体の発生装置をまとめる

■　**加熱を必要とする装置**　図1，図2は，試薬を加熱して，少量の気体を発生させるときの装置である。固体試薬を加熱する場合は，試験管の口のほうを少し下げる。これは，反応で生じる水蒸気や固体に含まれていた水分が試験管の口のほうで冷やされて凝縮し，その液体が加熱部に流れて試験管が割れるのを防ぐためである。

■　**加熱を必要としない装置**　図3，図4は，加熱を必要としないときの装置である。図3のAは，少量の気体を発生させるときに用いる。また，図3のBは**ふたまた試験管**で，突起があるほうに固体，突起がないほうに液体を入れる。気体を発生させるときは管を傾けて液体を固体側に移し，終わったら管を傾けて液体をもとに戻す。

　図4のAの**滴下ろうと**を使った装置では，コックを開いて液体を落として気体を発生させる。適量落としたあとはコックを閉める。

　図4のBは**キップの装置**で，比較的多量の気体を発生させるときに使う。コックを開閉すると，気体の発生・停止を調節することができる（→p.130）。

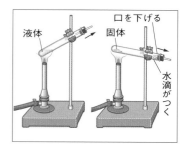

図1．試験管を使った加熱装置

図2．フラスコを使った加熱装置
加熱が必要なときは，三角フラスコは使用しない。

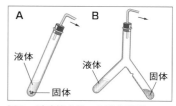

図3．試験管を使った発生装置

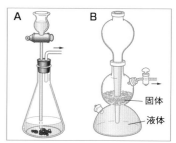

図4．滴下ろうと（左）とキップの装置（右）

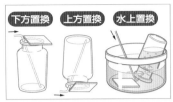

下方置換　上方置換　水上置換

図5. 気体の捕集法
下方置換では H_2S, HCl, NO_2, SO_2, Cl_2, CO_2 などが集められる。上方置換では NH_3 などが集められる。水上置換では H_2, O_2, N_2, CO, NO, CH_4 などが集められる。

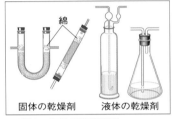

綿

固体の乾燥剤　　液体の乾燥剤

図6. 気体の乾燥装置

✿1. H_2S（還元性をもつ）を乾燥するのに濃硫酸を使うと，H_2S が酸化されて S に変化するため，不適当である。

✿2. CaO に濃 $NaOH$ 水溶液を加えて加熱し，粒状にしたもの。

✿3. NH_3 を乾燥するのに $CaCl_2$ を使うと，反応して $CaCl_2 \cdot 8NH_3$ を生成するため，不適当である。

③ 気体の集め方をまとめる

気体の捕集法は，水への溶解性と空気に対する比重によって，次のように決まる。

気体 ┬ 水に溶けない ──────→ 水上置換
　　　└ 水に溶ける ┬ 空気より軽い ──→ 上方置換
　　　　　　　　　　└ 空気より重い ──→ 下方置換

④ 不純物や水分の除去のしかた

■ **気体中の不純物の除去**　気体中の不純物を除くには，不純物が水溶性の場合は気体を水に通す。また，酸性の不純物は塩基性の水溶液，塩基性の不純物は酸性の水溶液に通じると除かれる。

■ **気体中の水分の除去**　気体中の水分を除くには，気体を乾燥剤に通す。酸性の気体ならば酸性または中性の乾燥剤を使い，塩基性の気体ならば塩基性または中性の乾燥剤を使う。中性の気体にはほとんどの乾燥剤が使用できる。

> **ポイント**
> 酸性の乾燥剤……十酸化四リン P_4O_{10}, 濃硫酸 H_2SO_4 [1]
> 塩基性の乾燥剤…酸化カルシウム CaO, ソーダ石灰（$CaO + NaOH$）[2]
> 中性の乾燥剤……塩化カルシウム $CaCl_2$, シリカゲル [3]

⑤ おもな性質によって気体を分類する

 1 **非常に水に溶けやすい気体**　HCl, NH_3

2 **水に溶ける気体**　Cl_2, H_2S, SO_2, NO_2, CO_2

3 **水に溶けにくい気体**　H_2, O_2, N_2, NO, CO, CH_4

4 **有色の気体**　NO_2（赤褐色），Cl_2（黄緑色），O_3（淡青色）

5 **刺激臭がある気体**　Cl_2, HCl, NO_2, SO_2, H_2S, NH_3
　　　　　　　　　　　　　　　　　　　　　　　　└腐卵臭

6 **可燃性の気体**　H_2, H_2S, CO, NH_3（酸素中）

7 **水溶液が酸性を示す気体**　Cl_2, HCl, H_2S, SO_2, NO_2, CO_2

8 **水溶液が塩基性を示す気体**　NH_3

9 **酸化作用をもつ気体**　Cl_2, O_3, NO_2

10 **還元作用をもつ気体**　H_2（高温），NO, CO（高温），SO_2, H_2S

ハロゲンの性質を調べる

方法

1　ふたまた試験管の突起があるほうの管に高度さらし粉を1g，他方の管に希塩酸を5mL入れる。希塩酸を高度さらし粉のほうへ少しずつ移し，発生する塩素を下方置換で集気びん(A)，(B)に集める。

2　試験管に純水を10mLとり，これに塩素を通して塩素水をつくる。

3　(A)に，湿った青色リトマス紙と有色の花を入れ，色の変化を見る。

4　(B)に，強熱したらせん状の銅線を入れ，その変化を見る。

5　試験管に純水を5mLとり，この中に4の反応後の銅線を入れてよく混ぜる。水溶液の色の変化を見たのち，0.1mol/L硝酸銀水溶液を1，2滴加える。

6　別の3本の試験管に0.1mol/LのKCl，KBr，KIの水溶液を2mLずつとる。それぞれに，操作2でつくった塩素水を少量ずつ加える。

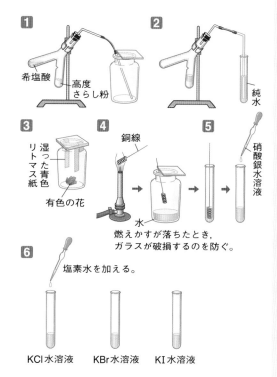

結果

1　方法3では，リトマス紙は赤変したのち漂白された。また，有色の花は黄色に変色した。

2　方法4では，銅線は激しく反応して，黄褐色の煙が発生した。

3　方法5では，水溶液はうす青く着色した。また，硝酸銀水溶液によって白色沈殿を生じた。

4　方法6では，KCl水溶液は変化がなかった。KBr水溶液は黄色に，KI水溶液は褐色になった。

考察

1　結果1のリトマス紙や花の色の変化は，塩素のどのような性質によるか。→塩素による脱色(変色)は，塩素が水と反応して生じた次亜塩素酸HClOの強い酸化作用による。

2　結果2で見られた変化を化学反応式で表せ。→銅が塩素により酸化され，塩化銅(Ⅱ)が生成した。
$$Cu + Cl_2 \longrightarrow CuCl_2$$

3　結果3で，水溶液が青く着色したのはなぜか。→2の塩化銅(Ⅱ)が電離して銅(Ⅱ)イオンCu^{2+}が生じたから。$CuCl_2 \longrightarrow Cu^{2+} + 2Cl^-$

4　結果3で，白色沈殿が生じたのはなぜか。→3で生じた塩化物イオンCl^-により，塩化銀AgClが沈殿したから。$Ag^+ + Cl^- \longrightarrow AgCl$

5　結果4の水溶液の変化を説明せよ。→KBr，KIがCl_2によって酸化され，Br_2やI_2が遊離した。

1 ☐ 周期表の1，2族と13～18族の元素をまとめて何という？

2 ☐ 周期表の3～12族の元素をまとめて何という？

3 ☐ 水素の実験室的製法では，亜鉛に何を加える？

4 ☐ 周期表の17族のF，Cl，Br，I，Atをまとめて何という？

5 ☐ 塩素の実験室的製法では，何に濃塩酸を加えて加熱すればよい？

6 ☐ 塩素水の酸化作用は，水中に生成した何という物質による？

7 ☐ ヨウ素とデンプンが反応して青紫色を示す反応を何という？

8 ☐ ハロゲン化水素のうち，弱酸性であるものは？

9 ☐ ハロゲン化銀のうち，水に溶けやすいものは？

10 ☐ 酸素の同素体で，特異臭をもち，強い酸化作用を示すものは？

11 ☐ 硫酸や硝酸のように，分子中に酸素原子を含む酸を一般に何という？

12 ☐ 硫黄の同素体のうち，常温・常圧で最も安定なものは？

13 ☐ 硫酸の工業的製法を何という？

14 ☐ 濃硫酸が有機物からH：O＝2：1の割合で奪うはたらきを何という？

15 ☐ 一酸化窒素は銅と何を反応させると発生する？

16 ☐ アンモニアを原料とする硝酸の工業的製法を何という？

17 ☐ リンの同素体のうち，空気中でも安定で毒性の低いものは？

18 ☐ 炭素の同素体には，ダイヤモンド，黒鉛のほかに何がある？

19 ☐ 毒性が強く，空気中で燃焼する性質をもつ炭素の酸化物は？

20 ☐ 石灰水を白濁させる性質をもつ炭素の酸化物は？

21 ☐ ケイ素の単体のように，導体と不導体の中間の電導性をもつ物質を何という？

22 ☐ 石英，水晶，ケイ砂などとして産出するケイ素の化合物は？

23 ☐ 水に溶け，空気より重い気体を捕集する方法を何という？

解答

1. 典型元素
2. 遷移元素
3. 希塩酸（希硫酸）
4. ハロゲン
5. 酸化マンガン(Ⅳ)
6. 次亜塩素酸
7. ヨウ素デンプン反応

8. フッ化水素
9. フッ化銀
10. オゾン
11. オキソ酸
12. 斜方硫黄
13. 接触法
14. 脱水作用

15. 希硝酸
16. オストワルト法
17. 赤リン
18. フラーレン
　　（カーボンナノチューブ，
　　グラフェン）
19. 一酸化炭素

20. 二酸化炭素
21. 半導体
22. 二酸化ケイ素
23. 下方置換

定期テスト予想問題 解答 → p.316

1 ハロゲンの性質

次のア〜オから，ハロゲンに共通ではないもの
を選べ。
ア 価電子の数は7である。
イ 1価の陰イオンになりやすい。
ウ 天然には，単体として存在しない。
エ 単体は，二原子分子である。
オ 単体は，常温で気体である。

2 塩素の製法と性質

次の文中の［ ］に適する語句を記せ。
　実験室で塩素をつくるには，①［　　　］に
濃塩酸を加えて熱するか，②［　　　］に希塩
酸を加えるとよい。
　塩素の水溶液を③［　　　］といい，塩素の
一部が水と反応して塩化水素と④［　　　］を
生じる。④は強い⑤［　　　］作用を示すため，
③は⑥［　　　］や殺菌作用を示す。また，塩
素と水素の混合気体に光を当てると,爆発的に
反応して⑦［　　　］が生成する。

3 塩素の実験室的製法

次の図のような装置を組み立て，塩素を発生さ
せた。

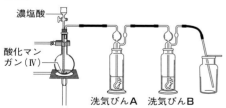

濃塩酸
酸化マンガン（Ⅳ）
洗気びんA　洗気びんB

(1) このときの反応を化学反応式で表せ。
(2) 洗気びんA，Bに入れる液体はそれぞれ何
　か。
(3) 洗気びんA，Bで取り除かれる物質はそれ
　ぞれ何か。
(4) 図のような気体の捕集法を何というか。

4 ハロゲン化水素の性質

次の(1)〜(5)に該当するハロゲン化水素を，そ
れぞれ分子式で記せ。
(1) 酸としての強さが最も弱い。
(2) 水素とハロゲンの単体を混合しただけでは
　生じないが，光を当てるとただちに反応して
　できる。
(3) 水溶液に硝酸銀水溶液を加えても沈殿しな
　い。
(4) 水溶液に塩素を通じると赤褐色になり，さ
　らにデンプン水溶液を加えると青紫色になる。
(5) 銀イオンと反応して，感光性のある白色沈
　殿を生じる。

5 酸素の同素体

次の文中の［ ］に適する語句を記せ。
　①［　　　］は酸素の同素体で，酸素中で無
声放電を行ったり，酸素に②［　　　］を当て
たりすると生じる。①は独特のにおいをもつ
③［　　　］色の気体で，強い④［　　　］作用
をもつ。

6 硫黄の単体

次の文中の［ ］に適する語句を記せ。
　硫黄の単体は①［　　　］色の②［　　　］体
で，水には溶けないが，二硫化炭素CS_2にはよ
く溶ける。
　硫黄の単体には，常温で安定な③［　　　］
と高温で安定な④［　　　］のほか，やや弾力
性がある黒褐色の⑤［　　　］がある。③，④，
⑤は，互いに硫黄の⑥［　　　］であるが，こ
のうち二硫化炭素に溶けないのは⑦［　　　］
である。

⑦ 硫酸の性質と反応

次の(1)～(5)の反応は，硫酸のどのような性質を利用しているか。あとの**ア**～**キ**から選べ。

(1) 塩化ナトリウムに濃硫酸を加えて熱すると，塩化水素が発生する。

(2) 希硫酸に亜鉛を加えると，水素が発生する。

(3) スクロースに濃硫酸を加えると，炭素が遊離する。

(4) 銅に濃硫酸を加えて熱すると，二酸化硫黄が発生する。

(5) 気体の乾燥剤として用いられる。

　　ア　無色の粘性のある液体である。
　　イ　水分をよく吸収する。
　　ウ　水への溶解熱が大きい。
　　エ　脱水作用がある。
　　オ　沸点が高く，不揮発性の酸である。
　　カ　水溶液は強酸性を示す。
　　キ　加熱すると酸化作用を示す。

⑧ 硫酸の工業的製法

硫酸の工業的製法では，次の**A**～**C**の工程を経て硫酸が製造される。

A：硫黄を燃焼させて①[　　　]をつくる。
B：①を空気中で酸化して②[　　　]とする。
C：②を濃硫酸に吸収させて③[　　　]とした後，希硫酸で薄めて④[　　　]がつくられる。

(1) [　]に適する語句を記せ。

(2) このような硫酸の工業的製法を何というか。

(3) **A**～**C**のうち，触媒を必要とする工程はどれか。また，このときに用いる触媒の物質名を記せ。

⑨ 硫化水素の製法と性質

右の図のような装置を使って硫化鉄(Ⅱ)と希硫酸を反応させ，硫化水素を発生させたい。

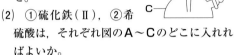

(1) この装置の名称を記せ。

(2) ①硫化鉄(Ⅱ)，②希硫酸は，それぞれ図の**A**～**C**のどこに入れればよいか。

(3) 硫化水素がもつ性質を，次の**ア**～**カ**からすべて選べ。

　　ア　無臭　　**イ**　刺激臭　　**ウ**　腐卵臭
　　エ　酸性　　**オ**　酸化作用　**カ**　還元作用

⑩ アンモニアの実験室的製法

右の図のような装置を組み立てて塩化アンモニウムと水酸化カルシウムの混合物を加熱し，アンモニアを発生させた。

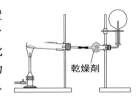

(1) 図のように試験管の口を下に傾けて加熱するのはなぜか。

(2) 乾燥剤には何を用いればよいか。次の**ア**～**ウ**から選べ。

　　ア　濃硫酸　　　　**イ**　ソーダ石灰
　　ウ　塩化カルシウム

(3) 図のような気体の捕集法を何というか。

(4) アンモニアの確認方法を1つあげよ。

⑪ 窒素酸化物

次の(1)～(5)のうち，一酸化窒素にあてはまる文には**A**を，二酸化窒素にあてはまる文には**B**をそれぞれ書け。

(1) 銅に濃硝酸を作用させると得られる。

(2) 無色の気体である。

(3) 強い刺激臭をもつ。
(4) 水に溶けやすい。
(5) 空気中ですみやかに酸化される。

12 硝酸の性質

硝酸に関する次の問いに答えよ。
(1) 次のア～エから，硝酸の性質として誤っているものを選べ。
ア 揮発性の液体で，褐色びんに保存する。
イ 強酸であるとともに，酸化作用がある。
ウ 銅は，希硝酸にも濃硝酸にも溶ける。
エ アルミニウムは，希硝酸にも濃硝酸にも溶ける。
(2) 濃硝酸を保存する容器として最も適当な金属を，次のア～エから選べ。
ア 鉄　イ 銅　ウ 銀　エ 鉛

13 リンとその化合物

次の文中の[ ]に適する語句を記せ。
リンの単体には，①[ ]，②[ ]などの同素体がある。①は淡黄色でろう状の固体で，生物に対する③[ ]性が強く，空気中では④[ ]する。一方，②は赤褐色の粉末で，③性は小さい。
リンを空気中で燃焼させると，⑤[ ]が得られる。⑤は⑥[ ]色の粉末で，吸湿性が強いことから，⑦[ ]として用いられる。⑤を水に溶かして加熱すると，中程度の強さの酸である⑧[ ]が得られる。

14 炭素の化合物

次の文中の[ ]に適する語句を記せ。
二酸化炭素は，水に溶けて弱い①[ ]性を示す。固体は②[ ]とよばれ，昇華しやすい性質から，冷却剤として用いる。

一酸化炭素は炭素や炭素化合物の③[ ]により生じる④[ ]色・⑤[ ]臭の気体で，きわめて有毒である。

15 ケイ素の性質

次の文中の[ ]に適する語句を記せ。
二酸化ケイ素を①[ ]の固体と混ぜて熱すると，ケイ酸ナトリウムができる。
ケイ酸ナトリウムに水を加えて熱すると，②[ ]とよばれる粘性の大きい液体が得られる。②に塩酸を加えると白色の③[ ]が遊離する。③を加熱・乾燥させたものは④[ ]とよばれ，⑤[ ]として用いる。

16 気体の製法と性質

次の①～④の気体について，あとの問いに答えよ。
① HCl　② NH_3　③ CO_2　④ H_2S
(1) ①～④の気体のうち，空気より軽いものを選べ。
(2) ①～④の気体の製法を，次のア～エから選べ。また，その反応を化学反応式で表せ。
ア 硫化鉄(Ⅱ)に希硫酸を加える。
イ 塩化ナトリウムに濃硫酸を加えて加熱する。
ウ 塩化アンモニウムと水酸化カルシウムを混ぜて加熱する。
エ 炭酸カルシウムに希塩酸を加える。
(3) ①～④の気体の性質を次のア～エから選べ。
ア 無色で刺激臭がある。湿った赤色リトマス紙を青変させる。
イ 無色で刺激臭がある。湿った青色リトマス紙を赤変させる。
ウ 無色で腐卵臭がする。還元性をもつ。
エ 無色・無臭である。石灰水を白濁させる。

2章 金属元素とその化合物

1 アルカリ金属とその化合物

✿1. アルカリという言葉は，アラビア人の錬金術師ゲーベルがつくった言葉で，もともとは「植物の灰」という意味をもつ。植物の灰の中には，Na_2CO_3 とよく似た性質をもつ炭酸カリウム K_2CO_3 が含まれる。ゲーベルは，これらの化合物のもつ特有の性質を総称してアルカリ性，また，そのような化合物をアルカリといった。

図1. 水とナトリウムの反応
水と激しく反応して，黄色の炎をあげる。

1 アルカリ金属って何？

■ **アルカリ金属** リチウム Li，ナトリウム Na，カリウム K など，水素 H を除く1族元素を**アルカリ金属**という。アルカリ金属の原子はいずれも価電子を1個もち，1価の陽イオンになりやすい。

■ **アルカリ金属（単体）の性質**

1 銀白色の軟らかい金属で，密度が小さく，融点が低い。原子番号が大きい元素の単体ほど，融点が低い。

2 化学的に活発で，空気中ではすみやかに酸化される。

$$4Na + O_2 \longrightarrow 2Na_2O$$

3 水と激しく反応して水素を発生し（図1），水酸化物になる。その水溶液は強い塩基性を示す。

$$2Na + 2H_2O \longrightarrow 2NaOH + H_2$$

アルカリ金属の単体は，空気や水と容易に反応するので，石油中に保存する。

ポイント アルカリ金属…水と激しく反応して水素を発生し，強塩基性の水溶液となる。

元素		原子半径〔nm〕	イオン化エネルギー〔kJ/mol〕	単体の性質		炎色反応
				融点〔℃〕	密度〔g/cm³〕	
リチウム	₃Li	0.152	520	181	0.53	赤
ナトリウム	₁₁Na	0.186	496	98	0.97	黄
カリウム	₁₉K	0.231	419	64	0.86	赤紫
ルビジウム	₃₇Rb	0.247	403	39	1.53	深赤
セシウム	₅₅Cs	0.266	376	28	1.87	青

水に浮く

表1. アルカリ金属の原子と単体の性質

2 アルカリ金属はこうしてつくる

■ アルカリ金属の単体は，アルカリ金属の化合物の融解液を電気分解して得る（**溶融塩電解，融解塩電解**）。

たとえば，ナトリウムの単体は，図2のような装置を使って塩化ナトリウム$NaCl$を溶融塩電解してつくる。このとき，陰極にナトリウムの単体が析出し，陽極からは塩素が発生する。

$$2NaCl \longrightarrow 2Na + Cl_2$$

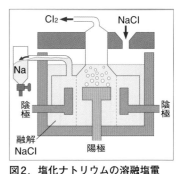

図2．塩化ナトリウムの溶融塩電解の装置（ダウンズ法）
陽極にはCl_2に抵抗性のあるCを用い，陰極には安価なFeを用いる。

③ NaOHは強い塩基性

■ **水酸化ナトリウムの製法**　水酸化ナトリウムは，工業的には塩化ナトリウム水溶液の電気分解で得られる。

$$2NaCl + 2H_2O \longrightarrow \underbrace{2NaOH + H_2}_{陰極} + \underbrace{Cl_2}_{陽極}$$

■ **水酸化ナトリウムの性質**

① 白色の結晶で，空気中に放置すると空気中の水分を吸収して溶解する（図3）。この現象を**潮解**という。

② 苛性ソーダともよばれ，水溶液は強い塩基性を示し，皮膚や粘膜を激しく侵す。取り扱いには十分な注意が必要である。

③ 二酸化炭素を吸収し，炭酸ナトリウムに変化する。

$$2NaOH + CO_2 \longrightarrow Na_2CO_3 + H_2O$$

水酸化ナトリウムは，石油精製のほか，セッケン，紙パルプ，合成繊維などの製造に広く利用される。

④ Na₂CO₃とNaHCO₃の違い

■ **炭酸ナトリウムNa_2CO_3の工業的製法**　炭酸ナトリウムは，NH_3，$NaCl$，H_2O，CO_2を原料として，**アンモニアソーダ法（ソルベー法）**とよばれる方法でつくられている（図4，図5）。

図3．水酸化ナトリウムの潮解

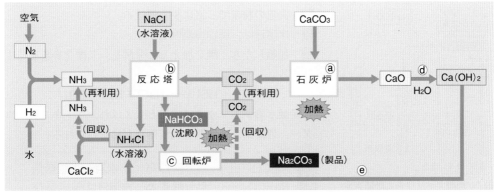

図4．アンモニアソーダ法による炭酸ナトリウムの生成　NH_3，CO_2は回収・再利用される。

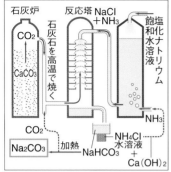

図5. アンモニアソーダ法

@ 石灰炉で，石灰石$CaCO_3$を高温に熱してCO_2を得る。

$$CaCO_3 \longrightarrow CaO + CO_2 \uparrow$$

ⓑ 反応塔でNH_3，CO_2，$NaCl$水溶液を反応させると，比較的水に溶けにくい$NaHCO_3$が沈殿する。

$$NaCl + NH_3 + CO_2 + H_2O \longrightarrow NaHCO_3 \downarrow + NH_4Cl$$

ⓒ 回転炉で，$NaHCO_3$を熱してNa_2CO_3をつくる。

$$2NaHCO_3 \longrightarrow Na_2CO_3 + H_2O + CO_2 \uparrow$$

ⓓ 酸化カルシウムに水を加え，水酸化カルシウムをつくる。

$$CaO + H_2O \longrightarrow Ca(OH)_2$$

ⓔ ⓑで生成するNH_4Clに$Ca(OH)_2$を加え，生じるNH_3を回収して再利用する。

$$2NH_4Cl + Ca(OH)_2 \longrightarrow CaCl_2 + 2H_2O + 2NH_3 \uparrow$$

■ 炭酸ナトリウムの性質

1 白色の粉末で水に溶けやすい。水溶液は塩基性を示す。

2 炭酸ナトリウムを水溶液中から再結晶させると，炭酸ナトリウム十水和物$Na_2CO_3 \cdot 10H_2O$の無色の結晶が得られる。これを空気中に放置すると，水和水（結晶水）の一部を失い，白色の粉末となる（図6）。このような現象を風解という。

$$Na_2CO_3 \cdot 10H_2O \qquad \cdot Na_2CO_3 \cdot 1H_2O + 9H_2O$$

3 酸を加えると分解し，二酸化炭素を発生する。

$$Na_2CO_3 + 2HCl \longrightarrow 2NaCl + CO_2 \uparrow + H_2O$$

炭酸ナトリウムは，ガラスや洗剤などの材料として多く用いられる。

図6. $Na_2CO_3 \cdot 10H_2O$の風解

■ **炭酸水素ナトリウム$NaHCO_3$の製法** 炭酸水素ナトリウムは，工業的にはアンモニアソーダ法でつくられる。

■ 炭酸水素ナトリウムの性質

1 白色の粉末で，水に少し溶ける。

2 水溶液は，弱い塩基性を示す。

3 加熱したり，酸を加えると分解し，二酸化炭素を発生する。

$$NaHCO_3 + HCl \longrightarrow NaCl + H_2O + CO_2 \uparrow$$

炭酸水素ナトリウムは重曹ともよばれ，ベーキングパウダー，胃腸薬，発泡性の入浴剤などに用いられる。

✿2. アンモニアソーダ法のⓑの主反応でつくられる。

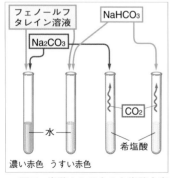

図7. 炭酸ナトリウムと炭酸水素ナトリウムの性質

ポイント
Na_2CO_3……… 熱分解しない，水溶液は塩基性
$NaHCO_3$……… 熱分解する，水溶液は弱塩基性

2 2族元素とその化合物

1 2族元素とアルカリ土類金属

■ 周期表の2族には，ベリリウムBe，マグネシウムMg，カルシウムCa，ストロンチウムSr，バリウムBa，ラジウムRaの6元素がある。これらの原子はいずれも価電子を2個もち，2価の陽イオンになりやすい。この傾向は，原子番号が大きくなるほど強くなる。

■ 2族元素は一般に，**アルカリ土類金属**とよばれる。[☆1]

元素		原子半径〔nm〕	イオン化エネルギー〔kJ/mol〕	単体の性質		水との反応性	炎色反応
				融点〔℃〕	密度〔g/cm³〕		
ベリリウム	4Be	0.111	899	1282	1.85	反応しない	—
マグネシウム	12Mg	0.160	738	649	1.74	熱水と反応	—
カルシウム	20Ca	0.197	590	839	1.55	常温の水と激しく反応	橙赤
ストロンチウム	38Sr	0.215	549	769	2.54		深赤(紅)
バリウム	56Ba	0.224	503	729	3.59		黄緑

表1．2族元素の原子と単体の性質

■ **2族元素の単体の製法**　2族元素の単体は，1族元素の単体と同様に，塩化物の溶融塩電解によって得られる。

2 2族元素の性質を比べると

■ 2族元素の性質を調べると，ベリリウムBeとマグネシウムMgは，炎色反応を示さない，単体は常温の水とは反応しないなど，ほかの4元素とは性質の違いがあるので（**表2**），アルカリ土類金属に含めないこともある。

元素		Be・Mg	Ca，Sr，Ba，Ra
元素	炎色反応	なし	あり
単体	常温の水との反応	反応しない[☆2]	激しく反応し，水素を発生する[☆3]
化合物	水酸化物	水に溶けにくい	水に溶ける
		水溶液は弱塩基性	水溶液は強塩基性
	硫酸塩	水に溶ける	水に溶けない
	炭酸塩	水に溶けない	水に溶けない

表2．Be・MgとCa・Sr・Ba・Raとの違い

☆**1.** アルカリ土類という言葉は，昔，CaO，SrO，BaOの3つの化合物をアルカリ土 alkaline earth とよんでいたことに由来する。当時は，Na_2OやK_2Oをアルカリ，Al_2O_3を礬土とよんでおり，CaO，SrO，BaOの3つの化合物は，その中間的な性質をもっていたことによる。

図1．Ca，Sr，Baの炎色反応

☆**2.** マグネシウムは常温の水とは反応しないが，熱水とは徐々に反応し，水素を発生する。
$$Mg + 2H_2O \longrightarrow Mg(OH)_2 + H_2$$

☆**3.** カルシウムは常温の水とも激しく反応し，水素を発生する。
$$Ca + 2H_2O \longrightarrow Ca(OH)_2 + H_2$$

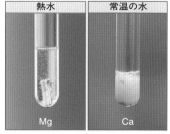

図2．Mg，Caと水の反応

生石灰

消石灰

図3. 生石灰に水を加えたときの
変化

🔅4. この発熱反応は，日本酒や
弁当を簡単に温めるのに利用され
ている。また，燻蒸殺虫剤にも利
用されている。

🔅5. 水酸化カルシウムは，しっ
くい壁などの建築材料や，酸性土
壌の中和剤などとして利用されて
いる。

③ カルシウムの化合物の性質

■ **酸化カルシウムCaOの製法**　酸化カルシウムは生石灰ともよばれる白色の固体であり，石灰石$CaCO_3$を約900℃に加熱することによって得られる。

$$CaCO_3 \longrightarrow CaO + CO_2$$

■ **酸化カルシウムCaOの性質**

1　水を加えると発熱しながら反応し，白色粉末状の水酸化カルシウムになる（図3）。この性質を利用し，酸化カルシウムは乾燥剤，発熱剤として利用されている。

$$CaO + H_2O \longrightarrow Ca(OH)_2$$

■ **水酸化カルシウム$Ca(OH)_2$**　水酸化カルシウムは消石灰ともよばれる白色の粉末で，次の性質がある。

1　水に少し溶けて，強い塩基性を示す。

2　この水溶液を石灰水といい，ここへ二酸化炭素を通じると炭酸カルシウムの白色沈殿を生じる。この反応は，二酸化炭素の検出に利用される。

$$Ca(OH)_2 + CO_2 \longrightarrow CaCO_3\downarrow + H_2O$$

3　さらに二酸化炭素を通じると，水に可溶な炭酸水素カルシウム$Ca(HCO_3)_2$を生じ，白色沈殿は溶けて無色透明な水溶液になる。

$$CaCO_3 + CO_2 + H_2O \rightleftharpoons Ca(HCO_3)_2$$

この水溶液を加熱すると逆向きの反応が起こり，再び$CaCO_3$が沈殿する。

■ **塩化カルシウム$CaCl_2$**　水によく溶け，潮解性を示す。吸湿性が強く乾燥剤に用いられるほか，道路の凍結防止剤としても用いられる。

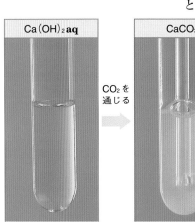

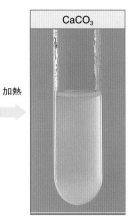

| $Ca(OH)_2 aq$ | $CaCO_3$ | $Ca(HCO_3)_2 aq$ | $CaCO_3$ |

CO_2を通じる　　CO_2過剰　　加熱

図4. 石灰水$Ca(OH)_2 aq$とCO_2の反応

■ **硫酸カルシウム** $CaSO_4$　硫酸カルシウムは，天然には二水和物の**セッコウ**として産出する。セッコウを約140℃に加熱すると水和水の一部を失い，半水和物の**焼きセッコウ**になる。これを水と混合すると，発熱しながらわずかに膨張し，再びセッコウとなって硬化する。

$$CaSO_4 \cdot \frac{1}{2} H_2O + \frac{3}{2} H_2O \longrightarrow CaSO_4 \cdot 2H_2O$$

この性質は，塑像や陶磁器の鋳型などに利用される。

美術室の塑像は硫酸カルシウムでできているんだね。

■ **炭酸カルシウム** $CaCO_3$ ☾6　炭酸カルシウムは，大理石や石灰石などとして天然に豊富に産出する。炭酸カルシウムには，次のような性質がある。

1 　水に溶けにくい。
2 　塩酸と反応して，二酸化炭素を発生する。

$$CaCO_3 + 2HCl \longrightarrow CaCl_2 + CO_2 \uparrow + H_2O$$

3 　高温で熱すると，分解して二酸化炭素を発生する。

図5．大理石(左)と石灰石(右)

☾6．炭酸カルシウムは，セメントやガラスのほか，金属の製錬にも利用される。

4 鍾乳洞は，こうしてできる

■ **鍾乳洞の形成**　山口県にある秋芳洞など，日本には数多くの鍾乳洞がある。☾7 鍾乳洞は次のようにしてできる。

1 　二酸化炭素を含んだ水が石灰岩の割れ目に入ると，徐々に石灰岩が溶けて大きな洞窟ができる。

$$CaCO_3 + CO_2 + H_2O \rightleftharpoons Ca(HCO_3)_2$$

2 　$Ca(HCO_3)_2$を含んだ水溶液が鍾乳洞の天井から滴下するとき，水と二酸化炭素が大気中に放出されるので，1の逆反応が進んで，炭酸カルシウムの沈殿が生じる。こうしてできたものが，**鍾乳石**や**石筍**である。

☾7．鍾乳洞は，石灰岩(主成分 $CaCO_3$)からなる地層が二酸化炭素を含む水によって溶かされてできたものである。

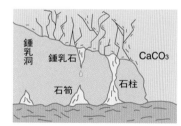

図6．鍾乳石・石筍ができるしくみ

5 カルシウム以外の化合物

■ **硫酸バリウム** $BaSO_4$　水酸化バリウム $Ba(OH)_2$ は水によく溶け，強塩基性を示す。この水溶液に希硫酸を加えると，白色の硫酸バリウムが沈殿する。

$$Ba(OH)_2 + H_2SO_4 \longrightarrow BaSO_4 \downarrow + 2H_2O$$

硫酸バリウムは水や酸に溶けにくく，X線を通しにくいので，X線撮影の造影剤として用いられる。

■ **塩化マグネシウム** $MgCl_2$　海水を濃縮して食塩を製造する際に残った液体を"にがり"といい，その主成分は $MgCl_2$ である。豆腐を製造する際の凝固剤に利用される。

図7．鍾乳洞の内部

3 アルミニウムとその化合物

1 一人二役の金属や化合物

■ **両性金属**　アルミニウム Al（13族），亜鉛 Zn（12族），スズ Sn（14族），鉛 Pb（14族）などの金属元素の単体は，酸とも強塩基とも反応することから**両性金属**とよばれる。

❀1．両性金属は，周期表上では，金属元素と非金属元素との境界近くにある。

図1．アルミニウム製品

❀2．アルミニウムの単体は，酸化アルミニウムの溶融塩電解によって得られる（→p.161）。

元素	原子の電子配置						単体の性質	
	K	L	M	N	O	P	融点〔℃〕	密度〔g/cm³〕
アルミニウム ₁₃Al	2	8	3				660	2.70
亜鉛 ₃₀Zn	2	8	18	2			420	7.13
スズ ₅₀Sn	2	8	18	18	4		232	7.31
鉛 ₈₂Pb	2	8	18	32	18	4	328	11.35

表1．両性金属の原子の電子配置（赤字は最外殻電子）と単体の性質
スズの単体は白色スズの性質を示す。

■ **両性酸化物と両性水酸化物**　酸化物のうち，酸とも強塩基とも反応する酸化物を**両性酸化物**という。水酸化物のうち，酸とも強塩基とも反応する水酸化物を**両性水酸化物**という。

2 アルミニウムは軽金属の代表

■ **アルミニウムの性質**　アルミニウムは，価電子を3個もっており，3価の陽イオンになりやすい。アルミニウムの単体は，次のような性質をもつ。

1　銀白色の軟らかい金属で，展性・延性に富み，電気・熱の伝導性が大きい。

2　銅やマグネシウムなどとの合金（→p.179）は，**ジュラルミン**とよばれ，軽量で強度が大きいので，航空機の機体などに用いられる。

図2．ジュラルミン（航空機の機体）

アルミニウムにアルマイト加工をすると，よりさびにくくなるよ。

3　空気中に放置すると，その表面に酸化被膜を生じて，内部までは酸化が進行しない（**不動態**）。アルミニウムに人工的に酸化被膜をつけた製品を**アルマイト**という。

4　両性金属で，酸・強塩基の水溶液と反応し，水素を発生して溶ける。

❀3．アルミニウム製品を陽極としてシュウ酸水溶液中で電気分解すると，陽極のアルミニウムの表面に厚い酸化物（Al₂O₃）の被膜がつくられる（→p.179）。

$$2Al + 6HCl \longrightarrow 2AlCl_3 + 3H_2 \uparrow$$
$$2Al + 2NaOH + 6H_2O \longrightarrow 2Na[Al(OH)_4] + 3H_2 \uparrow$$

テトラヒドロキシドアルミン酸ナトリウム

5　濃硝酸には**不動態**となるため，溶解しない。

③ 金属の製錬とは

■ **金属の製錬**　天然に存在する金属のうち，単体として
存在するのは金Auや白金Ptなどごく一部で，ほとんどの
金属は酸化物や硫化物などの化合物として存在する。金属
の化合物（鉱石）を還元して金属の単体を取り出すことを
金属の製錬という。一般に，イオン化傾向の大きい金属
ほど還元しにくく，製錬に多くのエネルギーが必要となる。

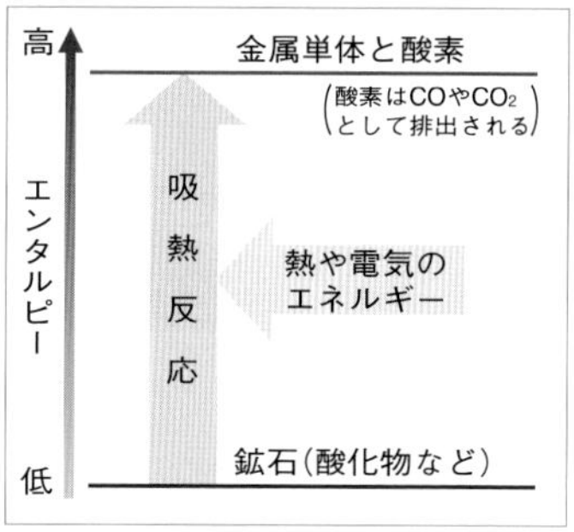

金属	製錬法
小 Ag	硫化物を強熱して還元
Cu	鉱石を硫化物に変えたのち，強熱して還元
Pb	硫化物を酸化物に変えたのち，炭素で還元
Sn，Fe	酸化物を炭素や一酸化炭素で還元
Zn	硫化物を酸化物に変えたのち，炭素で還元
大 Al，Mg，Na，Ca，K	酸化物や塩化物を融解し，電気分解で還元

（左側縦：イオン化傾向）

表2．金属による製錬法の違い

図3．金属の製錬とエネルギー

（図内）高／エンタルピー／低／金属単体と酸素（酸素はCOやCO₂として排出される）／吸熱反応／熱や電気のエネルギー／鉱石（酸化物など）

④ アルミニウムの製錬は

■ **アルミニウムの製錬**

　アルミニウムの原料鉱石は**ボーキサイト**である。

1　ボーキサイトを濃い水酸化ナトリウム水溶液に溶かし，
Fe_2O_3，SiO_2などの不純物を除く。この溶液を水で希釈
すると水酸化アルミニウム$Al(OH)_3$が沈殿し，これを焼
成して，純粋な酸化アルミニウムAl_2O_3（**アルミナ**）を
得る。

2　アルミナAl_2O_3はAl-Oの結合が強く，コークスCや一
酸化炭素COでは還元できない。そこで，**溶融塩電解**
（融解塩電解）により，アルミニウムの製錬を行う。

　Al_2O_3は融点が2054℃と高いが，氷晶石Na_3AlF_6を約
1000℃で融解したものに少しずつ加えていくと，約960
℃で融解する[注4]。この融解液を炭素電極を用いて電気分解
すると（図4），陰極では，融解したアルミニウムの単
体が得られる。一方，陽極では，酸化物イオンが電極の
炭素と反応して，一酸化炭素や二酸化炭素が発生する。

　　陰極：$Al^{3+} + 3e^- \longrightarrow Al$

　　陽極：$C + O^{2-} \longrightarrow CO + 2e^-$

　　　　　$C + 2O^{2-} \longrightarrow CO_2 + 4e^-$

[注4]　凝固点降下によりアルミナ
の融点が下がる。なお，氷晶石自
身は電気分解されない。

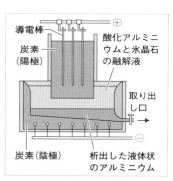

（図内）導電棒／炭素（陽極）／酸化アルミニウムと氷晶石の融解液／取り出し口／炭素（陰極）／析出した液体状のアルミニウム

図4．アルミナの溶融塩電解

図5. ルビー(上)とサファイア(下)
ルビーは微量の Cr_2O_3, サファイアは微量の FeO や TiO_2 を含む。

5 ルビーやサファイアの正体は？

■ **酸化アルミニウムの製法**　アルミニウムを酸素の中で加熱すると，多量の熱と光を発して激しく燃焼し，酸化アルミニウムになる。

$$4Al + 3O_2 \longrightarrow 2Al_2O_3$$

■ **酸化アルミニウムの性質**

1　酸化アルミニウムは白色の粉末で，**アルミナ**ともよばれ，融点が高い(2054℃)。

2　**両性酸化物**で，酸とも強塩基とも反応して溶ける。

$$Al_2O_3 + 6HCl \longrightarrow 2AlCl_3 + 3H_2O$$

$$Al_2O_3 + 2NaOH + 3H_2O \longrightarrow 2Na[Al(OH)_4]$$

3　天然に産出するルビーやサファイアは，酸化アルミニウムの結晶であり，宝石として利用される。このように結晶化したものは安定で，酸とも強塩基とも反応しない。

■ **水酸化アルミニウムの製法**

アルミニウムイオン Al^{3+} を含む水溶液に塩基を加えると，水酸化アルミニウム $Al(OH)_3$ の白色ゲル状沈殿を生成する。

$$Al^{3+} + 3OH^- \longrightarrow Al(OH)_3\downarrow$$

■ **水酸化アルミニウムの性質**

水酸化アルミニウムは**両性水酸化物**で，酸とも強塩基とも反応して溶ける。一方，アンモニア水には**溶解しない**。

$$Al(OH)_3 + 3HCl \longrightarrow AlCl_3 + 3H_2O$$

$$Al(OH)_3 + NaOH \longrightarrow Na[Al(OH)_4]$$

ミョウバンの結晶

$Al_2(SO_4)_3$ と K_2SO_4 の混合水溶液

図7. ミョウバンの再結晶と得られた結晶

⚙ 5. ミョウバンのように，2種類以上の塩が一定の割合で結合し，水に溶かすと各成分イオンに電離する塩を複塩という。

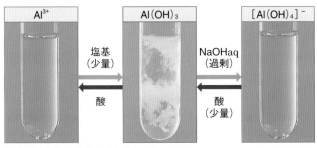

図6. アルミニウムイオンの反応

■ **ミョウバン**　硫酸アルミニウム $Al_2(SO_4)_3$ と硫酸カリウム K_2SO_4 の混合水溶液を濃縮すると，無色透明な正八面体の結晶が得られる(図7)。これは，硫酸カリウムアルミニウム十二水和物 $AlK(SO_4)_2 \cdot 12H_2O$ の結晶で，**ミョウバン**とよばれる。ミョウバンは，河川水の清澄剤，染色の媒染剤，食品添加物などに利用される。

4 亜鉛・スズ・鉛とその化合物

1 亜鉛とその化合物

■ **亜鉛の性質** 亜鉛は価電子を 2 個もち，2 価の陽イオンになりやすい。また，亜鉛は**両性金属**で，酸・強塩基の水溶液と反応して水素を発生する。

$$Zn + 2HCl \longrightarrow ZnCl_2 + H_2$$

$$Zn + 2NaOH + 2H_2O \longrightarrow Na_2[Zn(OH)_4] + H_2$$

テトラヒドロキシド亜鉛(Ⅱ)酸ナトリウム

亜鉛は，乾電池の負極や**トタン**（亜鉛めっき鋼板→p.179）や，銅との合金（黄銅）の材料などに用いられる。

■ **酸化亜鉛の性質** 酸化亜鉛 ZnO は白色の粉末で，水には溶けない。**両性酸化物**で，酸・強塩基の水溶液と反応して溶ける。

$$ZnO + 2HCl \longrightarrow ZnCl_2 + H_2O$$

$$ZnO + 2NaOH + H_2O \longrightarrow Na_2[Zn(OH)_4]$$

酸化亜鉛は白色顔料や医薬品などに用いられる。

■ **水酸化亜鉛の製法** 亜鉛イオン Zn^{2+} を含む水溶液に少量の塩基を加えると，水酸化亜鉛 $Zn(OH)_2$ の白色ゲル状沈殿を生じる。

$$Zn^{2+} + 2OH^- \longrightarrow Zn(OH)_2\downarrow$$

■ **水酸化亜鉛の性質** 水酸化亜鉛は**両性水酸化物**で，酸・強塩基の水溶液と反応して溶ける。

$$Zn(OH)_2 + 2HCl \longrightarrow ZnCl_2 + 2H_2O$$

$$Zn(OH)_2 + 2NaOH \longrightarrow Na_2[Zn(OH)_4]$$

また，水酸化亜鉛は過剰のアンモニア水にも溶ける。

$$Zn(OH)_2 + 4NH_3 \longrightarrow [Zn(NH_3)_4]^{2+} + 2OH^-$$

テトラアンミン亜鉛(Ⅱ)イオン

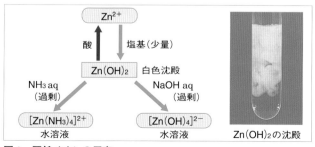

図4．亜鉛イオンの反応

Zn^{2+}

酸 ↑ ↓ 塩基(少量)

$Zn(OH)_2$ 白色沈殿

NH₃ aq（過剰）　　NaOH aq（過剰）

$[Zn(NH_3)_4]^{2+}$　　$[Zn(OH)_4]^{2-}$
水溶液　　　　　　水溶液

$Zn(OH)_2$ の沈殿

図1．亜鉛の利用
乾電池の負極には，亜鉛が用いられている。

図2．酸化亜鉛の利用
ZnO は亜鉛華ともよばれ，白色の絵の具などに用いられている。

図3．硫化亜鉛 ZnS
Zn^{2+} を含む水溶液に H_2S を通じると，$Zn^{2+} + S^{2-} \longrightarrow ZnS$ の反応により，硫化亜鉛の白色沈殿が生成する。

✿1．スズには，金属状の白色ス
ズ（密度7.3 g/cm³）と，非金属状
の灰色スズ（密度5.8 g/cm³）の同
素体がある。

13.2℃以下では灰色スズのほう
が安定であるため，白色スズを低
温で長く放置すると，灰色スズに
変化し，ぼろぼろになる（スズペ
ストという）。

図6．パイプオルガン
このパイプはスズと鉛の合金ででき
ており，50〜75％のスズが含ま
れている。

図7．鉛蓄電池
鉛蓄電池は自動車のバッテリーに
も利用されている。

② スズとその化合物

■ **スズの性質**　スズは周期表の14族に属し，価電子を4
個もち，酸化数が＋2，＋4（安定）の化合物をつくる。ス
ズも**両性金属**で酸・強塩基の水溶液と反応して溶ける。

■ **スズの単体**　スズは展性・延性に富み，加工しやすい
金属である[✿1]。常温では比較的安定で，湿った空気中でもさ
びにくい。銅との合金（**青銅**）や，銀・銅との合金（**無鉛
はんだ**）のほか，**ブリキ**（スズめっき鋼板→**p.179**）などに
用いられる。

図5．スズの利用

■ **塩化スズ（Ⅱ）二水和物 $SnCl_2 \cdot 2H_2O$**　無色の結晶で，
水によく溶ける。また，Sn^{2+}は酸化されやすくSn^{4+}に変
化しやすいので，$SnCl_2$は還元剤として用いられる。

③ 鉛とその化合物

■ **鉛の性質**　鉛は周期表の14族に属し，価電子を4個も
ち，酸化数が＋2（安定），＋4の化合物をつくる。鉛も
両性金属で酸・強塩基の水溶液と反応して溶ける。ただ
し，鉛は硝酸には溶けるが，希塩酸，希硫酸には水に不溶
性の$PbCl_2$，$PbSO_4$を生じるため，ほとんど溶けない。

■ **鉛の単体**　鉛は軟らかく加工しやすい金属で，密度が
大きい（11.4 g/cm³）。鉛蓄電池の電極や，X線や放射線の
遮蔽材料などに用いられる。

■ **鉛の化合物**　鉛の酸化物には黄色の酸化鉛（Ⅱ）PbO，
赤色の四酸化三鉛Pb_3O_4，褐色の酸化鉛（Ⅳ）PbO_2などが
あり，いずれも有毒である。また，鉛の化合物は，硝酸鉛
（Ⅱ）$Pb(NO_3)_2$，酢酸鉛（Ⅱ）$(CH_3COO)_2Pb$を除いて，水
に溶けにくいものが多い。

　アルミニウム・亜鉛・スズ・鉛は**両性金属**
　⇨酸・強塩基の水溶液と反応して溶ける。
　　（酸化物・水酸化物も同様）

5 錯イオン

1 錯イオンができるしくみ

■ **配位結合** 各原子が互いに不対電子を共有し合うのではなく，一方の原子の非共有電子対が他方の原子に提供されてできる共有結合を，特に**配位結合**[1]という。

たとえば，水酸化亜鉛にアンモニア水を加えると，白色沈殿は溶け無色の溶液となる。これは，テトラアンミン亜鉛(Ⅱ)イオン$[Zn(NH_3)_4]^{2+}$が生じるからである(→p.163)。

■ **錯イオン** 非共有電子対をもつ分子や陰イオンが金属イオンに配位結合して生じた多原子イオンを，**錯イオン**[2]という。なお，金属イオンに配位結合した分子や陰イオンを**配位子**，その数を**配位数**という。

■ **錯イオンの化学式と名称**

⚙ **1.** 配位結合が含まれることを構造式で強調したいとき，非共有電子対が提供された向きに矢印(→)をつけて表すことがある。たとえば，アンモニウムイオンNH_4^+は次のように表す。

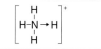

⚙ **2.** 金属イオンM^{n+}は水溶液中では水分子が配位結合したアクア錯イオン$[M(H_2O)_m]^{n+}$となっているが，通常H_2Oを省略してM^{n+}と表される。

> **1** 錯イオンの化学式は，中心金属，配位子，配位数の順に書き，[ ]をつけて電荷も示す。
>
> **2** 錯イオンの名称は，配位数(ギリシャ語の数詞)，配位子名，中心金属名(酸化数もローマ数字で記す)の順に並べる。
>
> **3** 錯イオンが陽イオンのときは「〜イオン」，陰イオンのときは「〜酸イオン」とする。

配位子	アンモニア	水	シアン化物イオン	塩化物イオン	水酸化物イオン
化学式	NH_3	H_2O	CN^-	Cl^-	OH^-
配位子名	アンミン	アクア	シアニド	クロリド	ヒドロキシド

表1．おもな配位子

配位数	2	4	6
ギリシャ語の数詞	ジ	テトラ	ヘキサ

表2．配位数を表す数詞

■ **錯塩** ヘキサシアニド鉄(Ⅲ)酸カリウム$K_3[Fe(CN)_6]$のように，錯イオンを含む塩を**錯塩**といい，水に溶かすと$3K^+$と錯イオン$[Fe(CN)_6]^{3-}$に電離する。

■ **錯イオンの立体構造** 金属イオンの種類や配位数によって，錯イオンの立体構造が決まる(図1)。

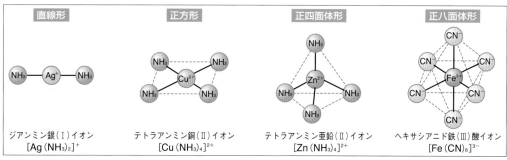

図1．おもな錯イオンの立体構造

鉄とその化合物

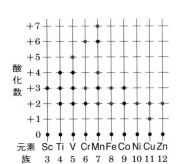

図1. 第4周期遷移元素の酸化数
●は重要な酸化数を示す。

元素	鉄 Fe	コバルト Co	ニッケル Ni
融点 〔℃〕	1535	1495	1453
密度 〔g/cm³〕	7.87	8.90	8.90

表1. 鉄族元素の性質

✿1. 鉄鉱石中の不純物（SiO₂など）とCaCO₃が反応してできるガラス状の物質。セメントの原料や道路補強材として用いられる。

図2. 溶鉱炉と転炉

1 遷移元素はどんな元素？

■ 周期表3～12族の元素を**遷移元素**という。12族の亜鉛（→p.163）以外の遷移元素について学習しよう。

■ **遷移元素の特徴**

1️⃣ 同族元素だけでなく，隣りあう同周期の元素どうしの性質もよく似ている。

2️⃣ 単体は一般に融点が高く，密度が大きい。

3️⃣ 同じ元素でも，複数の異なる酸化数を示すことが多い。

4️⃣ イオンや化合物には，有色のものが多い。

5️⃣ 陰イオンや分子と配位結合して錯イオンをつくりやすい。

6️⃣ 単体や化合物には，触媒としてはたらくものが多い。

2 鋼は，2度炊きしてつくる

■ **鉄族元素**　周期表の第4周期の8～10族の遷移元素である鉄Fe，コバルトCo，ニッケルNiの3元素は，まとめて**鉄族元素**とよばれる。

■ **鉄の製錬**

1️⃣ 赤鉄鉱Fe_2O_3や磁鉄鉱Fe_3O_4などの鉄鉱石と，コークスCや石灰石$CaCO_3$とともに溶鉱炉（高炉）に入れ，下から熱風（約1300℃）を送り込む。

2️⃣ コークスが燃焼してできたCO_2が高温のCに触れて，一酸化炭素COが生成する。このCOにより，鉄鉱石が段階的に鉄へと還元される。

$$CO_2 + C \longrightarrow 2CO$$

$$Fe_2O_3 + 3CO \longrightarrow 2Fe + 3CO_2$$

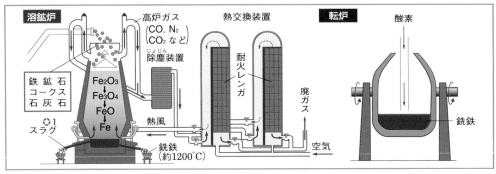

3️⃣ 溶鉱炉から得られる鉄は銑鉄（せんてつ）とよばれ，約4％の炭素のほかに，硫黄・リンなどの不純物を含む。

4️⃣ 融解状態の銑鉄を転炉に移して酸素を吹き込み，余分な炭素や不純物を燃焼させて除くと，炭素量が0.02〜2％の鋼が得られる。鋼は強靭（きょうじん）で粘りがあるので，建造物や機械の構造材料として広く利用されている。

図3．銑鉄の利用
（マンホールのふた）

③ 鉄の性質は

鉄の性質

1️⃣ 融点が高く（1535℃），強い磁性を示す。

2️⃣ 希硫酸，希塩酸に溶けて，水素を発生する。
$$Fe + 2HCl \longrightarrow FeCl_2 + H_2\uparrow$$

3️⃣ 濃硝酸には，不動態をつくるため溶けない。

4️⃣ 湿った空気中や，酸素を含んだ水中でさびやすい。

5️⃣ 鉄とクロム，ニッケルとの合金は，**ステンレス鋼**とよばれ，さびにくい性質をもつ。

6️⃣ 鉄は，酸化数＋2と＋3の化合物をつくる。

図4．鋼鉄の利用（ビルの鉄骨）

④ 2価の鉄の化合物

■ **硫酸鉄（Ⅱ）七水和物** $FeSO_4・7H_2O$　鉄に希硫酸を加えて得られる水溶液を濃縮すると得られる。風解性のある淡緑色の結晶（図5）で，水によく溶ける。また，Fe^{2+}は酸化されやすいため，還元剤として使われる。

■ **ヘキサシアニド鉄（Ⅱ）酸カリウム三水和物** $K_4[Fe(CN)_6]・3H_2O$　黄血塩（おうけつえん）ともよばれる黄色の結晶（図6）で，水に溶けて淡黄色のヘキサシアニド鉄（Ⅱ）酸イオン $[Fe(CN)_6]^{4-}$ を生じる。また，Fe^{3+}と反応して濃青色の沈殿（**紺青（こんじょう）**，ベルリンブルー）を生じるので，鉄（Ⅲ）イオンの検出にも用いられる。

■ **酸化鉄（Ⅱ）** FeO　黒色の粉末で，反応性に富み，発火性をもつ。水素により，容易に鉄へと還元される。

■ **硫化鉄（Ⅱ）** FeS　黒色の固体で，水には溶けない。希酸と反応して硫化水素を発生する。

■ **水酸化鉄（Ⅱ）** $Fe(OH)_2$　Fe^{2+}を含む水溶液に塩基を加えると，水酸化鉄（Ⅱ）$Fe(OH)_2$の緑白色沈殿を生じる。
$$Fe^{2+} + 2OH^- \longrightarrow Fe(OH)_2\downarrow$$
$Fe(OH)_2$はきわめて酸化されやすく，容易に赤褐色の酸化水酸化鉄（Ⅲ）$FeO(OH)$に変化する。

図5．硫酸鉄（Ⅱ）七水和物
$FeSO_4・7H_2O$

図6．黄血塩
$K_4[Fe(CN)_6]・3H_2O$

図7. 酸化鉄(Ⅲ) Fe_2O_3

図8. 塩化鉄(Ⅲ)六水和物
$FeCl_3 \cdot 6H_2O$

図9. ヘキサシアニド鉄(Ⅲ)酸カ
リウム $K_3[Fe(CN)_6]$

5 3価の鉄の化合物

■ **酸化鉄(Ⅲ) Fe_2O_3** 赤さびや赤鉄鉱の主成分となる赤褐色の粉末である。**べんがら**ともよばれ，赤色の顔料や磁性材料などに用いられる。このほか，鉄の酸化物には，黒色の**四酸化三鉄 Fe_3O_4** もある。Fe_3O_4 は磁鉄鉱の主成分で，強い磁性をもつ。

■ **塩化鉄(Ⅲ)六水和物 $FeCl_3 \cdot 6H_2O$** 強い潮解性をもつ黄褐色の結晶で，水に溶けやすい。塩化鉄(Ⅱ)の水溶液に塩素を通じると，Fe^{2+} が酸化されて Fe^{3+} となる。この水溶液を濃縮すると，$FeCl_3 \cdot 6H_2O$ が得られる。

$$2FeCl_2 + Cl_2 \longrightarrow 2FeCl_3$$

■ **ヘキサシアニド鉄(Ⅲ)酸カリウム $K_3[Fe(CN)_6]$**
赤血塩ともよばれる暗赤色の結晶である。水に溶けると黄色の**ヘキサシアニド鉄(Ⅲ)酸イオン $[Fe(CN)_6]^{3-}$** を生じる。また，Fe^{2+} と反応して濃青色の沈殿(**ターンブルブルー**)を生じるので，鉄(Ⅱ)イオンの検出に利用される。

■ **酸化水酸化鉄(Ⅲ) $FeO(OH)$** 鉄(Ⅲ)イオン Fe^{3+} を含む水溶液に塩基を加えると，酸化水酸化鉄(Ⅲ)の赤褐色沈殿を生じる。

$Fe(OH)_2$，$FeO(OH)$ は，いずれも過剰の水酸化ナトリウム水溶液やアンモニア水には溶解しない。

鉄イオン ＼ 試薬	NaOHaq	$K_4[Fe(CN)_6]$ aq	$K_3[Fe(CN)_6]$ aq	KSCNaq
淡緑色溶液 Fe^{2+}	緑白色沈殿 $Fe(OH)_2$	青白色沈殿	濃青色沈殿 ターンブルブルー	(変化なし)
黄褐色溶液 Fe^{3+}	赤褐色沈殿 $FeO(OH)$	濃青色沈殿 ベルリンブルー	褐色溶液	血赤色溶液

表2. 鉄イオンの反応 ターンブルブルーとベルリンブルーは，同一の組成 $KFe[Fe(CN)_6]$ をもつ物質。

7 銅とその化合物

■ **銅族元素** 周期表の11族に属する銅Cu，銀Ag，金Auの3元素を，まとめて銅族元素という。

元素	銅 Cu	銀 Ag	金 Au
融点 〔℃〕	1083	951	1064
密度 〔g/cm³〕	8.96	10.5	19.3

表1．銅族元素の性質

1 銅の単体は

■ **銅の製錬** 銅の主要な鉱石は黄銅鉱$CuFeS_2$である。

1 溶鉱炉に黄銅鉱，コークスC，石灰石$CaCO_3$を入れて強熱すると，硫化銅(I)Cu_2Sとスラグが得られる。得られたCu_2Sを空気とともに加熱すると，純度約99％の粗銅が得られる。

$$Cu_2S + O_2 \longrightarrow 2Cu + SO_2$$

2 粗銅を陽極，純銅を陰極，硫酸酸性の硫酸銅(II)水溶液を電解液とし，約0.4Vの低電圧で電気分解を行うと（図1），陰極に純度99.99％以上の純銅が得られる。

陽極：$Cu \longrightarrow Cu^{2+} + 2e^-$

陰極：$Cu^{2+} + 2e^- \longrightarrow Cu$

このような操作を銅の電解精錬という。

粗銅中に含まれる不純物のうち，銅Cuよりイオン化傾向が小さい銀Ag，金Auなどは，単体のまま陽極の下に沈殿する（陽極泥）。一方，Cuよりイオン化傾向が大きい亜鉛Zn，ニッケルNiなどは，イオンとなって溶けるが，低電圧のため陰極では析出せず，溶液中に残る。

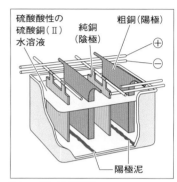

図1．銅の電解精錬

■ **銅の性質** 銅には次のような性質がある。

1 赤味を帯びた軟らかい金属で，展性・延性に富む。銀に次いで電気や熱をよく導く。

2 室温では徐々に表面が酸化されるだけであるが，湿った空気中では青緑色のさび（緑青^{ろくしょう}❁1）を生じる。

3 塩酸や希硫酸には溶けないが，酸化力のある硝酸や熱濃硫酸には溶ける。

希硝酸；$3Cu + 8HNO_3 \longrightarrow 3Cu(NO_3)_2 + 4H_2O + 2NO$
濃硝酸；$Cu + 4HNO_3 \longrightarrow Cu(NO_3)_2 + 2H_2O + 2NO_2$
熱濃硫酸；$Cu + 2H_2SO_4 \longrightarrow CuSO_4 + 2H_2O + SO_2$

4 黄銅（亜鉛との合金），青銅（スズとの合金），白銅（ニッケルとの合金）など，合金としても利用される。

図2．銅製の鍋^{なべ}

❁1．緑青は，空気中の水分とCO_2が作用して生じる塩基性炭酸銅(II)$CuCO_3 \cdot Cu(OH)_2$が主成分である。

図3. 酸化銅(Ⅱ) 図4. 酸化銅(Ⅰ)

図5. 硫酸銅(Ⅱ)無水塩と水の反応

2 銅の化合物は

■ 銅は，酸化数が＋2（まれに＋1）の化合物をつくる。

■ **銅の酸化物** 銅を空気中で加熱すると，1000℃以下では黒色の酸化銅(Ⅱ)CuOを生成し（図3），1000℃以上では赤色の酸化銅(Ⅰ)Cu_2Oを生成する（図4）。

■ **硫酸銅(Ⅱ)五水和物** $CuSO_4 \cdot 5H_2O$　酸化銅(Ⅱ)は，希硫酸に溶けて硫酸銅(Ⅱ)$CuSO_4$になる。

$$CuO + H_2SO_4 \longrightarrow CuSO_4 + H_2O$$

　硫酸銅(Ⅱ)水溶液を濃縮すると，硫酸銅(Ⅱ)五水和物の青色の結晶が得られる。この結晶を150℃以上に加熱すると，水和水を失って白色粉末の硫酸銅(Ⅱ)無水塩$CuSO_4$になる。硫酸銅(Ⅱ)無水塩は，水分に触れると青色に戻るので，水分の検出に利用される（図5）。

$$CuSO_4 \cdot 5H_2O \rightleftarrows CuSO_4 + 5H_2O$$

■ **銅(Ⅱ)イオン Cu^{2+} の反応**

1 　Cu^{2+}を含む水溶液に塩基を加えると，水酸化銅(Ⅱ)$Cu(OH)_2$の青白色の沈殿を生じる。

$$Cu^{2+} + 2OH^- \longrightarrow Cu(OH)_2\downarrow$$

2 　水酸化銅(Ⅱ)は，過剰のNaOH水溶液には溶けないが，過剰のアンモニア水に溶け，深青色の水溶液となる。

$$Cu(OH)_2 + 4NH_3 \longrightarrow [Cu(NH_3)_4]^{2+} + 2OH^-$$
テトラアンミン銅(Ⅱ)イオン

3 　水酸化銅(Ⅱ)を加熱すると，黒色の酸化銅(Ⅱ)になる。

$$Cu(OH)_2 \longrightarrow CuO + H_2O$$

4 　Cu^{2+}を含む水溶液に硫化水素H_2Sを通じると，黒色の硫化銅(Ⅱ)CuSの沈殿を生じる。

$$Cu^{2+} + S^{2-} \longrightarrow CuS\downarrow$$

図6. 銅(Ⅱ)イオン Cu^{2+} の反応

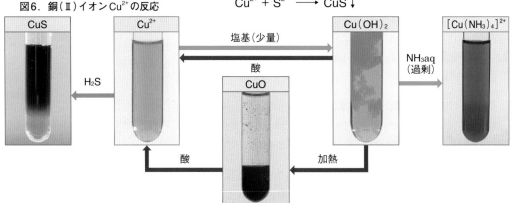

8 銀とその化合物

1 銀の単体は

■ **銀の性質** 銀は，次のような性質をもつ。

1 銀白色の金属光沢をもち，電気や熱を最もよく導く。

2 イオン化傾向が小さく，塩酸や希硫酸には溶けないが，酸化力がある硝酸や熱濃硫酸には溶ける。

$$Ag + 2HNO_3（濃）\longrightarrow AgNO_3 + H_2O + NO_2$$

3 常温の空気中では，通常，酸化されない。

4 硫化水素に触れると，黒色の硫化銀Ag_2Sを生じる。

図1．銀製品

2 銀の化合物は

■ 銀は，つねに酸化数＋1の化合物をつくる。

■ **硝酸銀$AgNO_3$** 無色の板状結晶で，水によく溶ける。光により分解しやすい（**感光性**）ので，褐色びんで保存する。

■ **ハロゲン化銀AgX**

1 フッ化銀AgF以外はいずれも水に溶けにくい（→p.135）。

ハロゲン化銀	色	アンモニア水への溶解性	チオ硫酸ナトリウム$Na_2S_2O_3$水溶液への溶解性
塩化銀$AgCl$	白色	溶ける	溶ける
臭化銀$AgBr$	淡黄色	わずかに溶ける	溶ける
ヨウ化銀AgI	黄色	溶けない	溶ける

表1．ハロゲン化銀の溶解性

図2．硝酸銀$AgNO_3$の結晶

✿ 1．ハロゲン化銀はいずれも感光性があるため，フィルム写真の感光剤として用いられている。デジタルカメラの普及に伴い，感光剤に用いられる量は減ったが，その一方，携帯電話やコンピュータなどの電子材料に微細な配線パターンを描くときに利用されている。

■ **銀イオンAg^+の反応**

1 Ag^+を含む水溶液に塩基を加えると，酸化銀Ag_2Oの褐色沈殿を生じる。

$$2Ag^+ + 2OH^- \longrightarrow Ag_2O\downarrow + H_2O$$

2 酸化銀は過剰の水酸化ナトリウム水溶液には溶けないが，過剰のアンモニア水には溶ける。

$$Ag_2O + 4NH_3 + H_2O \longrightarrow 2[Ag(NH_3)_2]^+ + 2OH^-$$
ジアンミン銀（Ⅰ）イオン

図3．銀イオンの反応

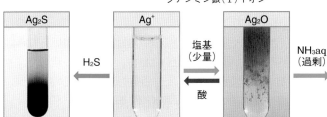

Ag_2S ← H_2S — Ag^+ — 塩基（少量）／酸 ⇄ Ag_2O — NH_3aq（過剰）→ $[Ag(NH_3)_2]^+$

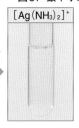

クロム・マンガンとその化合物

1 クロムとその化合物

■ **クロムの単体**　クロム Cr は，銀白色の硬い金属で，イオン化傾向は比較的大きいが，空気中では緻密な酸化被膜をつくり，**不動態**を形成するので，腐食されにくい。鉄製品のめっきに利用される。

■ **クロムの化合物**　酸化数 +3（安定），+6 のものが多い。

■ **クロム酸カリウム** K_2CrO_4　黄色の結晶で，水に溶けると黄色のクロム酸イオン CrO_4^{2-} を生じる。CrO_4^{2-} は，Pb^{2+}，Ba^{2+}，Ag^+ と反応して，それぞれ，クロム酸鉛（Ⅱ）$PbCrO_4$（黄色），クロム酸バリウム $BaCrO_4$（黄色），クロム酸銀 Ag_2CrO_4（赤褐色）の沈殿を生じる（図1）。

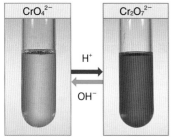

図1．クロム酸塩の沈殿

■ **二クロム酸カリウム** $K_2Cr_2O_7$　赤橙色の結晶で，水に溶けると赤橙色の二クロム酸イオン $Cr_2O_7^{2-}$ を生じる。$Cr_2O_7^{2-}$ は，硫酸酸性水溶液中では強い**酸化作用**を示す。

$$Cr_2O_7^{2-} + 14H^+ + 6e^- \longrightarrow 2Cr^{3+}（暗緑色） + 7H_2O$$

■ 水溶液中では，CrO_4^{2-} と $Cr_2O_7^{2-}$ との間に次式のような平衡が成立する（図2）。

$$2CrO_4^{2-} + H^+ \rightleftharpoons Cr_2O_7^{2-} + OH^-$$

図2．CrO_4^{2-} と $Cr_2O_7^{2-}$ の平衡
水溶液を酸性にすると $Cr_2O_7^{2-}$ を生じて赤橙色に変化し，塩基性にすると，CrO_4^{2-} を生じて黄色に変化する（→ p.107）。

2 マンガンとその化合物

■ **マンガンの単体と化合物**　マンガン Mn は，銀白色の金属で硬くてもろい。イオン化傾向が比較的大きく，希塩酸や希硫酸に H_2 を発生して溶ける。少量のマンガンを含む鋼は**マンガン鋼**とよばれ，きわめて硬いので，鉄道のレールのポイントなどに利用される。マンガンの化合物は，酸化数 +2（安定），+4，+7 のものが多い。

■ **硫酸マンガン（Ⅱ）** $MnSO_4$　淡桃色の結晶で，Mn の単体を希硫酸に溶かした水溶液から得られる。

■ **酸化マンガン（Ⅳ）** MnO_2　黒褐色の粉末で，水に溶けない。酸化剤や多くの化学反応の触媒として用いられる。

■ **過マンガン酸カリウム** $KMnO_4$　黒紫色の結晶で，水に溶かすと赤紫色の過マンガン酸イオン MnO_4^- を生じる。硫酸酸性水溶液中では強い**酸化作用**を示す。

$$MnO_4^- + 8H^+ + 5e^- \longrightarrow Mn^{2+}（無色） + 4H_2O$$

10 イオンの分離と検出

1 イオンの正体は沈殿反応で見る

■ **金属イオンの検出** 水溶液中に含まれる金属イオンの多くは，適当な試薬を加えると特有の色をもった沈殿を生成する。これを利用して，水溶液中の金属イオンを分離，確認することができる（表1）。

❂1. $PbCl_2$ は熱水に溶解する。

●塩酸を加えると沈殿			●硫酸を加えると沈殿			
イオン 沈殿(色)	Ag^+ AgCl(白)	Pb^{2+}❂1 $PbCl_2$(白)	イオン 沈殿(色)	Ca^{2+} $CaSO_4$(白)	Ba^{2+} $BaSO_4$(白)	Pb^{2+} $PbSO_4$(白)

●NaOHaq を加えると沈殿し，過剰に加えると溶ける			
イオン 沈殿(色) 過剰に加えた溶液	Al^{3+} $Al(OH)_3$(白) $[Al(OH)_4]^-$(無色)	Zn^{2+} $Zn(OH)_2$(白) $[Zn(OH)_4]^{2-}$(無色)	Pb^{2+} $Pb(OH)_2$(白) $[Pb(OH)_4]^{2-}$(無色)

●NH₃aq を加えると沈殿し，過剰に加えると溶ける			
イオン 沈殿(色) 過剰に加えた溶液	Zn^{2+} $Zn(OH)_2$(白) $[Zn(NH_3)_4]^{2+}$(無色)	Cu^{2+} $Cu(OH)_2$(青白) $[Cu(NH_3)_4]^{2+}$(深青)	Ag^+ Ag_2O(褐) $[Ag(NH_3)_2]^+$(無色)

●H₂S を通じると沈殿								
	中性・塩基性でのみ沈殿				酸性・中性・塩基性のいずれでも沈殿			
イオン 沈殿(色)	Mn^{2+} MnS(淡赤)	Zn^{2+} ZnS(白)	Fe^{2+} FeS(黒)	Ni^{2+} NiS(黒)	Cd^{2+} CdS(黄)	Pb^{2+} PbS(黒)	Cu^{2+} CuS(黒)	Ag^+ Ag_2S(黒)

●(NH₄)₂CO₃aq を加えると沈殿		
イオン 沈殿(色)	Ca^{2+} $CaCO_3$(白)	Ba^{2+} $BaCO_3$(白)

表1．金属イオンの沈殿反応

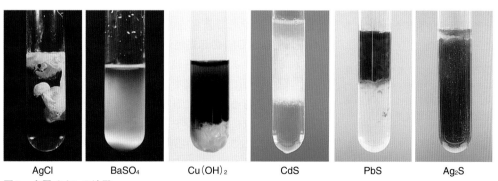

AgCl　　BaSO₄　　Cu(OH)₂　　CdS　　PbS　　Ag₂S

図1．金属イオンの沈殿

金属イオンを
6つのグループに
分けて
分離するよ。

2 金属イオンを分離する

■ **系統分離**　何種類かの金属イオンの混合水溶液から，各イオンを分離するために加える試薬を，**分属試薬**という。分属試薬を一定の順序で加えることにより，試料溶液に含まれる金属イオンを分離・確認することができる。このような操作を金属イオンの**系統分離**といい，一般には，硫化水素による**6属系統分離法**がよく用いられる（**表2**）。

　金属イオンの系統分離には，沈殿の生成反応と溶解反応が巧みに利用されている。

属	金属イオン	分属試薬	沈殿物
第1属	Ag^+，Pb^{2+}	HClaq	塩化物
第2属	Cu^{2+}，Cd^{2+}	H_2S（酸性）	硫化物
第3属	Fe^{3+}，Al^{3+}	NH_3aq	水酸化物
第4属	Zn^{2+}，Ni^{2+}	H_2S（塩基性）	硫化物
第5属	Ca^{2+}，Ba^{2+}	$(NH_4)_2CO_3aq$	炭酸塩
第6属	Na^+，K^+	——	沈殿を生じない

表2．硫化水素による6属系統分離法

■ **Ag^+, Cu^{2+}, Fe^{3+}, Zn^{2+}, Ca^{2+}, Na^+の混合水溶液の系統分離**
　以下の手順に従って混合水溶液に分属試薬を加え，生じる沈殿をろ過していくと，各金属イオンを分離することができる（**図2**）。

1　混合水溶液に希塩酸を加えると，塩化銀 AgCl の白色沈殿を生じるので，これをろ過して分離する。⇒第1属

2　**1**のろ液に硫化水素を通じると，硫化銅（Ⅱ）CuS の黒色沈殿を生じるので，これをろ過して分離する。⇒第2属

3　**2**のろ液を煮沸して硫化水素を追い出す。水溶液中の Fe^{3+} は硫化水素によって還元されて Fe^{2+} になっているので，希硝酸を加えて酸化し，Fe^{3+} に戻す。

4　**3**にアンモニア水を十分に加えると，酸化水酸化鉄（Ⅲ）FeO(OH) の赤褐色沈殿を生じるので，これをろ過して分離する。⇒第3属

5　**4**のろ液に硫化水素を通じると，硫化亜鉛 ZnS の白色沈殿を生じるので，これをろ過して分離する。⇒第4属

6　**5**のろ液に炭酸アンモニウム水溶液を加えると，炭酸カルシウム CaCO₃ の白色沈殿を生じるので，これをろ過して分離する。⇒第5属（沈殿），第6属（ろ液）

7　**6**のろ液の炎色反応を調べ，黄色の炎を確認する。

✿**2.** このとき，ろ液に 0.3 mol/L 程度になるように塩酸を加え，pH を1程度に保つ。

✿**3.** 硫化水素が残っていると，希硝酸によって酸化され，硫黄の沈殿が生じる。また，**4**で得られる水酸化物の沈殿に，第4属の金属の硫化物が混じるおそれがある。

✿**4.** FeO(OH) の水への溶解度は Fe(OH)₂ よりかなり小さいので，試料溶液中の鉄イオンを確実に沈殿として分離できる。

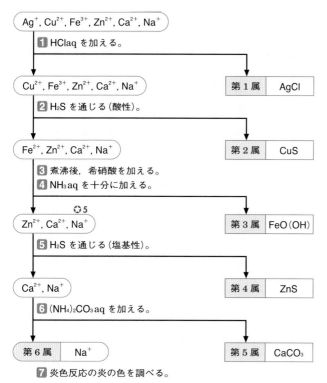

Ag⁺, Cu²⁺, Fe³⁺, Zn²⁺, Ca²⁺, Na⁺

1 HClaq を加える。

Cu²⁺, Fe³⁺, Zn²⁺, Ca²⁺, Na⁺ → 第1属 AgCl

2 H₂S を通じる(酸性)。

Fe²⁺, Zn²⁺, Ca²⁺, Na⁺ → 第2属 CuS

3 煮沸後, 希硝酸を加える。
4 NH₃aq を十分に加える。

○5
Zn²⁺, Ca²⁺, Na⁺ → 第3属 FeO(OH)

5 H₂S を通じる(塩基性)。

Ca²⁺, Na⁺ → 第4属 ZnS

6 (NH₄)₂CO₃aq を加える。

第6属 Na⁺   第5属 CaCO₃

7 炎色反応の炎の色を調べる。

操作の順序を間違え
ないようにしよう。

図2. 6属系統分離法の例

○**5.** Zn²⁺ は [Zn(NH₃)₄]²⁺ の形で
存在している。

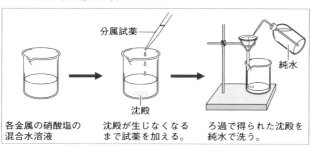

分属試薬   純水

各金属の硝酸塩の   沈殿が生じなくなる   ろ過で得られた沈殿を
混合水溶液   まで試薬を加える。   純水で洗う。

沈殿

図3. 沈殿の生成と分離

③ 陰イオンの検出法

■ 水溶液中の陰イオンは, ある陽イオンを含む水溶液を
加えて, 沈殿を生成させることで確認できる(表3)。

○**6.** 硝酸イオンNO₃⁻ は, どん
な金属イオンとも沈殿をつくらな
いため, 簡単な方法では確認でき
ない。

陰イオン		加える陽イオン	生成する沈殿(色)
硫酸イオン	SO₄²⁻	Ba²⁺	BaSO₄(白) 硝酸に不溶
炭酸イオン	CO₃²⁻	Ba²⁺	BaCO₃(白) 硝酸に可溶
塩化物イオン	Cl⁻	Ag⁺	AgCl(白) アンモニア水に可溶
クロム酸イオン	CrO₄²⁻	Pb²⁺	PbCrO₄(黄)
シュウ酸イオン	C₂O₄²⁻	Ca²⁺	CaC₂O₄(白)

表3. 陰イオンと陽イオンの沈殿反応

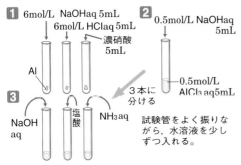

重要実験 アルミニウム・鉄とその化合物

● アルミニウムとその化合物

方法

1 アルミニウム片を3本の試験管に入れ，NaOH水溶液，塩酸，濃硝酸を加える。

2 0.5 mol/L 塩化アルミニウム水溶液を5 mLとり，0.5 mol/L NaOH水溶液を5 mL加える。

3 **2**を3本の試験管に分け，それぞれにNaOH水溶液，塩酸，アンモニア水を加える。

1 6mol/L NaOHaq 5mL
6mol/L HClaq 5mL
濃硝酸 5mL
Al

2 0.5mol/L NaOHaq 5mL
0.5mol/L AlCl₃ aq 5mL

3
NaOH aq　塩酸　NH₃aq
3本に分ける

試験管をよく振りながら，水溶液を少しずつ入れる。

結果

1 方法**1**では，NaOH水溶液と塩酸には溶けたが，濃硝酸には溶けなかった。

2 方法**2**では白色のゲル状の沈殿を生じた。

3 方法**3**では，NaOH水溶液と塩酸を加えると沈殿が溶けたが，アンモニア水を加えても変化がなかった。

考察

1 結果**1**の変化を化学反応式で示せ。
$$\longrightarrow 2Al + 6HCl \longrightarrow 2AlCl_3 + 3H_2 \uparrow$$
$$2Al + 2NaOH + 6H_2O \longrightarrow 2Na[Al(OH)_4] + 3H_2 \uparrow$$

2 結果**1**で，濃硝酸に不溶だったのはなぜか。
→ アルミニウムの表面に緻密な酸化被膜ができ，内部を保護しているため(不動態)。

3 結果**2**の変化を化学反応式で示せ。
$$\longrightarrow AlCl_3 + 3NaOH \longrightarrow Al(OH)_3 \downarrow + 3NaCl$$

4 結果**3**の変化を化学反応式で示せ。
$$\longrightarrow Al(OH)_3 + NaOH \longrightarrow Na[Al(OH)_4]$$
$$Al(OH)_3 + 3HCl \longrightarrow AlCl_3 + 3H_2O$$

● 鉄の化合物

方法

1 0.1 mol/L 硫酸鉄(Ⅱ)水溶液を4 mLずつ4本の試験管にとる。それぞれに2 mol/L 水酸化ナトリウム水溶液，0.1 mol/L チオシアン酸カリウム水溶液，0.1 mol/L ヘキサシアニド鉄(Ⅲ)酸カリウム水溶液，0.1 mol/L ヘキサシアニド鉄(Ⅱ)酸カリウム水溶液を加え，変化を見る。

2 0.1 mol/L 塩化鉄(Ⅲ)水溶液を4 mLずつ4本の試験管にとり，**1**と同じ4種類の水溶液を加え，変化を見る。

結果

	1 FeSO₄aq	**2** FeCl₃aq
NaOHaq	(A)緑白色の沈殿を生じた。	(E)赤褐色の沈殿を生じた。
KSCNaq	(B)変化が見られなかった。	(F)血赤色の溶液になった。
K₃[Fe(CN)₆]aq	(C)濃青色の沈殿を生じた。	(G)褐色の溶液になった。
K₄[Fe(CN)₆]aq	(D)青白色の沈殿を生じた。	(H)濃青色の沈殿を生じた。

考察

1 結果**1**の(A)と(C)で見られる変化を，それぞれイオン反応式で示せ。
$$\longrightarrow (A) \quad Fe^{2+} + 2OH^- \longrightarrow Fe(OH)_2 \downarrow$$
※Fe(OH)₂は本来白色であるが，微量のFeO(OH)を含むため，緑白色を帯びている。
$$(C) \quad Fe^{2+} + K_3[Fe(CN)_6]$$
$$\longrightarrow 2K^+ + KFe[Fe(CN)_6] \downarrow$$

2 結果**2**の(E)，(H)で見られる変化を，それぞれイオン反応式で示せ。
$$\longrightarrow (E) \quad Fe^{3+} + 3OH^- \longrightarrow FeO(OH) \downarrow + H_2O$$
$$(H) \quad Fe^{3+} + K_4[Fe(CN)_6]$$
$$\longrightarrow 3K^+ + KFe[Fe(CN)_6] \downarrow$$

重要実験　銅・銀とその化合物

● 銅の化合物

方法

1. 硫酸銅(Ⅱ)五水和物の結晶(あずき大)1粒を試験管に入れ、振りながら加熱する。
2. 1と同じ結晶を純水約5mLに溶かし、その水溶液を2本の試験管に分ける。
3. 2の1本の試験管に2mol/L NaOH水溶液を数滴加えて振る。
4. 3の生成物を蒸発皿に移し、加熱する。
5. 2のもう1本の試験管に、2mol/Lアンモニア水を少しずつ加えながら振る。

結果

1. 方法1では、結晶は白い粉末になった。また、試験管の口付近には水滴がついた。
2. 方法3では、青白色の沈殿ができた。
3. 方法4では、黒色の固体に変化した。
4. 方法5では青白色の沈殿ができたが、さらにアンモニア水を加えると、溶けて深青色の水溶液になった。

考察

1. 結果1で、結晶の色が変化したのはなぜか。
    → 加熱によって水和水を失い、無水物に変化したため。
2. 結果2、3の変化を化学反応式で示せ。
    → 2　$CuSO_4 + 2NaOH$
    　　　　　$\longrightarrow Cu(OH)_2\downarrow + Na_2SO_4$
    　　3　$Cu(OH)_2 \longrightarrow CuO + H_2O$
3. 結果4の変化を、イオン反応式を用いて説明せよ。
    → アンモニア水を加えると、水酸化銅(Ⅱ)の青白色沈殿が生じた。
    $Cu^{2+} + 2OH^- \longrightarrow Cu(OH)_2\downarrow$
    さらにアンモニア水を加えると、沈殿が溶け、深青色のテトラアンミン銅(Ⅱ)イオンを生じた。
    $Cu(OH)_2 + 4NH_3 \longrightarrow [Cu(NH_3)_4]^{2+} + 2OH^-$

● 銀の化合物

方法

1. 0.5mol/L硝酸銀水溶液を約5mLとり、1mol/L塩化ナトリウム水溶液を約5mL加えて、その変化を見る。
2. 1の内容物を3本の試験管(A)〜(C)に分ける。(A)には2mol/Lアンモニア水、(B)には2mol/Lチオ硫酸ナトリウム$Na_2S_2O_3$水溶液を少しずつ加え、振りながら変化を見る。(C)は日光に当て、変化を見る。

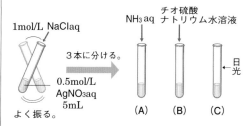

結果

1. 方法1では、白色の沈殿ができた。
2. 方法2では、(A)と(B)は沈殿が溶けて無色透明の水溶液になった。(C)はしだいに紫色になり、やがて黒くなった。

考察

1. 結果1の変化を化学反応式で示せ。
    → $AgNO_3 + NaCl \longrightarrow AgCl\downarrow + NaNO_3$
2. 結果2の(A)、(B)の変化を化学反応式で示せ。
    → (A)　$AgCl + 2NH_3 \longrightarrow [Ag(NH_3)_2]Cl$
    　　(B)　$AgCl + 2Na_2S_2O_3$
    　　　　　$\longrightarrow Na_3[Ag(S_2O_3)_2] + NaCl$
3. 結果2の(C)の変化を説明せよ。
    → 塩化銀が光の作用で分解し、銀の微粒子(黒色)を遊離した。
    $2AgCl \longrightarrow 2Ag + Cl_2$

3章 無機物質と人間生活

1 金属

1 金属の特徴と分類

■ **金属の特徴**　金属には，一般に次のような特徴がある。
1. 特有の金属光沢を示す。
2. 電気・熱をよく通す。
3. 展性・延性が大きく，加工しやすい。[1]
4. 混ぜると，合金をつくることができる。[1]

■ **金属の分類**
1. 密度が $4 \sim 5 \, \mathrm{g/cm^3}$ より小さい金属を**軽金属**という。[2]
2. 密度が $4 \sim 5 \, \mathrm{g/cm^3}$ より大きい金属を**重金属**という。
3. 空気中で容易にさびる金属を**卑金属**という。
4. 空気中でも容易にはさびない金属を**貴金属**という。[3]
5. 地球上での存在量が少なかったり，採掘や製錬が困難な金属を**レアメタル**(希少金属)という。[4]

2 おもな金属の性質

■ **アルミニウム**(→ p.160)　軽くて軟らかく，加工しやすい。生産量は鉄に次いで多い。電気伝導率は銀，銅，金についで高く，高圧送電線に用いられている。また，さびにくいため，飲料水用の缶や窓枠(サッシ)，食品包装用の袋などにも用いられている。

■ **鉄**(→ p.166)　鉄は地殻中にアルミニウムについで多量に存在する。鉄鉱石は世界各地に豊富に存在し，最も安価な金属材料の1つである。機械的強度が大きいので，自動車，船，建造物，機械などの構造材料として幅広く用いられる。鉄に少量の炭素を混ぜたものは鋼鉄(鋼)とよばれ，炭素量や熱処理によって硬さと強度を調節できる。

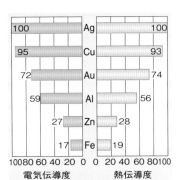

図1. 電気伝導度と熱伝導度の関係
（Ag を100とした場合）
電気伝導度の大きい金属は熱伝導度も大きい，という正の相関関係が見られる。

☆1. 金属の結晶構造の種類が同じで，原子半径の差が15％以内のときは，合金がつくられやすい。

☆2. リチウムLi，ナトリウムNa，マグネシウムMg，アルミニウムAl，チタンTiなどが該当する。

☆3. 金Au，白金Pt，銀Agなどが該当する。

☆4. 日本では，経済産業省が31鉱種47元素を指定しており，先端技術には欠かせない。

種類	極軟鋼	軟鋼	硬鋼	最硬鋼
炭素量〔%〕	0.12以下	0.40以下	0.80以下	0.80以上
用途	薄板，針金，トタン，ブリキ	鉄骨，鉄筋，鋼板	車軸，歯車，ボルト	レール，ばね，ワイヤー，刃物

表1. 鋼鉄の種類

■ **銅**（→**p.169**） 赤色の光沢をもち，古くから青銅器や銅銭などに利用されてきた。電気伝導率の大きさから，電線や電気機器などに用いられている。また，熱伝導率の大きさから，調理器具や湯沸かし器などに用いられている。展性・延性が大きく，軟らかくて加工しやすい特徴がある。

③ 金属の腐食とその防止

■ **合金** 2種類以上の金属をとかし合わせたり，金属に非金属をとかし合わせたりしたものを，**合金**という。合金はもとの金属にはない優れた性質をもつものが多い。

名称	組成の一例〔%〕	特徴・用途
黄銅	Cu70，Zn30	黄色，美しい，加工性大，楽器
青銅	Cu85，Sn15	腐食しにくい，硬い，銅像
白銅	Cu80，Ni20	白色，美しい，加工性大，硬貨
ステンレス鋼	Fe74，Cr18，Ni8	さびにくい，硬い，構造材
ジュラルミン	Al94，Cu5，Mg少量	軽量，強度大，航空機
ニクロム	Ni80，Cr20	電気抵抗大，電熱線
無鉛はんだ	Sn96，Ag3，Cu少量	融点が低い，金属の接合
形状記憶合金	Ni50，Ti50	高温での形状を記憶，眼鏡
超伝導合金	Nb70，Sn30	低温で電気抵抗0，電磁石

表2．いろいろな合金

■ **金属の腐食** 金属が空気中の酸素や水と反応し，酸化物や水酸化物などになったものが，**さび**である。さびは，水に塩化物イオンCl^-や炭酸イオンCO_3^{2-}が含まれていると，特に生じやすい。

例 鉄の赤さび[5]$Fe_2O_3 \cdot nH_2O$ 鉄の黒さび[5]Fe_3O_4
 銅の青さび（緑青）$CuCO_3 \cdot Cu(OH)_2$

■ **さびの防止法** 次のような方法がある。

1 **めっき** 金属の表面を別の金属の薄膜で覆ったものを**めっき**といい，金属の腐食防止や装飾などを目的に利用される。たとえば，鋼板に亜鉛Znをめっきしたものは**トタン**[6]とよばれ，建築材，バケツなどに用いられている。また，鋼板にスズSnをめっきしたものは**ブリキ**[6]とよばれ，缶詰の缶などに用いられている。

2 **化学的処理** アルミニウムAlを陽極としてシュウ酸水溶液を電気分解すると，Alの表面に厚い酸化被膜(不動態→**p.160**)をつけることができる。このような製品を**アルマイト**といい，身のまわりの多くのアルミニウム製品には，この処理が施されている。

図2．黄銅（左）と白銅（右）

図3．無鉛はんだ
以前は鉛Pbを含むはんだがよく使われていたが，環境への影響から，鉛を含まないものに切り換えが進行中である。

❄5．鉄を湿った空気中に放置すると赤さび，鉄を空気中で強熱すると黒さびが生成する。赤さびはきめが粗く，内部までさびが進行しやすいが，黒さびは緻密で，内部の鉄の腐食を防止する効果がある。

❄6．トタンに傷がついても，イオン化傾向がZn＞Feのため，Znが先に酸化され，Feの腐食は抑制される。一方，ブリキに傷がつくと，イオン化傾向がFe＞Snのため，Feが優先的に酸化され，めっき前よりもさびやすくなる。

2 セラミックス

1 陶磁器とは

■ **セラミックスと窯業** 陶磁器やガラス，セメントなど，金属以外の無機物を高温に熱してつくられた固体材料を**セラミックス**という。セラミックスをつくる工業は，ケイ砂や粘土といったケイ酸塩を原料としていること，また，窯を用いて熱することから，**ケイ酸塩工業**，または**窯業**という。セラミックスは，さびない，燃えない，硬いなど，プラスチックや金属にはない特徴をもっている。

■ **陶磁器** 粘土や陶土（良質の粘土）などを高温で焼き固めたものを，**陶磁器**という。

1 成形 粘土と長石などの混合物に水を加える。よく練って空気を抜き，ろくろなどで成形する。

2 乾燥 天日のもとで，よく乾燥させる。

3 素焼き 約700〜900℃で焼く。水分はほとんど除かれるが，多孔質で吸水性がある。

4 本焼き 釉薬をかけ，約1100〜1500℃で焼いた後，ゆっくりと冷やす。

■ **焼結** 陶磁器は，乾燥，素焼き，本焼きと工程が進むにしたがって硬くなる。素焼き，本焼きで硬くなるのは，高温にすることで粘土の粒子が部分的にとけ，互いに接着するからである（図1）。これを，**焼結**という。

🔅1. セラミックスの語は，「高温で焼き固める」という意味のギリシャ語keramosに由来する。

🔅2. うわぐすりともいう。石英や長石などを主成分とし，石灰石$CaCO_3$や炭酸カリウムK_2CO_3などの粉末に水を混ぜて泥状にしたもの。これをつけて焼くと，陶磁器の表面にガラス質の被膜が生じ，吸水性をなくすことができる。

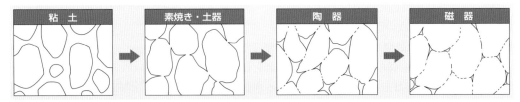

図1. 焼結の進行のようす

■ **陶磁器の種類** 原料や焼成温度などの違いにより，**土器，陶器，磁器**に分けられる。

種類	原料	焼成温度〔℃〕	強度	打音	吸水性	用途
土器	粘土	700〜900	劣る	濁音	大	瓦，植木鉢
陶器	陶土，石英	1100〜1300	中間	やや濁音	小	タイル，衛生器具
磁器	陶土，石英，長石	1300〜1500	すぐれる	金属音	なし	高級食器，がいし

表1. 陶磁器の種類

❷ ガラスとは

■ ガラスの特徴
❶ 長所 透明である。液体や気体を通さない。熱や化学薬品に比較的強い。燃えない。

❷ 短所 強い力や急冷・急熱に弱い。

■ ガラスの構造
一般的な**ガラス**は，主成分となるケイ砂 SiO_2 に炭酸ナトリウム Na_2CO_3 や炭酸カルシウム $CaCO_3$ を添加してつくられる。これらの混合物を高温に加熱して融解し，冷えて固化するまでの間に成形する。

ガラスは，二酸化ケイ素 SiO_2 の基本構造である SiO_4 の四面体の Si–O の結合の一部が切れてできた隙間に，ナトリウムイオン Na^+ やカルシウムイオン Ca^{2+} などが入り込み，不規則な構造を保ったまま固まったもので，**非晶質（アモルファス）**に分類される。したがって，決まった融点をもたず，加熱するとしだいに軟化する。

ガラスに少量の金属酸化物を加えると，その種類に応じて着色することができる。

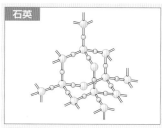
石英

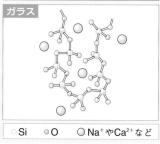
ガラス

○ Si　◎ O　⬡ Na^+ や Ca^{2+} など

図2．ガラスの構造

■ ガラスの種類
原料の違いにより，分類される。

名称	ソーダ石灰ガラス	鉛ガラス	ホウケイ酸ガラス	石英ガラス
主原料	・ケイ砂 SiO_2 ・炭酸ナトリウム Na_2CO_3 ・石灰石 $CaCO_3$	・ケイ砂 SiO_2 ・炭酸カリウム K_2CO_3 ・酸化鉛(Ⅱ) PbO	・ケイ砂 SiO_2 ・ホウ砂 　$Na_2B_4O_7 \cdot 10H_2O$	・ケイ砂 SiO_2
特徴	・安価 ・断面が青みを帯びている。	・光の屈折率が大きい。 ・放射線を遮蔽する。	・耐熱性や耐薬品性が大きい。	・薬品や熱に強い。 ・光の透過性が大きい。
用途	・最も多量に使用されている。 ・窓ガラスやびん	・光学レンズ ・X線遮蔽材料	・耐熱容器 ・理化学器具	・プリズム ・光ファイバー

表2．ガラスの種類

図3．ソーダ石灰ガラス

図4．ホウケイ酸ガラス

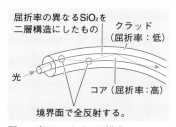
屈折率の異なる SiO_2 を二層構造にしたもの

クラッド（屈折率：低）

光

コア（屈折率：高）

境界面で全反射する。

図5．光ファイバーの構造

■ 光ファイバー
光通信に用いる**光ファイバー**は2層構造で，光を伝える中心部(コア)は光の屈折率が高く，外側(クラッド)は光の屈折率がやや低い。このため，光はコア内を全反射しながら進んでいく(図5)。

💡3．屈折率の大きい媒質から小さい媒質に光が入射したとき，入射角が一定の角(臨界角)を超えると，すべての光が反射するようになる。これを全反射という。

③ セメントとは

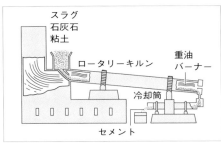

スラグ
石灰石
粘土
ロータリーキルン
重油バーナー
冷却筒
セメント

図6. セメントの製造装置

■ **セメント**　**セメント**は，無機物質の接合剤の総称であるが，一般的には，建築材料に広く用いられる**ポルトランドセメント**を指す。セメントは，石灰石と粘土の約5：1の混合物に少量のスラグ（→ p.166）などを加えたものを約1500℃で焼成し，生じた塊（クリンカー）を粉砕し，少量のセッコウ $CaSO_4 \cdot 2H_2O$ を加えて再び粉砕したものである。

　セメントに水を加えると，発熱しながら固まる。加えられたセッコウには，このときにセメントが急激に固まるのを防ぐ役割がある。

■ **モルタル**　セメントと砂を水で練って固めたものは，**モルタル**とよばれ，建築材料に用いられている。

■ **コンクリート**　セメントに砂と砂利を加え，水で練って固めたものを，**コンクリート**という。コンクリートは圧縮の力には強いが，引っ張りの力には弱い。そのため，鉄で補強し，**鉄筋コンクリート**として建築材料に用いられている。

❖4. コンクリートは水との反応で生じる水酸化カルシウム $Ca(OH)_2$ のために塩基性を示すが，年月が経過して中性化すると強度が低下する（コンクリートの中性化）という問題がある。

④ ファインセラミックスとは

■ **ファインセラミックス（ニューセラミックス）**

　天然のケイ酸塩鉱物などを原料につくられる**伝統的セラミックス**はさまざまな長所をもつが，もろく，急激な温度変化に弱いという短所をもつ。

　これに対し，高純度の原料を用い，焼き固めるときの温度や時間を精密に制御して得られるセラミックスは，従来のものよりすぐれた性質ももつ。これを**ファインセラミックス（ニューセラミックス）**といい，電子材料，磁気材料，生体材料などとして利用されている。

身近なものからそうでないものまで，いろいろなものに使われているんだね。

成分	特徴	用途
Si_3N_4，SiC	硬く，耐熱性や耐摩耗性が大きい。	自動車のエンジン，ガスタービン
$Ca_5(PO_4)_3OH$	耐久性が大きく，生体との適合性にすぐれる。	人工骨，人工関節，人工歯根
Al_2O_3，AlN	硬く，電気絶縁性や放熱性がよい。	集積回路の放熱基板，包丁，はさみ
$Pb(Ti，Zr)O_3$	圧力を加えると電圧が発生する。	ガス器具の着火素子
ZrO_2	酸素濃度の違いで電圧が発生する。	酸素センサー
$YBa_2Cu_3O_7$	比較的高温（92 K以下）で超伝導となる。	超伝導磁石

表3. ファインセラミックスの例

1. ☐ アルカリ金属の単体をつくる電気分解の方法を何という？

2. ☐ 水酸化ナトリウムの結晶が空気中の水分を吸収して溶ける現象を何という？

3. ☐ NH_3，$NaCl$，H_2O，CO_2を原料とするNa_2CO_3の工業的製法を何という？

4. ☐ $Na_2CO_3 \cdot 10H_2O$の結晶が空気中で水和水を失って粉末状になる現象を何という？

5. ☐ ２族元素をまとめて何という？

6. ☐ 石灰石を約900℃に加熱すると得られる白色固体の名称は？

7. ☐ 生石灰に水を加えて得られる白色粉末の名称は？

8. ☐ 硫酸カルシウム二水和物$CaSO_4 \cdot 2H_2O$は，一般に何とよばれる？

9. ☐ Zn，Al，Sn，Pbの単体は，酸・強塩基の両方と反応することから何とよばれる？

10. ☐ 化学式$AlK(SO_4)_2 \cdot 12H_2O$で表される結晶は一般に何とよばれる？

11. ☐ $Zn(OH)_2$のように，酸とも強塩基とも反応する水酸化物を一般に何という？

12. ☐ 溶鉱炉から得られた約4%の炭素を含む鉄を何という？

13. ☐ Fe^{2+}を含む水溶液に塩基を加えてできる沈殿の名称と色は？

14. ☐ Fe^{3+}を含む水溶液に塩基を加えてできる沈殿の名称と色は？

15. ☐ 化学式$K_3[Fe(CN)_6]$で表される結晶の色は？

16. ☐ $CuSO_4 \cdot 5H_2O$の青色結晶を加熱して得られる白色粉末の化学式は？

17. ☐ Cu^{2+}を含む水溶液に少量の塩基を加えてできる沈殿の名称と色は？

18. ☐ Ag^+を含む水溶液に少量の塩基を加えてできる沈殿の名称と色は？

19. ☐ Pb^{2+}を含む水溶液にK_2CrO_4水溶液を加えてできる沈殿の化学式と色は？

20. ☐ Ag^+を含む水溶液にK_2CrO_4水溶液を加えてできる沈殿の化学式と色は？

21. ☐ 鋼板に亜鉛をめっき，鋼板にスズをめっきしたものをそれぞれ何という？

22. ☐ アルミニウムに厚い酸化被膜を人工的につけた製品を何という？

23. ☐ 窓ガラスやびんなどに使われる，最も多量に使用されているガラスを何という？

解答

1. 溶融塩電解
（融解塩電解）
2. 潮解
3. アンモニアソーダ法
（ソルベー法）
4. 風解
5. アルカリ土類金属

6. 酸化カルシウム
（生石灰）
7. 水酸化カルシウム
（消石灰）
8. セッコウ
9. 両性金属
10. ミョウバン

11. 両性水酸化物
12. 銑鉄
13. 水酸化鉄(Ⅱ)，緑白色
14. 酸化水酸化鉄(Ⅲ)，
赤褐色
15. 暗赤色
16. $CuSO_4$

17. 水酸化銅(Ⅱ)，青白色
18. 酸化銀，褐色
19. $PbCrO_4$，黄色
20. Ag_2CrO_4，赤褐色
21. トタン，ブリキ
22. アルマイト
23. ソーダ石灰ガラス

① 1族，2族元素の性質

次の文中の[ ]に適する語句と数値を記せ。

　アルカリ金属の原子は，いずれも価電子が①[　　　]個で，②[　　　]価の③[　　　]イオンになりやすい。アルカリ金属の単体は空気中で④[　　　]されやすい。また，常温で水と激しく反応して⑤[　　　]を発生する。このときに生じる水溶液は，いずれも強い⑥[　　　]性を示す。これらの塩類を白金線につけて高温の炎に入れると，炎が着色する。この現象は⑦[　　　]とよばれ，リチウムでは⑧[　　　]色，ナトリウムでは⑨[　　　]色，カリウムでは⑩[　　　]色の炎が見られる。

　周期表の2族元素の原子は，いずれも価電子は⑪[　　　]個で，⑫[　　　]価の⑬[　　　]イオンになりやすい。2族元素を⑭[　　　]というが，⑮[　　　]，⑯[　　　]は炎色反応を示さないなど，ほかの4元素とは性質に違いが見られる。カルシウムの単体は，アルカリ金属と同様に，常温で水と反応して⑰[　　　]を発生し，水酸化物を生成する。

② 炭酸ナトリウムの製法

次の文中の[ ]には適する物質名，□□には化学式を入れよ。

　炭酸ナトリウムを工業的につくるには，まず①[　　　]の水溶液にアンモニアと二酸化炭素を吹き込み，②[　　　]を沈殿させる。

$$\boxed{③} + NH_3 + CO_2 + H_2O$$
$$\longrightarrow \boxed{④} + NH_4Cl \quad \cdots Ⓐ$$

　このとき使われる二酸化炭素は，⑤[　　　]を焼いてつくる。

$$\boxed{⑥} \longrightarrow CaO + CO_2$$

　次に，⑦[　　　]を焼いて炭酸ナトリウムをつくる。

$$2\boxed{⑧} \longrightarrow Na_2CO_3 + CO_2 + H_2O$$

　また，Ⓐの反応でできた⑨[　　　]に水酸化カルシウムを加えて熱し，アンモニアを回収する。

$$2NH_4Cl + \boxed{⑩}$$
$$\longrightarrow \boxed{⑪} + 2H_2O + 2NH_3$$

③ ナトリウム化合物間の関係

次の図は，4種類のナトリウムの化合物（固体または水溶液）の間の関係を示したものである。図中の①〜⑦の反応を起こさせる操作を，下のア〜クから1つずつ選べ。ただし，同じものを何回選んでもよい。

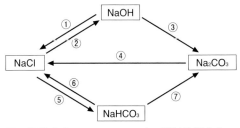

ア　加熱する。　　　　　　　イ　電気分解する。
ウ　塩酸を加える。
エ　水酸化カルシウムを加える。
オ　水素を通じる。　　　カ　酸素を通じる。
キ　二酸化炭素を通じる。
ク　二酸化炭素およびアンモニアを通じる。

④ 2族元素の性質

次の(1)〜(6)のうち，Mg，Ca，Baに共通する性質にはA，Mgだけに該当する性質にはB，Ca，Baだけに該当する性質にはCを記せ。

(1) 単体は常温でほとんど水と反応しない。
(2) 水酸化物の水溶液は強い塩基性を示す。
(3) 化合物は特有の炎色反応を示す。
(4) 原子は価電子を2個もち，2価の陽イオンになりやすい。
(5) 硫酸塩は水に溶けにくい。
(6) 炭酸塩は水に溶けにくい。

⑤ アルミニウム，亜鉛とその化合物

次の(1)〜(7)のうち，Al，Zn に共通する性質にはＡ，Al だけに該当する性質にはＢ，Zn だけに該当する性質にはＣを記せ。
(1) 原子は価電子を 3 個もち，3 価の陽イオンになる。
(2) 単体は塩酸に溶けて水素を発生する。
(3) 単体は不動態となるため濃硝酸に溶けない。
(4) 単体は水酸化ナトリウム水溶液に溶けて水素を発生する。
(5) 水酸化物はアンモニア水に溶ける。
(6) 水酸化物は水酸化ナトリウム水溶液に溶ける。
(7) 酸化物は塩酸にも水酸化ナトリウム水溶液にも溶ける。

⑥ 銅の反応

次の文中の［　　］には適する銅の化合物の名称，□には適する色を記せ。

銅を熱濃硫酸に溶かすと，①［　　　　］ができる。①の水溶液に水酸化ナトリウム水溶液を加えると，青白色の②［　　　　］が沈殿する。これに十分な量のアンモニア水を加えると，③□□色の溶液になる。

②を加熱すると，黒色の④［　　　　］が得られる。④を 1000℃ 以上の高温で加熱すると，⑤□□色の⑥［　　　　］に変化する。

⑦ 鉄イオンの反応

次の(1)〜(5)の水溶液には，Fe^{2+}，Fe^{3+} のどちらが含まれているか。
(1) アンモニア水を加えると赤褐色沈殿を生じた。
(2) ヘキサシアニド鉄(Ⅱ)酸カリウム水溶液を加えると濃青色沈殿を生じた。

(3) ヘキサシアニド鉄(Ⅲ)酸カリウム水溶液を加えると濃青色沈殿を生じた。
(4) チオシアン酸カリウム水溶液を加えると血赤色の水溶液になった。
(5) 水酸化ナトリウム水溶液を加えると緑白色沈殿を生じた。

⑧ 金属イオンの分離・分析

Ag^+，Al^{3+}，Fe^{3+}，Ca^{2+} の 4 種の金属イオンを含んでいる水溶液を，次の図の順序で処理した。

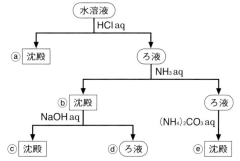

(1) ⓐ〜ⓔの物質の化学式を示せ。
(2) ⓐを溶かす試薬は何か。
(3) ⓒを確認する方法を書け。
(4) ⓓが生じるときの化学反応式を書け。

⑨ 化合物と慣用名

次の①〜⑧の物質の慣用名を，あとの**ア〜ク**から選べ。
① 塩化ナトリウム
② 水酸化カルシウム水溶液
③ 炭酸カルシウム
④ 酸化カルシウム
⑤ $CaSO_4 \cdot 2H_2O$
⑥ $CaCl(ClO) \cdot H_2O$
⑦ $AlK(SO_4)_2 \cdot 12H_2O$
⑧ 水酸化カルシウム

　ア 食塩　　**イ** 石灰石　　**ウ** ミョウバン
　エ さらし粉　**オ** セッコウ　**カ** 石灰水
　キ 生石灰　　**ク** 消石灰

⑩ 鉄の製錬

次の文を読み，あとの問いに答えよ。

　溶鉱炉で製錬して得られた鉄（炭素約4％）を
①[　　　]という。①は，工業的には，鉄鉱
石（主成分Fe_2O_3），石灰石，コークスを溶鉱炉
に入れ，下から熱した空気を吹き込んでつくる。
鉄鉱石中のFe_2O_3は，コークスの燃焼によって
生じた一酸化炭素によって還元され，鉄の単体
となる。このとき，石灰石は，鉄鉱石中の不純
物である②[　　　]などと反応し，③[　　　]
をつくる。得られた①から不純物を取り除き，
炭素量を減らしたものを④[　　　]という。

(1) 文中の[　]に適する語句を記せ。

(2) 下線部の反応を化学反応式で記せ。

⑪ アルミニウムの製錬

次の文を読み，あとの問いに答えよ。

　アルミニウムは①[　　　]が大きい金属で，
その塩類の水溶液を電気分解しても単体は析出
しない。そこで，原料鉱石である②[　　　]
を水酸化ナトリウム水溶液に溶かし，さらに
③[　　　]として沈殿させ，生じた沈殿を強
熱して純粋な④[　　　]を得る。これに，融
点を下げるために⑤[　　　]を加え，高温で
電気分解を行って単体を得る。この方法を
⑥[　　　]という。

(1) 文中の[　]に適する語句を記せ。

(2) ⑥を行うと，陽極では一酸化炭素80 mol
　　と二酸化炭素200 molが発生した。このとき，
　　陰極で生じたアルミニウムは何molか。

⑫ 合金

次の(1)〜(7)の合金の特徴および用途を**ア〜キ**
から選べ。

(1) ステンレス鋼　　(2) ニクロム

(3) 青銅　　(4) 黄銅　　(5) 白銅

(6) ジュラルミン　　(7) 無鉛はんだ

ア　黄色・加工性大，楽器

イ　電気抵抗大，電熱線

ウ　硬い・さびにくい，銅像・鐘

エ　融点が低い，電気接合材料

オ　白色・さびにくい，硬貨

カ　軽量・強度大，航空機の機体

キ　さびにくい，台所用品・構造材

⑬ 銅の電解精錬

次の文の[　]に適する語句を記せ。

　粗銅中の不純物を除いて高純度の銅を得る方
法を①[　　　]という。①では，粗銅板を
②[　　　]極，純銅板を③[　　　]極として，
硫酸酸性の④[　　　]水溶液を約0.4 Vの電圧
で電気分解する。このとき，②極では銅が
⑤[　　　]されて溶解し，③極では銅（Ⅱ）イ
オンが⑥[　　　]されて銅が析出する。また，
粗銅板に不純物として含まれる金や銀などは，
単体のまま⑦[　　　]として沈殿する。

⑭ セラミックス

次の(1)〜(6)の無機材料にあてはまる記述を，
ア〜カから選べ。

(1) セメント　　(2) ホウケイ酸ガラス

(3) 鉛ガラス　　(4) 石英ガラス

(5) 陶磁器　　(6) ソーダ石灰ガラス

ア　光の透過率が大きく，繊維状にしたもの
　　は光ファイバーに利用される。

イ　光の屈折率が大きく，レンズに利用する。

ウ　急激に加熱・冷却をしても割れにくく，
　　実験用ガラス器具に多用される。

エ　陶土を1100〜1500℃で焼き固めてつくる。

オ　ケイ砂，炭酸ナトリウム，石灰石を加熱
　　してつくる。

カ　石灰石と粘土を焼成後，粉砕してつくる。

4編

有機化合物

1章 有機化合物の特徴

1 有機化合物の特徴と分類

1 有機化合物の特徴

☼1. 一酸化炭素, 二酸化炭素, 炭酸塩, シアン化物は除く。
例 $CaCO_3$, KCN

☼2. はじめて人工的に有機化合物を合成したのは, ウェーラー(ドイツ, 1800～1882)である。
1828年, 無機化合物のシアン酸アンモニウム NH_4OCN から, 有機化合物の尿素 $(NH_2)_2CO$ の合成に成功し, その後の有機化学の発展に貢献した。

■ **有機化合物** 自然界の物質のうち, 炭素を含む化合物を**有機化合物**, それ以外の化合物を**無機化合物**という。

■ **有機化合物の多様性** 有機化合物は構成元素の種類は少ないが, 化合物の種類はきわめて多い。これは, 次のような理由による。

1 炭素原子の電気陰性度は中程度の値をもつので, 陽・陰イオンになりにくく, 共有結合をつくりやすい。

2 炭素C原子には, 次々と安定な共有結合をつくる能力(**連鎖性**という)がある。さらに, 水素H, 窒素N, 酸素O, 硫黄S, リンP, ハロゲンなどの多くの非金属原子とも安定な共有結合をつくることができる。

3 炭素の原子価は4(最大)であり, **鎖状**, **環状**, **枝分かれ状**など, さまざまな構造の分子をつくることができる。

4 C原子間では, 単結合(**飽和結合**ともいう)だけでなく, 二重結合や三重結合(**不飽和結合**ともいう)をつくることができる。

特徴	有機化合物	無機化合物
成分元素	主としてC・H・O, ほかにN・S・P・ハロゲン	天然に存在するすべての元素
種類数	1億以上	20万～30万
溶解性	水に溶けにくいものが多い。 有機溶媒に溶けやすいものが多い。	水に溶けやすいものが多い。 有機溶媒に溶けにくいものが多い。
融点	一般に, 融点が低い。 300℃以上では分解する。	一般に, 融点が高い。 高温で安定なものが多い。
反応性	非電解質が多い。 反応が複雑で, 反応速度は小さい。	電解質が多い。 イオン反応のため, 反応速度は大きい。

表1. 有機化合物と無機化合物の違い

2 有機化合物の表し方

■ **分子式** 一般に, 有機化合物を分子式で表すときはC, Hの順に並べ, これ以外の原子はアルファベット順に並べる。

■ **構造式** 有機化合物を構造式で表すときは，原子のつながり方に誤解を生じない程度に価標の一部を省略した**簡略構造式**がよく使われる。

■ **示性式** 有機化合物の特性を表す原子団（**官能基**）とそれ以外の部分を区別して表した化学式を**示性式**という。

例 酢酸　　　　分子式　　　　　構造式　　　　　　示性式

$C_2H_4O_2$　　　H–C̈–C–O–H　　　CH_3COOH

☼ 3．単結合の価標は省略することが多いが，二重結合や三重結合の価標は省略しない。
例 エタノール　CH_3CH_2OH
　　エチレン　　$CH_2=CH_2$

☼ 4．炭化水素（→ p.198）からH原子がとれた原子団を炭化水素基という。
例 メチル基　　CH_3-
　　エチル基　　CH_3CH_2-
　　プロピル基　$CH_3CH_2CH_2-$
　　イソプロピル基　CH_3CH-
　　　　　　　　　　　　　CH_3

③ 有機化合物を分類する

■ **炭素骨格による分類**

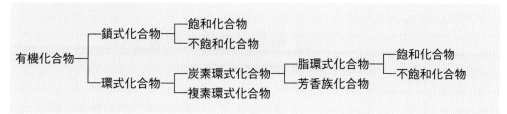

① **飽和化合物** 炭素間の結合がすべて単結合である。

② **不飽和化合物** 炭素間に二重結合や三重結合をもつ。

③ **芳香族化合物** **ベンゼン環**をもつ環式化合物。

④ **脂環式化合物** ベンゼン環を含まない環式化合物。

⑤ **炭素環式化合物** 環構造中に炭素原子のみを含む。

⑥ **複素環式化合物** 環構造中に炭素以外の原子を含む。

☼ 5．ベンゼンC_6H_6の六角形の構造をベンゼン環という。構造式は左下のようであるが，ふつうは右下のような簡略化した構造式で表す。

■ **官能基による分類** 官能基をもつ化合物は，官能基の種類ごとに分類される（表２）。

官能基		分類名	性質	化合物の例
ヒドロキシ基	-OH	アルコール	中性	エタノール　C_2H_5OH
		フェノール類	弱酸性	フェノール　C_6H_5OH
ホルミル基 （アルデヒド基）	-C-H ‖ O	アルデヒド	還元性がある	アセトアルデヒド　CH_3CHO
カルボニル基 （ケトン基）	-C- ‖ O	ケトン	還元性がない	アセトン　CH_3COCH_3
カルボキシ基	-C-O-H ‖ O	カルボン酸	弱酸性	酢酸　CH_3COOH
ニトロ基	$-NO_2$	ニトロ化合物	水に不溶	ニトロベンゼン　$C_6H_5NO_2$
スルホ基	$-SO_3H$	スルホン酸	強酸性	ベンゼンスルホン酸　$C_6H_5SO_3H$
アミノ基	$-NH_2$	アミン	弱塩基性	アニリン　$C_6H_5NH_2$

表２．官能基による有機化合物の分類

2 異性体

1 異性体とは何か

■ 同一の分子式をもつが，構造の違いなどによって異なる性質をもつ化合物を，互いに**異性体**[✪1]という。

■ **異性体の分類**

- 異性体
  - 構造異性体
    - 炭素骨格が異なるもの
    - 官能基の種類や位置が異なるもの
  - 立体異性体
    - シス-トランス異性体（幾何異性体）
    - 鏡像異性体（光学異性体）

✪1. 有機化合物が比較的少ない種類の元素の原子から構成されているにもかかわらず，化合物の数が膨大（ぼうだい）である理由の1つに，異性体の存在があげられる。たとえば，アルカン（→**p.198**）の構造異性体の数は次の表の通りである。

アルカン	構造異性体の数
C_6H_{14}	5
C_7H_{16}	9
C_8H_{18}	18
C_9H_{20}	35
$C_{10}H_{22}$	75
$C_{11}H_{24}$	159
$C_{12}H_{26}$	355
$C_{13}H_{28}$	802
$C_{14}H_{30}$	1858
$C_{15}H_{32}$	4347
$C_{20}H_{42}$	366319
$C_{30}H_{62}$	4111846763

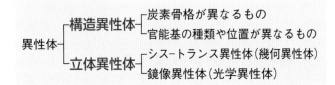

2 構造異性体を理解する

■ **炭素骨格が異なるもの**

例

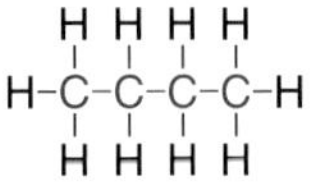

ブタン　C_4H_{10}

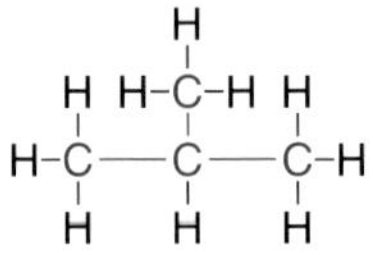

2-メチルプロパン　C_4H_{10}

■ **官能基の種類が異なるもの**

例

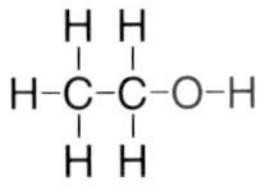

エタノール　C_2H_6O

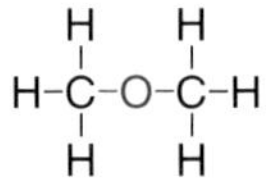

ジメチルエーテル　C_2H_6O

■ **官能基の位置が異なるもの**

1 鎖式化合物の場合

例

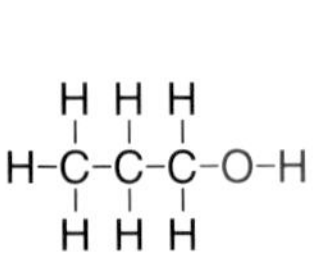

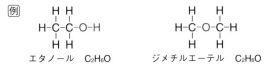

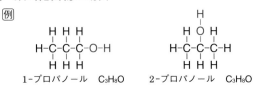

1-プロパノール　C_3H_8O

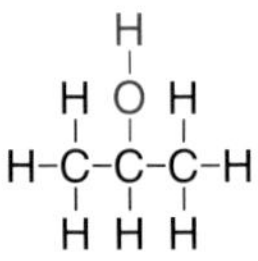

2-プロパノール　C_3H_8O

2 芳香族化合物の場合　ベンゼンのH原子が2個以上ほかの原子や官能基で置換されると，構造異性体が生じる。[✪2]

例

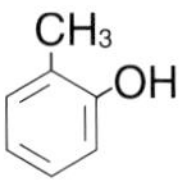

o-クレゾール

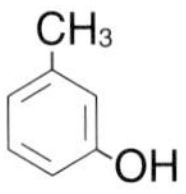

m-クレゾール

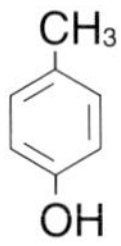

p-クレゾール

✪2. ベンゼンの二置換体には，置換基の位置により，オルト（*o*-），メタ（*m*-），パラ（*p*-）の3種の構造異性体がある。

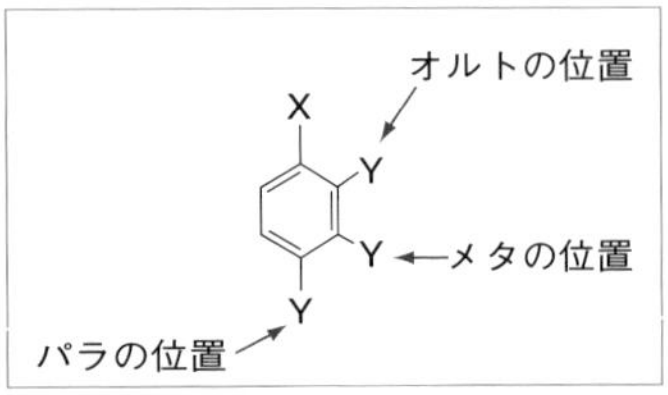

③ 立体異性体とはどんなものか

■ **シス-トランス異性体**　分子中にC=C結合があると，C原子は二重結合を軸として回転ができない。そのため，2-ブテンの場合，二重結合に結合した置換基の位置関係によって2種類の異性体が存在し（図1），これらを互いに**シス-トランス異性体**，または**幾何異性体**という。[3]

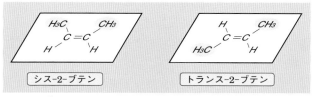

| シス-2-ブテン | | トランス-2-ブテン |

図1. 2-ブテンのシス-トランス異性体

✿ 3. メチル基($-CH_3$）が二重結合をはさんで同じ側にあるものをシス形，反対側にあるものをトランス形という。

一般に，$\underset{X_2}{X_1}C=C\underset{X_4}{X_3}$ のとき

$X_1 \neq X_2$，$X_3 \neq X_4$ ならば1組のシス-トランス異性体が存在する。

■ **不斉炭素原子と鏡像異性体**　炭素化合物中のC原子のうち，4つの異なる原子や原子団が結合したものを**不斉炭素原子**という。

たとえば，乳酸$CH_3CH(OH)COOH$には不斉炭素原子C^*がある。そのため，図2の a と b のような1対の異性体が存在する。これらは互いに実物と鏡像の関係にあり，重ね合わせることができない異なる化合物である。このような異性体を互いに**鏡像異性体**，または**光学異性体**という。[4]

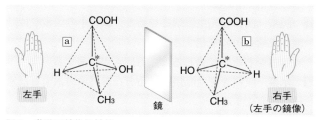

図2. 乳酸の鏡像異性体

✿ 4. 乳酸の鏡像異性体 a と b は，融点・沸点・溶解度などの物理的性質や化学的性質はまったく同じであるが，偏光に対しては異なった性質を示す。鏡像異性体は，生物に対する作用（味，においなど）に違いが見られることが多い。

■ **不斉炭素原子と偏光**　不斉炭素原子をもつ化合物の水溶液に偏光（一定方向で振動する光）を通すと，偏光面が左または右に回転する（図3）。このような性質を**旋光性**といい，旋光性を示す化合物を**光学活性**であるという。[5]

✿ 5. 旋光性を示さない化合物は光学不活性であるという。

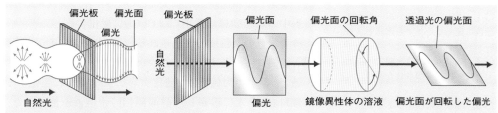

図3. 偏光と鏡像異性体による偏光面の回転

3 有機化合物の構造決定

```
混合物
  │ 分離・精製
  ▼
純粋な試料
  │ 元素分析
  ▼
組成式の決定
  │ 分子量の測定
  ▼
分子式の決定
  │ 官能基の推定
  ▼
構造式の決定
```

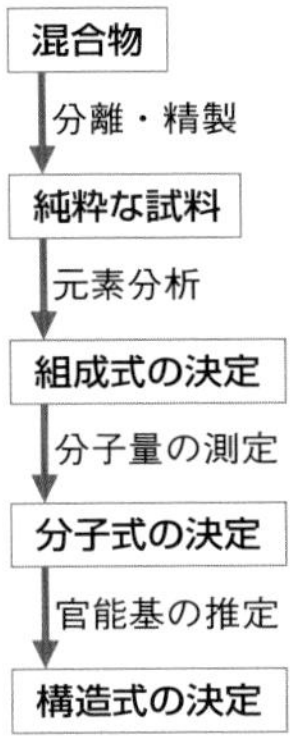

図1. 有機化合物の構造決定の手順

図2. 分液ろうと
ジエチルエーテルは水より密度が
小さいので，エーテル層が上，水
層が下になる。

♧1. 青色の塩化コバルト紙を淡
赤色に変えることでも確認できる。

♧2. NaOHとCaOを混合・融解
した後，加熱乾燥させたもの。

♧3. 湿らせた赤色リトマス紙を
青色に変えることでも確認できる。

1 まずは試料を純粋に

■ **有機化合物の構造決定の手順** 有機化合物の構造決定は，図1のような手順で行われることが多い。

■ **有機化合物の分離・精製法**

1 蒸留 沸点の違いを利用して分離する。中性の液体物質に適用する。

2 抽出 混合溶液に適当な溶媒を加え，目的とする物質だけを溶かし出す。酸性・塩基性の物質に適用する。

3 再結晶 溶解度の差を利用して，目的の物質だけを結晶として取り出す。固体物質の精製に有効である。

2 含まれている元素の種類を調べる

■ **元素分析** 有機化合物に含まれている元素の種類と割合(元素組成)を求める操作を**元素分析**という。

■ **成分元素の確認**

1 炭素 試料を完全燃焼させると，試料中の炭素Cは二酸化炭素CO_2に変化する。
　➡ CO_2を石灰水に通じると，石灰水が白濁する。

2 水素 試料を完全燃焼させると，試料中の水素Hは水H_2Oに変化する。
　➡ H_2Oを白色の硫酸銅(Ⅱ)無水塩に触れさせると，青色に変化する♧1(→ p.170)。

3 窒素 試料を水酸化ナトリウムやソーダ石灰♧2と加熱すると，試料中の窒素NはアンモニアNH_3に変化する。
　➡ NH_3を濃塩酸と接触させるとNH_4Clの白煙が生じる♧3。

4 塩素 試料を焼いた銅線につけて外炎に入れると，試料中の塩素Clは塩化銅(Ⅱ)$CuCl_2$に変化する。
　➡ 青緑色の炎色反応が見られる(バイルシュタイン反応)。

5 硫黄 試料をナトリウムや水酸化ナトリウムと加熱すると，試料中の硫黄Sは硫化ナトリウムNa_2Sに変化する。
　➡ Na_2Sを水に溶かし，酢酸鉛(Ⅱ)水溶液を加えると，硫化鉛(Ⅱ)PbSの黒色沈殿を生じる。

③ 吸収させるのがコツ（組成式の決定）

■ 試料中の各元素の質量の求め方 [4]

1 **炭素** 試料を完全燃焼させ、生じるCO_2の質量をもとに計算する。

$$Cの質量 = CO_2の質量 \times \frac{12}{44}$$

2 **水素** 試料を完全燃焼させ、生じるH_2Oの質量をもとに計算する。

$$Hの質量 = H_2Oの質量 \times \frac{2.0}{18}$$

3 **酸素** 試料の質量からほかの元素の質量を差し引く。

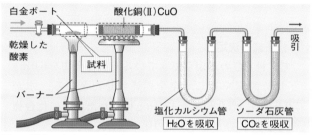

図3. 炭素・水素の元素分析装置
燃焼管に乾燥した酸素を送り、試料を燃やす。生成した気体をあらかじめ質量をはかった塩化カルシウム管とソーダ石灰管の順に通すと、前者では水蒸気だけが、後者ではCO_2だけが吸収される。なお、燃焼管には、試料を完全燃焼させるためにCuOを加えてある。

例 C, H, Oのみからなる有機化合物4.60 mgを図3の装置で元素分析すると、塩化カルシウム管の質量が5.40 mg、ソーダ石灰管の質量が8.80 mg増加したとする。

• **炭素の質量** 発生したCO_2の質量はソーダ石灰管の質量の増加量と等しいから、8.80 mgである。

$$Cの質量 = 8.80\,mg \times \frac{12}{44} = 2.40\,mg$$

• **水素の質量** 発生したH_2Oの質量は塩化カルシウム管の質量の増加量と等しいから、5.40 mgである。

$$Hの質量 = 5.40\,mg \times \frac{2.0}{18} = 0.60\,mg$$

• **酸素の質量** $4.60\,mg - (2.40\,mg + 0.60\,mg) = 1.60\,mg$

■ 組成式の決定
物質量の比＝原子の数の比より、各元素の原子の数の割合は、各元素の質量をその原子量で割ると求められる。[5] 上の例の場合、

$$C : H : O = \frac{2.40}{12} : \frac{0.60}{1.0} : \frac{1.60}{16} = 2 : 6 : 1$$

したがって、組成式はC_2H_6Oである。

🔄 **4.** 窒素や塩素の質量は、次のようにして求める。
• **窒素**…試料にNaOHを加えて加熱し、生じるNH_3の質量に基づいて計算する。
• **塩素**…金属ナトリウムと融解した試料を希硝酸で中和した後に硝酸銀水溶液を加え、沈殿するAgClの質量に基づいて計算する。

🔄 **5.** 各元素の質量百分率をその原子量で割っても、組成式を求めることができる。

4 分子式や構造式はこうして決める

■ **分子式の決定**　分子式は組成式の整数(n)倍であるから，分子量も組成式の式量の整数倍になる。このことを利用すると，分子式を決定することができる。

> **ポイント**
> 分子式＝(組成式)$_n$　⇨　$n = \dfrac{分子量}{組成式の式量}$

■ **構造式の決定**　分子中に含まれる官能基の性質を調べることによって，構造式が決められる。ふつう，化学的方法と物理的方法を組み合わせて用いる。

例題　分子式の決定

　C，H，Oのみからできている有機化合物を6.0 mg とり，酸素を通じて完全燃焼させたところ，水が 7.2 mg，二酸化炭素が13.2 mg得られた。この化合物の分子量を60として，次の問いに答えよ。

原子量：H = 1.0，C = 12，O = 16

(1) 試料中の各成分元素の質量をそれぞれ求めよ。

(2) この有機化合物の組成式を求めよ。

(3) この有機化合物の分子式を求めよ。

解説　(1)　この有機化合物中の成分元素の質量は，

$$C \cdots 13.2\,mg \times \frac{12}{44} = 3.6\,mg$$

$$H \cdots 7.2\,mg \times \frac{2.0}{18} = 0.80\,mg$$

$$O \cdots 6.0\,mg - (3.6\,mg + 0.80\,mg) = 1.6\,mg$$

(2)　各元素の質量をその原子量で割れば，原子の数の比が求められるから，

$$C : H : O = \frac{3.6}{12} : \frac{0.80}{1.0} : \frac{1.6}{16} = 3 : 8 : 1$$

したがって，組成式はC_3H_8Oである。

(3)　組成式の式量は60であるから，

$$n = \frac{分子量}{組成式の式量} = \frac{60}{60} = 1$$

したがって，分子式もC_3H_8Oである。

答　(1)　C…3.6 mg　H…0.80 mg　O…1.6 mg

(2)　C_3H_8O　　(3)　C_3H_8O

✿6. 揮発性の物質は蒸気密度の測定，不揮発性の物質は沸点や凝固点の測定，酸性物質・塩基性物質は中和滴定をそれぞれ利用して，分子量を求める。

✿7. 赤外線吸収スペクトル測定装置を使うと，特定の官能基が特定の波長の赤外線を吸収する性質を利用して，官能基の種類を推定することができる。

✿8. 分子式C_3H_8Oで表される異性体には，次のように2種類のアルコール(→p.210)と1種類のエーテル(→p.211)がある。

$$\begin{array}{c} H\ \ H\ \ H \\ |\ \ \ |\ \ \ | \\ H-C-C-C-O-H \\ |\ \ \ |\ \ \ | \\ H\ \ H\ \ H \end{array}$$
1-プロパノール

$$\begin{array}{c} H\ \ \ H\ \ \ H \\ |\ \ \ \ |\ \ \ \ | \\ H-C-C-C-H \\ |\ \ \ \ |\ \ \ \ | \\ H\ \ \ O\ \ \ H \\ \ \ \ \ | \\ \ \ \ H \end{array}$$
2-プロパノール

$$\begin{array}{c} H\ \ \ \ \ H\ \ H \\ |\ \ \ \ \ \ \ |\ \ \ | \\ H-C-O-C-C-H \\ |\ \ \ \ \ \ \ |\ \ \ | \\ H\ \ \ \ \ H\ \ H \end{array}$$
エチルメチルエーテル

1 ☐ CO，CO₂などを除く，炭素を含む化合物を何という？

2 ☐ H₂O，NaClなど，1以外の化合物を何という？

3 ☐ 炭素原子どうしが次々と安定な共有結合をつくる能力を何という？

4 ☐ 炭素原子の原子価は？

5 ☐ 二重結合と三重結合を合わせて何結合という？

6 ☐ 水に溶けやすく，有機溶媒に溶けにくいのは，有機化合物？　無機化合物？

7 ☐ 水に溶けにくく，有機溶媒に溶けやすいのは，有機化合物？　無機化合物？

8 ☐ 原子間の結合を線(価標)を使って表した化学式を何という？

9 ☐ 有機化合物の特性を表す原子団を何という？

10 ☐ 分子中の官能基とそれ以外の部分を区別して表した化学式を何という？

11 ☐ 炭素間の結合がすべて単結合である有機化合物を何という？

12 ☐ 炭素間に二重結合や三重結合をもつ有機化合物を何という？

13 ☐ ベンゼン環をもつ有機化合物を何という？

14 ☐ ベンゼン環を含まず，炭素原子だけからなる環構造をもつ有機化合物を何という？

15 ☐ 同一の分子式をもち，性質が異なる化合物を互いに何という？

16 ☐ 炭素骨格や官能基の種類や位置が異なる異性体を何という？

17 ☐ 二重結合に異なる置換基(原子)が結合した化合物に見られる異性体を何という？

18 ☐ 着目した置換基(原子)が二重結合をはさんで同じ側にあるものを何形という？

19 ☐ 着目した置換基(原子)が二重結合をはさんで反対側にあるものを何形という？

20 ☐ 4種類の異なる原子や原子団が結合した炭素原子を何という？

21 ☐ 不斉炭素原子をもつ化合物に存在する実物と鏡像の関係にある異性体を何という？

22 ☐ 有機化合物に含まれる元素の種類と割合を求める操作を何という？

23 ☐ 有機化合物に含まれる元素の原子の数の割合を簡単な整数の比で表した化学式を何という？

解答

1. 有機化合物
2. 無機化合物
3. 連鎖性
4. 4
5. 不飽和結合
6. 無機化合物
7. 有機化合物

8. 構造式
9. 官能基
10. 示性式
11. 飽和化合物
12. 不飽和化合物
13. 芳香族化合物
14. 脂環式化合物

15. 異性体
16. 構造異性体
17. シス−トランス異性体(幾何異性体)
18. シス形
19. トランス形
20. 不斉炭素原子

21. 鏡像異性体(光学異性体)
22. 元素分析
23. 組成式

定期テスト予想問題 解答 → p.322

1 有機化合物の特徴

次のア～カから，有機化合物の特徴として正しいものをすべて選べ。

ア 成分元素の種類が多く，化合物の数も多い。

イ 多くの異性体が存在する。

ウ 水に溶けて電離するものが多い。

エ 融点や沸点が比較的低いものが多い。

オ 反応速度が比較的速いものが多い。

カ 燃焼しやすく，完全燃焼すると二酸化炭素と水が生じる。

2 有機化合物の表し方

次の①～④は，組成式，分子式，構造式，示性式のどれにあてはまるか。

① 分子中の官能基を示した化学式。

② 原子間の結合を線(価標)で表した化学式。

③ 分子中の各元素の原子の数を最も簡単な整数比で表した化学式。

④ 分子を構成する原子の種類とその数を示した化学式。

3 異性体

次のア～オから，異性体についての説明として誤っているものを選べ。

ア 原子の種類と数が等しく，分子量も等しい。

イ 分子式は等しいが，示性式は異なる。

ウ 分子式は等しいが，物理的性質は異なる。

エ 分子の構造は等しくないが，原子の種類と数は等しい。

オ 組成式も構造式も等しく，化学的性質も等しい。

4 元素分析

下の図のような装置で有機化合物を燃焼させ，成分元素の種類と割合を求めた。

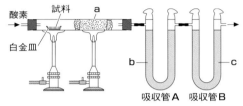

(1) 下線部のような操作を何というか。

(2) 図の a～c に入れる物質を，次のア～オからそれぞれ選べ。

ア ソーダ石灰

イ 活性炭

ウ 酸化銅(Ⅱ)

エ 濃硫酸

オ 塩化カルシウム

(3) 吸収管A，Bで吸収される物質はそれぞれ何か。

5 組成式の決定

C，H，Oからなる揮発性の液体物質 2.00 mg を完全燃焼させたところ，CO_2 が 3.82 mg，H_2O が 2.34 mg 生じた。

原子量：H = 1.0，C = 12，O = 16

(1) この有機化合物中に含まれるC，H，Oの質量を求めよ。

(2) この有機化合物の組成式を求めよ。

6 分子式の決定

C，H，Oからなる有機化合物を元素分析したところ，Cが40％，Hが6.6％含まれていた。この化合物の分子量が60のとき，分子式を求めよ。 原子量：H = 1.0，C = 12，O = 16

知っているかい？ こんな話 あんな話②

> ⊙ いわゆる化学に関する内容には，まずテストには出ませんが，けっこうおもしろいものがたくさんあります。それらの中からいくつか選び出し，話に仕立ててみました。そう，コーヒーでも飲みながら読むのが，よく似合うかな。

🌸 有機化合物の分析技術の進歩

　最近では，いろいろな分析装置を用いて有機化合物の炭素骨格や官能基の種類・位置などを決定することが可能となり，複雑な有機化合物でも比較的容易に構造を決定することができるようになりました。ここでは，**NMRスペクトル法**とよばれる有機化合物の分析方法を紹介します。

　有機化合物には多くの水素原子が含まれています。水素原子の原子核（陽子）は自転を行っており，これによって小さな磁石の性質をもつことが知られています。この水素原子の原子核が強力な磁場のもとに置かれると，特定の波長の電磁波を吸収する現象が起こります。この現象は**核磁気共鳴**（Nuclear Magnetic Resonance；**NMR**）とよばれ，与える電磁波の波長を変えながらその吸収のようすを調べたものを**核磁気共鳴スペクトル**（**NMRスペクトル**）といいます。

　水素原子の原子核が吸収する電磁波の波長は，水素原子がおかれている化学的環境（ほかの原子との結合のしかたなど）によって異なります。また，吸収される電磁波の強さは，同じ環境にある水素原子の数に比例します。したがって，核磁気共鳴スペクトルを分析すると，どのような化学的環境にある水素原子が何個あるかという，有機化合物の構造決定にきわめて有効な情報が得られます。

　たとえば，分子式がC_4H_{10}で表される有機化合物には，ブタンと2-メチルプロパンの2種類の構造異性体が存在します。ブタンと2-メチルプロパンは，それぞれ化学的環境が異なる2種類の水素原子をもち，その数の比はブタンでは6：4，2-メチルプロパンでは9：1です（図1）。したがって，図2のように，2か所あるピークの面積の比が4：6の核磁気共鳴スペクトルが得られた場合，この有機化合物はブタンであると判断できます。

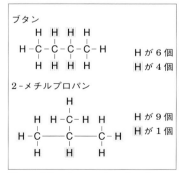

図1．ブタンと2-メチルプロパン

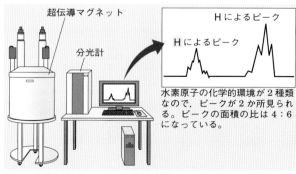

図2．核磁気共鳴スペクトル測定装置

2章 脂肪族炭化水素

1 アルカン

1 炭化水素について知る

■ 炭素と水素だけからなる化合物を**炭化水素**という。炭化水素は有機化合物のなかで最も基本的な物質である。

ポイント

$$炭化水素 \begin{cases} 鎖式炭化水素 \\ (脂肪族炭化水素) \begin{cases} 飽和炭化水素—アルカン C_nH_{2n+2} \\ 不飽和 \\ 炭化水素 \begin{cases} アルケン C_nH_{2n} \\ アルキン C_nH_{2n-2} \end{cases} \end{cases} \\ 環式炭化水素 \begin{cases} 飽和炭化水素—シクロアルカン C_nH_{2n} \\ 不飽和 \\ 炭化水素 \begin{cases} シクロアルケン C_nH_{2n-2} \\ 芳香族炭化水素 \end{cases} \end{cases} \end{cases}$$

2 アルカンとはどんなものか

■ メタン CH_4 やエタン C_2H_6 のように，炭素間の結合がすべて単結合である鎖式飽和炭化水素を**アルカン**[1]といい，**一般式 C_nH_{2n+2}** で表される。このように，同じ一般式で表される一群の化合物を**同族体**といい，化学的性質がよく似ている。

アルカンは天然ガスや石油の主成分で，燃料や化学工業の原料として重要である。また，炭素数が4以上のアルカンには構造異性体が存在する。

■ **アルカンの一般的性質** アルカンには，表1のように個々の名称がつけられている。

1 炭素数が多くなるにつれて融点・沸点が高くなり，常温での状態は気体→液体→固体に変化する。

2 いずれも水に溶けにくく，有機溶媒に溶けやすい。

3 液体，固体の密度は水よりも小さい。

4 空気中でよく燃え，水と二酸化炭素を生じる。

$$C_nH_{2n+2} + \frac{3n+1}{2}O_2 \longrightarrow nCO_2 + (n+1)H_2O$$

5 化学的には安定で，酸や塩基とは反応しない。

☼1. アルカンからH原子が1個とれた C_nH_{2n+1}— の一般式で表される基をアルキル基といい，次のようなものがある。

例 メチル基　　　　CH_3-
エチル基　　　　CH_3CH_2-
プロピル基　　　$CH_3CH_2CH_2$-
イソプロピル基　CH_3CH-
　　　　　　　　　　CH_3

分子式	名称	融点 [℃]	沸点 [℃]
CH_4	メタン	−183	−161
C_2H_6	エタン	−184	−89
C_3H_8	プロパン	−188	−42
C_4H_{10}	ブタン	−138	−1
C_5H_{12}	ペンタン	−130	36
C_6H_{14}	ヘキサン	−95	69
C_7H_{16}	ヘプタン	−91	98
C_8H_{18}	オクタン	−57	126
C_9H_{20}	ノナン	−54	151
$C_{10}H_{22}$	デカン	−30	174
$C_{15}H_{32}$	ペンタデカン	−10	271
$C_{16}H_{34}$	ヘキサデカン	18	287
$C_{17}H_{36}$	ヘプタデカン	22	302
$C_{18}H_{38}$	オクタデカン	28	317
$C_{19}H_{40}$	ノナデカン	32	320
$C_{20}H_{42}$	イコサン	37	343

表1．おもなアルカンとその性質
20℃での状態は，$C_1 \sim C_4$ が気体，$C_5 \sim C_{16}$ が液体，$C_{17} \sim$ が固体である。なお，アルカンの命名法は**p.205**を参照。

6 炭素原子に結合した水素原子を，ほかの原子や原子団で置き換える反応を**置換反応**という。置換反応で生じた物質を**置換体**といい，新たに置換された原子や原子団を**置換基**という。

アルカンは光の存在下で，ハロゲンによって種々の置換体を生じる。反応性は$Cl_2 > Br_2 > I_2$の順である。

例 $C_nH_{2n+2} + Cl_2 \longrightarrow C_nH_{2n+1}Cl + HCl$

■ アルカンの構造

1 **メタン**CH_4　C原子の4個の価電子がH原子の1個の電子とそれぞれ共有結合している。メタンのC原子とH原子の間の共有結合には方向性があり，C–H結合どうしのなす角度は109.5°であり，正四面体の中心にC原子があり，各頂点にH原子が位置している。

2 **エタン**C_2H_6　正四面体を2個つないだ形をしていて，各炭素原子はC–C結合を軸として自由に回転できる。

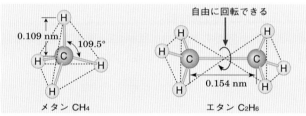

図1．アルカンの構造

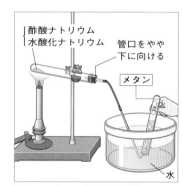

■ シクロアルカン

一般式C_nH_{2n}で表される環式飽和炭化水素。性質はアルカンに似ている。C_3H_6，C_4H_8は化学的に不安定である。

シクロプロパン　C_3H_6

シクロブタン　C_4H_8

シクロペンタン　C_5H_{10}

シクロヘキサン　C_6H_{12}

③ メタンの性質をおさえておく

1 天然ガスの中に多量に含まれている。

2 実験室では，酢酸ナトリウムと水酸化ナトリウムを加熱して得られる（図2）。

$$CH_3COONa + NaOH \longrightarrow Na_2CO_3 + CH_4\uparrow$$

3 無色・無臭の気体で，水に溶けにくい。

4 空気中で，淡青色の炎をあげてよく燃える。

$$CH_4 + 2O_2 \longrightarrow CO_2 + 2H_2O$$

5 化学的に安定で，酸や塩基，酸化剤と反応しない。

6 光の存在下で，塩素と置換反応を起こす（図3）。

図2．メタンの実験室的製法

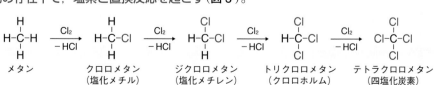

図3．メタンと塩素の置換反応　（　）は慣用名。

2 アルケン

1 アルケンってどんなもの？

■ エチレン $CH_2=CH_2$ のように，炭素間に二重結合を1つもつ鎖式不飽和炭化水素を**アルケン**といい，一般式 C_nH_{2n} で表される。

表1. おもなアルケンとその性質

分子式	名称	簡略構造式	融点〔℃〕	沸点〔℃〕
C_2H_4	エチレン（エテン）	$CH_2=CH_2$	−169	−104
C_3H_6	プロペン（プロピレン）	$CH_2=CH-CH_3$	−185	−47
C_4H_8	1-ブテン	$CH_2=CH-CH_2-CH_3$	−185	−6
	トランス-2-ブテン	$CH_3-CH=CH-CH_3$	−106	1
	シス-2-ブテン	$CH_3-CH=CH-CH_3$	−139	4
	2-メチルプロペン	$CH_2=C-CH_3$ 　　　CH_3	−140	−7

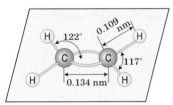

図1. エチレンの構造
二重結合している炭素とそれに直接結合している原子は，同一平面上にある。また，C=C間の距離はC-C間の距離（0.154 nm）よりもやや短くなる。

■ アルケンの一般的性質

1 炭素数が増加するにつれて，融点・沸点が高くなる。

2 水に溶けにくいが，有機溶媒に溶けやすい。

3 二重結合をもつので，アルカンとは異なり，反応性に富む。

4 炭素数が4以上のアルケンには，構造異性体のはかに，シス-トランス異性体が存在することがある。

2 エチレンを徹底的に知る

■ **エチレンの構造**　エチレン分子中のC原子は，4個の価電子のうちの2個を使ってC=C結合を形成し，残りの2個でそれぞれC-H結合を形成している。したがって，分子は図1のような平面構造をしている。またC-C結合とは異なり，C=C結合はそれを軸とした回転はできない。

■ エチレンの製法

1 **実験室的製法**　図2のように，エタノールと濃硫酸の混合物を $160 \sim 170℃$ に加熱すると得られる。[1]

$$H-\underset{\underset{H}{|}}{\overset{\overset{H}{|}}{C}}-\underset{\underset{OH}{|}}{\overset{\overset{H}{|}}{C}}-H \xrightarrow[160\sim170℃]{濃 H_2SO_4} H-\overset{\overset{H}{|}}{C}=\overset{\overset{H}{|}}{C}-H + H_2O$$

エタノール　　　　　　　　　　　エチレン

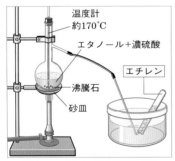

図2. エチレンの実験室的製法

✿1. エタノールと濃硫酸の混合物を約130℃に加熱すると，ジエチルエーテル $C_2H_5OC_2H_5$ が生じる（→**p.211**）。

2 **工業的製法**　石油の分留で得られたナフサ（粗製ガソリン）を触媒を用いて熱分解すると得られる。[2]

■ エチレンの性質

1 甘いにおいがする無色の気体で，水に溶けにくい。

2 空気中では，明るい炎を出してよく燃える[3]。

■ エチレンの反応

1 **付加反応** C=C 結合の強さは等価ではなく，そのうちの1本は強いが，もう1本は比較的弱い結合である。したがって，二重結合している炭素原子は，ほかの原子と結合することが多い。一般に，不飽和結合が開いて，ほかの原子や原子団が新たに結合する反応を**付加反応**という。たとえばエチレンの場合，ハロゲンとは触媒なしでも付加反応を起こし，ほかの分子とは触媒存在下で付加反応を起こす。

- 臭素の付加…図3のように，臭素水の色（赤褐色）が消える。不飽和結合の検出にも利用される。

$$\underset{\text{エチレン}}{\text{H-C=C-H}} \ + \ Br_2 \ \longrightarrow \ \underset{\underset{Br\ Br}{}}{\text{H-C-C-H}} \ \text{1,2-ジブロモエタン}$$

- 水素の付加…Ni，Pt などの触媒を使用する。

$$\underset{\text{エチレン}}{\text{H-C=C-H}} \ + \ H_2 \ \longrightarrow \ \text{H-C-C-H} \ \text{エタン}$$

- 水の付加…リン酸 H_3PO_4 などの触媒を使用する。

$$\underset{\text{エチレン}}{\text{H-C=C-H}} \ + \ H_2O \ \longrightarrow \ \underset{\underset{H\ OH}{}}{\text{H-C-C-H}} \ \text{エタノール}$$

2 **酸化反応** エチレンを過マンガン酸カリウム水溶液に通じると，MnO_4^- の赤紫色が消え，酸化マンガン（Ⅳ）MnO_2 の褐色沈殿を生じる。この反応も不飽和結合の検出に用いられる。

3 **付加重合** 触媒を用いたり，加圧下で加熱したりして処理すると，多数のアルケン分子が互いに結合し，分子量が大きい化合物（**高分子化合物**）をつくる[4]。このような反応を**付加重合**という。

$$\underset{\text{エチレン}}{\text{C=C}} \ + \ \underset{\text{エチレン}}{\text{C=C}} \ + \ \cdots\cdots \ \longrightarrow \ \underset{\text{ポリエチレン}}{\text{-C-C-C-C-}}$$

重合に用いられる分子量の小さな化合物を**単量体**（**モノマー**）といい，重合によって生じた高分子化合物を**重合体**（**ポリマー**）という（→**p.248**）。

☘ **2.** このとき，エチレン以外にプロペンやブテンなどのアルケンも生成する。

☘ **3.** このときの熱化学反応式は次の通りである。

$$C_2H_4 + 3O_2 \longrightarrow$$
$$2CO_2 + 2H_2O \text{（液）}$$
$$\varDelta H = -1411\,kJ$$

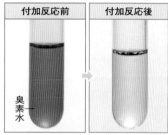

付加反応前	付加反応後

臭素水

図3. エチレンへの臭素の付加反応
臭素水（赤褐色）にエチレンを通すと，その色が消える。

☘ **4.** ビニル基 $CH_2=CH-$ をもつ化合物をビニル化合物という。ビニル化合物には二重結合があるため，多数の同じ分子どうしが付加重合して，鎖状の高分子化合物をつくる（→**p.284**）。

$$nCH_2{=}CH \longrightarrow \underset{X}{\left[CH_2{-}CH\right]}_n$$

-X	高分子化合物
-Cl	$\left[CH_2-CH\right]_n$ $\underset{Cl}{}$ ポリ塩化ビニル
-CH$_3$	$\left[CH_2-CH\right]_n$ $\underset{CH_3}{}$ ポリプロピレン
-CN	$\left[CH_2-CH\right]_n$ $\underset{CN}{}$ ポリアクリロニトリル
-OCOCH$_3$	$\left[CH_2-CH\right]_n$ $\underset{OCOCH_3}{}$ ポリ酢酸ビニル

3 アルキン

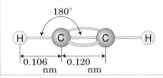

図1. アセチレンの構造
三重結合している炭素とそれに直接結合している原子は，一直線上にある。また，C≡C間の距離は，C-C間やC=C間の距離よりも短い。

1 これがアルキン

■ アセチレン CH≡CH のように，炭素間に三重結合を1つもつ鎖式不飽和炭化水素を**アルキン**といい，一般式 C_nH_{2n-2} で表される。

> **ポイント**
> アルカン…（一般式）C_nH_{2n+2}，単結合だけ
> アルケン…（一般式）C_nH_{2n}，二重結合1個
> アルキン…（一般式）C_nH_{2n-2}，三重結合1個

分子式	名称	構造式	融点〔℃〕	沸点〔℃〕
C_2H_2	アセチレン（エチン）	CH≡CH	−82	−74
C_3H_4	プロピン（メチルアセチレン）	CH_3-C≡C-H	−103	−23
C_4H_6	1-ブチン	CH≡C-CH_2-CH_3	−126	8
	2-ブチン	CH_3-C≡C-CH_3	−32	27

表1. おもなアルキンとその性質

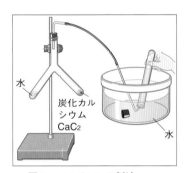

図2. アセチレンの製法

2 アセチレンをくわしく調べる

■ **アセチレンの構造**　アセチレン分子中のC原子は，4個の価電子のうちの3個を使ってC≡C結合を形成し，残りの1個でC-H結合を形成している。したがって，分子は図1のような直線状構造をしている。

■ **アセチレンの製法**

1　**実験室的製法**　図2のように，炭化カルシウム（カーバイド）に水を加えると得られる。

$$CaC_2 + 2H_2O \longrightarrow Ca(OH)_2 + CH≡CH$$

2　**工業的製法**　工業的には，石油（ナフサ）を高温で分解して得る。

■ **アセチレンの性質**

1　無色・無臭の気体である。ただし，通常はホスフィン PH_3 や硫化水素 H_2S などの不純物を含むため，特有の不快臭がする。

2　水にはわずかに溶ける。アセトンには溶けやすい。

3　空気中では多量のすすを出しながら不完全燃焼する（図3）が，十分な酸素のもとでは多量の熱を出して完全燃焼する。

○1. アセチレンは，熱や圧力の衝撃により爆発しやすい。そこで，珪藻土とアセトンを入れたボンベ中に溶解させる形で，安全に貯蔵される。

○2. アセチレンの完全燃焼時の発熱量は大きく，約3000℃の高温が得られる。これを酸素アセチレン炎といい，鉄の溶接・切断などに広く利用されている。

■ アセチレンの反応

1 付加反応　アセチレンは三重結合をもつため化学的に活発で，付加反応を起こしやすい。 ☼3

- **水素の付加**…NiやPtなどを触媒として使用する。

$$H-C≡C-H \xrightarrow{H_2} CH_2=CH_2 \xrightarrow{H_2} CH_3-CH_3$$

　アセチレン　　　　エチレン　　　　エタン

- **臭素の付加**…臭素の赤褐色が脱色される。不飽和結合の検出に利用される。 ☼4

$$H-C≡C-H \xrightarrow{Br_2} \underset{\substack{| \quad | \\ Br \ Br}}{H-C=C-H} \xrightarrow{Br_2} \underset{\substack{| \quad | \\ Br \ Br}}{\overset{\substack{Br \ Br \\ | \quad |}}{H-C-C-H}}$$

　　　　　　　　　　1,2-ジブロモ　　　1,1,2,2-テトラ
　　　　　　　　　　エチレン　　　　　　ブロモエタン

- **塩化水素の付加**…HgCl₂を触媒として使用する。

$$H-C≡C-H \ + \ HCl \longrightarrow \underset{\substack{| \quad | \\ H \ Cl}}{H-C=C-H}$$

　　　　　　　　　　　　　　　　　　　　　塩化ビニル

- **水の付加**…HgSO₄を触媒として使用する。

$$H-C≡C-H \ + \ H_2O \longrightarrow \left[\underset{\substack{| \quad | \\ H \ OH}}{H-C=C-H}\right]$$

　　　　　　　　　　　　ビニルアルコール(不安定)

$$\longrightarrow \underset{\substack{| \ || \\ H \ O}}{\overset{\substack{H \\ |}}{H-C-C-H}}$$

　　　　　　　　アセトアルデヒド

　ビニルアルコールは不安定な物質で，ただちに安定な異性体であるアセトアルデヒドに変化する。

2 重合反応

- 赤熱した鉄を触媒とすると，アセチレン3分子が重合してベンゼンが生成する。

$$3H-C≡C-H \longrightarrow \text{⬡} ベンゼン$$

- 塩化銅(Ⅰ)を触媒とすると，アセチレン2分子が重合してビニルアセチレンが生成する。

$$H-C≡C-H \ + \ H-C≡C-H \longrightarrow \underset{}{\overset{\substack{H \ H \\ | \quad |}}{H-C=C-C≡C-H}}$$

　アセチレン　　　　　　　　　　　　　　　ビニルアセチレン

■ アセチレンの検出

アンモニア性硝酸銀水溶液にアセチレンを通じると，爆発性のある**銀アセチリド**の白色沈殿が生成する。この反応は，アセチレンだけでなく，アルキンの末端にある三重結合を検出するのにも利用される。

$$H-C≡C-H \ + \ \mathbf{2Ag^+} \longrightarrow Ag-C≡C-Ag \ + \ \mathbf{2H^+}$$

　　　　　　　　　　　　　　　　銀アセチリド

図3．アセチレンの燃焼
アセチレンC_2H_2やベンゼンC_6H_6は炭素含有率が大きく，空気中での燃焼ではすすを出しやすい。

☼**3．**付加反応には，ほかにも次のようなものがある。

- **酢酸の付加**　触媒：酢酸亜鉛

$$H-C≡C-H \ + \ \underset{}{\overset{\substack{O \\ ||}}{H-O-C-CH_3}}$$

$$\longrightarrow \underset{}{\overset{\substack{H \ H \quad O \\ | \quad | \quad \ ||}}{H-C=C-O-C-CH_3}}$$

　　　　　　　酢酸ビニル

- **シアン化水素の付加**
　　　　　　　触媒：塩化銅(Ⅰ)

$$H-C≡C-H \ + \ HCN$$

$$\longrightarrow \underset{\substack{| \quad | \\ H \ CN}}{H-C=C-H}$$

　　　　アクリロニトリル

☼**4．**アルケンと同様に，KMnO₄による酸化反応も不飽和結合の検出に利用される。

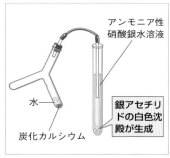

図4．アセチレンの検出
アセチレンの水素原子は，1価の金属イオンと置換されやすい。

4 天然ガスと石油

1 天然ガスとは何か

■ **天然ガスの成分と産出状態**　天然ガスの主成分はメタンであるが，エタンやプロパンなどの低分子量のアルカンも含まれる。天然ガスには，石油の採掘に伴って産出する**油田ガス**と，石炭の採掘に伴う**炭田ガス**とがある。

■ **天然ガスの利用**　天然ガスは，－160℃以下で加圧して液体にした**液化天然ガス（LNG）**の形で，専用タンカーやタンク車で輸送され，都市ガスや発電用の燃料などに使われている。

2 石油は炭化水素の混合物

■ **石油の成因**　石油の成因は，大昔のプランクトンなどが地殻変動などによって地下に埋もれ，それらが分解して石油になったとする考え（有機説）が有力である。

■ **石油の分留**　油田からくみ出されたままの石油を**原油**という。原油は，種々のアルカンやシクロアルカンなどの混合物であるから，沸点の差を利用して石油ガス，ナフサ（粗製ガソリン），灯油，軽油，残渣油などの各成分に分離できる。このような操作を**分留**といい，図1のような装置で大規模に行われている。

■ **液化石油ガス**　石油ガスを圧縮・液化したものを**液化石油ガス（LPG）**という。石油化学工業の原料のほか，燃料にも利用されている。分留に際して，低温で蒸留されるプロパンやブタンを圧縮して液化する。

■ **石油化学工業**　接触分解[*1]や接触改質[*2]によって得られた気体や液体を原料とし，いろいろ有用な有機化合物が製造される。このような化学工業を**石油化学工業**という。

図1．石油の常圧分留塔
残渣油は減圧蒸留により，さらに重油，潤滑油，アスファルトなどに分けられる。

✿1．灯油・軽油などを，触媒を使って450～500℃に加熱して分解すると，品質のよいガソリンが得られる。この操作を接触分解（クラッキング）という。

✿2．原油から得られるナフサの蒸気を水素とともに触媒を使って加熱すると，おもにベンゼン，トルエンなどの芳香族化合物が得られる。この操作を接触改質（リフォーミング）という。

表1．石油の分留成分とおもな用途

成分	留出温度〔℃〕	成分の炭素数	用途
石油ガス	30以下	$C_2 \sim C_4$	液化石油ガス（LPG），家庭用ガス，石油化学工業の原料
ナフサ	30～200	$C_5 \sim C_{11}$	石油化学工業の原料，自動車用の燃料（ガソリン）
灯油	150～250	$C_9 \sim C_{18}$	家庭用燃料，ジェット機用燃料
軽油	200～350	$C_{14} \sim C_{23}$	小型ディーゼル機関の燃料，クラッキング原料
重油	350以上	C_{17}以上	大型ディーゼル機関の燃料，潤滑油の原料
アスファルト	残留物	遊離炭素など	道路舗装材，防水材

5 有機化合物の命名法

■ IUPAC（国際純正及び応用化学連合）が定めた命名法

1 　直鎖のアルカンは，ギリシャ語の数詞の語尾「-a」を「-ane」に変える。C_1〜C_4は慣用名で表す（→ **p.198**）。アルキル基は，アルカンの語尾「-ane」を「-yl」に変える。

2 　枝分かれがあるアルカンは，次のように命名する。

①最長の炭素鎖（**主鎖**）の名称の前に，枝分かれ部分（**側鎖**）のアルキル基名をつける。

②側鎖の位置は，主鎖の端からつけた位置番号で区別するが，その数ができるだけ小さくなるように選ぶ。

③同じ側鎖が2個以上あるときは，その数をジ，トリ，テトラなどの接頭語で示す（1は省略する）。

④位置番号と基または主鎖の名称との間は−（ハイフン）でつなぐ。

3 　アルケンは，アルカンの語尾「-ane」を「-ene」に変える。二重結合の位置は主鎖の端からつけた位置番号で区別するが，その数ができるだけ小さくなるように選ぶ。枝分かれがある場合は側鎖の位置番号と名称をその前につける。

4 　アルキンは，アルカンの語尾「-ane」を「-yne」に変える。三重結合の位置はアルケンと同様に区別する。

5 　シクロアルカンは，アルカンの名称の前に接頭語「cyclo-」をつける。

6 　ハロゲン化物は，ハロゲンを置換基とみなして，その位置番号，数，種類などを，**2**と同様につけて命名する。

7 　アルコールは，アルカンの語尾「-e」を「-ol」に変える。2価，3価のときは，ジオール，トリオールとする。

8 　エーテルは，炭化水素基名（アルファベット順）に「エーテル」をつける。

9 　アルデヒドは，炭化水素名の語尾「-e」を「-al」に変える。

10 　ケトンは，炭化水素名の語尾「-e」を「-one」に変える。

11 　カルボン酸は，炭化水素名に「酸」をつける。

12 　アミンは，炭化水素基名に「アミン」をつける。

13 　エステルは，カルボン酸名にアルコールの炭化水素基名をつける。

（例1）

$$CH_3 - CH_2 - CH - CH - CH_3 \quad 主鎖$$
（炭素番号 5 4 3 2 1）
（CH_3 CH_3 側鎖）

主鎖はC_5のペンタン。
側鎖は$-CH_3$が2個で「ジ」「メチル」。
位置番号を側鎖の番号が最小になるようにつけると「2,3-」。

➡ **2,3-ジメチルペンタン**

（例2）

$$CH_3 - CH_2 - CH - CH - CH_3 \quad 主鎖$$
（炭素番号 5 4 3 2 1）
（側鎖 CH_3 　Cl 置換基）

主鎖はC_5のペンタン。
側鎖は$-CH_3$が1個で「メチル」。
置換基は$-Cl$が1個で「クロロ」。
位置番号を置換基の番号が最小になり，側鎖の番号もできるだけ小さくなるようにつける。

➡ **2-クロロ-3-メチルペンタン**

（例3）

$$CH_3 - CH = CH - CH - CH_3 \quad 主鎖$$
（炭素番号 1 2 3 4 5）
（CH_3 側鎖）

主鎖はC_5のペンタン。
二重結合が1個なので「-ene」。
側鎖は$-CH_3$が1個で「メチル」。
位置番号を二重結合の番号が最小になり，側鎖の番号もできるだけ小さくなるようにつける。

➡ **4-メチル-2-ペンテン**

⚙1. **9**〜**11**については，慣用名も多く使われる。

例 アセトアルデヒド＝エタナール
　　酢酸＝エタン酸

重要実験　メタンとエチレンの性質を調べる

方法

1. 無水酢酸ナトリウム小さじ半分とソーダ石灰小さじ1杯を試験管に入れ，静かに加熱する。発生する気体を水上置換で3本の試験管(A)〜(C)に集める。

2. 試験管にエタノール2mLと濃硫酸2mLを入れ，気体誘導管をつけて静かに加熱する。発生する気体を水上置換で3本の試験管(D)〜(F)に集める。

3. 試験管(A)と(D)にそれぞれ臭素水1mLを加え，ゴム栓をしてよく振り，溶液の色の変化を見る。

4. 試験管(B)と(E)にそれぞれ0.01mol/L過マンガン酸カリウム水溶液1mLを加え，ゴム栓をしてよく振り，溶液の色の変化を見る。

5. 試験管(C)と(F)の気体に暗いところで点火し，燃え方の違いを見る。

6. 燃焼後，それぞれの試験管に石灰水を3mLずつ加え，ゴム栓をしてよく振る。

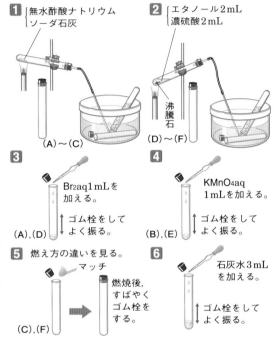

1 ｜無水酢酸ナトリウム ソーダ石灰

2 ｜エタノール2mL 濃硫酸2mL

沸騰石

(A)〜(C)　(D)〜(F)

3 Br₂aq1mLを加える。
ゴム栓をしてよく振る。
(A),(D)

4 KMnO₄aq 1mLを加える。
ゴム栓をしてよく振る。
(B),(E)

5 燃え方の違いを見る。
マッチ
燃焼後，すばやくゴム栓をする。
(C),(F)

6 石灰水3mLを加える。
ゴム栓をしてよく振る。

結果

1. 方法3では，(A)の試験管では変化がなかったが，(D)では臭素水の赤褐色が消えて無色になった。

2. 方法4では，(B)の試験管では変化がなかったが，(E)ではKMnO₄水溶液の赤紫色が消えて黒色の沈殿が生じた。

3. 方法5では，(C)も(F)も試験管の口でポッと小さな音を立てて燃えた。そのとき，(C)はすすをほとんど生じなかったが，(F)はすすを少し出して明るい炎で燃えた。

4. 方法6では，試験管(C)でも(F)でも石灰水が白く濁った。

考察

1. 方法1，2で見られた反応を，それぞれ化学反応式で表せ。
→ 1…$CH_3COONa + NaOH \longrightarrow CH_4 + Na_2CO_3$
　 2…$C_2H_5OH \longrightarrow C_2H_4 + H_2O$

2. 結果1で，(D)の溶液の色が変化したのはなぜか。
→ C_2H_4のC=C結合の部分にBr_2が付加したから。

3. 結果2で，(E)の溶液の赤紫色が消えたのはなぜか。
→ MnO_4^-がC_2H_4のC=C結合を酸化し，MnO_2に変化したから。

4. 結果3で，(C)と(F)で燃え方が違ったのはなぜか。
→ C_2H_4は炭素含有率が比較的大きいため，空気中では不完全燃焼を起こしたから。

5. 結果4で，石灰水が白濁したのはなぜか。
→ 燃焼によってCO_2が発生したから。

1. ☐ 炭素と水素だけからなる有機化合物を何という？
2. ☐ 炭素間の結合がすべて単結合である鎖式飽和炭化水素を何という？
3. ☐ アルカンの一般式は，炭素数をnとするとどう表せる？
4. ☐ アルカンで構造異性体が存在するのは，炭素数が何個以上のとき？
5. ☐ 分子中の原子をほかの原子や原子団で置き換える反応を何という？
6. ☐ メタン分子はどんな立体構造をしている？
7. ☐ 炭素間に二重結合を1個もつ鎖式不飽和炭化水素を何という？
8. ☐ アルケンの一般式は，炭素数をnとするとどう表せる？
9. ☐ エチレン分子はどんな立体構造をしている？
10. ☐ エチレンは，エタノールと濃硫酸の混合物を約何℃で加熱すると得られる？
11. ☐ 不飽和結合が開いてほかの原子や原子団が結合する反応を何という？
12. ☐ エチレンに臭素が付加して得られる化合物の名称は？
13. ☐ エチレンに水が付加して得られる化合物の名称は？
14. ☐ 多数のアルケン分子が互いに結合し，高分子化合物をつくる反応を何という？
15. ☐ 炭素間に三重結合を1個もつ鎖式不飽和炭化水素を何という？
16. ☐ アルキンの一般式は，炭素数をnとするとどう表せる？
17. ☐ アセチレン分子はどんな立体構造をしている？
18. ☐ アセチレンは何に水を加えれば発生する？
19. ☐ アセチレンに塩化水素が付加して得られる化合物の名称は？
20. ☐ アセチレンに水が付加して得られる化合物の名称は？
21. ☐ アセチレン3分子が重合してできる化合物の名称は？
22. ☐ 原油を分留したとき，最も低沸点で留出する成分は？
23. ☐ 原油を常圧で分留したとき，最も高温で残留する成分は？

解答

1. 炭化水素
2. アルカン
3. C_nH_{2n+2}
4. 4個
5. 置換反応
6. 正四面体
7. アルケン
8. C_nH_{2n}
9. 平面状
10. $160 \sim 170$℃
11. 付加反応
12. 1, 2-ジブロモエタン
13. エタノール
14. 付加重合
15. アルキン
16. C_nH_{2n-2}
17. 直線状
18. 炭化カルシウム（カーバイド）
19. 塩化ビニル
20. アセトアルデヒド
21. ベンゼン
22. 石油ガス
23. アスファルト

① 炭化水素の分類

次の(1)～(5)の炭化水素は，あとの**ア～オ**のどれに分類されるか。

(1) プロパン　$CH_3-CH_2-CH_3$

(2) シクロプロパン　(3) ベンゼン

$$
\begin{array}{ccc}
H_2C-CH_2 & & HC=CH \\
CH_2 & & HC CH \\
& & HC=CH
\end{array}
$$

(4) プロペン　$CH_2=CH-CH_3$

(5) プロピン　$CH\equiv C-CH_3$

ア アルカン　**イ** アルキン

ウ アルケン　**エ** シクロアルカン

オ 芳香族炭化水素

② 異性体

次の**ア～カ**の物質について，あとの問いに答えよ。

$$
\textbf{ア} \quad
\begin{array}{ccc}
Cl & H & \\
Cl-C-C-H & \\
H & H &
\end{array}
\qquad
\textbf{イ} \quad
\begin{array}{ccc}
H & H & \\
Cl-C-C-Cl \\
H & Cl &
\end{array}
$$

$$
\textbf{ウ} \quad
\begin{array}{c}
H \; Cl \\
H-C-C-H \\
H \; Cl
\end{array}
\qquad
\textbf{エ} \quad
\begin{array}{c}
H \diagdown \quad \diagup Cl \\
C=C \\
Cl \diagup \quad \diagdown H
\end{array}
$$

$$
\textbf{オ} \quad
\begin{array}{c}
Cl \diagdown \quad \diagup Cl \\
C=C \\
H \diagup \quad \diagdown H
\end{array}
\qquad
\textbf{カ} \quad
\begin{array}{c}
Cl \diagdown \quad \diagup H \\
C=C \\
Cl \diagup \quad \diagdown H
\end{array}
$$

(1) 同一物質であるのは，どれとどれか。

(2) 構造異性体の関係にあるのは，どれとどれか。

(3) シス-トランス異性体の関係にあるのは，どれとどれか。

③ 炭化水素の異性体

次の問いに答えよ。

(1) 分子式C_5H_{12}で表される炭化水素の構造異性体は何種類あるか。

(2) 分子式C_4H_8で表される炭化水素の異性体は何種類あるか。

④ 炭化水素の示性式

次の物質の示性式を書け。

(1) メチルプロパン

(2) ブタン

(3) 1-ブテン

(4) 塩化ビニル

(5) 1,2-ジクロロエタン

(6) 1,1-ジクロロエチレン

⑤ アセチレンの生成と反応

下の図のような装置を組み立ててアセチレン（エチン）を生成し，捕集した。

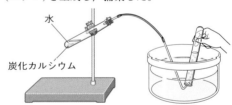

水
炭化カルシウム

(1) アセチレンの構造式を書け。

(2) このときの反応を化学反応式で示せ。

(3) アセチレンを臭素の四塩化炭素溶液に通じたときに起こる変化を簡単に説明せよ。

⑥ 反応の種類

次の(1)～(4)の変化のうち，付加反応による変化には**A**，置換反応による変化には**B**を，それぞれ書け。

(1) メタン ⟶ クロロメタン

(2) エチレン（エテン） ⟶ 1,2-ジブロモエタン

(3) アセチレン ⟶ アセトアルデヒド

(4) エタン ⟶ ブロモエタン

7 炭化水素の分類と性質

次の文中[ ]に適する語句，式，数値を記せ。

鎖式炭化水素は，分子中の①[ ]間の結合の状態から，飽和炭化水素の②[ ]と，不飽和炭化水素の③[ ]や④[ ]などに分けられる。

②のうちで，構造が最も簡単な化合物は⑤[ ]である。②の一般式は⑥[ ]で表されるが，炭素数nが⑦[ ]以上のときは，同じ分子式で表されるが炭素原子の結びつき方が異なる⑧[ ]が存在する。

③は，炭素間の結合に⑨[ ]が1個存在し，一般式は⑩[ ]で表される。炭素数が3以上の③には，⑪[ ]とよばれる環式の飽和炭化水素の⑧が存在する。

④は，炭素間の結合に⑫[ ]が1個存在し，一般式は⑬[ ]で表される。

②はおもに⑭[ ]反応を行う。これに対し，③と④は⑮[ ]反応を行いやすく，また，⑯[ ]反応によって高分子化合物をつくることがある。

8 シス-トランス異性体

次のア～オから，シス-トランス異性体をもつものをすべて選べ。

ア $CH_3CH=CH_2$

イ $CH_3CH=C(CH_3)_2$

ウ $CH_3CH=CHCH_3$

エ $CH_3CH_2CH=CH_2$

オ $CH_3CH_2CH=CHCH_3$

9 エチレンとアセチレンの反応

次の(1)～(4)の反応を化学反応式で示せ。

(1) エチレンを完全燃焼させる。

(2) エチレンにリン酸触媒を用いて水を反応させる。

(3) アセチレンに硫酸水銀(Ⅱ)触媒を用いて水を付加させる。

(4) アセチレンに酢酸亜鉛触媒を用いて酢酸を反応させる。

10 炭化水素の燃焼

次の炭化水素のうち，完全燃焼させたときに生じる二酸化炭素と水の物質量の比が2：1であるものを選べ。

ア メタン　　イ エチレン　　ウ エタン

エ アセチレン　　オ プロペン

11 メタンの反応

メタンCH_4と塩素Cl_2の混合気体に光を当てると，メタンのH原子が次々とCl原子で置き換わる反応が起こった。

(1) このような反応を何というか。

(2) 次の化学反応式の□に適する示性式を記せ。

$$CH_4 + Cl_2 \xrightarrow{\text{光}} \boxed{①} + HCl$$

$$CH_3Cl + Cl_2 \xrightarrow{\text{光}} \boxed{②} + HCl$$

$$CH_2Cl_2 + Cl_2 \xrightarrow{\text{光}} \boxed{③} + HCl$$

$$CHCl_3 + Cl_2 \xrightarrow{\text{光}} \boxed{④} + HCl$$

12 炭化水素の性質

次の(1)～(4)にあてはまる物質を，あとのア～エからすべて選べ。

(1) 付加反応より置換反応を起こしやすい。

(2) 置換反応より付加反応を起こしやすい。

(3) 常温・常圧では液体である。

(4) 臭素水(褐色)の色を脱色する。

ア エチレン　　イ アセチレン

ウ エタン　　エ シクロヘキサン

3章

酸素を含む脂肪族化合物

1 アルコール

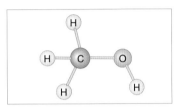

図1. メタノールの構造

○1. メタノールは，燃料や有機溶媒などに用いられる。

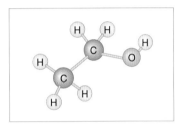

図2. エタノールの構造

○2. エタノールは，酒類，消毒薬，有機溶媒，化学工業の原料などに用いられる。

価数	名称	化学式	沸点〔℃〕
1価	メタノール	CH_3OH	65
	エタノール	C_2H_5OH	78
	1-プロパノール	$CH_3CH_2CH_2OH$	97
	2-プロパノール	$(CH_3)_2CHOH$	82
2価	エチレングリコール (1,2-エタンジオール)	CH_2OH CH_2OH	198
3価	グリセリン (1,2,3-プロパントリオール)	CH_2OH $CHOH$ CH_2OH	290 (分解)

表1. 価数によるアルコールの分類

■ 炭化水素の-Hをヒドロキシ基-OHで置き換えた化合物R-OHを**アルコール**という。

1 メタノールとエタノールが代表的

■ **メタノール（メチルアルコール）CH_3OHの製法**
　一酸化炭素と水素の混合気体を，触媒を用いて高温・高圧で反応させる。

$$CO + 2H_2 \xrightarrow[○1]{ZnO触媒} CH_3OH$$

■ **メタノールの性質**
1 無色，芳香のある揮発性（沸点65℃）の液体で有毒。
2 水と任意の割合で溶け，有機物もよく溶かす。
3 空気中で，青白色の炎をあげてよく燃える。

■ **エタノール（エチルアルコール）C_2H_5OHの製法**
1 エチレンにリン酸を触媒として水を付加させる。

$$CH_2=CH_2 + H_2O \longrightarrow C_2H_5OH$$

2 グルコースに酵母菌を作用させる（**アルコール発酵**）。

$$C_6H_{12}O_6 \xrightarrow[○2]{} 2C_2H_5OH + 2CO_2$$

■ **エタノールの性質**
1 無色，芳香のある揮発性（沸点78℃）の液体で無毒。
2 水と任意の割合で溶け，有機物もよく溶かす。

2 アルコールの分類は3通り

1 分子中の-OHの数によって，**1価アルコール**，**2価アルコール**，**3価アルコール**，…という（表1）。2価以上のアルコールをまとめて**多価アルコール**という。
2 -OHがついた炭素原子に結合する炭化水素基（R-）の数1（0），2，3に応じて，**第一級アルコール**，**第二級アルコール**，**第三級アルコール**という。
3 炭素数が少ないものを**低級アルコール**，炭素数が多いものを**高級アルコール**という。

③ アルコールの性質とは

1 低級アルコールは常温では液体で，水に溶けやすい。[3]

2 高級アルコールは常温では固体で，水に溶けにくい。

3 中性物質で，塩基とは反応しない。

4 金属ナトリウムと反応して水素を発生する。[4]

$$2C_2H_5OH + 2Na \longrightarrow 2C_2H_5ONa + H_2$$
ナトリウムエトキシド

5 二クロム酸カリウムなどの酸化剤で酸化した場合，

- 第一級アルコール→アルデヒド→カルボン酸
- 第二級アルコール→ケトン
- 第三級アルコールは酸化されにくい。

$$\underset{\text{第一級アルコール}}{\overset{\displaystyle H}{\underset{\displaystyle H}{R-C-OH}}} \xrightarrow{[O]} \underset{\text{アルデヒド}}{\overset{\displaystyle}{R-C-H}} \xrightarrow{[O]} \underset{\text{カルボン酸}}{\overset{\displaystyle}{R-C-OH}}$$

6 エタノールと濃硫酸の混合物を**約130℃**に熱すると，分子間脱水が起こり，ジエチルエーテルが生成する。

$$2C_2H_5OH \xrightarrow[130℃]{濃H_2SO_4} C_2H_5OC_2H_5 + H_2O$$

このように，反応物から水などが取れて2分子が結合する反応を**縮合反応**という。

7 エタノールと濃硫酸の混合物を**160～170℃**に熱すると，分子内脱水が起こり，**エチレン**が生成する。

$$C_2H_5OH \xrightarrow[160～170℃]{濃H_2SO_4} CH_2=CH_2 + H_2O$$

このように，反応物から水などが取れて不飽和結合が生じる反応を**脱離反応**という。

8 エタノールにヨウ素と水酸化ナトリウムを加えて加熱すると，ヨードホルムCHI_3の黄色沈殿が生じる。この反応を**ヨードホルム反応**という。[5]

④ エーテルはアルコールの異性体

■ アルコールの-OHのH原子を炭化水素基-R′で置換した化合物R-O-R′を**エーテル**という。[6]エーテルはアルコールの異性体であるが，アルコールとは異なる性質を示す。

■ エーテルの一般的性質

1 沸点が低く，揮発性の液体で，水に溶けにくい。

2 ナトリウム，酸，塩基のいずれとも反応しない。

3 ジエチルエーテルは麻酔作用があり，引火性をもつ。

---

3. C_3のプロパノールまでは，水に任意の割合で溶ける。

4. ヒドロキシ基-OHの水素原子はナトリウム原子と置換反応をする。この反応は，-OHの検出に利用される。

$$\underset{\text{第二級アルコール}}{\overset{\displaystyle R'}{\underset{\displaystyle H}{R-C-OH}}} \xrightarrow{[O]} \underset{\text{ケトン}}{\overset{\displaystyle}{R-C-R'}}$$

5. ヨードホルム反応は，$CH_3CH(OH)-$の構造をもつアルコールやCH_3CO-の構造をもつアルデヒドやケトンに見られる特有の反応である。

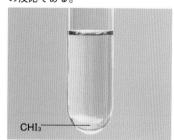

CHI₃

名称	化学式	沸点〔℃〕
ジメチルエーテル	CH_3OCH_3	−25
エチルメチルエーテル	$CH_3OC_2H_5$	7
ジエチルエーテル	$C_2H_5OC_2H_5$	34

表2. おもなエーテル

6. ジエチルエーテルのことを単にエーテルということもある。

2 アルデヒドとケトン

1 カルボニル化合物とは

■ カルボニル基>C=OにH原子が結合した**ホルミル基**(ア
ルデヒド基)-CHOをもつ化合物を**アルデヒド**という。
また，カルボニル基に2つの炭化水素基が結合した化合物
を**ケトン**という。アルデヒドとケトンをあわせて**カルボ
ニル化合物**と総称する。

2 ホルムアルデヒドについて知る

■ **ホルムアルデヒド**HCHO**の製法** メタノールを，触
媒(Pt，Cu)を用いて空気中の酸素で酸化する(図1)。

$$CH_3OH + (\overset{\circ 1}{O}) \longrightarrow HCHO + H_2O$$

■ **ホルムアルデヒドの性質**

1 無色，強い刺激臭のある気体で，毒性が強い。

2 水によく溶ける。約37%水溶液を**ホルマリン**といい，
殺菌・消毒剤や，生物標本の保存液に使用する。

3 酸化すると，ギ酸(カルボン酸の一種)になる。

$$HCHO + (O) \longrightarrow \underset{ギ酸}{HCOOH}$$

4 アルデヒドは，酸化されてカルボン酸になりやすいの
で強い還元性があり，**フェーリング液**を還元し，**銀
鏡反応**を示す。これらの反応は，アルデヒドの検出に
利用される(図2)。

- **フェーリング液の還元** ホルマリンをフェーリング液$^{\circ 2}$
に加えて熱すると，赤色の酸化銅(Ⅰ)Cu₂Oの沈殿が
生じる。

$$HCHO + 2Cu^{2+} + 5OH^- \longrightarrow HCOO^- + Cu_2O + 3H_2O$$

- **銀鏡反応** ホルマリンをアンモニア性硝酸銀水溶液に$^{\circ 3}$
加えて温めると，試験管の内壁に銀が析出して銀鏡を
つくる。

$$HCHO + 2Ag^+ + 3OH^- \longrightarrow HCOO^- + 2Ag + 2H_2O$$

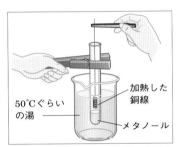

図1．ホルムアルデヒドの実験室
的製法

50℃ぐらいの湯
加熱した銅線
メタノール

○1．酸化剤から与えられる酸素
を(O)で表す。

図2．フェーリング液の還元(左)
と銀鏡反応(右)

○2．**フェーリング液**
CuSO₄水溶液(A液)と酒石酸ナ
トリウムカリウムKNaC₄H₄O₆を
NaOH水溶液に溶かした溶液(B
液)を使用直前に等量ずつ混ぜて
つくった深青色の水溶液。

○3．AgNO₃水溶液に過剰のアン
モニア水を加えたもの。一度生じ
たAg₂Oの沈殿がジアンミン銀
(Ⅰ)イオン[Ag(NH₃)₂]⁺となっ
て溶けている。

化学式	名称	融点[℃]	沸点[℃]
HCHO	ホルムアルデヒド	−92	−19
CH₃CHO	アセトアルデヒド	−124	20
CH₃CH₂CHO	プロピオンアルデヒド	−80	48

表1．おもなアルデヒド

③ アセトアルデヒドはどうか

■ アセトアルデヒド CH₃CHO の製法

① 実験室的製法 エタノールに二クロム酸カリウムの硫酸酸性溶液を加えて熱し，酸化してつくる（図3）。

$$C_2H_5OH + (O) \longrightarrow CH_3CHO + H_2O$$

② 工業的製法 塩化パラジウム（Ⅱ）PdCl₂ と塩化銅（Ⅱ）CuCl₂ を触媒として，エチレンを酸化してつくる。

$$2CH_2=CH_2 + O_2 \longrightarrow 2CH_3CHO$$

■ アセトアルデヒドの性質

① 無色，刺激臭のある揮発性の液体。水によく溶ける。

② 還元性がある。⇒フェーリング液の還元，銀鏡反応

③ 酸化すると，酢酸（カルボン酸の一種）になる。

$$CH_3CHO + (O) \longrightarrow CH_3COOH$$

④ ヨウ素と NaOH と反応して，ヨードホルム CHI₃ の黄色沈殿を生成する（**ヨードホルム反応→p.211**）。

④ アセトンはケトンの代表的物質

■ ケトンとは
一般式が R-CO-R′ で示される化合物を**ケトン**という。ケトンは第二級アルコールを酸化すると得られるが，アルデヒドとは異なり還元性を示さない。

■ アセトン CH₃COCH₃ の製法

① 酢酸カルシウム (CH₃COO)₂Ca を乾留する（図6）。

$$CH_3-C\begin{smallmatrix}O\\\\O\end{smallmatrix}\!\!\Big\rangle Ca \; CH_3-C\begin{smallmatrix}O\\\\O\end{smallmatrix} \longrightarrow \begin{smallmatrix}CH_3\\CH_3\end{smallmatrix}\!\!C=O + CaCO_3$$

② 2-プロパノール（第二級アルコール）を酸化する。

$$CH_3-\overset{\overset{\textstyle CH_3}{|}}{\underset{\underset{\textstyle H}{|}}{C}}-O-H + (O) \longrightarrow \begin{smallmatrix}CH_3\\CH_3\end{smallmatrix}\!\!C=O + H_2O$$

■ アセトンの性質

① 無色，芳香のある揮発性の液体。水によく溶け，ベンゼン，エーテルなどの有機溶媒にも溶ける。

② 還元性を示さない。

③ CH₃CO- の構造をもち，ヨードホルム反応を示す。

$$CH_3COCH_3 + 3I_2 + 4NaOH$$
$$\longrightarrow CH_3COONa + CHI_3 + 3NaI + 3H_2O$$

図3. アセトアルデヒドの実験室的製法

アセトアルデヒドは，沸点が低く水に溶けやすいため，氷水で冷却した試験管内に水溶液として捕集する。

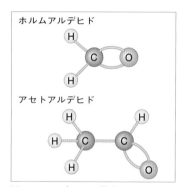

図4. アルデヒドの構造

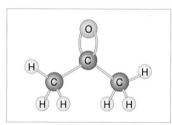

図5. アセトンの構造

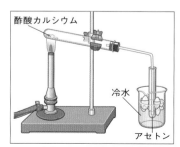

図6. 酢酸カルシウムの乾留

1 カルボン酸とはどんなものか

■ カルボキシ基-COOHをもつ化合物を**カルボン酸**といい，-COOHを1個，2個，…もつものを，**モノカルボン酸（1価カルボン酸）**，**ジカルボン酸（2価カルボン酸）**，…という。特に，鎖式の1価カルボン酸を**脂肪酸**という。脂肪酸のうち，炭化水素基の中に，単結合しか含まないものを**飽和脂肪酸**，不飽和結合を含むものを**不飽和脂肪酸**という。また，炭素数が多い脂肪酸を**高級脂肪酸**，炭素数が少ない脂肪酸を**低級脂肪酸**という。

❂ 1. 酸性を示す有機化合物を有機酸という。カルボン酸は代表的な有機酸である。

2 おもなカルボン酸

■ **ギ酸HCOOH** 蟻の体内に存在することに由来する。

1. ホルムアルデヒドを酸化すると得られる。
2. 強い刺激臭をもつ無色の液体である。
3. 水によく溶け，水溶液は酸性を示す。
4. 分子中にホルミル基をもち，還元性を示す。

■ **酢酸CH₃COOH** 食酢中に含まれることに由来する。

1. アセトアルデヒドを酸化すると得られる。
2. 無色，刺激臭のある液体で，冬季には氷結する。このため，純粋な酢酸は**氷酢酸**とよばれる。
3. 水によく溶け，水溶液は弱酸性を示す。
4. 適切な脱水剤を加えて加熱すると，**無水酢酸**を生じる。

$$2CH_3COOH \longrightarrow (CH_3CO)_2O + H_2O$$

2個の-COOHから1分子の水が取れて縮合した化合物を**酸無水物**という。酸無水物は中性の物質である。

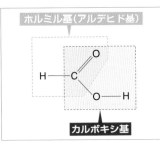

図1. ギ酸の構造

❂ 2. ただし，銀鏡反応は示すが，フェーリング液の還元はきわめて起こりにくい。

❂ 3. 食酢は，酢酸を4〜5％含み，エタノールの酢酸発酵でつくられる。
C₂H₅OH + O₂
$\longrightarrow$ CH₃COOH + H₂O

❂ 4. 氷酢酸とは違うので，混同しないように注意しよう。なお，無水酢酸の構造式は次の通り。

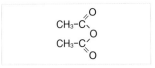

		名称	化学式	融点〔℃〕	水への溶解性
脂肪酸（1価）	飽和	ギ酸	HCOOH	8	溶ける
		酢酸	CH₃COOH	17	溶ける
		プロピオン酸	CH₃CH₂COOH	−21	溶ける
		パルミチン酸	C₁₅H₃₁COOH	63	溶けない
		ステアリン酸	C₁₇H₃₅COOH	71	溶けない
	不飽和	アクリル酸	CH₂=CHCOOH	14	溶ける
		オレイン酸	C₁₇H₃₃COOH	13	溶ける
		リノール酸	C₁₇H₃₁COOH	−5	溶けない
		リノレン酸	C₁₇H₂₉COOH	−11	溶けない
2価		シュウ酸	HOOCCOOH	187（分解）	溶ける

表1. おもなカルボン酸とその性質

■ カルボン酸の一般的性質

1 低級カルボン酸は水によく溶け，弱酸性を示す。

2 高級カルボン酸は水に溶けにくいが，弱酸であるから塩基の水溶液には中和反応して塩をつくるので溶ける。[5]

$$R-COOH + NaOH \longrightarrow R-COONa + H_2O$$

3 炭酸より強い酸なので，炭酸水素塩の水溶液に溶ける（カルボキシ基-COOHの検出に利用）。

$$R-COOH + NaHCO_3 \longrightarrow R-COONa + CO_2 + H_2O$$

③ カルボン酸のなかまたち

■ マレイン酸とフマル酸

1 マレイン酸とフマル酸は**シス-トランス異性体（幾何異性体）**の関係にあり，性質が異なる。

	融点[6]	極性	溶解度〔g/100g水〕
マレイン酸	133℃	極性分子	79
フマル酸	約300℃	無極性分子	0.7

2 マレイン酸を加熱すると，容易に分子内で脱水が起こり酸無水物である**無水マレイン酸**が生成する。

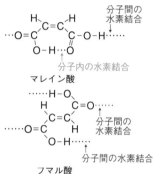

マレイン酸（シス形）　　　無水マレイン酸（融点53℃）

3 フマル酸を加熱しても，容易には脱水が起こらない。

$$\underset{HOOC}{\overset{H}{\diagdown}}C=C\underset{H}{\overset{COOH}{\diagup}} \xrightarrow{約160℃} \begin{matrix}脱水は\\起こらない\end{matrix}$$

フマル酸（トランス形）

■ ヒドロキシ酸
1つの分子内に-COOHと-OHをもつカルボン酸を**ヒドロキシ酸**という。分子中に不斉炭素原子があり，鏡像異性体をもつものが多い。ヒドロキシ酸は生物の体内に多く存在する（図2）。

[5] **5.** 高級カルボン酸のナトリウム塩は水に可溶である。

[6] **6.** マレイン酸に比べてフマル酸の融点が高い理由
マレイン酸は分子間と分子内でも水素結合を形成するが，フマル酸は分子間でのみ水素結合を形成するため，分子間にはたらく引力が大きくなるため。

マレイン酸とフマル酸は脱水の有無で区別できるよ。

乳酸（乳酸，筋肉）	リンゴ酸（リンゴ，ブドウ）	酒石酸（ブドウ）	クエン酸（ミカン，レモン）
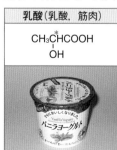		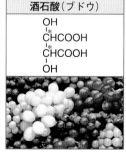	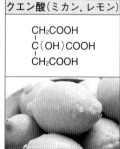

図2．おもなヒドロキシ酸　C*は不斉炭素原子を示す。

4 エステルも重要な化合物

■ **エステルとは**　カルボン酸とアルコールから水が取れて(脱水縮合)生じる化合物を**エステル**といい，分子中にエステル結合$-\overset{\displaystyle O}{\underset{\displaystyle }{C}}-O-$をもつ。エステルが生成する反応を**エステル化**という。

○7. カルボン酸の-OHとアルコールの-Hから水が生成する。

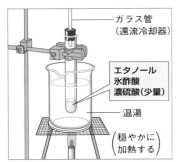

■ **エステルの製法**　カルボン酸とアルコールの混合物に，少量の濃硫酸(触媒)を加えて温めると生成する(図3)。

$$CH_3-\overset{\displaystyle O}{\underset{\displaystyle 酢酸}{C}}-OH \ + \ \underset{\displaystyle エタノール}{H-O-C_2H_5} \ \rightleftarrows \ \underset{\displaystyle 酢酸エチル○8}{CH_3-\overset{\displaystyle O}{\underset{\displaystyle }{C}}-O-C_2H_5}\overset{\text{エステル結合}}{} \ + \ H_2O$$

図3. 酢酸エチルの合成

○8. エステルの示性式は，ふつうCH₃COOC₂H₅のようにカルボン酸側から書く。これをアルコール側から書くとC₂H₅OCOCH₃となるので注意したい。

■ **エステルの性質**

1　異性体の関係にあるカルボン酸に比べて，融点・沸点が低い。○9

2　低分子量のエステルは，芳香(果実臭)のある液体である。水に溶けにくいが，有機物をよく溶かすので，香料や有機溶媒などに利用される。

○9. エステルには水素結合が生じないためである。

人工香料(エッセンス)には，エステルが多く用いられているよ。

名称	示性式	香りの種類
酢酸エチル	CH₃COOC₂H₅	西洋梨
酢酸ペンチル	CH₃COO(CH₂)₄CH₃	バナナ
酪酸エチル	CH₃(CH₂)₂COOC₂H₅	パイナップル

表2. おもなエステル

■ **エステルの反応**

1　希酸を加えて加熱すると，カルボン酸とアルコールに分解する。この反応を**エステルの加水分解**という。

$$R-COO-R' \ + \ H_2O \ \rightleftarrows \ R-COOH \ + \ R'-OH$$

2　塩基を加えて加熱すると，カルボン酸塩とアルコールに分解する。この反応を**けん化**という。

$$R-COO-R' \ + \ NaOH \ \longrightarrow \ R-COONa \ + \ R'-OH$$

■ **ニトログリセリン**　グリセリンに混酸(濃硝酸と濃硫酸の混合物)を反応させると，**ニトログリセリン**○10が生じる。ニトログリセリンは，爆薬や心臓病の薬に用いられる。○11

$$\underset{\displaystyle グリセリン}{\begin{matrix}CH_2OH\\ |\\ CHOH\\ |\\ CH_2OH\end{matrix}} \ + \ \underset{\displaystyle 硝酸}{3HNO_3} \ \longrightarrow \ \underset{\displaystyle ニトログリセリン}{\begin{matrix}CH_2ONO_2\\ |\\ CHONO_2\\ |\\ CH_2ONO_2\end{matrix}} \ + \ 3H_2O$$

○10. ニトログリセリンは，化学的にはニトロ化合物(→p.232)ではなく，硝酸エステルである。

○11. ニトログリセリンは非常に不安定な物質であるが，珪藻土に吸収させると安定化する。これがダイナマイトである。ノーベルはダイナマイトの発明によって巨万の富を得た。彼の遺産と遺言により，ノーベル賞が創設された(1901年)。

4 油脂

1 油脂について知ろう

■ **油脂** 高級脂肪酸とグリセリン（3価アルコール）のエステルを**油脂**といい，動物の体内や植物の種子などに広く分布する。

$$
\begin{array}{lll}
R^1\text{-CO OH} & H O\text{-CH}_2 & R^1\text{-COO-CH}_2 \\
R^2\text{-CO OH} + & H O\text{-CH} \longrightarrow & R^2\text{-COO-CH} + 3H_2O \\
R^3\text{-CO OH} & H O\text{-CH}_2 & R^3\text{-COO-CH}_2 \\
\text{高級脂肪酸} & \text{グリセリン} & \text{油脂（トリグリセリド）}
\end{array}
$$

■ 油脂の性質

1 水には溶けないが，有機溶媒にはよく溶ける。

2 混合物で，一定の組成や融点を示さないものが多い。

3 水酸化ナトリウム水溶液を加えて加熱すると，けん化され，高級脂肪酸のナトリウム塩（**セッケン**）とグリセリンを生じる。

■ 油脂を構成する脂肪酸

1 飽和脂肪酸は直鎖状の分子で融点が高い。

2 不飽和脂肪酸は折れ線形の分子で融点が低い。

■ 油脂の分類

- **脂肪**…常温で固体の油脂。動物性油脂に多い。飽和脂肪酸を多く含む。無臭のものが多い。
- **脂肪油**…常温で液体の油脂。植物性油脂に多い。不飽和脂肪酸を多く含む。特有のにおいをもつ。

■ **硬化油** 脂肪油にニッケルNiを触媒として水素H_2を付加すると，油脂の融点が高くなり，固体となる（**油脂の硬化**）。こうしてできた油脂を**硬化油**という。植物性油脂の硬化油はマーガリンやセッケンの原料となる。

■ 乾性油と不乾性油

- **乾性油**…脂肪油のうち，C=C結合を多く含み，空気中に放置すると酸素と反応して固化しやすいもの。
  例 アマニ油，サフラワー油，大豆油など。
- **不乾性油**…脂肪油のうち，C=C結合をあまり含まず，空気中に放置しても固化しにくいもの。
  例 ツバキ油，オリーブ油，パーム油など。

✿1. 油脂を構成する脂肪酸は，C_{16}やC_{18}のものが多い。

✿2. 1,2,3-プロパントリオールともいう。

図1. 飽和脂肪酸

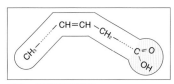

図2. 不飽和脂肪酸

図3. ラード（脂肪）とオリーブ油（脂肪油）

✿3. 豚脂（ラード），牛脂（ヘット），バターなどがある。

✿4. ゴマ油，ナタネ油，オリーブ油などがある。

○5. 油脂1分子中のC=C結合の数を不飽和度という。

■ 油脂は混合物であり，分子量や不飽和度は一定ではない。そこで，これらの値を推定する目安として，けん化価とヨウ素価が用いられる。

■ **けん化価** 油脂1gをけん化するのに必要な水酸化カリウムKOHの質量〔mg〕の数値を**けん化価**という。油脂**1 mol**をけん化するにはKOHが**3 mol**必要であるから，油脂の平均分子量をMとすると，

けん化価を調べれば油脂の平均分子量がわかるんだね。

$$けん化価 = \frac{1}{M} \times 3 \times 56 \times 10^3$$

KOHの式量

けん化価が大きい油脂ほど平均分子量が小さい。すなわち，低級脂肪酸を多く含む。

例題 **けん化価の計算**

　ある油脂のけん化価を調べたところ，190であった。この油脂の平均分子量を求めよ。　式量：KOH = 56

解説 油脂1gをけん化するのに必要なKOHの質量〔mg〕の数値がけん化価である。

　この油脂の平均分子量をMとすると，1gの物質量は$\frac{1}{M}$〔mol〕である。けん化にはこの3倍の物質量のKOHが必要であるから，

$$\frac{1}{M} \times 3 \quad \times \quad 56 \quad \times \quad 10^3 \quad = \quad 190$$

KOHの物質量　KOHのモル質量　g→mg

$$M \fallingdotseq 884$$

答 884

■ **ヨウ素価** 油脂100gのC=C結合に付加するヨウ素I_2の質量〔g〕の数値を**ヨウ素価**という。油脂中のC=C結合**1 mol**に対してI_2が**1 mol**付加するから，油脂の平均分子量をM，不飽和度をnとすると，

ヨウ素価と平均分子量がわかれば，油脂中のC=C結合の数がわかるんだね。

$$ヨウ素価 = \frac{100}{M} \times n \times 254$$

I_2の分子量

ヨウ素価が大きい油脂ほど不飽和度が大きく，C=C結合を多く含む。すなわち，不飽和脂肪酸を多く含み，空気中で固化しやすい。

5 セッケンと合成洗剤

1 セッケン

■ **セッケンの製造**　油汚れを落とす**セッケン**は，油脂に水酸化ナトリウム水溶液を加えて加熱して加水分解(**けん化**)すると，グリセリンとともに得られる(図1)。

♻1. 現在では，油脂を高温の水蒸気で加水分解して脂肪酸をつくり，これを中和してセッケンをつくる方法が主流である(中和法)。

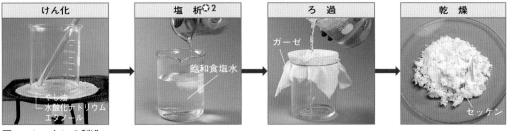

$$
\begin{array}{c}
CH_2\text{-}O\text{-}CO\text{-}R \\
CH\text{-}O\text{-}CO\text{-}R' \\
CH_2\text{-}O\text{-}CO\text{-}R''
\end{array}
\ + \ 3NaOH \ \longrightarrow \
\begin{array}{c}
R\text{-}COONa \\
R'\text{-}COONa \\
R''\text{-}COONa
\end{array}
\ + \
\begin{array}{c}
CH_2\text{-}OH \\
CH\text{-}OH \\
CH_2\text{-}OH
\end{array}
$$

　　油脂　　　　水酸化ナトリウム　　　セッケン　　　グリセリン

けん化	塩 析♻2	ろ 過	乾 燥

図1. セッケンの製造

■ **セッケンの構造**　セッケンは，図2のような構造をしている。炭化水素基の部分は疎水性(親油性)を示し，カルボキシラート-COO⁻の部分は親水性を示す。

セッケンのように，1つの分子中に疎水性の部分と親水性の部分をあわせもつ物質を**界面活性剤**といい，水と油をなじませる作用をもつ。

♻2. 得られたグリセリンとセッケンの混合水溶液に飽和食塩水を加えると，セッケンが塩析され，上層に分離される。

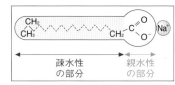

図2. セッケンの構造

■ **セッケンの性質**

1　セッケンは，弱酸である脂肪酸と，強塩基である水酸化ナトリウムからなる塩である。したがって，水に溶けると加水分解して弱塩基性を示す。このため，塩基に弱い絹や羊毛などの動物性繊維の洗濯には向かない。

2　カルシウムイオンCa^{2+}やマグネシウムイオンMg^{2+}を多く含む水(**硬水**)の中では，水に不溶なカルシウム塩やマグネシウム塩を生じる。したがって，硬水中ではセッケンの泡立ちが悪くなり，洗浄力が低下する。

$$2RCOONa \ + \ Ca^{2+} \ \longrightarrow \ (RCOO)_2Ca \ + \ 2Na^+$$

■ **セッケンの洗浄作用**　セッケンを水に一定濃度(約0.1%)以上溶かすと，セッケンの分子は，疎水性の部分を内側，親水性の部分を外側に向けて**ミセル**とよばれる球

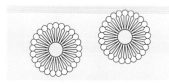

図3．セッケンのミセル

状のコロイド粒子をつくる（図3）。ここに油汚れのついた布を入れて撹拌すると，セッケンの分子はその疎水性の部分を油滴に向け，油滴を取り囲む。やがて，油滴は繊維の表面から離されてミセルの内部に取り込まれ，微粒子となって水中に分散する（図4）。このようなはたらきを**乳化作用**といい，得られた溶液は**乳濁液**とよばれる。

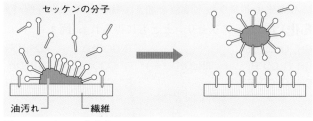

図4．セッケンの乳化作用

　一般に，セッケンの**洗浄作用**は，繊維の隙間に入り込んだり（**浸透作用**），繊維から引き離した油汚れを微粒子にして溶液中に分散させたりするはたらき（**乳化作用**）によるものである。

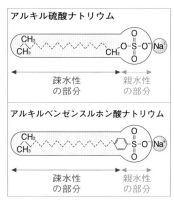

図5．合成洗剤の構造

☼3．初期のABS洗剤には，アルキル基に枝分かれをもつものが多く，微生物による分解を受けにくかった。現在では，直鎖状のアルキル基をもつ，直鎖アルキルベンゼンスルホン酸ナトリウム（LAS洗剤）に切り換えられた。

☼4．合成洗剤は，その水溶液が中性であることから，中性洗剤ともよばれる。

2 合成洗剤には

■ **合成洗剤**　界面活性剤のうち，石油やアルコールなどを原料に化学的に合成したものを**合成洗剤**という。

1　**アルキル硫酸エステル塩**　高級1価アルコール（炭素数12～18）を濃硫酸でエステル化し，これを水酸化ナトリウムで中和したもの。**高級アルコール系洗剤**ともいう。

2　**アルキルベンゼンスルホン酸塩**　石油とベンゼンからアルキルベンゼンをつくり，濃硫酸でスルホン化した後，水酸化ナトリウムで中和したもの。**ABS洗剤**ともいう。☼3

■ **合成洗剤の特徴**

1　親水基と疎水基の2つの部分をもち，セッケンと同様または，それ以上の洗浄力を示す。

2　強酸と強塩基の塩なので，水溶液は加水分解せず，中性である。☼4したがって，塩基に弱い動物性繊維（絹や羊毛）の洗濯にも適する。

3　カルシウム塩，マグネシウム塩が水に溶けるので，硬水中でも洗浄力を示す。

4　微生物による分解速度は，セッケンに比べると遅い。

重要実験 ホルムアルデヒドの合成と性質

方法

1. 試験管にメタノール3mLを入れ，50℃の湯で温める。
2. らせん状に巻いた銅線を表面が黒くなるまで強熱する。
3. 2の銅線を1の液面付近まで入れ，メタノールに触れないように上下させる。このときの銅線の変化を観察する。
4. 2と3を何度か繰り返す。
5. 4に純水1mLを入れてよく振る。
6. 5にアンモニア性硝酸銀水溶液1mLを加える。軽く振ってから50〜60℃の湯にしばらく浸し，変化を観察する。
7. 別の試験管にフェーリング液を入れ，ホルマリンを2〜3滴加えて振る。
8. 7に沸騰石を数粒入れた後，穏やかに加熱し，変化を観察する。

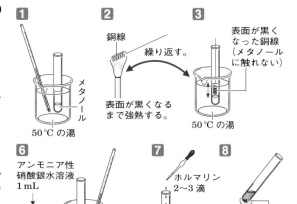

結果

1. 方法3では，銅線の表面が黒色から赤色に変化した。
2. 方法6では，試験管の内壁に銀鏡ができた。
3. 方法8では，赤色の沈殿が生じた。

考察

1. 方法2で起こった変化を化学反応式で表せ。
→ 銅が酸化され，黒色の酸化銅(Ⅱ)の被膜ができる。
$$2Cu + O_2 \longrightarrow 2CuO$$

2. 方法3で起こった変化を化学反応式で表せ。
→ 液面の上にあるメタノール(沸点65℃)の蒸気が酸化銅(Ⅱ)によって酸化され，ホルムアルデヒドが生じる。このとき，酸化銅(Ⅱ)は還元され，銅に戻る。
$$CH_3OH + CuO \longrightarrow HCHO + H_2O + Cu$$

3. 結果2で，銀鏡ができた理由を酸化・還元の立場から説明せよ。
→ ホルムアルデヒドは還元性をもつため，水溶液中のAg⁺が還元されてAgが析出する。このとき，ホルムアルデヒドは酸化され，ギ酸イオンに変化する。
$$HCHO + 2Ag^+ + 3OH^- \longrightarrow HCOO^- + 2Ag + 2H_2O$$

4. 結果3で生じた赤色の沈殿は何か。
→ フェーリング液中の銅(Ⅱ)イオンが還元され，酸化銅(Ⅰ)の赤色沈殿が生じる。
$$HCHO + 2Cu^{2+} + 5OH^- \longrightarrow HCOO^- + Cu_2O + 3H_2O$$

重要実験 # エステルの合成とけん化

● エステルの合成

方法

1 試験管(A),(B)にエタノールと氷酢酸を2mLずつ入れ,(B)には濃硫酸も数滴加える。

2 (A),(B)に冷却管を取りつけ,70〜80℃の湯に10分間つける。

3 (A),(B)を冷却し,純水を10mL加える。よく振り混ぜてから静置し,においを調べる。

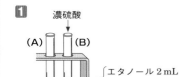

1 濃硫酸 (A) (B) エタノール2mL 氷酢酸2mL

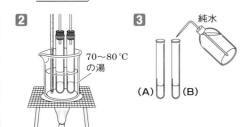

2 70〜80℃の湯 **3** 純水 (A) (B)

結果

1 (A)では変化が見られず,酢酸のにおいがした。

2 (B)では水溶液の上部に油状の液体ができており,芳香(果実臭)がした。

考察

1 (B)で起こった変化を化学反応式で表せ。

$\longrightarrow$ C₂H₅OH + CH₃COOH

$\longrightarrow$ CH₃COOC₂H₅ + H₂O

2 この実験における濃硫酸のはたらきを説明せよ。

$\longrightarrow$ (A),(B)の結果から,濃硫酸が反応に関わっていることがわかる。その一方で,**1**から濃硫酸自体は変化していないので,触媒としてはたらいていることになる。

● エステルのけん化

方法

1 試験管に酢酸エチル1mLと6mol/L水酸化ナトリウム水溶液6mLを入れる。70℃の湯に入れ,ときどき振り混ぜながら溶液が均一になるまで温める。

2 **1**に純水を2〜3mL加え,蒸留する。

3 留出液にヨウ素ヨウ化カリウム水溶液2mLと水酸化ナトリウム水溶液2mLを加え,5分間加熱する。十分に冷却し,ようすを観察する。

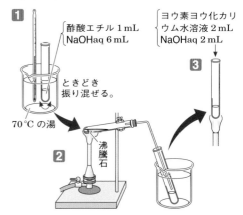

1 酢酸エチル1mL NaOHaq 6mL ときどき振り混ぜる。 70℃の湯 **2** 沸騰石 **3** ヨウ素ヨウ化カリウム水溶液2mL NaOHaq 2mL

結果

特異臭をもつ黄色の沈殿が生じた。

考察

1 方法**1**で起こった変化を化学反応式で表せ。

$\longrightarrow$ CH₃COOC₂H₅ + NaOH

$\longrightarrow$ CH₃COONa + C₂H₅OH

生じた酢酸ナトリウムとエタノールはともに水に溶けるので,溶液は均一になる。

2 結果から,留出液に含まれる物質は何だと考えられるか。

$\longrightarrow$ ヨードホルム反応によってCHI₃の黄色沈殿を生じたので,CH₃CH(OH)-の構造をもつエタノールが含まれると考えられる。

1 ☐ 炭化水素の-Hをヒドロキシ基-OHで置換した化合物を一般に何という？

2 ☐ 分子中にヒドロキシ基を2個もつアルコールを何という？

3 ☐ -OHがついたC原子に炭化水素基が1個結合したアルコールを何という？

4 ☐ エタノールと金属Naの反応で生じる物質は，水素と何？

5 ☐ 反応物から水などが取れ，2分子が結合する反応を何という？

6 ☐ 反応物から水などが取れ，不飽和結合を生じる反応を何という？

7 ☐ エタノールと濃硫酸の混合物を約130℃で加熱すると生成する物質は何？

8 ☐ エタノールと濃硫酸の混合物を160〜170℃で加熱すると生成する物質は何？

9 ☐ エタノールにI_2とNaOHを加えて加熱すると生成する黄色沈殿の名称は？

10 ☐ 一般式R-O-R′（R，R′は炭化水素基）で表される化合物を何という？

11 ☐ メタノールを触媒を用いて酸化すると得られるアルデヒドの名称は？

12 ☐ エタノールを硫酸酸性の$K_2Cr_2O_7$で酸化すると得られるアルデヒドの名称は？

13 ☐ アルデヒドにフェーリング液を加えて熱すると生成する赤色沈殿の名称は？

14 ☐ アルデヒドにアンモニア性硝酸銀水溶液を加えて温めると銀が析出する反応名は？

15 ☐ 酢酸カルシウムを熱分解（乾留）して生じるケトンの名称は？

16 ☐ 鎖式構造の炭化水素基をもつ1価カルボン酸を特に何という？

17 ☐ 2個の-COOHから1分子の水が取れて結合した化合物を一般に何という？

18 ☐ 1つの分子内に-COOHと-OHの両方をもつカルボン酸を何という？

19 ☐ カルボン酸とアルコールから水がとれて生じる化合物を何という？

20 ☐ エステルを塩基を用いて加水分解する反応を何という？

21 ☐ グリセリンと高級脂肪酸のエステルを何という？

22 ☐ 常温で液体の油脂と固体の油脂をそれぞれ何という？

23 ☐ 高級脂肪酸とアルカリ金属の塩を一般に何という？

解答

1. アルコール
2. 2価アルコール
3. 第一級アルコール
4. ナトリウムエトキシド
5. 縮合反応
6. 脱離反応
7. ジエチルエーテル

8. エチレン
9. ヨードホルム
10. エーテル
11. ホルムアルデヒド
12. アセトアルデヒド
13. 酸化銅（Ⅰ）
14. 銀鏡反応

15. アセトン
16. 脂肪酸
17. 酸無水物
18. ヒドロキシ酸
19. エステル
20. けん化
21. 油脂

22. 脂肪油，脂肪
23. セッケン

1 アルコールの性質

次の**ア〜カ**から正しいものをすべて選べ。

ア メタノールは第一級アルコールである。

イ メタノールを酸化すると，ホルムアルデヒドができる。

ウ エタノールは分子量が最も小さい1価アルコールである。

エ エチレングリコールは第二級アルコールである。

オ グリセリンは3価アルコールである。

カ 2価アルコールを酸化すると，ケトンができる。

2 アルデヒドの製法と性質

次の文中の[ ]に適する語句を記せ。

アルコールの蒸気に加熱した銅線(触媒)を触れさせると，アルコールは①[ ]される。たとえば，メタノールからは②[ ]が，エタノールからは③[ ]ができる。

アルデヒドは酸化されて④[ ]に変わりやすいので，ほかの物質を⑤[ ]する性質がある。そのため，アルデヒドはアンモニア性硝酸銀水溶液と反応して⑥[ ]を析出させたり，フェーリング液と反応して⑦[ ]色の⑧[ ]を析出させたりする。

3 エステルの生成

エタノールと氷酢酸の混合物に少量の濃硫酸を加え，右の図のようにして加熱すると，芳香のある有機化合物Xが生じた。

（1） この反応を化学反応式で表せ。

（2） 有機化合物Xの一般名を記せ。

（3） この反応では，濃硫酸はどのようなはたらきをしているか。

（4） 図の装置において，ガラス管はどのようなはたらきをしているか。

（5） 有機化合物Xに水酸化ナトリウム水溶液を加えて加熱した。この反応を何というか。

4 エステルの推定

次の文をもとにエステルA，Bの構造式を示せ。

同じ分子式$C_3H_6O_2$をもつ2種類のエステルA，Bがある。Aを加水分解すると銀鏡反応を示す酸性物質Cと無色の液体Dが得られる。また，Bを加水分解して得られるアルコールを酸化すると，ホルムアルデヒドになる。

5 有機化合物の性質

次の(1)〜(6)の有機化合物にあてはまるものを，あとの**ア〜ク**からそれぞれすべて選べ。

（1） メタノール

（2） エタノール

（3） ギ酸

（4） 酢酸エチル

（5） 2-プロパノール

（6） アセトアルデヒド

ア 水に溶かすと酸性を示す。

イ 穏やかに酸化するとアルデヒドになる。

ウ カルボン酸と反応してエステルを生成する。

エ 分子内で脱水するとアルケンが生成する。

オ 水にほとんど溶けない。

カ 酸化生成物には還元性がある。

キ 銀鏡反応を示す。

ク 水に溶けにくいが，水酸化ナトリウム水溶液と加熱すると溶ける。

⑥ アルコールの異性体とその反応

次の文中の，有機化合物A〜Hの示性式を記せ。

　分子式がC_3H_8Oで示される有機化合物には，A，B，Cの3種類が存在する。このうち，AとBは金属ナトリウムと反応して水素を発生するが，Cは反応しない。

　A，Bを酸化すると，それぞれD，Eとなる。Dは銀鏡反応を示さないが，Eは示す。Eをさらに酸化するとFとなり，FをBと濃硫酸とともに加熱すると，Gと水が生じる。

　Bに濃硫酸を加えて160〜170℃に加熱すると，Hが生じる。

⑦ セッケンと合成洗剤

次の(1)〜(6)のうち，セッケンだけにあてはまる文にはA，合成洗剤だけにあてはまる文にはB，セッケンと合成洗剤の両方にあてはまる文にはCを，それぞれ書け。

(1) 水溶液は，チンダル現象を示す。

(2) 硬水と混ぜても，よく泡立つ。

(3) 水溶液は，乳化作用を示す。

(4) 水溶液に希塩酸を加えると，白く濁る。

(5) フェノールフタレイン溶液を加えると，淡赤色を示す。

(6) 親水性の基と疎水性の基をもつ。

⑧ 有機化合物の推定

次の文をもとに，液体A〜Eとして適する物質をあとのア〜オから選べ。

・A〜Eに水を加えてよく振った後，放置すると，AとCでは2層に分かれたが，B，D，Eでは均一な層になった。

・Cは西洋梨のような果実臭をもっていた。

・Dに炭酸水素ナトリウムの粉末を加えると，気体が発生した。この気体を石灰水に通じると，石灰水が白濁した。

・Eにアンモニア性硝酸銀水溶液を加えて温めると，容器の内壁に銀鏡が生成した。

ア　エタノール　　　イ　アセトアルデヒド
ウ　酢酸　　　　　　エ　ジエチルエーテル
オ　酢酸エチル

⑨ アセトンの反応

アセトンにヨウ素と水酸化ナトリウム水溶液を加えて温めると，特有のにおいをもつ黄色沈殿が生成した。

(1) この反応を何というか。

(2) この黄色沈殿の名称と化学式を示せ。

(3) この反応が陽性である化合物を，次のア〜カからすべて選べ。

ア　CH_3OH　　　　　　イ　CH_3CH_2OH
ウ　CH_3OCH_3　　　　エ　$CH_3CH_2CH_2OH$
オ　$CH_3CH(OH)CH_3$　カ　CH_3CHO

⑩ 油脂への水素付加

リノール酸$C_{17}H_{31}COOH$のみからなる油脂がある。この油脂100gに付加する水素は，標準状態で何Lの体積を占めるか。

原子量：$H = 1.0$，$C = 12$，$O = 16$

⑪ けん化価とヨウ素価

ある油脂1.00gを完全にけん化するのに，水酸化カリウムが190mg必要であった。また，この油脂100gにヨウ素を完全に付加させたところ，86.2gのヨウ素が反応した。

原子量：$H = 1.0$，$O = 16$，$K = 39$，$I = 127$

(1) この油脂の平均分子量を求めよ。

(2) この油脂1分子中には，C=C結合が何個含まれるか。

4章 芳香族化合物

1 芳香族炭化水素

☼1. 空気を断って固体を加熱することを乾留という。

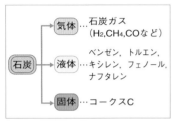

図1. 石炭の乾留

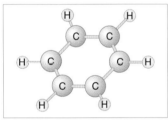

図2. ベンゼンの分子構造

☼2. ベンゼンの炭素間の結合はすべて同等で，単結合と二重結合の中間的な結合である。
C-C結合……0.154 nm
C=C結合……0.134 nm
ベンゼンの
炭素間結合…0.140 nm

図3. ベンゼンの略記法

☼3. ナフタレン，アントラセン中のC原子のうち，図4の・印のものはH原子と結合していないことに注意しよう。

1 コールタールと芳香族化合物

■ 石炭の乾留 石炭を乾留すると，気体，液体，固体の3つの成分に分かれる。気体成分は**石炭ガス**とよばれ，電気のない時代の街灯（ガス灯）の燃料に使われた。また，固体成分である**コークス**は製鉄用の燃料などに用いられる。

その一方で，液体成分の**コールタール**は長い間，使いみちがなかったが，19世紀後半になるとコールタールからベンゼン，フェノール，ナフタレン，アントラセンなど多くの有機化合物が分離され，その利用が急激に高まった。

■ 芳香族化合物 コールタールの中に入っている有機化合物は鎖式化合物ではなく，正六角形の環状構造をもつ一群の化合物で，**芳香族化合物**とよばれる。このうち，最も簡単な構造をもつ化合物が**ベンゼン**である。

2 ベンゼンの構造は平面・正六角形

■ ベンゼンC_6H_6の構造 ベンゼンは，6個の炭素原子がつくる正六角形の平面構造をしている（図2）。炭素原子間の結合は単結合と二重結合の中間的な状態と考えられる。ベンゼンがもつ正六角形の炭素骨格を**ベンゼン環**といい，図3のようにC原子やH原子を省略して，C-C結合の価標だけで表すことが多い。ベンゼン環をもつ炭化水素を**芳香族炭化水素**という。

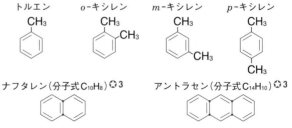

図4. おもな芳香族炭化水素

■ ベンゼンの性質

1 特有のにおいをもつ無色の液体(融点5.5℃, 沸点80℃, 密度0.88g/cm³)。多くの芳香族化合物の合成原料として利用される。

2 空気中で燃えると, 不完全燃焼して多量のすすを出す。

3 水に溶けにくい。多くの有機化合物をよく溶かすが, 蒸気がきわめて有毒なため, 有機溶媒には用いない。

■ **トルエン** トルエンはベンゼンに似た無色の液体で, 側鎖としてメチル基-CH₃が1つ結合している。

■ **キシレン** キシレンは側鎖としてメチル基-CH₃が2つ結合した化合物である。2つのメチル基の位置の違いにより, *o*-(オルト), *m*-(メタ), *p*-(パラ)の3種類の構造異性体が存在する。

■ **ナフタレン** ナフタレンは2個のベンゼン環が縮合した化合物である。無色の結晶で, 昇華性がある。

③ 芳香族炭化水素の置換反応

■ **ベンゼンの置換反応** ベンゼン環は非常に安定であるため, ベンゼンでは付加反応より置換反応のほうが起こりやすい。ベンゼンに濃硝酸と濃硫酸の混合物(混酸), 濃硫酸, 塩素を作用させると, 次の置換反応が起こる。

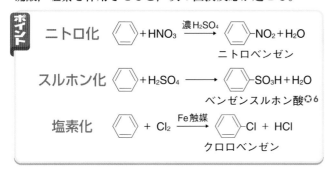

■ **ベンゼンの付加反応** 特別な条件下では, ベンゼンはH₂やCl₂と付加反応を行うことがある。

■ **側鎖の酸化** トルエンやエチルベンゼンのように側鎖をもつ芳香族炭化水素を過マンガン酸カリウムで酸化すると, 側鎖が酸化されてカルボキシ基-COOHに変化する。

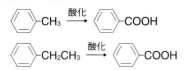

☘ **4.** ベンゼン環に直接結合している炭化水素基を側鎖という。

☘ **5.** 一般に, ベンゼンの二置換体には, 次の3種類の構造異性体が存在する。

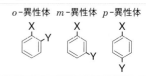

☘ **6.** ベンゼンスルホン酸は無色の結晶(融点50℃)で, 潮解性がある。水に溶けて強酸性を示す。

☘ **7.**

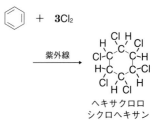

2 フェノール類

1 フェノールとはどんな物質か

☘1. フェノールは石炭酸ともよばれる無色の結晶で，特有のにおいをもつ。水に少し溶ける。腐食性が強く，皮膚を激しく侵す。

■ フェノール類 ベンゼン C_6H_6 の H 原子 1 個をヒドロキシ基-OH で置換した化合物 C_6H_5OH を**フェノール**[1]という。一般に，ベンゼン環に-OH が直接結合した化合物を**フェノール類**という。

名称	フェノール	o-クレゾール[2]	m-クレゾール[2]	p-クレゾール[2]	1-ナフトール	ベンジルアルコール
構造式	OH	CH₃ OH	CH₃ OH	CH₃ OH	OH	CH₂-OH
融点〔℃〕	41	31	12	35	96	− 16
FeCl₃aq による呈色	紫	青	青紫	青	紫	呈色なし

表1. おもなフェノール類 ベンジルアルコールは-OH がベンゼン環には直接結合していないので，フェノール類ではない。したがって，塩化鉄(Ⅲ)水溶液では呈色しない。

☘2. クレゾールはフェノールに比べて腐食性が小さい。クレゾールをセッケン液と混合したものは**クレゾールセッケン液**とよばれ，病院では 1 〜 2 ％に薄めたものが消毒液として用いられる。

2 フェノール類とアルコールの違いをおさえる

■ フェノール類の特徴 フェノール類の-OH は，アルコールの-OH とは少し異なる性質を示す。

1 弱酸性 フェノール類の-OH は，水溶液中でわずかに電離して H^+ を放出する。

$$\text{◯-OH} \rightleftarrows H^+ + \text{◯-O}^-$$
フェノキシドイオン

したがって，フェノール類は弱酸性を示し，水酸化ナトリウム水溶液には塩をつくって溶ける。

$$\text{◯-OH} + NaOH \longrightarrow \text{◯-ONa} + H_2O$$
ナトリウムフェノキシド

☘3. 酸の強さ
酸の強さには，塩酸・硫酸＞カルボン酸＞炭酸＞フェノール類という関係がある。

ナトリウムフェノキシド水溶液に強酸やカルボン酸を加えたり，二酸化炭素を十分に通じたりすると，フェノールが遊離する(弱酸の遊離)[3]。

2 塩化鉄(Ⅲ)による呈色反応 フェノール類の水溶液に塩化鉄(Ⅲ) $FeCl_3$ 水溶液を加えると，**青色〜赤紫色**[4]に呈色する(図1)。この反応はフェノール類に特有で，フェノール性の-OH の検出に用いられる。

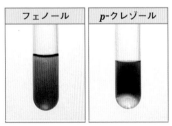

フェノール	p-クレゾール

図1. 塩化鉄(Ⅲ) **aq** による呈色

■ **アルコールと共通な反応**　同じ構造の官能基-OHをもつことから，アルコールと共通した反応も起こす。

1　金属ナトリウムと反応して水素を生じる。

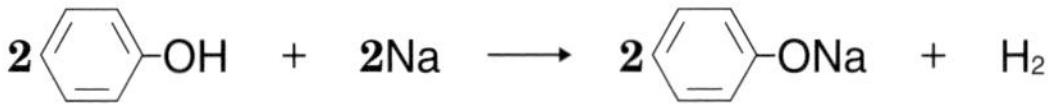

2　-OH　+　2Na　⟶　2　-ONa　+　H2

2　**エステル化**　カルボン酸では反応しにくいが，カルボン酸無水物を作用させると，エステルを生じる。

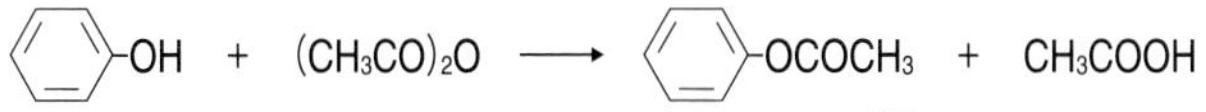

-OH　+　(CH3CO)2O　⟶　-OCOCH3　+　CH3COOH

酢酸フェニル✪5

✪**4.** 2-ナフトールは緑色，サリチル酸(→**p.231**)は赤紫色に呈色する。

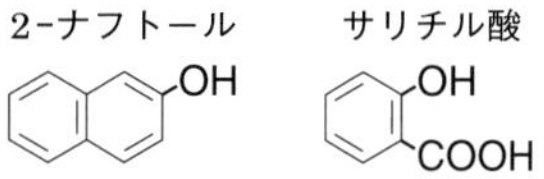

2-ナフトール
OH
サリチル酸
OH
COOH

✪**5.** 酢酸フェニルとは，酢酸とフェノールのエステルという意味である。なお，炭化水素基C_6H_5-(⌬-)をフェニル基という。

3 フェノールはこうしてつくる

■ **クメン法**　**クメン法**は最も重要なフェノールの合成法である。ベンゼンとプロペンから**クメン**をつくり，酸化後，硫酸で分解すると，**フェノールとアセトン**が得られる。

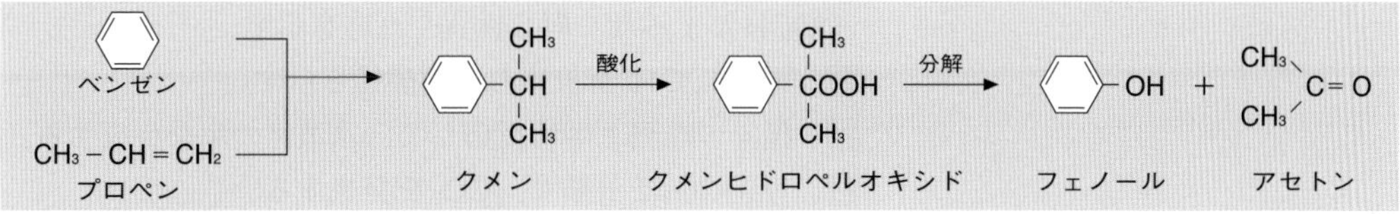

ベンゼン
CH3－CH＝CH2
プロペン
CH3
CH
CH3
クメン
酸化
CH3
COOH
CH3
クメンヒドロペルオキシド
分解
OH
フェノール
+
CH3
C＝O
CH3
アセトン

図2．クメン法によるフェノールの合成

■ **その他の製法**　ベンゼンスルホン酸を固体の水酸化ナトリウムとともに約300℃で融解状態で反応させる方法(**アルカリ融解**)や，クロロベンゼンを高温・高圧下で水酸化ナトリウム水溶液と反応させる方法がある。

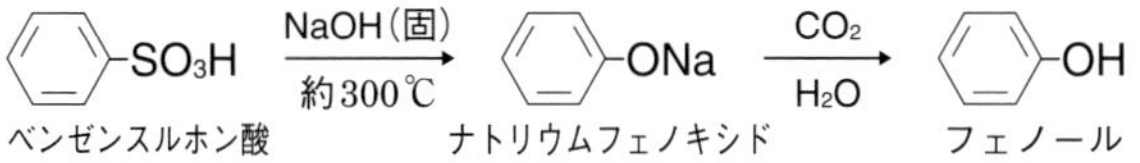

-SO3H
NaOH(固)
約300℃
-ONa
CO2
H2O
-OH
ベンゼンスルホン酸
ナトリウムフェノキシド
フェノール

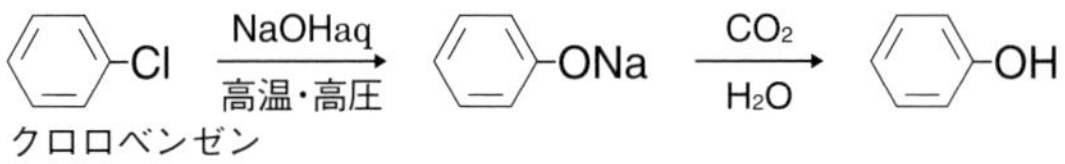

-Cl
NaOHaq
高温･高圧
-ONa
CO2
H2O
-OH
クロロベンゼン

4 フェノールの置換反応

■ フェノールは，ベンゼンよりも置換反応を起こしやすい。

■ **ニトロ化**　フェノールに濃硝酸と濃硫酸の混合物を反応させると，**ピクリン酸**✪6が得られる。ピクリン酸は黄色の結晶で，水に溶かすと強い酸性を示す。

■ **臭素化**　フェノールに臭素水を十分に加えると，ただちに**2,4,6-トリブロモフェノール**✪7の白色沈殿が生じる。この反応は，フェノールの検出に利用される。

✪**6.** 2,4,6-トリニトロフェノールともいい，加熱や衝撃により爆発するので，爆薬として用いられた。

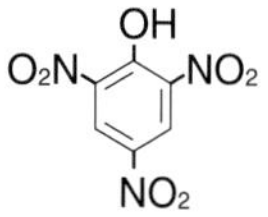

OH
O2N
NO2
NO2

✪**7. 2,4,6-トリブロモフェノール**

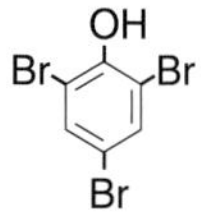

OH
Br
Br
Br

3 芳香族カルボン酸

1 芳香族カルボン酸とは

■ ベンゼン環にカルボキシ基–COOHが結合した化合物を**芳香族カルボン酸**といい，図1のようなものがある。

安息香酸
（融点123℃）

o-トルイル酸
（融点108℃）

フタル酸
（融点234℃）

イソフタル酸
（融点349℃）

テレフタル酸
（昇華点300℃）

図1．おもな芳香族カルボン酸

■ **カルボキシ基の性質・反応** 芳香族カルボン酸のカルボキシ基–COOHは，脂肪族カルボン酸（→p.214）の–COOHとまったく同じ性質や反応を示す。

1 電離してH^+を放出し，**弱酸性**を示す。

2 種々の塩基と中和反応して，水溶性の塩を生成する。

3 $NaHCO_3$を分解し，CO_2を発生する。

4 アルコールと反応して，エステルを生じる。

2 安息香酸について知る

■ **安息香酸のおもな性質**

1 安息香酸[1]は白色・針状の結晶である。冷水には溶けにくいが熱水には溶け[2]，水溶液は弱酸性を示す。

2 安息香酸に水酸化ナトリウム水溶液を加えると，水を加えたときより容易に溶ける。これは安息香酸ナトリウムという塩[3]をつくるためである。

$$\text{〈◯〉–COOH} + \text{NaOH} \longrightarrow \text{〈◯〉–COONa} + \text{H}_2\text{O}$$
安息香酸ナトリウム

3 安息香酸ナトリウムの水溶液に，塩酸または希硫酸を加えて，溶液を強酸性にすると，溶液内に安息香酸が遊離し（**弱酸の遊離**），白色の結晶が析出する。

$$\underset{\text{（弱酸の塩）}}{\text{〈◯〉–COONa}} + \underset{\text{（強酸）}}{\text{HCl}} \longrightarrow \underset{\text{（弱酸）}}{\text{〈◯〉–COOH}} + \underset{\text{（強酸の塩）}}{\text{NaCl}}$$

このことは，**カルボン酸は，塩酸，硫酸，硝酸などの強酸より弱い酸である**ことを意味している。

✿1．かつての安息香酸の原料は，東南アジアのエゴノキ科の植物から得られる安息香という樹脂であった。これを乾留・昇華させて安息香酸が得られた。

安息香酸は，防腐剤・染料・医薬・香料の原料になるんだよ。

✿2．これは，水の温度が高くなると，水に対する溶解度が大きくなるためである。

✿3．酸性の化合物は，塩基性水溶液中には塩をつくってよく溶けるという共通した性質がある。

4 安息香酸に炭酸水素ナトリウム水溶液NaHCO₃を加えると，CO_2を発生しながら溶ける。これは，**カルボン酸＞炭酸**の関係を表す反応として重要である。

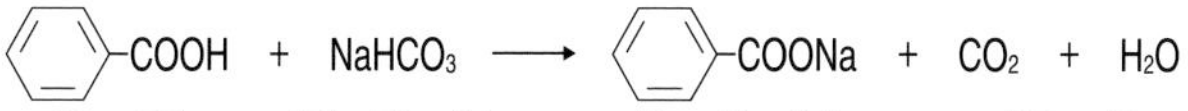

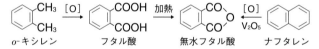

$$\text{\scriptsize〈}\!\!\!\bigcirc\text{-COOH} + NaHCO_3 \longrightarrow \text{\scriptsize〈}\!\!\!\bigcirc\text{-COONa} + CO_2 + H_2O$$

（強い酸）　　（弱い酸の塩）　　（強い酸の塩）　　（弱い酸）

> **ポイント**
> ### 酸の強弱比較
> | 強酸 | | カルボン酸 | | 炭酸 | | フェノール類 |
> |---|---|---|---|---|---|---|
> | HCl，H₂SO₄，HNO₃ | ＞ | -COOH | ＞ | H₂CO₃ | ＞ | -OH |

5 安息香酸にメタノールと少量の濃硫酸(触媒)を加えて加熱すると，安息香酸メチルを生じる(エステル化)。

③ その他の芳香族カルボン酸

■ **フタル酸類**C₆H₄(COOH)₂　2つのカルボキシ基の位置により，3種の異性体がある。このうち重要なものは，**フタル酸**(o-異性体)と**テレフタル酸**(p-異性体)である。フタル酸はo-キシレン，またはナフタレンを酸化してつくる。また，テレフタル酸はp-キシレンを酸化してつくる。

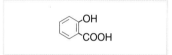

o-キシレン　　フタル酸　　無水フタル酸　　ナフタレン

図2. サリチル酸の構造

■ **サリチル酸**o-C₆H₄(OH)COOH　ベンゼン環のオルト位にヒドロキシ基とカルボキシ基が結合した化合物を**サリチル酸**という(図2)。サリチル酸は，カルボン酸とフェノール類の両方の性質をもっている。

■ **サリチル酸メチル**o-C₆H₄(OH)COOCH₃　サリチル酸にメタノールと濃硫酸(触媒)を作用させると，-COOHが反応して，**サリチル酸メチル**(融点-8℃)が得られる。

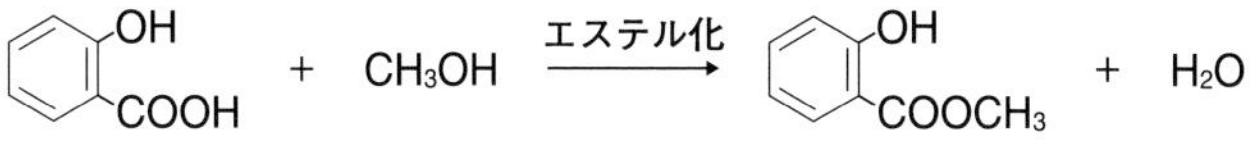

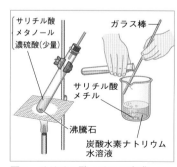

図3. サリチル酸メチルの合成

サリチル酸メチル

■ **アセチルサリチル酸**o-C₆H₄(COOH)OCOCH₃　サリチル酸に無水酢酸を作用させると，-OHが反応して，**アセチルサリチル酸**(融点135℃)が得られる。

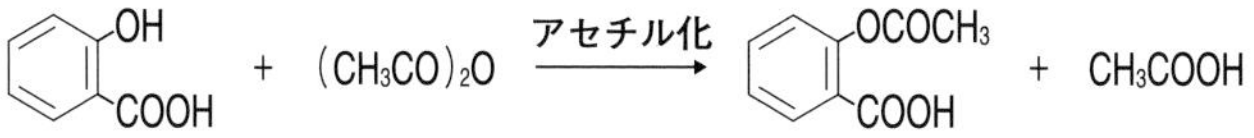

アセチルサリチル酸

✿**4.** サリチル酸メチルは特有の芳香がある無色の液体で，消炎塗布剤として用いられている。

✿**5.** アセチルサリチル酸は白色の結晶で，解熱鎮痛剤として用いられている。

4 窒素を含む芳香族化合物

1 ニトロ基をもつ化合物

■ **ニトロ化合物** 炭素原子に直接ニトロ基$-NO_2$が結合した化合物を**ニトロ化合物**[1]という。

■ **ニトロ化**(→p.227) 芳香族化合物に濃硝酸と濃硫酸の混合物を加えて熱すると，ベンゼン環のH原子がニトロ基で置換され，ニトロ化合物ができる。この置換反応を**ニトロ化**という。

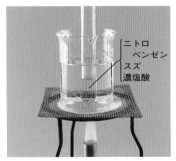
ベンゼン　　　　硝酸　　　　ニトロベンゼン

■ **ニトロベンゼン** $C_6H_5NO_2$ ニトロベンゼンは淡黄色を帯びた油状の液体で，水に溶けない。ニトロベンゼンは中性の化合物である。アニリンの合成原料として重要である。

■ **トルエンのニトロ化** トルエンはベンゼンよりニトロ化が起こりやすい。トルエンをニトロ化すると，おもに*o*-位や*p*-位がニトロ化され，**ニトロトルエン**が生じる。さらにニトロ化が進むと，**2,4,6-トリニトロトルエン**(TNT)[2]となる。

2 ニトロ基からアミノ基へ

■ **アミン** アンモニアNH_3のH原子を炭化水素基で置換した化合物を**アミン**という。アミンはアミノ基$-NH_2$をもち，弱い塩基性を示す[3]。

■ **ニトロベンゼンの還元**[4] 図1のように，ニトロベンゼンにスズSnと濃塩酸を加えて加熱すると，ニトロ基$-NO_2$が還元されてアミノ基$-NH_2$に変化し[5]，**アニリン塩酸塩**が生じる。

$$2\bigcirc\!\!-NO_2 + 3Sn + 14HCl$$
ニトロベンゼン

$$\longrightarrow 2\bigcirc\!\!-NH_3Cl + 3SnCl_4 + 4H_2O$$
アニリン塩酸塩

これに水酸化ナトリウム水溶液を加えると，**アニリン** $C_6H_5NH_2$ が遊離する(弱塩基の遊離)。

☼**1.** ニトログリセリンは，ニトロ基がC原子ではなくO原子に結合しているので，ニトロ化合物ではなく，グリセリンの硝酸エステルである(→p.216)。

$$\begin{array}{l} CH_2-O-NO_2 \\ | \\ CH-O-NO_2 \\ | \\ CH_2-O-NO_2 \end{array}$$

☼**2.** TNTは黄色の結晶で，強い爆発力をもち，爆薬に用いられる。

☼**3.** 次の反応により，H^+を受けとる。
$$-NH_2 + H^+ \longrightarrow -NH_3^+$$

☼**4.** 工業的には，ニッケルや白金を触媒としてニトロベンゼンを水素で還元すると，アニリンが得られる。

図1. アニリンの生成
ニトロベンゼンにスズと濃塩酸を加え，油滴が消えるまで穏やかに加熱する。

ニトロベンゼン
スズ
濃塩酸

☼**5.** スズと濃塩酸との反応で生成したSn^{2+}が，ニトロ基の還元に主要な役割を果たしていると考えられ，自身はSn^{4+}に変化する。

■ アニリンの性質と反応

1 特有の臭気をもつ無色で油状の液体である。酸化されやすく，空気中に放置すると徐々に赤褐色になる。

2 さらし粉水溶液を加えると赤紫色を示す。この反応はアニリンの検出に利用される。

3 塩酸を加えると，アニリン塩酸塩となって溶ける。

$$\underset{\text{アニリン}}{\bigcirc\!\!-NH_2} + HCl \longrightarrow \underset{\text{アニリン塩酸塩}}{\bigcirc\!\!-NH_3Cl}$$

4 アニリン塩酸塩に水酸化ナトリウム水溶液を加えると，アニリンが遊離する。

$$\underset{\text{（弱塩基の塩）}}{\bigcirc\!\!-NH_3Cl} + \underset{\text{（強塩基）}}{NaOH} \longrightarrow \underset{\text{（弱塩基）}}{\bigcirc\!\!-NH_2} + \underset{\text{（強塩基の塩）}}{NaCl} + H_2O$$

5 無水酢酸を作用させて**アセチル化**すると，アミド結合 $-NHCO-$ をもつ**アセトアニリド**を生じる。アセトアニリドは白色の結晶（融点115℃）で，中性の物質である。

$$\bigcirc\!\!-NH_2 + \underset{\text{無水酢酸}}{(CH_3CO)_2O} \longrightarrow \underset{\text{アセトアニリド}}{\bigcirc\!\!-NHCOCH_3} + CH_3COOH$$

③ ジアゾ化とカップリングとは？

■ **ジアゾ化** アニリンを希塩酸に溶かし，冷却しながら亜硝酸ナトリウム $NaNO_2$ を加えると，塩化ベンゼンジアゾニウム（**ジアゾニウム塩**）を生じる。芳香族アミンからジアゾニウム塩をつくる反応を**ジアゾ化**という。

$$\underset{\text{アニリン}}{\bigcirc\!\!-NH_2} + NaNO_2 + 2HCl$$

$$\longrightarrow \underset{\text{塩化ベンゼンジアゾニウム}}{\bigcirc\!\!-N^+\equiv NCl^-} + NaCl + 2H_2O$$

■ **カップリング** 塩化ベンゼンジアゾニウム水溶液にナトリウムフェノキシド水溶液を加えると，赤橙色のp-フェニルアゾフェノール（p-ヒドロキシアゾベンゼン）（**アゾ化合物**）が生じる。ジアゾニウム塩からアゾ化合物をつくる反応を**カップリング**という。

$$\underset{\substack{\text{塩化ベンゼン}\\\text{ジアゾニウム}}}{\bigcirc\!\!-N_2Cl} + \underset{\text{ナトリウムフェノキシド}}{\bigcirc\!\!-ONa}$$

$$\longrightarrow \underset{\substack{p\text{-フェニルアゾフェノール}\\(p\text{-ヒドロキシアゾベンゼン})}}{\bigcirc\!\!-N=N-\bigcirc\!\!-OH} + NaCl$$

---

6. アニリンを硫酸酸性のニクロム酸カリウム水溶液で酸化すると，アニリンブラックとよばれる黒色の物質になる。アニリンブラックは黒色の染料として用いられる。

> アニリンは弱塩基性だから酸と反応しやすいんだね。

7. アセチル化
有機化合物にアセチル基 CH_3CO- を導入する反応。

8. アミド結合をもつ化合物をアミドという。

9. ジアゾニウム塩は不安定で，温度が上がると加水分解して窒素とフェノールを生じる。したがって，ジアゾ化は $0 \sim 5$ ℃の低温の条件で行う。

10. $R-N^+\equiv N$ の構造をもつ塩をジアゾニウム塩という。

11. アゾ基 $-N=N-$ をもつ化合物をアゾ化合物という。

> アゾ化合物は，黄〜赤色のアゾ染料（→ **p.242**）として用いられているよ。

5 芳香族化合物の分離

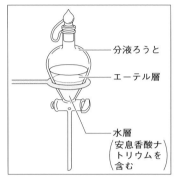

分液ろうと
エーテル層
水層
（安息香酸ナトリウムを含む）

図1. 分液ろうとによる抽出
たとえば，安息香酸を含むエーテル溶液に水酸化ナトリウム水溶液を加えてよく振り，静置すると，安息香酸が安息香酸ナトリウムとなり，水層に移る。

酸性物質	カルボン酸，フェノール類
塩基性物質	アミン
中性物質	炭化水素，エステル，ニトロ化合物など

表1. 有機化合物の性質

酸と塩基の中和反応を利用して有機化合物を分離するんだね。

1 有機化合物を分離する

■ 分離の原則

> **1** 一般に，有機化合物はエーテルなどの有機溶媒に溶けやすく，水に溶けにくい。
>
> **2** 酸性や塩基性の有機化合物は，塩基や酸の水溶液を加えると**中和反応によって塩となり，水に溶けやすく，有機溶媒に溶けにくくなる。**

　このような溶媒に対する溶解性の違いを利用すると，有機化合物を有機溶媒層と水層のどちらかに分離することができる（図1）。

■ 塩基性物質の分離
アニリンに塩酸を加えると，アニリン塩酸塩を生じて水層に分離される。

$$\langle\!\!\rangle\text{-NH}_2 \ + \ \text{HCl} \ \longrightarrow \ \langle\!\!\rangle\text{-NH}_3\text{Cl}$$

■ 酸性物質の分離
安息香酸とフェノールに水酸化ナトリウム水溶液を加えると，安息香酸ナトリウム，ナトリウムフェノキシドを生じて水層に分離される。

$$\langle\!\!\rangle\text{-COOH} \ + \ \text{NaOH} \ \longrightarrow \ \langle\!\!\rangle\text{-COONa} \ + \ \text{H}_2\text{O}$$

$$\langle\!\!\rangle\text{-OH} \ + \ \text{NaOH} \ \longrightarrow \ \langle\!\!\rangle\text{-ONa} \ + \ \text{H}_2\text{O}$$

■ カルボン酸とフェノール類の分離
酸の強弱の違いを利用して分離できる。

　　弱酸の塩 ＋ 強酸 ⟶ 強酸の塩 ＋ 弱酸

　たとえば，炭酸水素ナトリウム水溶液には，炭酸より強いカルボン酸だけが上式に従って反応し，塩を生じて溶ける。一方，炭酸より弱いフェノール類は反応せず，そのままエーテル層に残るので，両者を分離できる。

$$\langle\!\!\rangle\text{-COOH} \ + \ \text{NaHCO}_3 \ \longrightarrow \ \langle\!\!\rangle\text{-COONa} \ + \ \text{H}_2\text{O} \ + \ \text{CO}_2$$

$$\langle\!\!\rangle\text{-OH} \ + \ \text{NaHCO}_3 \ \not\longrightarrow \ \text{反応しない}$$

■ 中性物質の分離
中性物質は酸や塩基の水溶液とは反応しないので，水層には分離されず，エーテル層に残る。

重要実験 フェノール類の性質を調べる

方法

〈フェノール類の性質〉

1. 試験管にフェノール 0.5 g と純水 5 mL を入れ，よく振り混ぜながら加熱し，ようすを観察する。

2. 1 を徐々に冷やし，水溶液のようすを観察する。

3. 2 に塩化鉄（Ⅲ）水溶液を 1 〜 2 滴加える。また，別の試験管にサリチル酸水溶液をとり，塩化鉄（Ⅲ）水溶液を 1 〜 2 滴加える。

〈アセチルサリチル酸をつくる〉

4. 試験管にサリチル酸約 0.5 g と無水酢酸 2 mL をとり，完全に溶かす。ここに濃硫酸を 0.1 mL 加え軽く振り，約 70 ℃ の湯につけて 10 分間静置する。

5. 4 に純水 20 mL を加え，ろ過する。

〈サリチル酸メチルをつくる〉

6. 試験管にサリチル酸 0.5 g，メタノール 3 mL，濃硫酸 0.2 mL を入れ，振り混ぜる。冷却管をつけた後，約 70 ℃ の湯に 10 分間つけてときどき振り混ぜる。

7. ビーカーに飽和炭酸水素ナトリウム水溶液 20 mL を入れ，ここに 6 を少しずつ注ぐ。

図：
- 1 よく振り混ぜる。フェノール 0.5 g 純水 5 mL
- 3 5 % FeCl₃ aq 2 の水溶液 サリチル酸水溶液
- 4 サリチル酸 約 0.5 g 無水酢酸 2 mL 濃硫酸 0.1 mL 約 70 ℃ の湯 → 10 分間静置 → 5 純水を 20 mL 加え，ろ過する。
- 6 サリチル酸 0.5 g メタノール 3 mL 濃硫酸 0.2 mL 約 70 ℃ の湯 → 7 少しずつ注ぐ。NaHCO₃ aq 20 mL

結果

1. 方法 1 では溶液の濁りが消えたが，方法 2 で冷やすと，溶液が再び白く濁った。

2. 方法 3 で，フェノール水溶液は紫色，サリチル酸水溶液は赤紫色に呈色した。

3. 方法 5 では，白色の結晶が得られた。

4. 方法 7 では，ビーカーの底にハッカのような芳香をもつ油状の液体が生じた。

考察

1. 結果 1 のようになった理由を説明せよ。 → フェノールの水に対する溶解度は小さく（20 ℃ で 8.8），温度が高いとすべて溶けるが，冷やすと結晶が析出するから。

2. 方法 4 で起こった反応を，化学反応式で表せ。 →

3. 方法 6 で起こった反応を，化学反応式で表せ。 →

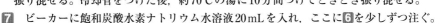

重要実験 ニトロベンゼンとアニリンについて調べる

方法

1. 試験管に濃硝酸2mLをとり，冷やしながら濃硫酸2mLを数滴ずつ加え，混ぜ合わせる。さらに，ベンゼン2mLを数滴ずつ加え，混ぜ合わせる。

2. 1を60℃の湯に入れ，ときどき振り混ぜながら10分間加熱する。

3. ビーカーに純水100mLを入れ，ここに2の内容物を移し，静置する。

4. 生成した油状の物質を試験管に入れ，ここにスズ2gと濃塩酸3mLを加える。70℃の湯に入れ，よく振り混ぜながら，油状の物質がなくなるまで加熱する。

5. 4の溶液だけをビーカーに移し，冷やしながら6mol/L水酸化ナトリウム水溶液を少しずつ加え，よくかき混ぜる。一度沈殿ができるが，さらに加えると沈殿は消失し，油状の物質を遊離させる。

6. ジエチルエーテル5mLを加えてよくかき混ぜ，静置する。

7. 上層（エーテル層）だけをスポイトでとって蒸発皿に入れ，風を送ってジエチルエーテルを蒸発させる。

8. 7に純水5mLを加えた後，さらし粉水溶液を1～2滴加え，色の変化を見る。

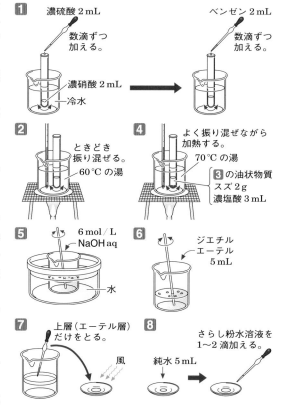

結果

1. 方法3では，ビーカーの底に特異臭がある淡黄色の油状の物質が生じた。

2. 方法7では，蒸発皿に特異臭のする無色の液体が残った。

3. 方法8では，溶液が赤紫色に呈色した。

考察

1. 結果1で，生じた淡黄色の物質は何か。また，この物質が生じる変化を化学反応式で表せ。 → 次の反応により，ニトロベンゼンが生じる。
$$C_6H_6 + HNO_3 \longrightarrow C_6H_5NO_2 + H_2O$$

2. 結果2で，生じた液体物質は何か。また，この物質は何が還元されてできたものか。 → 結果3より，生じたのはアニリンで，ニトロベンゼンが還元されてできたものである。

3. 方法5で起こった変化を，化学反応式で表せ。 → $C_6H_5NH_3Cl + NaOH$
$$\longrightarrow C_6H_5NH_2 + NaCl + H_2O$$

5章 有機化合物と人間生活

1 医薬品の化学

1 医薬品の歴史

■ **医薬品** 病気の診断・治療・予防などに用いる化学物質を**医薬品**といい，医薬品が生体に与える作用を**薬理作用**という。そのうち，生体に対して有効な作用を**主作用**（**薬効**），有害な作用を**副作用**という（→p.239）。

■ **医薬品の歴史**

1 天然の植物・動物・鉱物をそのまま，あるいは乾燥させて粉末状にして，薬として用いていた（**生薬**）。
　　例 葛根（クズの根），甘草（カンゾウの根），桂皮（ニッケイの樹皮），高麗人参（オタネニンジンの根）

2 19世紀になると，生薬から有効成分だけを抽出したものを医薬品として利用するようになった。
　　例 キニーネ（キナの樹皮），モルヒネ（ケシの実の乳液）

3 19世紀後半になると，薬の有効成分の構造を分析し，それを人工合成して用いるようになった。
　　例 現在使用されている多くの合成医薬品

4 現在では，生体内での薬効を研究し，分子構造の解析に基づいて，新しい薬の分子を設計することができるようになった（**ドラッグデザイン**）。

全身麻酔に使われるジエチルエーテルや，消毒に使われるエタノールなども，医薬品に含まれるよ。

2 医薬品の種類

■ **対症療法薬** 病気の症状を緩和し，自然治癒を促す薬を**対症療法薬**という。

1 **アセチルサリチル酸** 解熱鎮痛剤。サリチル酸を無水酢酸でアセチル化し，副作用を軽減したもの。

2 **サリチル酸メチル** 消炎塗布剤。サリチル酸をメタノールでエステル化し，油溶性としたもの。強いハッカ臭がある。

3 **アセトアミノフェン** 解熱鎮痛剤。アセトアニリドの赤血球を溶かす副作用を軽減したもの。

❂ 1. アセチルサリチル酸の構造

❂ 2. サリチル酸メチルの構造

❂ 3. アセトアミノフェンの構造

🌸 4. ニトログリセリンの構造

$$CH_2-O-NO_2$$
$$CH-O-NO_2$$
$$CH_2-O-NO_2$$

ニトログリセリンは体内で分解して一酸化窒素NOを生じ，血管拡張作用を示す。

🌸 5. サルバルサンの構造

ClH₃N〔〕NH₃Cl
HO〔〕As=As〔〕OH

🌸 6. サルファ剤の基本骨格

$$H_2N-\langle\rangle-SO_2NHR$$

サルファ剤は，抗菌目薬などに用いられている。

🌸 7. ペニシリンGの構造

CH₂CONH S CH₃
O N CH₃
COOH

1940年，フローリー（オーストラリア）とチェイン（イギリス）らが最初に結晶化し，大量生産に成功した天然ペニシリンの1つ。

🌸 8. テトラサイクリンの構造

OH O OH O
OH CONH₂
OH
H₃C OH N(CH₃)₂

テトラサイクリンは，肺炎や皮膚感染症などの治療に有効である。

🌸 9. シスプラチンの構造

H₃N Cl⁻
Pt²⁺
H₃N Cl⁻

🌸 10. 細菌より小さく，代謝機能をもたないため，ほかの細胞中でしか増殖できない不完全な生命体をウイルスという。

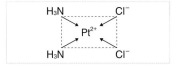

HO〔〕NO₂ →(還元)→ HO〔〕NH₂
→(アセチル化)→ HO〔〕NHCOCH₃
アセトアミノフェン

4 **ニトログリセリン**🌸4 代表的な狭心症の治療薬。

■ **化学療法薬** 病原菌を死滅させ，病気の原因を根本的に治療する薬を**化学療法薬**🌸5という。

1 **サルバルサン** 世界初の化学療法薬で，1909年にエールリッヒ（ドイツ）と秦佐八郎が開発した。ヒ素Asを含む有機化合物で，梅毒の治療に用いられた。

2 **サルファ剤** 1935年，ドーマク（ドイツ）は，アゾ染料の一種のプロントジルに細菌の増殖を抑えるはたらき（**抗菌作用**）があることを発見した。後に，プロントジルの分解生成物のスルファニルアミドが有効成分であることがわかった。スルファニルアミドの誘導体で抗菌作用をもつ薬は**サルファ剤**🌸6という。

NH₂
H₂N〔〕N=N〔〕SO₂NH₂ → H₂N〔〕SO₂NH₂
プロントジル　　　　　　　　　　スルファニルアミド

3 **抗生物質** 微生物がつくり出す物質のうち，ほかの微生物の生育や活動を阻害する物質を，**抗生物質**という。

①**ペニシリン**🌸7 1929年，フレミング（イギリス）がアオカビから発見。細菌の細胞壁の合成を阻害し，抗菌作用を示す。肺炎，化膿症の治療に有効。

②**ストレプトマイシン** 1944年，ワクスマン（アメリカ）が土壌中の放線菌から発見。細菌のタンパク質合成を阻害し，抗菌作用を示す。結核の特効薬として用いられた。

③**テトラサイクリン**🌸8 4個の環構造をもつ抗生物質。広範囲の細菌類に対して抗菌作用を示す。

4 **抗がん剤** がんの増殖を抑制する薬。
　例 シスプラチン（PtCl₂(NH₃)₂）（シス形）🌸9 がん細胞のDNAに結合し，その複製を阻害する。副作用が強い。

5 **抗ウイルス剤** ウイルスの増殖を抑える薬。🌸10
　例 エイズの薬（AZTなど，逆転写酵素の阻害剤）

6 **消毒薬** 細菌を死滅させたり，繁殖を防いだりするための薬。さまざまな種類がある。

①**アルコール系** タンパク質の変性を利用。

　　例 70〜80％エタノール水溶液(消毒用アルコール)

②**フェノール系** タンパク質の変性を利用。

　　例 1〜2％クレゾールセッケン液(病院で使用)

③**過酸化物系** 過酸化水素H_2O_2の酸化作用を利用。

　　例 3％過酸化水素水(傷口の消毒薬)

④**ヨウ素系** ヨウ素I_2の穏やかな酸化作用を利用。

　　例 ヨードチンキ(I_2とヨウ化カリウム KI のアルコール溶液)

　　　　うがい薬(ポリビニルピロリドン‐ヨウ素錯体)

7 **胃腸薬** 胃液中の塩酸を中和し,胃の炎症を抑える。

　　例 炭酸水素ナトリウム $NaHCO_3$,酸化マグネシウム MgO

■ **耐性菌** サルファ剤や抗生物質などの抗菌剤を多用していると,突然変異などにより,これらに強い抵抗性をもつ細菌が現れる。これを耐性菌[11]という。耐性菌の出現は,院内感染を引き起こすなど,医療現場における大きな問題となっている。

■ **耐性菌への対策** 抗菌剤の分子構造の一部を変化させることにより(化学修飾),耐性菌にも薬効を示す抗菌剤が開発されている。しかし,新しい抗菌剤に対しても,いずれは耐性菌が出現するので,抗菌剤の使用は必要最小限にとどめる必要がある。

3％過酸化水素水は,オキシドールやオキシフルという商品名で売られているね。

♻11. 複数の抗菌剤に耐性がある MRSA(メチシリン耐性黄色ブドウ球菌)や,VRE(バンコマイシン耐性腸球菌)が有名。

③ 医薬品の作用

■ **主作用** その薬がもつ本来の有効な作用を主作用(薬効)という。主作用は,薬の分子が,ヒトや病原体の特定の場所(細胞膜や核内など)にある受容体(レセプター)[12]や,酵素の活性部位に結合することで発現する。

■ **副作用** 薬の主作用は,血液中の濃度が一定以上でないと現れないので,使用量が少ないと効果が現れない。その一方で,過剰に使用すると,生体に対して有害な作用(副作用)が現れることがある。中毒症状が現れたり,さらには,死に至ったりすることもある。[13]

■ **処方量** 薬の適正な使用量(処方量)は,病気の状態や体重,年齢,性別などによって異なる。また,特異体質の人では,副作用が強く現れることもある。さらに,複数の薬の併用や,特定の食品との競合によって副作用が現れることもあるので,十分に注意する必要がある。

♻12. アドレナリンの主作用

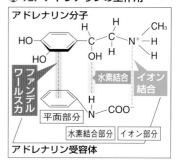

♻13. 薬の血中濃度の変化

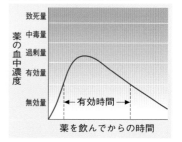

■ **界面活性剤の種類**　分子中に親水基と疎水基を合わせもつ物質を**界面活性剤**といい，その親水基の部分の構造によって，次のような種類がある。

表1. いろいろな界面活性剤

分類		親水性の部分の構造	特徴・用途
イオン系界面活性剤	陰イオン界面活性剤	$-COO^-Na^+$	硬水中では使用できない。身体洗浄用洗剤
		$-OSO_3^-Na^+$	硬水中でも使用できる。洗浄力が大きい。シャンプー，衣料用洗剤，台所用洗剤
		$-SO_3^-Na^+$	
	陽イオン界面活性剤 ☆1	$-N^+(CH_3)_3Cl^-$	殺菌力があり，負電荷を中和する。殺菌消毒剤，リンス，柔軟剤，帯電防止剤
	両性界面活性剤 ☆2	$-N^+(CH_3)_2$ CH_2-COO^-	酸性でも塩基性でも使用できる。リンスインシャンプー，工業用洗剤，柔軟剤
非イオン系界面活性剤	非イオン界面活性剤	$-O-(CH_2CH_2O)_n-H$	水中でイオン化しない。生体に対する作用が小さい。液体洗剤，乳化剤

☆1. 陽イオン界面活性剤は，親水性の部分が陽イオンとなっていることから，逆性セッケンともよばれる。

☆2. 両性界面活性剤は硬水中でも使用でき，生分解性は陰イオン界面活性剤のLAS洗剤よりすぐれている。おもに，液体洗剤として用いられている。

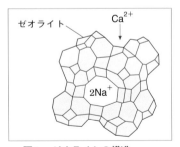

図1. ゼオライトの構造

陰イオン界面活性剤は，衣類や食器の洗浄に用いられる。

陽イオン界面活性剤は，洗浄力は小さいが，殺菌作用がある。また，陰イオン界面活性剤の負電荷を中和するので，衣類の柔軟剤や帯電防止剤などにも用いられる。

両性界面活性剤は，リンスインシャンプーや柔軟剤にも用いられる。

■ **洗浄補助剤（ビルダー）**　市販の合成洗剤には，洗浄の効率を高めるためにいろいろな**洗浄補助剤（ビルダー）**が加えられている。

1　水軟化剤　水溶液中のカルシウムイオンCa^{2+}やマグネシウムイオンMg^{2+}を，Na^+と交換することによって取り除く。アルミノケイ酸塩を主成分とする**ゼオライト**（図1）がその代表例。

2　アルカリ剤　遊離している脂肪酸をセッケンに変える。炭酸ナトリウムNa_2CO_3，ケイ酸ナトリウムNa_2SiO_3など。

3　酵素　タンパク質や脂肪を分解し，これらの汚れを落ちやすくする。タンパク質分解酵素（プロテアーゼ），脂肪分解酵素（リパーゼ）など。

4　再汚染防止剤　いったん落ちた汚れが再び衣類に付着するのを防ぐ。カルボキシメチルセルロースなど。

5　分散剤　油汚れの水中への分散性を高める。硫酸ナトリウムNa_2SO_4など。

3 染料

1 色素と染色のしくみ

■ **光と色**　わたしたちが肉眼で感じることができる光（可視光線）の波長は約400〜750nmで，その色は，波長の長いほうから，赤，橙，黄，緑，青，紫である。太陽光のように可視光線すべてを含む光は白色光とよばれる。

■ **物体の色**　光が物体に当たったとき，一部の波長の光が物体に吸収される。反射して目に入るのは吸収されなかった波長の光で，この光の色（補色）が物体の色として認識される。たとえば，白色光が当たった物体が緑色の光を吸収すると，その物体は，その補色である赤色に見える。

■ **染料と顔料**　可視光の一部を吸収して色を示す化合物を色素という。色素のうち，水などの溶媒に溶けて繊維を染めることができるものを染料，溶媒に溶けず物質に分散させて着色するものを顔料という。[*1]

■ **染色のしくみ**　繊維を染色するには，染料の分子が繊維の隙間に入り込み，繊維の分子とイオン結合や水素結合，ファンデルワールス力などによってしっかりと結合すること（染着）が必要である。

　染着は，おもに繊維の分子と染料の分子の官能基の部分で行われる。また，繊維中の非結晶領域で行われる（図2）。

図1．色の見え方

円の直径の両端に位置する色は，たがいに補色の関係にある。

💡1．染料はおもに繊維などの染色に用いられる。一方，顔料はおもにペンキや印刷用インキ，絵の具などに用いられる。

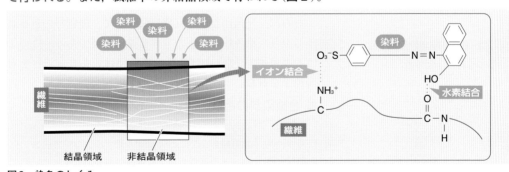

図2．染色のしくみ

2 染料の種類

■ **天然染料**　自然界の材料（植物，動物，鉱物）から得られる染料を天然染料という。[*2]

1 植物染料　アイの葉を発酵させて得られるインジゴ

💡2．現在では，天然染料は，草木染めなど，ごく限られた用途でしか使われていない。

（青），アカネの根から得られるアリザリン（赤），ベニバナの花から得られるカルタミン（赤），ムラサキの根から得られるシコニン（紫）などがある。

2　動物染料　サボテンに寄生するコチニール虫から得られるカルミン酸（赤），アクキガイの分泌液から得られるジブロモインジゴ（貝紫）などがある。

3　鉱物染料　黄土，べんがら（酸化鉄（Ⅲ），赤）など。[3]

☀3．黄土やべんがら（→p.168）など，一般に鉱物染料とよばれている物質の大部分は，溶媒には溶けず，顔料に分類されることが多い。

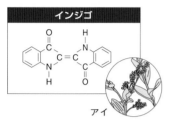
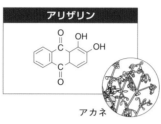
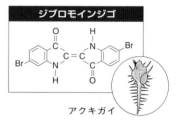

図3．いろいろな天然染料

■ **合成染料**　石炭や石油を原料として合成される染料を，**合成染料**という。1856年にパーキン（イギリス）が，アニリンの酸化によってモーブ（紫）の合成に成功し，その後，アリザリンやインジゴも19世紀中に合成された。

■ **アゾ染料**　アゾ基-N=N-をもつ染料を**アゾ染料**という。現在，アゾ染料は広く利用されており，その種類や生産量は多い。

☀4．アゾ染料の例

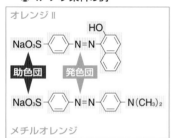

オレンジⅡ

助色団　発色団

メチルオレンジ

■ **発色団と助色団**　有機化合物が色を示すためには，分子内に発色の原因となる基が必要である。このような基を**発色団**という。発色団は不飽和結合をもつ。

さらに，発色団との相互作用によって，発色時の色を濃くしたり，染色性を与えたりする基も必要であり，このような基は**助色団**とよばれる。助色団は非共有電子対をもつ原子を含む。

■ **合成染料の種類**

☀5．建染染料の染着と発色

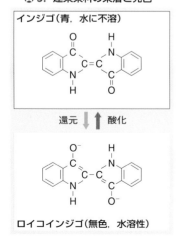

インジゴ（青，水に不溶）

還元　酸化

ロイコインジゴ（無色，水溶性）

種類	特徴	染料の例
直接染料	水素結合などにより，直接染着する。	コンゴーレッド
酸性染料	酸性・塩基性を示す官能基の部分で，イオン結合により染着する。	オレンジⅡ
塩基性染料		メチレンブルー
建染染料[5]	塩基性のもとで還元して染着した後，空気酸化によって発色させる。	インジゴ
媒染染料	金属塩を繊維に吸着させた後，これに染料を染着させる。	アリザリン
分散染料	水に不溶で，界面活性剤（→p.240）を用いて水中に分散させ，染着させる。	ディスパース

1 ☐ ベンゼン環をもつ炭化水素を何という？

2 ☐ ベンゼン環にメチル基が1個結合した化合物を何という？

3 ☐ キシレンには，メチル基の位置の違いで何種類の構造異性体が存在する？

4 ☐ ベンゼンでは，付加反応と置換反応のどちらが起こりやすい？

5 ☐ ベンゼンに濃硝酸と濃硫酸の混合物を作用させると生じる物質の名称は？

6 ☐ ベンゼンに濃硫酸を加えて加熱すると生じる物質の名称は？

7 ☐ ベンゼンに鉄を触媒として塩素を作用させると生じる物質の名称は？

8 ☐ ベンゼンに白金を触媒として高圧の水素を反応させると生じる物質の名称は？

9 ☐ ベンゼン環にヒドロキシ基が直接結合した化合物を何という？

10 ☐ 現在，最も重要なフェノールの工業的製法を何という？

11 ☐ o-キシレンを酸化して得られる2価カルボン酸の名称は？

12 ☐ p-キシレンを酸化して得られる2価カルボン酸の名称は？

13 ☐ サリチル酸にメタノールと少量の濃硫酸を作用させると生じる物質の名称は？

14 ☐ サリチル酸に無水酢酸を作用させると生じる物質の名称は？

15 ☐ 炭素原子に直接ニトロ基が結合した化合物を何という？

16 ☐ ニトロベンゼンにスズと濃塩酸を加えて加熱すると生じる芳香族アミンの名称は？

17 ☐ アニリンに無水酢酸を作用させると生じる物質の名称は？

18 ☐ アニリンの希塩酸溶液を冷却しながら亜硝酸ナトリウムを加えると起こる反応を，一般に何という？

19 ☐ ジアゾニウム塩に芳香族化合物を反応させてアゾ化合物をつくる反応を何という？

20 ☐ 微生物がつくり出し，ほかの微生物の生育や活動を阻害する物質を何という？

21 ☐ 分子中に疎水性の部分と親水性の部分をあわせもつ物質を何という？

22 ☐ 色素のうち，溶媒に溶けて繊維を染めることができるものを何という？

23 ☐ 色素のうち，溶媒に溶けず物質中に分散させて着色するものを何という？

解答

1. 芳香族炭化水素	7. クロロベンゼン	13. サリチル酸メチル	19. カップリング
2. トルエン	8. シクロヘキサン	14. アセチルサリチル酸	20. 抗生物質
3. 3種類	9. フェノール類	15. ニトロ化合物	21. 界面活性剤
4. 置換反応	10. クメン法	16. アニリン	22. 染料
5. ニトロベンゼン	11. フタル酸	17. アセトアニリド	23. 顔料
6. ベンゼンスルホン酸	12. テレフタル酸	18. ジアゾ化	

1 芳香族炭化水素

分子量が106で，元素組成がC90.6％，H9.4％の芳香族炭化水素X，Y，Zがある。Xはベンゼンの一置換体，Y，Zはベンゼンの二置換体で，Yでは置換基どうしがとなり合い，Zでは置換基が向かい合っている。
原子量：H = 1.0，C = 12
(1) X，Y，Zの分子式を記せ。
(2) X，Y，Zの構造式をそれぞれ記せ。
(3) X，Y，Zを過マンガン酸カリウムで酸化すると生じる芳香族カルボン酸の名称をそれぞれ記せ。

2 ベンゼンの反応

次の反応系路図について，あとの問いに答えよ。

(1) A～Dにあてはまる物質の示性式と名称をそれぞれ記せ。
(2) A～Dのうち，酸性を示す物質を選べ。
(3) ①～④の各反応は，置換反応と付加反応のどちらか。

3 フェノール類とアルコール

次の(1)～(6)について，フェノール類だけにあてはまるものにはA，アルコールだけにあてはまるものにはB，フェノール類とアルコールの両方にあてはまるものにはCを記せ。
(1) 金属ナトリウムと反応して水素を発生する。
(2) 水より，水酸化ナトリウム水溶液に対してのほうが溶けやすい。
(3) 無水酢酸と反応し，酢酸エステルを生じる。
(4) 塩化鉄(Ⅲ)水溶液によって呈色する。

(5) 酸化生成物が，銀鏡反応を示したりフェーリング液を還元したりすることがある。
(6) 濃硝酸と濃硫酸の混合物を作用させると，ニトロ化合物を生じる。

4 C₇H₈Oの異性体

次の文をもとに，芳香族化合物A～Cの構造式をそれぞれ記せ。
・A，B，Cは，いずれも分子式C₇H₈Oで表される。
・金属ナトリウムを加えると，AとBは水素を発生したが，Cは反応しなかった。
・塩化鉄(Ⅲ)水溶液を加えると，Bは青色に呈色したが，AとCでは変化が見られなかった。
・Bを酸化すると，サリチル酸が生じた。

5 安息香酸の性質

次のア～オから，安息香酸についての記述として正しいものをすべて選べ。
ア 工業的には，触媒の存在下で，トルエンを空気酸化して得る。
イ 無色の結晶で，熱水にはほとんど溶けないが，塩基の水溶液には溶ける。
ウ 安息香酸のエーテル溶液に金属ナトリウムを入れると，水素が発生する。
エ 過マンガン酸カリウム水溶液で酸化すると，フタル酸が得られる。
オ 無水酢酸と反応し，エステルを生じる。

6 サリチル酸の反応

次の反応系統図について，あとの問いに答えよ。

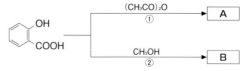

(1) A, Bにあてはまる物質の構造式と名称をそれぞれ記せ。

(2) A, Bの医薬品としての用途をそれぞれ記せ。

(3) 塩化鉄(Ⅲ)水溶液によって呈色するのは, A, Bのどちらか。

(4) 炭酸水素ナトリウム水溶液に発泡しながら溶けるのは, A, Bのどちらか。

(5) ①, ②の反応をそれぞれ何というか。

❼ 芳香族化合物の性質

次の(1)~(4)の芳香族化合物の性質を, あとのア~エからそれぞれ選べ。

(1) ⟨⟩-SO₃H　(2) ⟨⟩-OH

(3) ⟨⟩-COOH　(4) ⟨⟩-NH₂

ア　弱塩基性を示し, さらし粉水溶液で赤紫色に呈色する。

イ　水溶液は弱酸性で, アルコールと反応してエステルをつくる。

ウ　水溶液は炭酸より弱い酸性で, 塩化鉄(Ⅲ)水溶液で紫色を呈する。

エ　水によく溶け, 水溶液は強酸性を示す。

❽ 芳香族化合物の異性体と性質

次の問いに答えよ。

(1) 示性式 $C_6H_3(CH_3)_2NO_2$ で表される芳香族化合物には, 何種類の異性体が存在するか。

(2) 次のア~オから, 臭素水と振り混ぜると反応して脱色するものをすべて選べ。

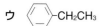

(3) 次のア~オから, 炭酸水素ナトリウム水溶液を加えても反応しないものをすべて選べ。

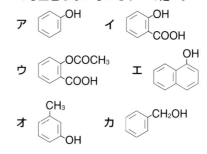

ア ⟨⟩-OH　イ ⟨⟩-OH/COOH

ウ ⟨⟩-OCH₃/COOH　エ ⟨⟩-SO₃H

オ HOOC-⟨⟩-COOH

(4) 次のア~カから, 塩化鉄(Ⅲ)水溶液を加えても呈色しないものをすべて選べ。

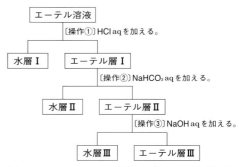

❾ 芳香族化合物の分離

フェノール, アニリン, 安息香酸, ニトロベンゼンを混合したエーテル溶液がある。この溶液に下の図のような操作を行い, 溶けている化合物を分離した。

```
        ┌─────────────┐
        │ エーテル溶液 │
        └──────┬──────┘
               │〔操作①〕HCl aqを加える。
        ┌──────┴──────┐
    ┌───────┐   ┌──────────┐
    │ 水層Ⅰ │   │エーテル層Ⅰ│
    └───────┘   └─────┬────┘
                       │〔操作②〕NaHCO₃ aqを加える。
                ┌──────┴──────┐
            ┌───────┐   ┌──────────┐
            │ 水層Ⅱ │   │エーテル層Ⅱ│
            └───────┘   └─────┬────┘
                               │〔操作③〕NaOH aqを加える。
                        ┌──────┴──────┐
                    ┌───────┐   ┌──────────┐
                    │ 水層Ⅲ │   │エーテル層Ⅲ│
                    └───────┘   └──────────┘
```

(1) はじめのエーテル溶液に含まれる物質のうち, 水層Ⅰ, 水層Ⅱ, 水層Ⅲ, エーテル層Ⅲに分離された物質は, それぞれ何か。

(2) 操作①~③で起こった変化を, それぞれ化学反応式で表せ。

⑩ アゾ染料の合成

次の図は，アゾ染料を合成するときの反応経路を示している。

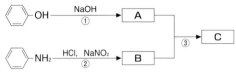

(1) A～Cにあてはまる物質の構造式と名称をそれぞれ答えよ。
(2) Cの色は何色か。
(3) ①～③の反応名をそれぞれ記せ。
(4) ②の反応を氷冷下で行うのはなぜか。

⑪ 洗剤の種類

次の洗剤の特徴・用途について，該当するものを下から記号で選べ。

(1) 陽イオン界面活性剤　(2) 陰イオン界面活性剤
(3) 非イオン界面活性剤　(4) 両性界面活性剤

 ア 生体に対する作用が小さい。液体洗剤。
 イ 洗浄力が大きい。衣料用・台所用洗剤。
 ウ 殺菌力が強い。消毒剤，帯電防止剤。
 エ 酸性・塩基性でも使用できる。工業用洗剤。

⑫ 医薬品の種類とその作用

次の問いに答えよ。

(1) 植物などの天然物を乾燥させるなどしてつくられる医薬品を何というか。
(2) 病気の根本となる原因を取り除くことによって病気を治療する医薬品を何というか。
(3) 病気に伴う不快な症状を緩和し，自然治癒を促す医薬品を何というか。
(4) 微生物がつくり出し，ほかの微生物の生育や活動を妨げる医薬品を何というか。
(5) 医薬品の多用などが原因となって生じる，その医薬品に対する強い抵抗力を獲得した細菌を何というか。
(6) 医薬品を過剰に摂取したときなどに現れる，生体に有害な作用を何というか。

⑬ 医薬品の合成

次の文を読み，あとの問いに答えよ。

原子量：H = 1.0，C = 12，O = 16

 A サリチル酸を無水酢酸により①[　　　]化すると，②[　　　]剤として利用される③[　　　]が得られる。また，B サリチル酸に濃硫酸を加え，メタノールでエステル化すると，④[　　　]剤として利用される⑤[　　　]が得られる。

 ③や⑤など，病気の症状を和らげるための薬は⑥[　　　]とよばれる。また，サルファ剤や抗生物質など，病気の根本原因に直接作用する薬は⑦[　　　]とよばれる。

(1) 文中の[　]に適する語句を記せ。
(2) 下線部A，Bの反応を，化学反応式で記せ。
(3) サリチル酸2.0 gと無水酢酸4.0 gを反応させたとき，理論上，③は何g得られるか。

⑭ 染料

次の文中の[　]に適する語句を記せ。また，(1)～(5)の染料の種類を，あとのア～オから選べ。

(1) 繊維中に存在する①[　　　]基やカルボキシ基などとの化学結合により，染着する。
(2) アルミニウムイオンなどをあらかじめ繊維に吸着させ，これらのイオンを仲立ちとして繊維と染料を結合させる。
(3) 水に不溶な染料を②[　　　]して水溶性にし，繊維に染着させた後，空気中で③[　　　]してもとの染料を再生させる。
(4) 水に溶けやすく，染料が繊維中に入り込み，分子間力によって染着する。
(5) 水に溶けないが，④[　　　]剤を使って微粒子に変え，繊維内に分散させる。

 ア 直接染料   イ 建染染料
 ウ 酸性染料・塩基性染料
 エ 媒染染料   オ 分散染料

5編
高分子化合物

1章 天然高分子化合物

1 高分子化合物の分類と特徴

	有機高分子化合物	無機高分子化合物
天然高分子化合物	・デンプン ・セルロース ・タンパク質	・石英 ・ダイヤモンド ・雲母
合成高分子化合物	・ナイロン ・ポリエチレン ・合成ゴム	・ガラス ・シリコーン樹脂

表1. 高分子化合物の例

☆1. 単に高分子というときは，有機高分子化合物を指すことが多い。

☆2. 合成高分子化合物は，その用途によって合成繊維，合成樹脂（プラスチック），合成ゴムなどに分類される。

☆3. 重合度を，重合体に見られる繰り返し単位の数ととらえることもできる。

☆4. 単量体の混合割合や単量体のつながり方により，さまざまな性質をもつ共重合体が生じる。

1 高分子化合物とは

■ **高分子化合物** わたしたちの生活を支えたり生命を維持したりする物質には，分子量の大きい物質が多い。一般に，分子量が1万以上の物質を**高分子化合物**，単に**高分子**という。高分子化合物は，これまでに学習した分子量が小さい物質（低分子化合物）とはかなり性質が異なる。

■ **高分子化合物の分類**（表1）

1 高分子化合物は，デンプンやタンパク質のように自然界に存在する**天然高分子化合物**と，ナイロンやポリエチレンのように人工的に合成された**合成高分子化合物**に大別される。

2 炭素原子が骨格の**有機高分子化合物**と，ケイ素原子や酸素原子が骨格の**無機高分子化合物**がある。

2 高分子化合物を合成する方法

■ **単量体と重合体** 高分子化合物は，分子量の小さい分子が繰り返し共有結合によってつながった構造をしている。高分子化合物の構成単位となる小さい分子を**単量体（モノマー）**といい，単量体が次々に結合する反応を**重合**という。また，重合によってできた高分子を**重合体（ポリマー）**といい，重合体をつくる単量体の数を**重合度**という。

■ **重合の種類**

1 不飽和結合をもつ単量体が，その不飽和結合を開きながら結合する反応（付加反応）によって重合することを**付加重合**といい，生じた重合体を**付加重合体**という（図1）。

例 $n\text{CH}_2{=}\text{CH}_2 \longrightarrow {+}\text{CH}_2{-}\text{CH}_2{+}_n$ ポリエチレン

2種類以上の単量体が重合する場合は，特に**共重合**といい，生じた重合体は**共重合体**とよばれる。

図1. 付加重合

2 単量体の間から水 H_2O などの簡単な分子がとれて結合する反応（縮合反応）によって重合することを**縮合重合**といい，生じた重合体を**縮合重合体**という（図2）。

☼5. このほか，付加重合と縮合重合を繰り返しながら進む付加縮合や，環状構造の単量体が環を開きながら重合する開環重合もある。

図2. 縮合重合

ポイント

重合…単量体が次々に結合する反応
- 不飽和結合をもつ単量体 ⟶ **付加重合**
- **2** 個以上の官能基をもつ単量体 ⟶ **縮合重合**

高分子化合物の特徴は

■ **分子コロイド** 高分子化合物は，**1** 個の分子が大きいので，溶媒に溶かすとコロイド溶液になる。このようなコロイドを**分子コロイド**という。

■ **平均分子量** 高分子化合物が生じるとき，反応条件などによってその分子量にはばらつきが生じるため，高分子化合物の分子量は**平均分子量**で表される（図3）。

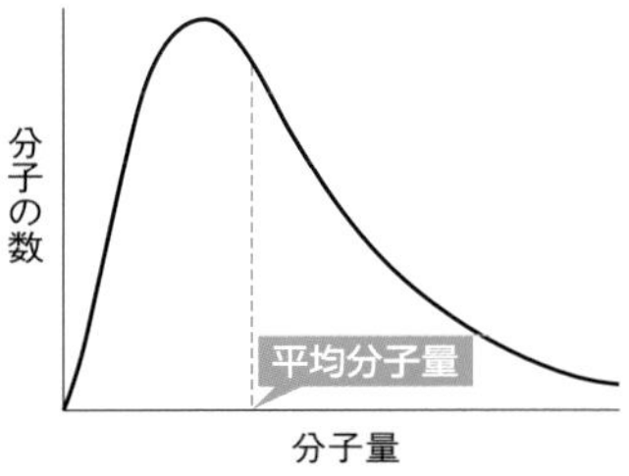

■ **構造** ほとんどの低分子化合物の固体は，規則正しい配列をした結晶である。それに対し，高分子化合物の固体は，分子鎖が規則正しく配列した部分（**結晶領域**）と不規則に配列した部分（**非結晶領域**）が入り混じった，モザイク状の構造をとることが多い（図4）。

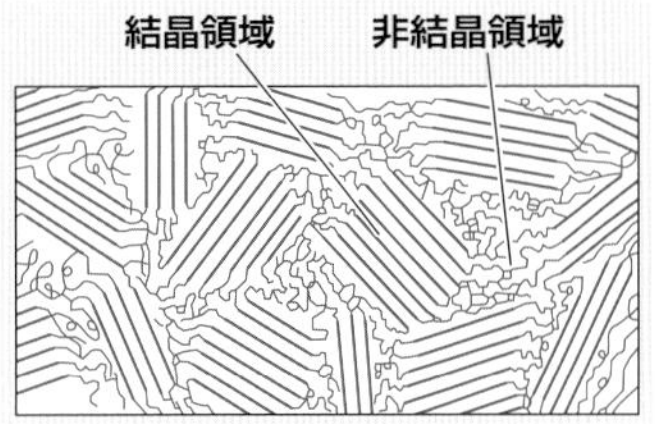

■ **軟化点** 高分子化合物は明確な融点をもたない。加熱すると，ある温度（**軟化点**）を境に少しずつ軟らかくなっていき，やがて，粘性の大きな液体となる。

■ **高密度ポリエチレンと低密度ポリエチレンの違い**

図3. 高分子化合物の分子量分布

結晶領域　　非結晶領域

図4. 高分子化合物の構造（模式図）

☼6. 分子量が一定ではないことや，分子中に結晶化されていない部分があることが原因である。

高密度ポリエチレン（**HDPE**）	低密度ポリエチレン（**LDPE**）
• $1 \sim 3 \times 10^6 \, Pa$，$60 \sim 80℃$ の条件で，触媒を使って合成。 • 枝分かれが少なく，結晶領域が多い（密度約 $0.95 \, g/cm^3$）。 • 硬く，強度が大きい。 • 軟化点は約 $130℃$。  ポリ容器	• $1 \sim 4 \times 10^8 \, Pa$，$200 \sim 300℃$ の条件で，触媒を使わずに合成。 • 枝分かれが多く，結晶領域が少ない（密度約 $0.92 \, g/cm^3$）。 • 軟らかく，強度が小さい。 • 軟化点は約 $100℃$。  ポリ袋

2 糖類の分類

1 糖類を分類すると

■ **糖類（炭水化物）** デンプンやスクロースのように，一般式 $C_m(H_2O)_n$（$m \geqq 3$，$m \geqq n$）で表され，分子中に複数のヒドロキシ基-OHをもつ化合物を**糖類**という。

糖類は，天然に最も多量に存在する有機化合物で，特に植物中に広く分布する。また，生物の活動のエネルギー源として重要である。

■ **糖類の分類（表1）** 糖類には，加水分解されるものと，加水分解されないものがある。

グルコースのようにそれ以上加水分解されない糖類を，**単糖類**という。単糖類は糖類を構成する基本単位である。スクロースのように加水分解によってその1分子から単糖類2分子を生じる糖類を，**二糖類**という。さらに，デンプンのように加水分解によってその1分子から多数の単糖類分子を生じる糖類を，**多糖類**という。

単糖類・二糖類は，水によく溶け，甘味を示すものが多い。また，多糖類は単糖類を構成単位とする高分子化合物で，水に溶けにくく，ほとんど甘味を示さない。

> **ポイント**
> 単糖類・二糖類…水によく溶ける。甘味を示す。
> 多糖類（高分子）…水に溶けにくい。甘味を示さない。

✿1. 一般式 $C_m(H_2O)_n$ の組成が，炭素と水からできているように見えることから，炭水化物ともよばれる。

✿2. 加水分解によってその1分子から2〜10数個程度の単糖類分子を生じるものを，少糖類（オリゴ糖）という。少糖類には二糖類も含まれる。

✿3. 寒天に含まれるアガロースやこんにゃくに含まれるグルコマンナンなどの食物繊維も，多糖類である。

種類	名称	加水分解生成物	存在
単糖類 $C_6H_{12}O_6$	グルコース（ブドウ糖）	加水分解されない	果実，ハチミツ，血液
	フルクトース（果糖）		果実，ハチミツ
	ガラクトース		寒天，動物の乳，脳細胞
二糖類 $C_{12}H_{22}O_{11}$	マルトース（麦芽糖）	グルコース2分子	水あめ，麦芽
	スクロース（ショ糖）	グルコース＋フルクトース	サトウキビ，テンサイ
	ラクトース（乳糖）	グルコース＋ガラクトース	動物の乳
	セロビオース	グルコース2分子	マツの葉（少量）
多糖類3 $(C_6H_{10}O_5)_n$	デンプン	多数のグルコース	穀類，いも類
	セルロース		植物の細胞壁
	グリコーゲン		動物の肝臓，筋肉

表1．糖類の例

3 単糖類

1 単糖類を分類すると

■ **単糖類の種類**　単糖類は、1個のカルボニル基$>$C=O と複数のヒドロキシ基-OHをもつ。カルボニル基の種類や炭素数により、次のように分けられる。

1　グルコースのように**ホルミル基(アルデヒド基)-CHO** をもつものを**アルドース**、フルクトースのように**カルボニル基(ケトン基)**$>$**CO**をもつものを**ケトース**という。

2　グルコースのように炭素数が6のものを**ヘキソース (六炭糖)** といい、リボースのように炭素数が5のものを**ペントース(五炭糖)**という(図1)。天然の単糖類はほとんどがヘキソースである。なお、ヘキソースの分子式は$C_6H_{12}O_6$、ペントースの分子式は$C_5H_{10}O_5$である。

■ **単糖類の性質**　無色の結晶で、分子中に複数の-OHを含むので水によく溶ける。また、水溶液は還元性を示す。

2 おもな単糖類の構造と性質

■ **グルコース(ブドウ糖)**　グルコースは、結晶中では5個の炭素原子と1個の酸素原子が環状に結合した六員環構造をとる。1位の炭素原子に結合するヒドロキシ基-OHの位置が立体的に異なるα型、β型の立体異性体が存在するが、水溶液から結晶化したものはすべてα型である。α-グルコースの結晶を水に溶かすと、一部の分子の環状構造が開いて鎖状構造となり、さらに環状構造のβ-グルコースにも変化する。

1.　単糖類が環状構造のときには還元性は現れないが、鎖状構造に変化すると還元性が現れる。

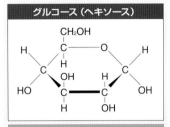

図1. ヘキソースとペントース

2.　アンモニア性硝酸銀水溶液に加えて温めると、銀が析出する(銀鏡反応)。また、フェーリング液に加えて熱すると、酸化銅(I)の赤色沈殿を生じる(フェーリング液の還元)。

3.　グルコースは、水溶液中では、α型、β型と鎖状構造のものが平衡状態にある。25℃では、α型が約36％、β型が約64％、鎖状構造が約0.01％である。

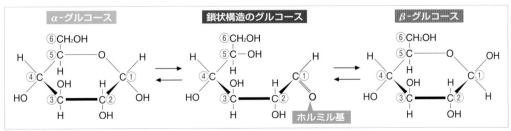

図2. グルコースの水溶液中での平衡(分子中の手前にある結合を太線で示す。)
グルコース中の炭素原子を区別するため、ホルミル基-CHO中のものを1位として、右回りに順に番号をつける。なお、6位の炭素原子を含む-CH2OHを環の上側に置いたとき、1位の炭素原子に結合する-OHが環の下側にあるものをα型、上側にあるものをβ型という。

■ **グルコースの還元性**　グルコースの結晶は還元性を示さないが，その水溶液は還元性を示す。これは，水溶液中に存在するグルコースの鎖状構造がホルミル基をもつためである。

■ **フルクトース（果糖）**　フルクトースはグルコースの構造異性体で，吸湿性が強く，糖類のなかで最も甘みが強い。フルクトースは，結晶中では六員環構造をとるが，水に溶かすと，一部が鎖状構造を経て五員環構造にも変化する。また，環状構造にはそれぞれα型とβ型が存在するので，水溶液中では六員環（α型，β型），五員環（α型，β型），鎖状構造の5種類の異性体が存在し，平衡状態になっている。

■ **フルクトースの還元性**　フルクトースの結晶は還元性を示さないが，その水溶液は還元性を示す。これは，水溶液中に存在するフルクトースの鎖状構造が，ヒドロキシケトン基-COCH₂OH をもつためである。

⟳4．水溶液中では，水素原子の移動によって，ホルミル基をもつ構造に変化し，還元性を示す。

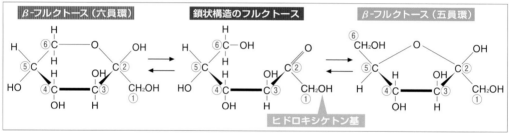

図3．フルクトースの水溶液中での平衡
20℃の水溶液では，六員環のα型が3%，β型が68%，五員環のα型が6%，β型が22%で，鎖状構造のものは微量である。図では，2位の炭素原子につく-OHが環の上側にあるもの（β型）だけを示している。

■ **ガラクトース**　寒天やラクトース（→p.254）の加水分解で得られる。グルコースの立体異性体で，グルコースの4位の炭素原子に結合する水素原子とヒドロキシ基-OHの立体配置が逆になったものである。ガラクトースは，結晶は還元性を示さないが，水溶液は還元性を示す。

■ **ヘミアセタール構造**　単糖類は，同じ炭素原子にエーテル結合-O-とヒドロキシ基-OHが結合した**ヘミアセタール構造**（図4）をもつ。水溶液中では，単糖類はヘミアセタール構造の部分で容易に開環し，ホルミル基-CHOなどを生じるので，還元性を示す。

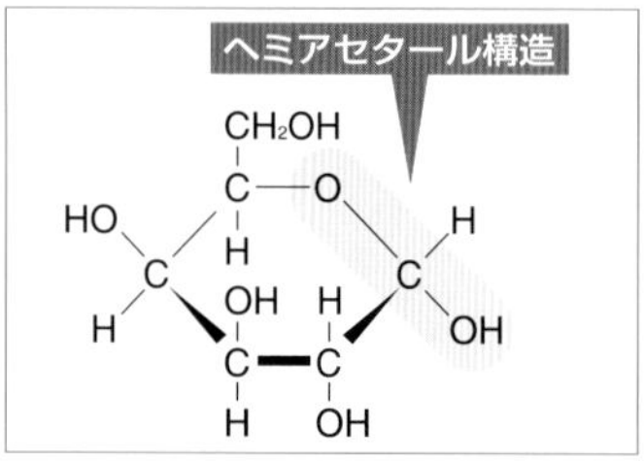

■ **アルコール発酵**　単糖類は，酵母がもつ酵素群チマーゼにより，エタノールと二酸化炭素に分解される。この反応を**アルコール発酵**という。

$$C_6H_{12}O_6 \longrightarrow 2C_2H_5OH + 2CO_2$$

図4．ガラクトースに見られるヘミアセタール構造

4 二糖類

1 二糖類とは

■ **二糖類** 単糖類 2 分子が脱水縮合した構造の糖類を，**二糖類**という。マルトース，スクロース，ラクトース，セロビオースは代表的な二糖類で，いずれも分子式が$C_{12}H_{22}O_{11}$で表され，互いに異性体の関係にある。

一般に，単糖類のヘミアセタール構造の-OHと別の単糖類の-OHとの間の脱水縮合によって生じるエーテル結合を**グリコシド結合**という。二糖類に酸や酵素を作用させると，グリコシド結合の部分で加水分解され，単糖類2分子が生じる。

二糖類は，単糖類と異なり，マルトースやラクトースなど水溶液が還元性を示すもの（**還元糖**）と，スクロースやトレハロースなど水溶液が還元性を示さないもの（**非還元糖**）に分けられる。

☼1. グルコースやガラクトースでは 1 位の-OH，フルクトースでは 2 位の-OHが該当する。

☼2. スクロースはサトウキビやテンサイなどの植物に多く含まれる。トレハロースは昆虫の血液や乾燥したキノコなどに含まれる。

2 おもな二糖類の構造と性質

■ **マルトース（麦芽糖）** マルトースは無色の結晶で，水によく溶ける。デンプン（→p.255）を酵素アミラーゼで加水分解すると得られる。

マルトースは，α-グルコースの 1 位の-OHと別のグルコースの 4 位の-OHで脱水縮合した構造（**α-グリコシド結合**）をもつ（図2）。希酸や酵素マルターゼによって加水分解され，グルコース2分子を生じる。

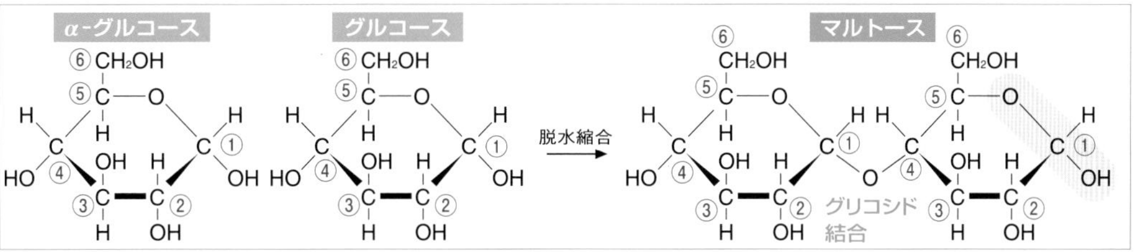

図1．水飴
水飴はデンプンを酵素アミラーゼなどで加水分解してつくられる甘味料で，その主成分はマルトースである。

図2．マルトースの構造
マルトース水溶液中では，一部の分子がヘミアセタール構造の部分（図の　　の部分）で開環し，鎖状構造となる。このとき，1 位の炭素原子にホルミル基が生じるので，還元性を示す。

■ **スクロース（ショ糖）** スクロースは砂糖の主成分である。無色の結晶で，水によく溶け，甘みはかなり強い。

ハチミツは、ミツバチがもつ酵素（スクラーゼ）によってできた、天然の転化糖なんだよ。

■ **スクロースの非還元性**　スクロースは、α-グルコースの1位のヒドロキシ基-OHと、β-フルクトースの2位の-OHで脱水縮合した構造をもつ（図3）。このとき、α-グルコースとβ-フルクトースは、それぞれの還元性を示す部分（ヘミアセタール構造）で縮合している。したがって、スクロースは水溶液中で開環して還元性をもつ鎖状構造をとることができず、その水溶液は還元性を示さない。

■ **転化糖**　スクロースを希酸や酵素インベルターゼ、またはスクラーゼで加水分解すると、グルコースとフルクトースの等量混合物が得られる。この加水分解は**転化**とよばれ、得られる混合物を**転化糖**という。

$$C_{12}H_{22}O_{11} + H_2O \longrightarrow C_6H_{12}O_6 + C_6H_{12}O_6$$

なお、転化糖は、水に溶かすと還元性を示す。

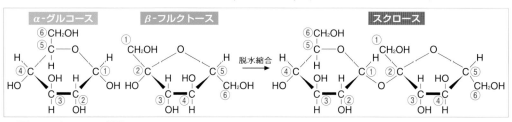

図3．スクロースの構造

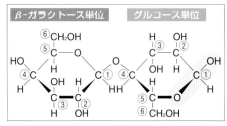

図4．ラクトースの構造

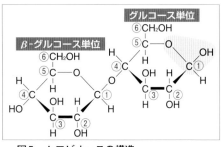

図5．セロビオースの構造

■ **ラクトース（乳糖）**　ラクトースは、哺乳類の乳汁に含まれる糖類で、植物中には存在しない。水によく溶ける無色の結晶で、甘味はスクロースより弱い。ラクトースは、β-ガラクトースの1位の-OHと別のグルコースの4位の-OHが脱水縮合した構造をもつ（図4）。分子中にヘミアセタール構造が含まれるため、水溶液は還元性を示す。

■ **セロビオース**　マツの葉に少量含まれるほかは、天然にはほとんど存在しない。水に溶けるが、甘味はほとんどない。セルロース（→ p.257）を酵素セルラーゼで加水分解すると得られる。

セロビオースは、β-グルコースの1位の-OHと別のグルコースの4位の-OHで脱水縮合した構造（**β-グリコシド結合**）をもつ（図5）。分子中にヘミアセタール構造を含み、水溶液は還元性を示す。

二糖類
スクロースとトレハロースは還元性を示さない。

5 多糖類

1 多糖類とは

■ **多糖類** 多糖類は，多数の単糖類の分子が縮合重合してできた高分子化合物で，数万～1000万程度の分子量をもつ。単糖類や二糖類と異なり，水に溶けにくく，甘味を示さない。また，還元性も示さない。[1]

多糖類には，デンプン，グリコーゲン，セルロースなどがあり，分子式はいずれも $(C_6H_{10}O_5)_n$ である。希酸によって加水分解されると，グルコースを生成する。

2 デンプンとグリコーゲンの構造と性質

■ **デンプン** デンプンは植物の光合成によってつくられ，種子や根・地下茎にデンプン粒（図1）として貯えられる。

デンプンは，多数の α-グルコースの1位の-OHと4位の-OHとの間で縮合重合が行われてできた高分子化合物で，分子量は数万～数百万程度である。α-グルコース単位の環平面がすべて同じ向きで結合（α-グリコシド結合）しているため，グルコース単位6個で1回転するようならせん構造をしている。なお，この構造は分子内の水素結合によって安定に保持されている。

■ **ヨウ素デンプン反応** デンプンの水溶液に**ヨウ素-ヨウ化カリウム溶液**（**ヨウ素溶液**）を加えると，ヨウ素分子 I_2 がデンプンのらせん構造の中に入り込み，青～青紫色を示す。この反応を**ヨウ素デンプン反応**という（図2）。

呈色した溶液を加熱すると，I_2 分子がらせん構造の外へ出ていくので色が消えるが，冷やすと再び呈色する。

⚙1. 還元性を示すヘミアセタール構造は，長いグルコース鎖の一方の末端（還元末端という）に1個存在するだけである。したがって，事実上，多糖類の還元性は検出されない。

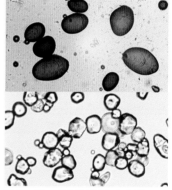

図1. ジャガイモ（上）とトウモロコシ（下）のデンプン粒
デンプン粒の形は，植物によって異なる。

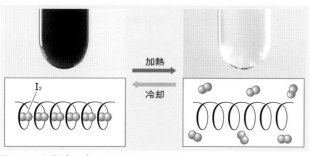

図2. ヨウ素デンプン反応とそのしくみ

小学校や中学校でもおなじみの反応だね。

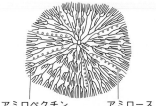

アミロペクチン アミロース
図3. デンプン粒（模式図）

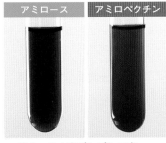

アミロース アミロペクチン
図4. ヨウ素デンプン反応

■ **デンプンの構造** デンプンを約80℃の湯に浸けておくと，溶け出す成分と不溶な成分に分けることができる。溶け出す成分は比較的分子量が小さく，**アミロース**という。一方，不溶な成分は比較的分子量が大きく，**アミロペクチン**という。なお，デンプン粒はアミロースがアミロペクチンによって包まれたような構造をしている（図3）。

■ **アミロースとアミロペクチン** アミロースの分子量は$10^4 \sim 10^5$程度で，α-グルコースが1位と4位の-OHのみで結合した直鎖状構造をもつ。ふつうのデンプンには20〜25％含まれ，ヨウ素デンプン反応では**濃青色**を示す。

アミロペクチンの分子量は$10^5 \sim 10^6$程度で，α-グルコースが1位と4位だけでなく，1位と6位の-OHでも結合した枝分かれ構造をもつ。ふつうのデンプンには75〜80％含まれ，ヨウ素デンプン反応では**赤紫色**を示す。もち米は，ほぼ100％がアミロペクチンからなる。

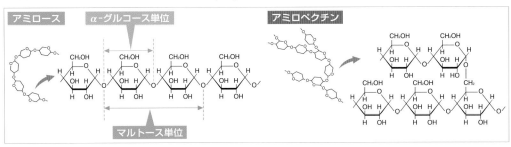

図5. アミロースとアミロペクチンの構造

> **ポイント**
> アミロース ……… 直鎖状構造，熱水に可溶，I_2で濃青色
> アミロペクチン … 枝分かれ構造，熱水に不溶，I_2で赤紫色

■ **デキストリン** デンプンの加水分解を途中で止めると，デンプンよりもやや分子量の小さな多糖類の混合物を生じる。これを**デキストリン**という。デキストリンは，ヨウ素デンプン反応を示すが，還元性は示さない。接着力が強いので，デンプン糊として利用されている。

■ **グリコーゲン** 動物のエネルギー源として重要な物質で，動物の肝臓や筋肉に多く含まれる。動物デンプンともいう。構造はアミロペクチンと似ているが，枝分かれがさらに多く，分子量は$10^6 \sim 10^7$もある。ヨウ素デンプン反応では赤褐色を示す。グリコーゲンは，必要に応じて速やかにグルコースに加水分解され，ヒトの血液中のグルコース濃度は一定（0.1％）に保たれる。

✿2. ヨウ素デンプン反応の色は，直鎖部分が長いほど青色が濃く，直鎖部分が短くなるにしたがって，赤っぽくなる。そして，直鎖部分のグルコース単位が12個以下になると，呈色しなくなる。

③ セルロースの構造と性質

■ **セルロース** セルロースは植物の細胞壁に多く含まれる物質である。植物体の重量の約 30〜50 % を占め，自然界に最も多量に存在する有機化合物である。

■ **セルロースの構造** 多数の β-グルコースが 1 位のヒドロキシ基-OH と 4 位の-OH との間で脱水縮合した構造（β-グリコシド結合）をもち，分子量は 10^6〜10^7 程度と大きい。セルロースでは，隣り合ったグルコース単位の環平面が表裏表裏と交互に向きを変えながら結合しているため，分子全体としては**直線状構造**となっている（図6）。

セルロース分子どうしの間には水素結合が生じ，分子が平行に並ぶため，セルロースは強い繊維状の物質となり，衣類や紙類の原料として用いられる。

⟳ 3. β-グルコースの立体構造を下に示す。このように，グルコースの環状構造をつくる 6 個の原子（炭素原子 5 個，酸素原子 1 個）は，実際には同一平面上にはなく，シクロヘキサンのいす形の構造をとる。

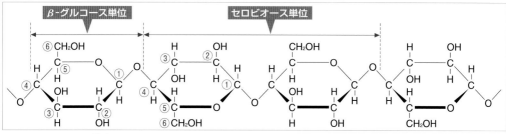

図6. セルロースの構造

■ **セルロースの性質** セルロースは，熱水にも溶けず，多くの有機溶媒にも溶けない。また，ヨウ素デンプン反応も示さない。デンプンに比べて加水分解されにくいが，希酸を加えて長時間煮沸すると，加水分解されてグルコースとなる。

⟳ 4. セルロースは，ヒトの体内では加水分解されない。そのため，栄養素とはならないが，食物繊維として消化管のはたらきを整え，便通をよくする効果がある。

■ **セルロースの誘導体** セルロースは 1 つのグルコース単位に 3 個のヒドロキシ基-OH をもつので，示性式で $[C_6H_7O_2(OH)_3]_n$ と表される。

セルロースは，アルコールと同様に，酸と反応してエステルをつくる。たとえば，セルロースに濃硝酸と濃硫酸の混合物（混酸）を反応させると，硝酸エステルである**トリニトロセルロース**が得られる。

$$[C_6H_7O_2(OH)_3]_n + 3n\,HONO_2$$

$$\xrightarrow{H_2SO_4} [C_6H_7O_2(ONO_2)_3]_n + 3n\,H_2O$$

トリニトロセルロースは強綿薬ともよばれ，無煙火薬の原料として用いられている。

⟳ 5. 同じく硝酸エステルであるジニトロセルロースにショウノウ（可塑剤）を混ぜると，プラスチック状のセルロイドが得られる。

6 アミノ酸

1 アミノ酸の構造と種類

■ **タンパク質の構成成分** 肉類や卵などに含まれるタンパク質は，多くのアミノ酸が縮合重合してできた高分子化合物で，生物体の構成材料となるほか，生命活動を進める酵素(→p.265)の主成分としても重要な物質である。

■ **アミノ酸** 1分子中にアミノ基-NH₂とカルボキシ基-COOHをもつ化合物を**アミノ酸**という。タンパク質の加水分解で得られるアミノ酸は，同一の炭素原子に-NH₂と-COOHが結合しているので，特に**α-アミノ酸**といい，一般式R-CH(NH₂)COOHで表される。天然のタンパク質を構成するα-アミノ酸は**約20種類**である。

■ **アミノ酸の鏡像異性体** α-アミノ酸には，最も簡単な構造のグリシン(側鎖RがHのもの)以外は，すべて不斉炭素原子が存在するので，1対の鏡像異性体が存在する(図1)。これらの異性体はD型，L型に区別されるが，天然のタンパク質はいずれもL型のアミノ酸からなる。

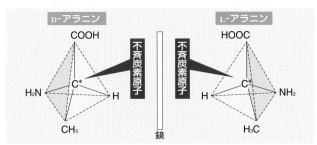

図1．アラニンの鏡像異性体

■ **アミノ酸の種類** α-アミノ酸では，中心となるC原子に結合する-H，-NH₂，-COOHは共通である。したがって，側鎖(R-)の違いでアミノ酸の種類が決まる(表1)。

1 側鎖に-COOHをもつものを**酸性アミノ酸**，-NH₂をもつものを**塩基性アミノ酸**，-COOHと-NH₂のいずれももたないものを**中性アミノ酸**という。

2 その動物の体内では合成できず，食物より補給する必要のあるものを**必須アミノ酸**といい，その種類は動物ごとに異なる(ヒトの成人では9種類である)。

☆1. α-アミノ酸の構造

Rをアミノ酸の側鎖といい，Hや炭化水素基などの場合がある。

☆2. 物理的性質・化学的性質はほとんど同じだが，平面偏光に対する性質(旋光性)だけが異なる。このほか，味やにおいなど，生理作用が異なることがある(→p.191)。

☆3. わたしたちの体はL-アミノ酸からできているので，L-グルタミン酸にはうま味を感じるが，D-グルタミン酸にはうま味を感じない。

☆4. 側鎖にベンゼン環をもつものを芳香族アミノ酸，側鎖に硫黄原子を含むものを含硫アミノ酸ということがある。

分類	名称	略号	構造式 側鎖　　　共通部分	等電点 (pH)	特徴・所在
中性 アミノ酸	グリシン	Gly	H-CH(NH₂)COOH	6.0	鏡像異性体なし
	アラニン	Ala	CH₃-CH(NH₂)COOH	6.0	すべてのタンパク質に分布
	セリン	Ser	HO-CH₂-CH(NH₂)COOH	5.7	絹のタンパク質に多い
	フェニルアラニン	Phe	◯-CH₂-CH(NH₂)COOH	5.5	タンパク質に広く分布
	チロシン	Tyr	HO-◯-CH₂-CH(NH₂)COOH	5.7	牛乳のタンパク質に多い
	システイン	Cys	HS-CH₂-CH(NH₂)COOH	5.1	毛，爪のタンパク質に多い
	メチオニン	Met	H₃C-S-(CH₂)₂-CH(NH₂)COOH	5.7	牛乳のタンパク質（カゼイン）に多い
酸性 アミノ酸	アスパラギン酸	Asp	HOOC-CH₂-CH(NH₂)COOH	2.8	アスパラガスから発見
	グルタミン酸 ✿5	Glu	HOOC-(CH₂)₂-CH(NH₂)COOH	3.2	小麦のタンパク質に多い
塩基性アミノ酸	リシン	Lys	H₂N-(CH₂)₄-CH(NH₂)COOH	9.7	肉のタンパク質に多い

表1．おもなアミノ酸

② アミノ酸の性質

■ **両性化合物**　アミノ酸は，分子中に酸性の-COOHと塩基性の-NH₂をもつので，酸・塩基のいずれとも反応して塩をつくる**両性化合物**である。

■ **双性イオン**　アミノ酸の結晶中では，カルボキシ基-COOHからアミノ基-NH₂へと水素イオンH⁺が移って中和した構造（分子内塩）になっている。このとき生じたR-CH(NH₃⁺)COO⁻のような，正・負の電荷をあわせもったイオンを**双性イオン**という。

　多くのアミノ酸の結晶は，イオン結晶としての性質をもち，ほかの有機化合物に比べて比較的融点が高く，水には溶けやすいが，有機溶媒には溶けにくいものが多い。

■ **電離平衡**　アミノ酸の水溶液では，陽イオン・双性イオン・陰イオンが平衡状態にあり，水溶液のpHによって，その割合が変化する（図2）。

　アミノ酸の水溶液を酸性にすると，双性イオンの-COO⁻がH⁺を受け取ってカルボキシ基-COOHとなり，アミノ酸は陽イオンとなる。一方，水溶液を塩基性にすると，双性イオンの-NH₃⁺がH⁺を放出してアミノ基-NH₂となり，アミノ酸は陰イオンとなる（図3）。

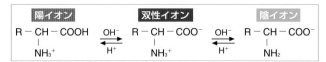

図3．アミノ酸の電離平衡の移動

✿5．L-グルタミン酸の水溶液はpH 3程度の酸性を示す。そこで，これを水酸化ナトリウムNaOHで中和したL-グルタミン酸ナトリウムをうま味調味料として用いている。

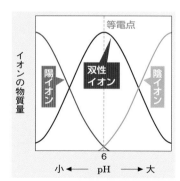

図2．アラニン水溶液のpHと各イオンの物質量
水溶液の酸性が強いほど陽イオンの割合が多くなり，塩基性が強いほど陰イオンの割合が多くなる。

✿6．アミノ酸の結晶を純水に加えると，ほぼ双性イオンとなって溶ける。

○7. 中性アミノ酸の場合，アミノ基-NH₂による塩基性よりも，カルボキシ基-COOHによる酸性のほうがわずかに強い。したがって，中性アミノ酸の水溶液はわずかに酸性を示し，等電点はpH6付近となる。

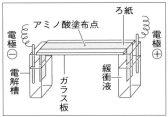

図4．電気泳動によるアミノ酸の分離

たとえば，pH6.0の緩衝液を用いて直流電圧をかけると，中性アミノ酸はほとんど移動しないが，酸性アミノ酸は陽極，塩基性アミノ酸は陰極に移動する。

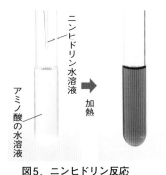

図5．ニンヒドリン反応
ニンヒドリン分子が遊離のアミノ基と反応後，別のニンヒドリン分子と縮合して，紫色の色素を生じる。

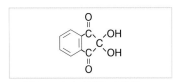

図6．ニンヒドリンの分子

○8. ほかの物質とペプチド結合していない状態のアミノ基を指す。

■ **等電点** アミノ酸の水溶液があるpHになると，水溶液中のアミノ酸の陽イオン，双性イオン，陰イオンのもつ電荷が全体として **0** となる。このときのpHを，そのアミノ酸の**等電点**という。多くのアミノ酸は中性付近に等電点をもつ[7]が，酸性アミノ酸は酸性側，塩基性アミノ酸は塩基性側に等電点をもつ。

■ **アミノ酸の電気泳動** 等電点では，ほとんどのアミノ酸分子は双性イオンになっており，電気泳動を行っても，どちらの電極にも移動しない。しかし，等電点より酸性側では陽イオンとなって陰極に移動し，等電点より塩基性側では陰イオンとなって陽極に移動する。

■ **アミノ酸の分離** 等電点が異なるアミノ酸の混合水溶液に，適当なpHのもとで電圧をかけて電気泳動を行うと，アミノ酸ごとに移動方向や速さが異なるので，アミノ酸を分離することができる（図4）。

> **ポイント**
> 等電点より酸性側…アミノ酸は陽イオン⇨陰極へ
> 等電点のとき…アミノ酸は双性イオン⇨移動しない
> 等電点より塩基性側…アミノ酸は陰イオン⇨陽極へ

■ **ニンヒドリン反応** アミノ酸の水溶液にニンヒドリン水溶液を加えて温めると，青紫～赤紫色に呈色する（図5）。この反応は**ニンヒドリン反応**とよばれ，アミノ基-NH₂をもつ物質で起こる。タンパク質（→p.262）でも，遊離の-NH₂が存在するので呈色する。[8]

> **ポイント**
> アミノ酸の検出
> ⇨ニンヒドリン反応で青紫～赤紫色に呈色

■ **アミノ酸の反応** アミノ酸にアルコールを反応させると，**カルボキシ基-COOHがエステル化**され，酸としての性質を失う。

$$\begin{matrix} H \\ | \\ R-C-COOH \\ | \\ NH_2 \end{matrix} \xrightarrow[\text{エステル化}]{CH_3OH} \begin{matrix} H \\ | \\ R-C-COOCH_3 \\ | \\ NH_2 \end{matrix}$$

また，アミノ酸に無水酢酸を反応させると，アミノ基-NH₂が**アセチル化**され，塩基としての性質を失う。

$$\begin{matrix} H \\ | \\ R-C-COOH \\ | \\ NH_2 \end{matrix} \xrightarrow[\text{アセチル化}]{(CH_3CO)_2O} \begin{matrix} H \\ | \\ R-C-COOH \\ | \\ NHCOCH_3 \end{matrix}$$

7 ペプチド

■ **ペプチド結合** アミノ酸のカルボキシ基-COOHと別のアミノ酸のアミノ基-NH₂の間の脱水縮合によって生じたアミド結合-CONH-を，特に**ペプチド結合**という。

■ **ペプチド** アミノ酸がペプチド結合したものを**ペプチド**という。特に，2分子のアミノ酸が縮合したものは**ジペプチド**，3分子のアミノ酸が縮合したものは**トリペプチド**，多数のアミノ酸分子が縮合したものは**ポリペプチド**とよばれる。

🗨 1. ポリペプチドのうち，分子量が5000程度以上で，特有の機能をもつものは，タンパク質（→p.262）とよばれる。

図1．ジペプチドの生成

■ **ジペプチドの構造異性体** グリシンとアラニンからジペプチドが生成するとき，(ⅰ)グリシンのカルボキシ基-COOHとアラニンのアミノ基-NH₂が縮合する場合と，(ⅱ)グリシンの-NH₂とアラニンの-COOHが縮合する場合の2通りがある。

(ⅰ) $H_2N-CH_2-CONH-CH(CH_3)-COOH$

(ⅱ) $H_2N-CH(CH_3)-CONH-CH_2-COOH$

🗨 2. (ⅰ)をグリシルアラニン，(ⅱ)をアラニルグリシンという。この2つの物質は，互いに構造異性体の関係にある。

> 例題 **トリペプチドの構造異性体**
> グリシン，アラニン，チロシン各1分子からなる鎖状のトリペプチドには，何種類の構造異性体が存在するか。

解説 グリシン(Gly)，アラニン(Ala)，チロシン(Tyr)の配列順序を考える。ペプチド結合しなかったカルボキシ基とアミノ基をそれぞれ**C末端**（Ⓒと記す），**N末端**（Ⓝと記す）とすると，次の6種類の構造異性体が存在する。

Ⓝ-Gly-Ala-Tyr-Ⓒ　　Ⓝ-Gly-Tyr-Ala-Ⓒ

Ⓝ-Ala-Gly-Tyr-Ⓒ　　Ⓝ-Ala-Tyr-Gly-Ⓒ

Ⓝ-Tyr-Gly-Ala-Ⓒ　　Ⓝ-Tyr-Ala-Gly-Ⓒ

答 6種類

数学の順列の考え方が使えるよ。

8 タンパク質

1 タンパク質の構造

■ **一次構造** 同種のタンパク質では，アミノ酸の数や種類だけでなく，その配列順序も一定である。このアミノ酸の配列順序を，タンパク質の**一次構造**という。[1]

■ **二次構造** ペプチド結合をしているアミノ酸のカルボニル基 $>C=O$ と，そこから4番目のアミノ酸のイミノ基 $>N-H$ の間で，$>C=O\cdots\cdots H-N<$ のように水素結合が形成されることがある。[2] この水素結合により，らせん状の**α-ヘリックス**や，ひだ状の**β-シート**などの構造がつくられる。このような水素結合によって形成されるポリペプチド鎖の部分構造を，タンパク質の**二次構造**という。

■ **三次構造** ポリペプチド鎖は，その側鎖Rどうしの間にはたらく種々の相互作用やシステインの側鎖の間につくられる**ジスルフィド結合** $-S-S-$ などによって，折りたたまれていることが多い。[3] このような各タンパク質に特有の立体構造を，タンパク質の**三次構造**という。

■ **四次構造** 三次構造をもつポリペプチド鎖（サブユニットという）がいくつか集合して複合体をつくり，より高度な機能を示すことがある。このような複合体を，タンパク質の**四次構造**という。血液中のヘモグロビンは4つのサブユニットが集まってできている。

○1. タンパク質はDNAの遺伝情報に基づいてつくられる（→p.269）。そのため，一次構造はタンパク質の種類によってそれぞれ決まったものとなる。

○2. ペプチド結合の部分に見られる $>N-H$ のような構造をイミノ基という。

○3. 側鎖間の相互作用の例

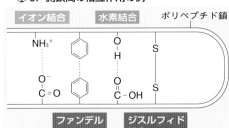

○4. ミオグロビンは153個のアミノ酸からなるタンパク質で，筋肉中で酸素を貯蔵するはたらきをもつ。

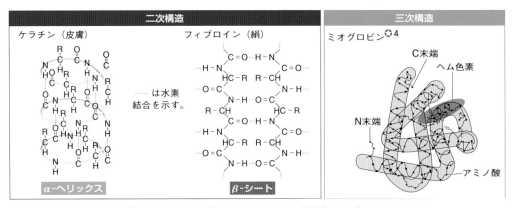

図1. タンパク質の高次構造 二次以上の構造は，まとめて高次構造とよばれる。

② タンパク質の種類と性質

■ 単純タンパク質と複合タンパク質

① **単純タンパク質** 加水分解するとアミノ酸だけが生じるタンパク質を，**単純タンパク質**という。

② **複合タンパク質** 加水分解するとアミノ酸以外の物質_{☆5}も生じるタンパク質を，**複合タンパク質**という。

■ 球状タンパク質と繊維状タンパク質（図2）

① **球状タンパク質** ポリペプチド鎖が折りたたまれ，球状になったタンパク質を**球状タンパク質**という。生体内では親水基を外側，疎水基を内側に向けているため，水に溶けやすく，生理的な機能をもつものが多い。

② **繊維状タンパク質** 何本かのポリペプチド鎖が束状になったタンパク質を**繊維状タンパク質**という。水に溶けにくい。動物の皮膚や腱などの組織をつくる。

☆5. 糖類，リン酸，色素，核酸，脂質など。

図2. 球状タンパク質と繊維状タンパク質（モデル図）

分類・名称			特徴・所在
単純タンパク質	球状	アルブミン	水に可溶。卵白や血清などに含まれる。
		グロブリン	水には不溶で，食塩水には可溶。卵白や血清に含まれる。
		グルテリン	水には不溶だが酸や塩基には可溶。小麦などに含まれる。
	繊維状	ケラチン	毛髪や爪などに含まれる。動物体を保護する役割。
		コラーゲン	軟骨や腱・皮膚などに含まれる。動物体の組織を結合する役割。
		フィブロイン	絹糸やクモの糸に含まれる。
複合タンパク質	糖タンパク質		糖類が結合したもの。だ液中のムチンが代表例。
	リンタンパク質		リン酸が結合したもの。牛乳中のカゼインが代表例。
	色素タンパク質		色素が結合したもの。血液中のヘモグロビンが代表例。
	核タンパク質		核酸（→p.267）が結合したもの。細胞の核中のヒストンが代表例。

表1. さまざまなタンパク質

■ タンパク質の変性

タンパク質に熱（60〜70℃），強酸，強塩基，有機溶媒，重金属イオン（Cu^{2+}，Pb^{2+}，Hg^{2+} など）を作用させると，凝固し，沈殿する。これを**タンパク質の変性**という（図3）。タンパク質の変性は，熱などによってその高次構造が壊れてしまうために起こる。_{☆6}

☆6. 一度変性したタンパク質をもとに戻すのは困難である。

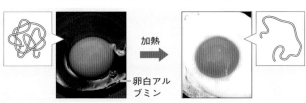

加熱

卵白アルブミン

図3. 熱によるタンパク質の変性

■ 毛髪のパーマ　パーマ（パーマネントウェーブ）は，化学薬品によるタンパク質の変性を利用している。毛髪はケラチンという繊維状タンパク質からなり，分子の所々がジスルフィド結合-S-S-で結ばれ，一定の形を保っている。還元剤を作用させてこの結合を切断し，毛髪に形をつけ，穏やかに酸化すると，ジスルフィド結合の組み換えが起こり，毛髪にウェーブをつけることができる（図4）。

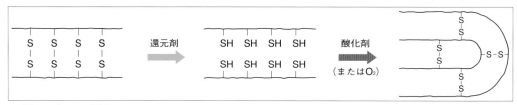

図4．パーマの原理

③ タンパク質の呈色反応

■ ビウレット反応　タンパク質の水溶液に水酸化ナトリウム水溶液を加えて塩基性にした後，少量の硫酸銅（Ⅱ）水溶液を加えると，赤紫色になる（図5）。この反応を**ビウレット反応**という。これは，タンパク質中の2個以上のペプチド結合がCu^{2+}と錯イオンを形成することで起こる。

■ キサントプロテイン反応　タンパク質の水溶液に濃硝酸を加えて加熱すると，黄色沈殿を生じる。冷却後，さらにアンモニア水を加えて塩基性にすると，橙黄色になる（図6）。この反応を**キサントプロテイン反応**という。これは，タンパク質中の芳香族アミノ酸のベンゼン環がニトロ化されるために起こる。

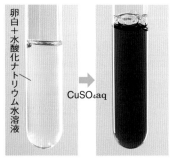

図5．ビウレット反応
ビウレット反応は，トリペプチド以上のポリペプチドで起こるが，アミノ酸やジペプチドでは起こらない。

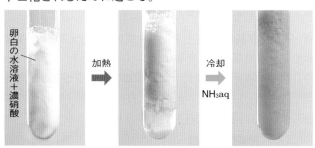

図6．キサントプロテイン反応

■ 硫黄反応　タンパク質の水溶液に水酸化ナトリウムの固体を加えて加熱した後，酢酸鉛（Ⅱ）水溶液を加えると，硫化鉛（Ⅱ）PbSの黒色沈殿が生じる場合がある。この反応により，タンパク質中の硫黄元素が検出される。

✿7．タンパク質にシステインやシスチンのような含硫アミノ酸が含まれている場合，硫黄反応が見られる。

9 酵素

1 酵素のはたらき

■ **酵素**　生体内で起こるさまざまな化学反応は，体温付近という穏やかな条件のもとでもすみやかに進む。これは，生体内に化学反応を促進する触媒が存在するからである。このような生体内ではたらく触媒を**酵素**という。

　たとえば，過酸化水素水は室温ではほとんど分解しないが，酸化マンガン（IV）MnO_2や肝臓片（酵素カタラーゼを含む）を加えると，激しく分解する（図1）。これは，MnO_2やカタラーゼが活性化エネルギーの小さい反応経路を提供し，反応を促進したからである（図2）。

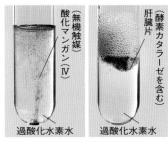

図1．**触媒が関与する化学反応**
（過酸化水素水の分解）

2 酵素の性質

■ **酵素の性質**　酵素の多くはタンパク質を主成分としており，無機触媒には見られない特徴をもつ。

1 **基質特異性**　酵素が作用する相手の物質は**基質**とよばれ，酵素はそれぞれ特定の基質にしか作用しない。このような酵素の性質を**基質特異性**という。たとえば，だ液中に含まれるアミラーゼは，デンプンの加水分解だけに作用するが，ほかの糖類に対しては作用しない。

　酵素に基質特異性が見られるのは，各酵素がその特定部分（**活性部位，活性中心**）に適合する基質とだけ**酵素-基質複合体**をつくり，それ以降の反応が進行するからである（図3）。

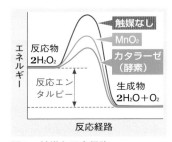

図2．**触媒と反応経路**

✿1. 酸化マンガン（IV）MnO_2や白金Ptなどの無機物の触媒を無機触媒という。

✿2. したがって，生体内には多種類の酵素が存在する。

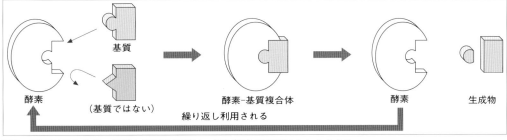

図3．**酵素のはたらき**　基質と酵素の関係は，鍵と鍵穴の関係にたとえられる。

2 **最適温度**　酵素が関与する反応では，室温付近では温度の上昇にともなって反応速度が大きくなるが，ある温度を超えると，反応速度が急激に低下する。

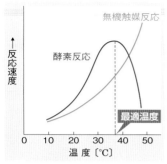

図4. 最適温度

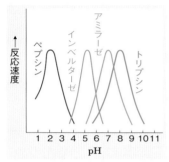

図5. 最適pH

✿3. 亜鉛イオンZn²⁺, 鉄(Ⅱ)イオンFe²⁺, マグネシウムイオンMg²⁺など多くの金属イオンが, 酵素の活性部位付近で作用している。

　酵素が最もよくはたらく温度を**最適温度**といい, 通常は35〜40℃である(図4)。また, 多くの酵素は60℃以上になるとそのはたらきを失う(**酵素の失活**)。酵素の失活は, その主成分であるタンパク質が熱によって変性するために起こる。したがって, 一度失活した酵素をもとの温度に戻しても, そのはたらきは回復しない。

③ **最適pH**　酵素が関与する反応は, 水溶液の水素イオン濃度(pH)の影響を受ける。酵素が最もよくはたらくpHを**最適pH**といい, 多くの酵素では中性(pH 7)付近にある(図5)。

例外　ペプシン(胃液中)………pH 2付近
　　　トリプシン(すい液中)…pH 8付近

■ **補酵素**　酵素がはたらくとき, 金属イオンや低分子量の物質を必要とする場合がある。これらのイオンや物質は**補助因子**とよばれる。補助因子のうち, 酵素のはたらきを調節する有機化合物を, 特に**補酵素**という。補酵素は低分子なので, 比較的熱に強い。水溶性のビタミンB群には, 補酵素としてはたらくものが多い。

③ 酵素の種類

■ **酵素の種類**　酵素は5000種類以上知られているが, そのはたらき方によって6つに分類できる(表1)。

種類	はたらき	種類	はたらき
加水分解酵素	基質に水を加えて分解する。	合成酵素	単量体から重合体をつくる。
酸化還元酵素	基質を酸化・還元する。	転移酵素	基質中の官能基を別の分子に移動させる。
脱離酵素	基質から官能基や分子を取り去る。	異性化酵素	基質中の原子の配列を変える。

表1. 酵素の種類

分類	酵素	基質	生成物
加水分解酵素	アミラーゼ	デンプン	マルトース
	マルターゼ	マルトース	グルコース
	インベルターゼ, スクラーゼ	スクロース	グルコース, フルクトース
	ペプシン	タンパク質	ペプチド
	トリプシン	タンパク質	ペプチド
	ペプチダーゼ	ペプチド	アミノ酸
	リパーゼ	油脂	脂肪酸, モノグリセリド
酸化還元酵素	エタノールデヒドロゲナーゼ	エタノール	アセトアルデヒド
	カタラーゼ	過酸化水素	水, 酸素

表2. おもな酵素とそのはたらき

10 核酸

1 DNAとRNAの構成物質

■ **核酸** 核酸[1]は，すべての生物に存在する，遺伝情報の担い手となる高分子化合物である。

1 ヌクレオシド 窒素を含む環状の塩基[2]と，五炭糖(ペントース)が結合した化合物を，**ヌクレオシド**という。

2 ヌクレオチド ヌクレオシドがリン酸とエステル結合[3]した化合物を，**ヌクレオチド**という。

3 核酸 核酸は，多数のヌクレオチドが，糖のヒドロキシ基-OHとリン酸の-OHとの間で脱水縮合[4]してできた，鎖状の高分子化合物(**ポリヌクレオチド**)である。

■ **DNAとRNA** 核酸のうち，糖がデオキシリボース$C_5H_{10}O_4$であるものを**DNA**(デオキシリボ核酸)，リボース$C_5H_{10}O_5$であるものを**RNA**(リボ核酸)という。DNAやRNAに含まれる塩基はそれぞれ4種類しかなく，DNAでは**アデニン(A)**，**グアニン(G)**，**シトシン(C)**，**チミン(T)**である。RNAでは，チミンではなく，**ウラシル(U)**が含まれる。

> **ポイント**
> アデニン(**A**)，グアニン(**G**)，シトシン(**C**)は共通で，DNAには**チミン(T)**，RNAには**ウラシル(U)**が含まれる。

1. 1869年に，ミーシャー(スイス)が動物の膿(うみ)の中から発見し，細胞の核に存在する酸性の物質ということから名づけられた。

2. アニリンなどのアミノ基-NH$_2$と同様に，窒素Nの部分で水素イオンH$^+$を受けとることができる。

3. 糖の5位の-OHとリン酸の-OHが脱水縮合したリン酸エステル結合である。

4. 糖の3位の-OHとリン酸の-OHの間で脱水縮合が起こり，リン酸エステル結合を生じる。

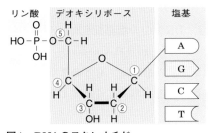

図1. **DNAのヌクレオチド**

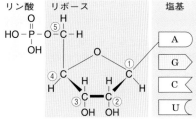

図2. **RNAのヌクレオチド**

2 DNAの構造とはたらき

■ **DNA** DNAは，親から子へと形質を伝える遺伝子の本体で，おもに核に存在する。分子量は，$10^6 \sim 10^8$程度とRNAより大きい。

■ **DNAの構造** シャルガフ(オーストリア)は，種々の生物についてDNAの塩基組成を調べ，1949年に，アデニンとチミン，グアニンとシトシンの量がそれぞれ等しいことを発見した(**シャルガフの規則**)。1952年には，**ウィルキンス(イギリス)とフランクリン(イギリス)**が，DNAのX線回折像の解析から，DNAがらせん構造をとることを示した。

これらをもとに，1953年，**ワトソン(アメリカ)とクリック(イギリス)**は，DNAは2本のヌクレオチド鎖が相補的な塩基対間に生じる水素結合によってつながり，互いに巻き合ってらせん状になっている分子モデルを発表した。この構造は**DNAの二重らせん構造**とよばれる(図3)。

■ **塩基の相補性** DNA中の4種類の塩基のうち，アデニンはチミンだけと水素結合(2本)をつくり，グアニンはシトシンだけと水素結合(3本)をつくる。このような塩基どうしの関係を**相補性**という(図4)。

✿5. DNA中の塩基の割合(%)

	A	G	C	T
ヒト	30.9	19.9	19.8	29.4
酵母	31.3	18.7	17.1	32.9
大腸菌	24.7	26.0	25.7	23.6

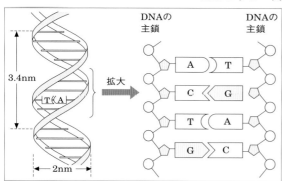

図3．DNAの二重らせん構造

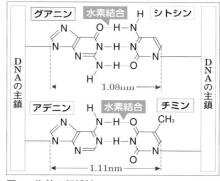

図4．塩基の相補性

✿6. DNAの二重らせん構造は，遺伝情報を安定に保存するのに役立っている。

■ **DNAのはたらき** DNA中の**塩基配列**は，生物の特徴を決定する遺伝情報として利用されている。

■ **DNAの複製** 細胞分裂の前には，もとの2本鎖DNAとまったく同じDNA鎖がつくられる。これを**DNAの複製**という(図5)。

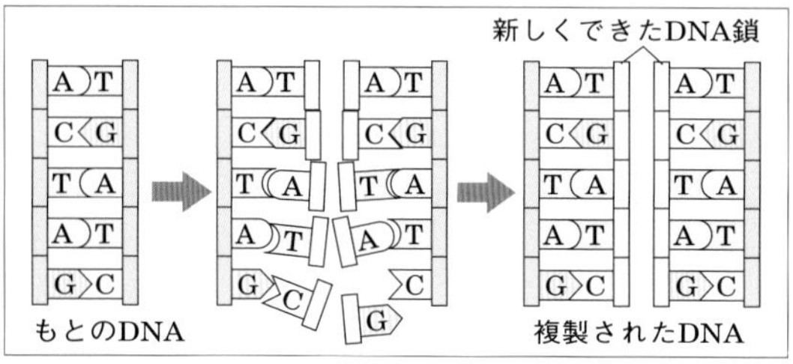

1 DNAの二重らせんの一部がほどけ，それぞれ1本のヌクレオチド鎖になる。

2 各DNA鎖が鋳型のようなはたらきをし，DNA鎖中の塩基と相補的な塩基をもつヌクレオチドが水素結合でつながる。

3 隣り合うヌクレオチドどうしが結合され，新しいDNA鎖がつくられる。

図5．DNAの複製

③ RNAの構造とはたらき

■ **RNA** RNAは核と細胞質の両方に存在し，DNAの遺伝情報に従ってタンパク質の合成に関わる。分子量が$10^4 \sim 10^6$程度とDNAより小さく，多くは1本鎖である。

■ **RNAの種類** RNAには，次の3種類がある。

1 伝令RNA（メッセンジャーRNA，mRNA）
DNAの遺伝情報を写し取ってつくられる。

2 転移RNA（トランスファーRNA，tRNA）
特定のアミノ酸をリボソームまで運搬する。

3 リボソームRNA（rRNA）
タンパク質とともにリボソームを構成する。

■ **タンパク質の合成** 次の順序で行われる。

1 核のDNAの二重らせんのうち必要な部分だけがほどかれ，そのうちの1本を鋳型として，mRNAに写し取られる。これを遺伝情報の**転写**という。

2 mRNAが核から細胞質に出ていき，タンパク質合成の場であるリボソームに付着する。mRNAの塩基配列において，3個の塩基の組が1つのアミノ酸を特定する遺伝暗号となっている。⑦

3 細胞質にあるtRNAは，mRNAのコドンに相補的な3つの並び（アンチコドン）をもつ特定のアミノ酸と結合し，このアミノ酸をリボソーム（細胞小器官の1つ）まで運ぶ。

4 リボソーム上で，mRNAのコドンに基づいて特定のアミノ酸と結合したtRNAが並べられる。rRNAのはたらきによってこれらのアミノ酸がペプチド結合でつながり，タンパク質となる。これを遺伝情報の**翻訳**という。

図6．**tRNAの構造**
分子内の塩基どうしの水素結合により，クローバーの葉のような形となっている。

◎7．DNA，mRNAの3個ずつの塩基の組をトリプレットという。mRNAのトリプレットは，特にコドンとよばれる。

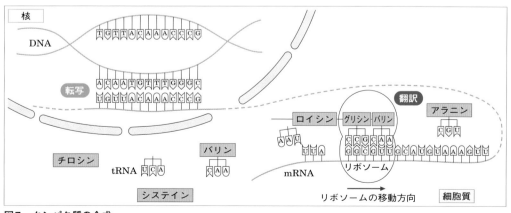

図7．タンパク質の合成

重要実験 糖類の反応

● 単糖類・二糖類の性質

方法

1. グルコース，フルクトース，マルトース，スクロースを，それぞれ別の試験管に0.5gずつとり，水3mLを加えて溶かす。
2. それぞれの試験管にフェーリング液2mLと沸騰石3粒を加えて穏やかに加熱し，変化のようすを観察する。
   ※フェーリング液は，使用直前にA液とB液を等量ずつ混合して使用する。
3. 1と同様につくったスクロースの水溶液に1.0mol/L希硫酸1mLと沸騰石3粒を加え，5分間加熱する。冷却後，泡が出なくなるまで炭酸ナトリウムの粉末を加える。
4. 3の溶液にフェーリング液2mLと沸騰石3粒を加えて穏やかに加熱し，変化のようすを観察する。

結果

1. 方法2では，グルコース，フルクトース，マルトースの溶液で赤色の沈殿が生じた。スクロースの溶液では変化が見られなかった。
2. 方法4では，赤色の沈殿が生じた。

考察

1. 結果1について，スクロースとそれ以外で結果が異なったのはなぜか。
   → スクロース以外の糖は分子中に還元性を示す構造をもつので，フェーリング液中の銅(II)イオンCu^{2+}が還元され，酸化銅(I)Cu_2Oの赤色沈殿が生じた。それに対し，スクロースは還元性を示す構造をもたないので，フェーリング液を加えて加熱しても変化が見られなかった。
2. 結果2のようになったのはなぜか。
   → スクロースが加水分解され，還元性をもつグルコースとフルクトースが生じたから。

● デンプンの加水分解

方法

1. ビーカーにデンプン0.5gと水50mLを入れて煮沸し，透明なデンプン水溶液をつくる。
2. 8本の試験管A～Hに，それぞれ水2mLとヨウ素溶液3滴を入れる。
3. 試験管Aに1のデンプン水溶液を1滴ずつ加え，呈色のようすを見る。
4. 40℃に保った1のデンプン水溶液にα-アミラーゼの粉末を約0.01g加え，よくかき混ぜる。
5. 試験管Bに4の液を1滴加える。20秒後に試験管C，さらに20秒後に試験管Dというように，20秒ごとに4の液を1滴ずつ加えていく。試験管Hに4の液を加えて20秒経ったところで，試験管B～Hの呈色のようすを見る。

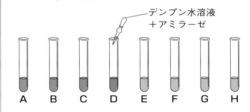

デンプン水溶液
＋アミラーゼ

A　B　C　D　E　F　G　H

結果

時間〔s〕	20	40	60	80
水溶液の色	青～青紫			赤紫

	100	120	140
	褐色		

考察

■ 得られた結果から，アミラーゼのはたらきについてどのようなことがわかるか。
   → ヨウ素デンプン反応の色が時間とともに赤っぽくなっていることから，デンプンの直鎖部分が短くなっていることがわかる。したがって，アミラーゼには，デンプンを加水分解するはたらきがあることがわかる。

タンパク質の反応

方法

1. 卵白に，その4倍の量の水と少量の塩化ナトリウムを加えてかき混ぜ，卵白水溶液をつくる。
2. 8本の試験管A〜Hに1の水溶液を3mLずつとり，以下の操作を行う。

試験管A：エタノールを加えて静置する。

試験管B：6mol/L塩酸を加えて静置する。

試験管C：0.1mol/L硫酸銅(II)水溶液を加えて静置する。

試験管D：穏やかに加熱する。

試験管E：2mol/L水酸化ナトリウム水溶液を1mL加えてよく混ぜる。その後，0.1mol/L硫酸銅(II)水溶液を少量加えて振り混ぜる。

試験管F：濃硝酸を1mL加えて加熱する。冷却後，溶液が塩基性になるまで2mol/Lアンモニア水を加える。

試験管G：1%ニンヒドリン水溶液を1mL加えて加熱する。

試験管H：水酸化ナトリウムの粒を3粒加えて加熱した後，0.1mol/L酢酸鉛(II)水溶液を数滴加える。

結果

1. 試験管A〜Cでは，白色の沈殿が生じた。また，試験管Dでは，卵白が凝固した。
2. 試験管Eでは，溶液が赤紫色に呈色した。
3. 試験管Fでは，濃硝酸を加えると白色の沈殿が生じたが，加熱すると黄色に変化した。その後，溶液を塩基性にすると，橙黄色に変化した。
4. 試験管Gでは，溶液が紫色に呈色した。
5. 試験管Hでは，黒色の沈殿が生じた。

考察

1. 結果1のようになったのはなぜか。──→ 卵白をつくるタンパク質が，有機溶媒や強酸，重金属イオン，熱の作用により，その立体構造を維持できなくなり，変性したから。

2. 試験管Eで見られた反応を何というか。──→ ビウレット反応

3. 試験管Fで見られた反応を何というか。また，結果3から，卵白をつくるタンパク質について，どのようなことがわかるか。──→ この反応はキサントプロテイン反応とよばれ，卵白をつくるタンパク質にベンゼン環が含まれていることがわかる。

4. 試験管Gで見られた反応を何というか。──→ ニンヒドリン反応

5. 試験管Hで見られた反応を何というか。また，結果5から，卵白をつくるタンパク質について，どのようなことがわかるか。──→ この反応は硫黄反応とよばれ，生じた黒色沈殿は硫化鉛(II)PbSである。この反応から，卵白をつくるタンパク質が構成元素として硫黄を含んでいることがわかる。

酵素のはたらきを調べる

方法

1. ウシの肝臓片約10gを乳鉢に入れ，よくすりつぶす。そこに純水30mLを加えてよくかき混ぜ，これをろ過して酵素液をつくる。

2. 10本の試験管A〜Jを用意し，A〜Fには酵素液3mL，G〜Jには純水3mLと酸化マンガン(Ⅳ)1gを入れる。ただし，Dには煮沸した酵素液，Hには煮沸した酸化マンガン(Ⅳ)を入れる。
   ※煮沸した酵素液や酸化マンガン(Ⅳ)は，常温(25℃)まで冷えてから使用する。

3. Aには純水5mL，B〜Jには3％過酸化水素水5mLを加える。さらに，EとIには10％塩酸を0.3mL，FとJには10％水酸化ナトリウム水溶液0.3mLを加え，また，Cは氷水で5℃に冷却する。その後，すべての試験管について，気泡が発生するようすを観察する。

ウシの肝臓片には酵素カタラーゼが含まれているよ。

結果

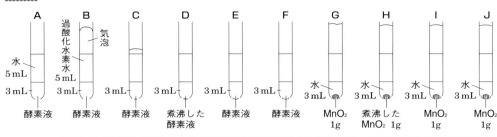

試験管	A	B	C	D	E	F	G	H	I	J
温度	25℃	25℃	5℃	25℃	25℃	25℃	25℃	25℃	25℃	25℃
pH	7	7	7	7	1	13	7	7	1	13
気泡	×	○	△	×	×	×	○	○	○	○

○：気泡が発生　△：気泡がわずかに発生　×：気泡は発生せず

考察

1. Aで気泡が発生しなかったのはなぜか。 ⟶ カタラーゼの基質である過酸化水素が存在しないから。

2. Dで気泡が発生しなかったのはなぜか。 ⟶ 煮沸により，カタラーゼを構成するタンパク質が変性したから。

3. BとCを比べたとき，Bのほうが気泡の発生量が多かったのはなぜか。 ⟶ 最適温度に達するまでは，温度が高いほど反応速度が大きくなるから。

4. B，E，Fの結果から，どのようなことがわかるか。 ⟶ カタラーゼは酸性や塩基性のもとでははたらかず，中性のときによくはたらくこと。

5. この実験からわかる酵素の特性を，酸化マンガン(Ⅳ)などの無機触媒と比べて説明せよ。 ⟶ 酵素は，無機触媒に比べて，熱やpHの影響を受けやすい。

テスト直前チェック　定期テストにかならず役立つ！

1 ☐ 分子量が 1 万以上の化合物を何という？

2 ☐ 糖類のうち，それ以上加水分解されないものを何という？

3 ☐ グルコース水溶液が還元性を示すのは，鎖状構造に何という官能基が存在するから？

4 ☐ 単糖類 2 分子が脱水縮合した構造の糖類を何という？

5 ☐ スクロースの加水分解で得られる，グルコースとフルクトースの混合物を何という？

6 ☐ 二糖類のうち，水溶液が還元性を示さないものを 1 つ挙げると？

7 ☐ 多数の単糖類の分子が縮合重合してできた高分子化合物を何という？

8 ☐ デンプンにヨウ素溶液を加えると青～青紫色を示す反応を何という？

9 ☐ デンプンの成分のうち，比較的分子量が小さく，直鎖状構造をもつものを何という？

10 ☐ デンプンの成分のうち，比較的分子量が大きく，枝分かれ構造をもつものを何という？

11 ☐ 動物の肝臓や筋肉に含まれる，動物デンプンともよばれる多糖類を何という？

12 ☐ β-グルコースが脱水縮合した構造の多糖類を何という？

13 ☐ 同一の炭素原子に$-NH_2$と$-COOH$が結合した化合物を何という？

14 ☐ アミノ酸水溶液の電荷が全体として 0 になるときのpHを何という？

15 ☐ アミノ酸どうしの$-COOH$と$-NH_2$の間の脱水縮合で生じる結合を何という？

16 ☐ タンパク質のα-ヘリックスとβ-シートとよばれる構造をまとめて何という？

17 ☐ タンパク質が複雑に折りたたまれてできる立体構造を何という？

18 ☐ タンパク質の高次構造（立体構造）が壊れるために起こる現象を何という？

19 ☐ タンパク質の水溶液にNaOHとCuSO₄の水溶液を加えると赤紫色になる反応を何という？

20 ☐ タンパク質の水溶液に濃硝酸を加えて加熱すると黄色になる反応を何という？

21 ☐ 生体内ではたらく触媒を特に何という？

22 ☐ 遺伝子の本体である核酸を何という？

23 ☐ タンパク質の合成に関わる 22 以外の核酸を何という？

解答

1. 高分子化合物（高分子）
2. 単糖類
3. ホルミル基（アルデヒド基）
4. 二糖類
5. 転化糖
6. スクロース
　（トレハロース）

7. 多糖類
8. ヨウ素デンプン反応
9. アミロース
10. アミロペクチン
11. グリコーゲン
12. セルロース
13. α-アミノ酸

14. 等電点
15. ペプチド結合
16. 二次構造
17. 三次構造
18. 変性
19. ビウレット反応

20. キサントプロテイン
　反応
21. 酵素
22. デオキシリボ核酸
　（DNA）
23. リボ核酸（RNA）

① 高分子化合物

次の文中の[ ]に適する語句を記せ。

高分子化合物の構成単位となる小さな分子を①[ ]といい，①が多数結合してできた大きな分子を②[ ]という。また，②を構成する繰り返し単位の個数を③[ ]という。

重合反応には不飽和結合をもつ化合物が付加反応によって次々と結びつく④[ ]と，水などの簡単な分子がとれる縮合反応によって次々と結びつく⑤[ ]がある。また，2種類以上の単量体が重合する反応を⑥[ ]という。

② 単糖類

次の文中の[ ]に適する語句や化学式を記せ。

グルコースは分子式が①[ ]で表される糖類である。グルコースのようにそれ以上加水分解できない糖類を②[ ]という。②には，グルコースと立体異性体の関係にある③[ ]や，グルコースとは構造異性体の関係にあり，ハチミツや果物に多く含まれる④[ ]などがある。

水溶液から結晶化したグルコースは⑤[ ]型の構造からなるが，水に溶かすと，その一部が鎖状構造を経て⑥[ ]型の構造に変化する。水溶液中では，これらの3種類の構造が⑦[ ]状態を保っている。

グルコースの結晶は⑧[ ]を示さないが，グルコース水溶液は⑧を示す。これは，鎖状構造の中に⑨[ ]基をもつからである。

③ 二糖類

次の文中の[ ]に適する語句や化学式を記せ。

マルトース，スクロース，ラクトースは，いずれも分子式が①[ ]で表される糖類で，②[ ]とよばれる。

マルトースは③[ ]ともよばれ，2分子の④[ ]が脱水縮合した構造をもつ。水溶液中では⑤[ ]をもつ鎖状構造を生じるので還元性を示す。

スクロースは④とフルクトースが脱水縮合した構造をもち，その水溶液は還元性を示さない。スクロースを加水分解して得られる④とフルクトースの等量混合物は⑥[ ]とよばれ，その水溶液は還元性を⑦[ ]。

ラクトースは⑧[ ]ともよばれ，グルコースと⑨[ ]が脱水縮合した構造をもち，その水溶液は還元性を⑩[ ]。

④ 多糖類

次の文中の[ ]に適する語句を記せ。

デンプンのように，分子式が$(C_6H_{10}O_5)_n$で表される糖類を①[ ]という。デンプンは，直鎖状構造の②[ ]と枝分かれ構造の③[ ]からなる。デンプンを加水分解すると，分子量がやや小さくなった④[ ]を経て，グルコースになる。④は⑤[ ]性を示さないが，さらに加水分解すると，溶液は⑤性を示すようになる。

デンプンの水溶液に⑥[ ]を加えると，青～青紫色を示す。この反応を⑦[ ]という。

⑤ アミノ酸

次の文を読み，あとの問いに答えよ。

アミノ酸は，その分子中に酸性の①[ ]基と塩基性の②[ ]基をもっており，結晶中では$_A$③[ ]として存在している。アミノ酸のうちで最も簡単な構造をもつものは④[ ]で，その示性式は⑤[ ]である。アミノ酸に⑥[ ]水溶液を加えて温めると，⑦[ ]色を呈する。この反応は，アミノ酸の検出に利用される。

1つのアミノ酸の①基とほかのアミノ酸の②基が脱水縮合すると，⑧[　　　]結合をもつ_Bジペプチドができる。タンパク質は，多数のアミノ酸が縮合重合した⑨[　　　]とよばれる高分子化合物の一種である。

(1) 文中の[　]に適する語句や示性式を記せ。
(2) 下線部A，Bについて，炭化水素基をR，R′としてその構造式を示せ。
(3) 酸性の水溶液中と塩基性の水溶液中でのアミノ酸の状態を，炭化水素基をRとして構造式で示せ。

6 タンパク質

次の文を読み，あとの問いに答えよ。

タンパク質は，多数のアミノ酸が①[　　　]結合で鎖状に連結したポリペプチドからできている。ポリペプチド鎖中のアミノ酸の配列順序をタンパク質の②[　　　]という。ペプチド結合の部分では③[　　　]結合が形成され，らせん状の④[　　　]構造やひだ状の⑤[　　　]構造が生じる。これらの部分構造をタンパク質の⑥[　　　]という。

ポリペプチド鎖間でジスルフィド結合が形成されたり，側鎖間に<u>相互作用</u>がはたらいたりすると，折りたたまれて特有の立体構造をつくる。これをタンパク質の⑦[　　　]という。

(1) 文中の[　]に適する語句を記せ。
(2) ジスルフィド結合を形成するアミノ酸の名称を記せ。
(3) 下線部の相互作用の具体例を3つ記せ。

7 タンパク質の反応

卵白の水溶液について，次の操作を行った。それぞれの反応の名称を記せ。また，反応後の溶液や沈殿の色をあとのア〜キから選べ。

(1) 水酸化ナトリウム水溶液を加えた後，少量の硫酸銅(Ⅱ)水溶液を加える。

(2) ニンヒドリン水溶液を加えて加熱する。
(3) 濃硝酸を加えて加熱する。
(4) 水酸化ナトリウムを加えて加熱した後，酢酸鉛(Ⅱ)水溶液を加える。

ア　赤紫　イ　青　ウ　緑　エ　黄
オ　赤橙　カ　白　キ　黒

8 酵素

次の文を読み，あとの問いに答えよ。

酵素はおもに①[　　　]からできている生体触媒であり，②[　　　]の小さな反応経路をつくり，反応速度を大きくする。

酵素がはたらく物質を③[　　　]といい，酵素は_A特定の③にしか作用しない。また，_B酵素を高温にすると，そのはたらきが失われる。

酵素は，pHによってその活性が異なる。酵素が最もよくはたらくpHを④[　　　]といい，多くの酵素ではpH⑤[　　　]前後であるが，胃液に含まれる⑥[　　　]はpH2，すい液に含まれる⑦[　　　]はpH8付近に④がある。

(1) 文中の[　]に適する語句や数値を記せ。
(2) 下線部Aの酵素の性質を何というか。
(3) 下線部Bの現象が起こるのはなぜか。

9 DNAの構造

右の図は，DNAの構造を模式的に表したものである。

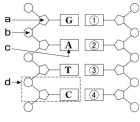

(1) 図のa〜dの部分の名称を記せ。
(2) 図の①〜④に適する物質の名称を記せ。
(3) DNAは，どのような立体構造をとっているか。また，この構造を初めて提唱した2人の科学者の名を記せ。
(4) ある生物の塩基組成(数の割合)でアデニンが31%のとき，シトシンの割合は何%か。

2章 合成高分子化合物

1 繊維の分類と天然繊維

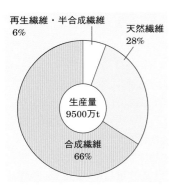

再生繊維・半合成繊維 6%

天然繊維 28%

生産量 9500万t

合成繊維 66%

図1. 世界の繊維生産量(2017年)

☼1. 繊維の分類

	名称	例
天然繊維	植物繊維	綿, 麻
	動物繊維	絹, 羊毛
化学繊維	再生繊維	レーヨン
	半合成繊維	アセテート
	合成繊維	ナイロン

図2. 綿の繊維断面

1 繊維の種類は

■ **繊維の分類**　細い糸状の物質を**繊維**といい，天然に得られるものを**天然繊維**，天然繊維以外の繊維をまとめて**化学繊維**という。

　天然繊維には，セルロースを主成分とする**植物繊維**，タンパク質を主成分とする**動物繊維**，無機物からなる**無機繊維**がある。また，化学繊維は，天然繊維を化学的に処理してつくられる**再生繊維**や**半合成繊維**，石油などから人工的に合成される**合成繊維**に分けられる。

2 植物繊維の特徴は

■ **植物繊維**　セルロースからなる綿や麻は，酸には弱いが，塩基には比較的強い。また，分子中に親水基であるヒドロキシ基-OHを多数もつため，吸湿性にすぐれ，染色性がある。火をつけると，紙を燃やしたときと同様に弱いにおいを出してよく燃え，あとに白色の柔らかい灰を残す。

1 **綿**　アオイ科に属する植物で，種子の表面に発生する綿毛の短繊維(数cm)を，撚りをかけながら紡糸する。繊維を顕微鏡で観察するとわかるように，扁平でねじれがある(図2)ため，紡糸したときによく絡み合い，強い糸ができる。また，内部には中空部分(ルーメン)があり，吸湿性や吸水性が大きい。水にぬれると強くなり，繰り返しの洗濯にも耐えることから，肌着などによく使われる。

2 **麻**　亜麻や苧麻の茎を乾燥させて得られる短繊維を，撚りをかけながら紡糸する。性質は綿とよく似ているが，繊維が木質化しているので，少しごわごわした感じがする。熱伝導率が大きく，体温を奪って冷感を与えるため，夏用の衣料に使われる。また，綿と同様に，水にぬれると強くなり，繰り返しの洗濯にも耐える。

③ 動物繊維の特徴は

■ **動物繊維** タンパク質からなる絹や羊毛は，酸には比較的強いが塩基には弱く，洗濯が難しい。また，虫に食われやすい。分子中に親水基であるヒドロキシ基–OHやカルボキシ基–COOH，アミノ基–NH₂をもつため，吸湿性にすぐれ，染色性が大きい。火をつけると，縮まりながらゆっくりと燃え，特異臭を発し，あとに黒い球状の塊が残る。

1　絹 カイコガの繭から得られる長繊維（約1500 m）を利用する。繭からとれた糸（生糸）は，主成分の**フィブロイン**というタンパク質を，にかわ質の**セリシン**というタンパク質が覆っている構造のため，光沢が少ない。生糸を熱水や塩基の水溶液などに通すとセリシンが除かれ（**絹の精練**），光沢のある絹糸が得られる。

絹糸は繊維の断面が三角形に近い形をしている（**図3**）ため，独特の美しい光沢が見られ，絹鳴りとよばれる音を生じる。その一方で，光には弱く，変色して黄ばみやすい。

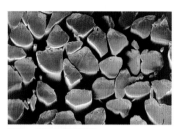

図3．絹の繊維断面

2　羊毛 ヒツジの体毛から得られる短繊維（数 cm）の束に撚りをかけ，引きのばしながら紡糸する。主成分の**ケラチン**がα–ヘリックス構造（→ **p.262**）をとっているため，伸縮性が高い。また，ケラチンはシステインの含有量が多く，分子どうしがジスルフィド結合–S–S–による構造によって結びついているため，分子間のずれが生じにくい。そのため，羊毛はしわになりにくい。

また，羊毛は，繊維本体（**コルテックス**）の表面を鱗状の表皮（**キューティクル**）が覆った構造をしている（**図4**）ため，水をはじく性質をもつ。その一方で，キューティクルの隙間から空気や水蒸気が出入りできるため，保温性や吸湿性が天然繊維中で最大となっている。

図4．羊毛の繊維断面

⚙ **2.** クチクラともいう。

植物繊維…主成分は**セルロース**。塩基には強いが，酸には弱い。分子中に親水基である–OHが含まれ，吸湿性や染色性をもつ。

動物繊維…主成分は**タンパク質**。酸には強いが，塩基には弱い。分子中に–OH，–COOH，–NH₂などの親水基が含まれ，吸湿性をもつ。また，染色性が大きい。

カシミヤヤギの体毛から得られるカシミヤも動物繊維だよ。

1 再生繊維とは

■ **再生繊維** 木材パルプのセルロースは，綿や麻のセルロースとは異なり，繊維が短すぎてそのままでは糸にすることができない。そこで，これらのセルロースの短繊維をいったん溶媒に溶かし，それを細孔から押し出して長繊維として再生させる。このようにして得られた繊維は**再生繊維**とよばれる。

■ **レーヨン** セルロースを原料とする再生繊維を**レーヨン**[注1]という。レーヨンを構成するセルロースのヒドロキシ基–OHは，もとのセルロースの状態からまったく変化していない。

1 **銅アンモニアレーヨン** 図1のように，水酸化銅(Ⅱ)$Cu(OH)_2$を濃アンモニア水に溶かして得られる深青色の溶液(**シュワイツァー試薬**)にセルロースを溶かすと，粘性のあるコロイド溶液が得られる。この溶液を細孔から希硫酸(凝固液)中に押し出すと，セルロースが再生して繊維となる。これが**銅アンモニアレーヨン(キュプラ)**[注3]である。

銅アンモニアレーヨンは非常に細い繊維で，柔らかい感触と絹に似た光沢をもつ。静電気の発生が少ないため，服の裏地や舞台用のドレスなどにも用いられる。

◎ 1．レーヨンのセルロースは，綿や麻のセルロースに比べて分子量(重合度)が小さく，結晶領域の割合がやや少ない。

◎ 2．シュワイツァー試薬の成分は$[Cu(NH_3)_4](OH)_2$の状態にあり，セルロースはCu^{2+}と錯体を形成して溶解すると考えられている。

◎ 3．近年では，キュプラを用いた細い中空糸は，血液の人工透析にも利用されている。

水酸化銅(Ⅱ)を濃アンモニア水に溶かす。

脱脂綿(セルロース)を少しずつ加え，溶かす。

注射器で，希硫酸中に糸状に押し出す。

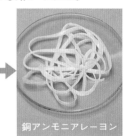
銅アンモニアレーヨン
水で洗い，乾燥させる。

図1．銅アンモニアレーヨンの製造

2 **ビスコースレーヨン** セルロースを濃水酸化ナトリウム水溶液に溶かし，これを二硫化炭素CS_2と反応させる。生成物を希水酸化ナトリウム水溶液に溶かすと，**ビスコース**とよばれる赤褐色のコロイド溶液が得られる。

ビスコースを希硫酸中に押し出すと，セルロースが再生して繊維が得られる[4]。これが**ビスコースレーヨン**である（図2）。

ビスコースレーヨンは吸湿性，染色性にすぐれ，ドレスの生地や肌着などに用いられている。

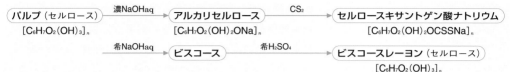

図2．ビスコースレーヨンの製法

2 半合成繊維とは

■ **半合成繊維**　天然繊維を化学的に処理し，その構造の一部を変化させたものを，**半合成繊維**という。

■ **アセテート繊維**　セルロース$[C_6H_7O_2(OH)_3]_n$に無水酢酸$(CH_3CO)_2O$（主剤），氷酢酸（溶媒），少量の濃硫酸（触媒）を作用させると，セルロース中のヒドロキシ基–OHがすべてアセチル化され，**トリアセチルセルロース**$[C_6H_7O_2(OCOCH_3)_3]_n$が得られる[5]。

トリアセチルセルロースは工業用の溶媒に溶けにくいが，これに水を加えて部分的に加水分解を行い，アセチル化された割合を小さくすると，アセトンに可溶の**ジアセチルセルロース**$[C_6H_7O_2(OH)(OCOCH_3)_2]_n$が得られる（図4）。ジアセチルセルロースのアセトン溶液を細孔から温かい空気中に押し出して乾燥させると，**アセテート繊維**が得られる（図5）。

アセテート繊維は，外観が絹に似ており，シャツやネクタイなどに用いられるが，吸湿性は絹に比べて小さい。

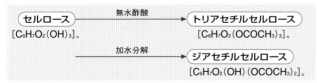

図4．アセテート繊維の製法

> **ポイント**
> 再生繊維…セルロースと化学式が同じ。
> 半合成繊維…セルロースとは化学式が異なる。

[4]　薄膜状に再生したものは，セロハンとよばれ，粘着テープや包装材料に用いられる。

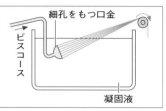

図3．ビスコースレーヨンの紡糸

[5]　トリアセチルセルロースは燃えにくく，写真のフィルムや録音用テープなどに利用されていたが，近年では液晶パネルに多く用いられている。

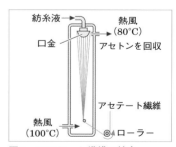

図5．アセテート繊維の紡糸

3 合成繊維

1 合成繊維の種類

■ **合成繊維** 直鎖状の高分子化合物をそのまま固めると熱可塑性樹脂(→p.284)が得られるが,細孔から引き出した糸を一定方向に引きのばすと,その方向に分子が規則正しく配列し丈夫な繊維となる(図1)。このようにして得られる繊維を**合成繊維**という。

融解

| 原料 | → | 融解 | → | 紡糸 | → | 引きのばし | → | 巻きとり | → | 製品 |

図1. 合成繊維の製造原理

ポイント
合成繊維の分類
縮合重合型┬ポリアミド系……アミド結合をもつ
      └ポリエステル系…エステル結合をもつ
付加重合型─ポリビニル系……単量体がビニル基をもつ

2 ポリアミド系合成繊維

■ **ナイロン66** 1935年に**カロザース**(アメリカ)が発明した,世界初の合成繊維である。**2価カルボン酸であるアジピン酸**と**2価アミンであるヘキサメチレンジアミン**を加熱すると縮合重合が起こり,**ナイロン66**が得られる。

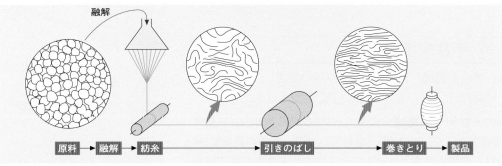

$$n \, HO-\underset{O}{\underset{||}{C}}-(CH_2)_4-\underset{O}{\underset{||}{C}}-OH \ + \ n \, H-N-(CH_2)_6-N-H$$

アジピン酸   ヘキサメチレンジアミン

$$\longrightarrow \left[\underset{O}{\underset{||}{C}}-(CH_2)_4-\underset{O}{\underset{||}{C}}-\overset{H}{\underset{}{N}}-(CH_2)_6-\overset{H}{\underset{}{N}} \right]_n \ + \ 2n \, H_2O$$

ナイロン66

○1. 名称の66という数字は,単量体となるジアミンとジカルボン酸の炭素原子数を表している。ヘキサメチレンジアミンとセバシン酸$HOOC(CH_2)_8COOH$からつくられるナイロンは,ナイロン610とよばれる。

ナイロン66は構造が絹と似ており，絹のような光沢や感触をもつ。絹に比べて吸湿性には乏しいが，耐摩耗性や耐薬品性にはすぐれ，しわになりにくい。そのため，ストッキングや各種の衣料などに広く使われている。

ナイロン中のアミド結合-CO-NH-の部分は水素結合の形成によって繊維に強さを与える（図2）ので，**ハードセグメント**とよばれる。一方，メチレン基-CH$_2$-の部分はC-C結合の自由回転によって繊維に軟らかさを与えるので，**ソフトセグメント**とよばれる。ナイロンでは，メチレン基が長くなるほど軟らかさが増すので，軟化点が低くなる。

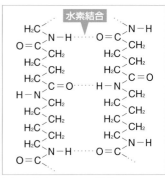

図2．ナイロン66の構造
ナイロン66は絹に似た性質をもつが，水素結合によって分子どうしが強く結びついており，絹より丈夫である。

■ **ナイロン6** ε-カプロラクタム（イプシロン）に少量の水を加えて加熱すると，アミド結合の部分で環状構造が開いて重合し（**開環重合**），**ナイロン6**(2)が得られる。ナイロン6は，ナイロン66と性質がよく似ている。(3)

🔧**2．** ナイロン6は，1941年に日本の星野孝平らが開発したものである。

🔧**3．** ナイロン6やナイロン66を加熱すると，融解しながら徐々に燃え，あとに黒褐色の塊が残る。

$$n \begin{matrix} CH_2-CH_2 \\ CH_2 \\ CH_2-CH_2 \end{matrix} \begin{matrix} C=O \\ N-H \end{matrix} \longrightarrow \begin{bmatrix} C-(CH_2)_5-N \\ \| & | \\ O & H \end{bmatrix}_n$$

ε-カプロラクタム　　　　　　ナイロン6

■ **アラミド繊維** 脂肪族のポリアミド系繊維がナイロンとよばれるのに対し，芳香族のポリアミド系繊維は**アラミド繊維**とよばれる。すなわち，アラミド繊維は，ナイロン66の-(CH$_2$)$_n$-の部分がベンゼン環に置き換わった構造をもつ。

テレフタル酸ジクロリドとp-フェニレンジアミンの縮合重合によって得られるポリ-p-フェニレンテレフタルアミドは代表的なアラミド繊維で，(4)同質量の鋼鉄線の7倍以上の強度をもつ。耐熱性や耐薬品性にもすぐれることから，航空機の材料や消防服，防弾チョッキ，スポーツ用品などに用いられている。

🔧**4．** 剛直性にすぐれたパラ系のアラミド繊維は商品名でケブラー，染色性があるメタ系のアラミド繊維は商品名でノーメックスとよばれている。

ケブラーのように，引っぱってもほとんどのびず，非常に切れにくい繊維はスーパー繊維とよばれているよ。

$$n\text{Cl-}\overset{O}{\overset{\|}{C}}\text{-}\underset{テレフタル酸ジクロリド}{\bigcirc}\text{-}\overset{O}{\overset{\|}{C}}\text{-Cl} + n\text{H}_2\text{N-}\underset{p-フェニレンジアミン}{\bigcirc}\text{-NH}_2$$

$$\longrightarrow \begin{bmatrix} O & O & H & H \\ \| & \| & | & | \\ C-\bigcirc-C-N-\bigcirc-N \end{bmatrix}_n + 2n\text{HCl}$$

ポリ-p-フェニレンテレフタルアミド

3 ポリエステル系合成繊維

■ **ポリエステル** ジカルボン酸と 2 価アルコールがエステル結合-CO-O-によって縮合重合してできた高分子を，**ポリエステル**という。テレフタル酸とエチレングリコールを縮合重合させると，**ポリエチレンテレフタラート**（PET）が得られる。

$$n\ HO-\overset{O}{\underset{}{C}}-C_6H_4-\overset{O}{\underset{}{C}}-OH \ + \ n\ HO-(CH_2)_2-OH$$

テレフタル酸　　　　　　　　エチレングリコール

$$\longrightarrow \ \left[\overset{O}{\underset{}{C}}-C_6H_4-\overset{O}{\underset{}{C}}-O-(CH_2)_2-O\right]_n + \ 2n\ H_2O$$

ポリエチレンテレフタラート

ポリエチレンテレフタラートは親水基をもたず，水をほとんど吸収しないので，しわになりにくく，乾きやすい。また，いろいろな繊維と混紡しやすいため，スーツやワイシャツ，カーテンなど，多くの製品に使われている。[5]

⬠5．ポリエチレンテレフタラートはベンゼン環を含むため機械的強度が大きく，紫外線を吸収しやすい。そのため，清涼飲料水用の容器（ペットボトル）として多量に使用されている。2019 年度，日本でのペットボトルの回収率は 93 ％ である。

例題 **合成繊維の量的計算**

次の問いに答えよ。原子量：H = 1.0，C = 12，O = 16

(1) ポリエチレンテレフタラート 1.0 kg を合成するには，テレフタル酸が何 mol 必要か。

(2) 平均分子量 4.8×10^4 のポリエチレンテレフタラート 1 分子には，何個のエステル結合が含まれるか。[6]

解説 (1) ポリエチレンテレフタラートの平均重合度を n とする。ポリエチレンテレフタラートの繰り返し単位 $\{CO-C_6H_4-CO-O-(CH_2)_2-O\}$ の式量は 192 であるから，ポリエチレンテレフタラートの平均分子量は $192n$ である。ポリエチレンテレフタラート 1 mol をつくるのに必要なテレフタル酸は n〔mol〕であるから，求めるテレフタル酸の物質量は，

$$\frac{1.0 \times 10^3}{192n} \times n \fallingdotseq 5.2\ mol$$

(2) $192n = 4.8 \times 10^4$ より，$n = 2.5 \times 10^2$
ポリエチレンテレフタラートの繰り返し単位 1 個あたり，エステル結合が 2 個含まれるから，
$$2.5 \times 10^2 \times 2 = 500\text{個}$$

答 (1) 5.2 mol　(2) 5.0×10^2 個

⬠6．**重合度 n とは**

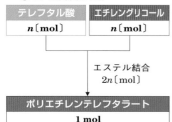

テレフタル酸	エチレングリコール
n〔mol〕	n〔mol〕

エステル結合
$2n$〔mol〕

ポリエチレンテレフタラート
1 mol

⬠7．両端に位置する-COOH と-OH はエステル結合していないので，厳密には，500 － 1 ＝ 499 個となるが，有効数字 2 桁では 5.0×10^2 と答えてよい。

4 ポリビニル系合成繊維

■ **アクリル繊維** アクリロニトリルを付加重合させると
ポリアクリロニトリルが得られる。ポリアクリロニトリル
を主成分とする繊維を**アクリル繊維**という。

$$n\ CH_2=CH \longrightarrow \left[CH_2-CH\right]_n$$
$$\qquad\ \ CN \qquad\qquad\qquad\ \ CN$$
アクリロニトリル　　ポリアクリロニトリル

　ポリアクリロニトリルは染色性が小さいが，アクリル酸
メチル$CH_2=CHCOOCH_3$や酢酸ビニル$CH_2=CHOCOCH_3$を
少量混ぜて共重合させると，染色性が向上する。⑧

　また，羊毛に似た風合いをもち，保温性にすぐれるため，
セーターや毛布，カーペットなどに用いられている。

■ **炭素繊維** ポリアクリロニトリルを紡糸後，約2000℃
の高温で焼成して炭化すると，**炭素繊維（カーボンフ
ァイバー）** が得られる。炭素繊維は高強度，高弾性で，
耐熱性にもすぐれるため，スポーツ用品，釣竿，航空機の
複合材料などに用いられている。

■ **ビニロン** 1939年に桜田一郎が発明した日本初の合成
繊維で，天然繊維の綿に似た性質をもつ。ビニロンは，次
のようにしてつくられる。

　酢酸ビニルを付加重合させてポリ酢酸ビニルをつくり，
これを水酸化ナトリウム水溶液で加水分解（**けん化**）する
と，**ポリビニルアルコール**（PVA）が得られる。⑨ ポリビ
ニルアルコールは親水基であるヒドロキシ基-OHを多く
含み，水に溶けやすい。そこで，その水溶液を細孔から飽
和硫酸ナトリウム水溶液（凝固液）中に押し出すと，塩析が
起こり，繊維状の凝固物が得られる。この凝固物に**ホルム
アルデヒド水溶液を作用させる（アセタール化）** と-OHの⑩
数が減り，水に不溶な繊維の**ビニロン**が得られる。

$$\left[CH_2-CH\right]_n \longrightarrow \left[CH_2-CH\right]_n$$
$$\qquad OCOCH_3 \qquad\qquad\quad OH$$
ポリ酢酸ビニル　　　　　ポリビニルアルコール

$$\longrightarrow \left[CH_2-CH-CH_2-CH-CH_2-CH\right]_{\frac{n}{3}}$$
$$\qquad\qquad O-CH_2-O \qquad\qquad OH$$
ビニロン

　ビニロンには部分的に-OHが残っており，⑪ 分子間で水素
結合が形成される。そのため，強度や耐摩耗性が大きく，
作業服，ロープ，魚網などに用いられている。

■ 8. アクリロニトリルと少量の
塩化ビニルを共重合させて得られ
る合成繊維は，燃えにくく，防炎
カーテンに用いられている。

アクリロニトリルの割合が
85％未満のものは，アク
リル繊維と区別してアクリ
ル系繊維とよばれるよ。

■ 9. ポリビニルアルコールはポ
バールともよばれる物質で，合成
糊（のり）などに利用されている。

■ 10. 同一の炭素原子に2個の
エーテル結合-O-が結合した化合
物をアセタールという。

■ 11. ビニロンは，親水性の
-OHが残っているため，適度な
吸湿性を示す。

4 熱可塑性樹脂

1 プラスチックの分類

■ **合成樹脂** 合成高分子化合物のうち，熱や圧力を加えて成形・加工ができるものを，**合成樹脂**または**プラスチック**という。

■ **合成樹脂の性質** 一般に，次のような性質をもつ。

1. 軽くて丈夫である。
2. 酸化されにくく，腐食しにくい。
3. 酸・塩基に侵されにくい。
4. 成形・加工が容易である。
5. 電気絶縁性が大きい。

■ **熱可塑性樹脂と熱硬化性樹脂**

1. **熱可塑性樹脂** 加熱すると軟化し，冷やすと硬化する合成樹脂を**熱可塑性樹脂**という。付加重合によって合成されるものが多い。直鎖状構造をもち（図1），耐熱性，耐溶剤性，耐薬品性などは劣るが，成形・加工がしやすい。

2. **熱硬化性樹脂** 加熱しても軟化せずに，いっそう硬くなる合成樹脂を**熱硬化性樹脂**という。付加縮合（→p.286）によって合成されるものが多い。立体網目状構造をもち（図2），耐熱性，耐溶剤性，耐薬品性に富むが，いったん硬化すると，成形・加工ができなくなる。

> **ポイント**
> 熱可塑性樹脂…加熱によって軟化，直鎖状構造
> 熱硬化性樹脂…加熱によって硬化，立体網目状構造

2 おもな熱可塑性樹脂

■ **付加重合で得られる熱可塑性樹脂**

エチレン $CH_2=CH_2$ やプロピレン $CH_2=CH-CH_3$ など，ビニル基 $CH_2=CH-$ をもつ化合物（**ビニル化合物**）は，付加重合によって鎖状構造をもつ熱可塑性樹脂をつくる（**表1**）。

$$n\ \begin{matrix} H \\ H \end{matrix}\!\!>\!\!C=C\!\!<\!\!\begin{matrix} X \\ Y \end{matrix} \xrightarrow{\text{付加重合}} \left[\begin{matrix} H & X \\ -C-C- \\ H & Y \end{matrix}\right]_n$$

☼**1.** プラスチックは，英語で「思うままの形にできる，可塑性の」という意味である。

図1. 熱可塑性樹脂（模式図）
・溶媒に溶けやすい。
・直鎖状構造。
・単量体1つあたり，2か所で結合している。

☼**2.** プラスチックも，高密度で機械的強度が大きい結晶領域と，低密度で軟らかい非晶質領域からなる。前者の割合が大きいほど，硬いプラスチックになる。

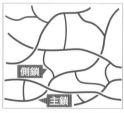

図2. 熱硬化性樹脂（模式図）
・溶媒に溶けない。
・立体網目状構造。主鎖どうしが側鎖でつながっている。
・単量体1つあたり，3か所以上で結合している。

☼**3.** エチレンからH原子を1個除いた $CH_2=CH-$ をビニル基，2個除いた $CH_2=C\!\!<$ をビニリデン基という。

X	Y	単量体の示性式	重合体の名称	おもな特徴
H	H	$CH_2=CH_2$	ポリエチレン	軽い，耐水性
H	CH_3	$CH_2=CH(CH_3)$	ポリプロピレン	軽い，耐熱性，強度大
H	C_6H_5	$CH_2=CH(C_6H_5)$	ポリスチレン	透明，電気絶縁性
H	Cl	$CH_2=CHCl$	ポリ塩化ビニル	硬い，耐薬品性
H	$OCOCH_3$	$CH_2=CH(OCOCH_3)$	ポリ酢酸ビニル	低軟化点，接着性
CH_3	$COOCH_3$	$CH_2=C(CH_3)COOCH_3$	ポリメタクリル酸メチル⟳4	透明度大，強度大
Cl	Cl	$CH_2=CCl_2$	ポリ塩化ビニリデン	耐熱性，耐薬品性

表1．おもな熱可塑性樹脂

■ **ポリエチレン**　メチレン基-CH_2-が多数連なった，最も簡単な構造の合成高分子で，低密度のものと高密度のものがある（→**p.249**）。水を通さず，酸素や二酸化炭素は通すので，食品（野菜など）包装用のラップフィルム，ごみ袋，買物袋などに用いられている。

■ **ポリプロピレン**　用途はポリエチレンとほぼ同じだが，軟化点がポリエチレンより少し高く，強度も大きいため，電子レンジ用の容器や各種日用品にも用いられている。

■ **ポリスチレン**　ポリエチレンより硬く，透明で着色性にすぐれる。発泡ポリスチレンは，食品のトレーやカップめんの断熱容器，梱包材料などに用いられている。

■ **ポリ塩化ビニル**　耐水性，耐薬品性，耐溶剤性にすぐれ，燃えにくい。可塑剤⟳5の少ないものは硬質で，水道管や建材などに用いられている。一方，可塑剤の多いものは軟質で，ホースや消しゴム，電線の被覆などに用いられている。塩素を含むため，燃やすと塩化水素などの有毒ガスが発生する（→**p.292**）。

■ **ポリ酢酸ビニル**　軟化点が低いので，プラスチックとして利用されることはない。チューインガムのベースや木工用の接着剤として用いられている。

■ **ポリメタクリル酸メチル**⟳4　透明度が高く，有機ガラスとして，眼鏡のレンズ，巨大水槽，光ファイバー，ハードコンタクトレンズなどに用いられている。

■ **ポリ塩化ビニリデン**　重く，耐熱性，耐薬品性に富む。水や空気を通しにくいので，食品（肉・魚など）包装用のラップフィルムや漁網として用いられている。

■ **フッ素樹脂**　テトラフルオロエチレン$CF_2=CF_2$の付加重合体⟳6。耐熱性，耐薬品性，電気絶縁性にすぐれるほか，表面の摩擦係数がきわめて小さい。フライパンの表面加工や電気部品などに用いられている。

⟳4．メタクリル樹脂（アクリル樹脂）ともいう。

ポリエチレンはPE，ポリプロピレンはPPと表されるよ。プラスチックの識別マーク（→**p.292**）を見てみよう。

⟳5．柔軟性などを増すために熱可塑性樹脂に加えられる薬品。

⟳6．$nCF_2=CF_2 \longrightarrow \text{-}[CF_2\text{-}CF_2]_n$

5 熱硬化性樹脂

1 熱硬化性樹脂とは

■ **熱硬化性樹脂** 熱硬化性樹脂は立体網目状構造をもつ高分子で，1分子中に3か所以上の反応部位をもつ単量体が**付加縮合**(付加反応と縮合反応の繰り返しで進む重合)することによって生成することが多い。[1]

　熱硬化性樹脂は，硬くて熱や薬品にも強く，いかなる溶媒にも溶けにくい。また，重合度が低いときは軟らかいので，この間に成形・加工を行う。その後，硬化剤を加えたり加熱したりすると，分子鎖の間に**架橋構造**ができて硬化する。硬化した樹脂は，再び加熱しても軟化しない。

2 代表的な熱硬化性樹脂

■ **フェノール樹脂** フェノールC_6H_5–OHとホルムアルデヒドHCHOを酸触媒を用いて反応させると，おもに縮合反応が起こり，**ノボラック**とよばれる中間生成物が生じる。ノボラックは分子量が1000以下(重合度が2〜10)の軟らかい固体で，鎖状構造のため，いくら加熱しても硬化しない。しかし，硬化剤を加えて加圧・加熱すると，さらに付加縮合が進み，立体網目状の高分子ができる。こうしてできたものが**フェノール樹脂**[2]である。

　フェノール樹脂は，フェノールを塩基触媒を用いてホルムアルデヒドと反応させても得られる。この場合はおもに付加反応が起こり，**レゾール**とよばれる中間生成物が生じる。レゾールは分子量が100〜300(重合度が1〜2)の粘性のある液体で，加圧・加熱すると，硬化剤を加えなく

◆1. 合成繊維(→p.280)にも使われるナイロンやポリエステルは，1分子あたり2か所の反応部位をもつ単量体を縮合重合させたものである。このような高分子は，直鎖状構造をもつ熱可塑性樹脂である。

図1. ノボラックとレゾール

◆2. 1907年にベークランド(アメリカ)が発明した，世界初の合成樹脂で，ベークライト(商標名)ともいう。

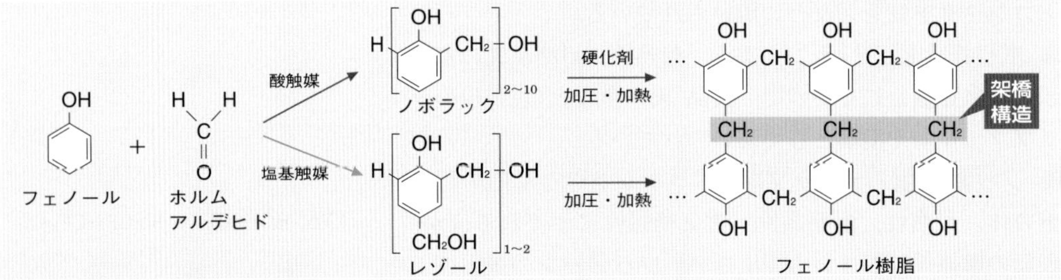

図2. フェノール樹脂の製法

てもさらに付加縮合が進み，フェノール樹脂となる。

　フェノール樹脂は電気絶縁性が高く，耐薬品性にもすぐれる。そのため，電気器具やプリント配線基板などに用いられている。なお，フェノール樹脂が立体網目状構造をもつのは，単量体のフェノールに3か所，ホルムアルデヒドに2か所の反応部位があるためである。

■ 尿素樹脂 尿素$CO(NH_2)_2$とホルムアルデヒドを酸触媒や塩基触媒を用いて付加縮合させると，**尿素樹脂(ユリア樹脂)** が得られる(図3)。尿素樹脂は電気絶縁性が高く，耐薬品性にもすぐれ，また，透明で着色性にすぐれるので，日用品や電気器具などに用いられている。

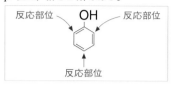

✿**3.** 2か所のo-位と1か所のp-位の，計3か所である。

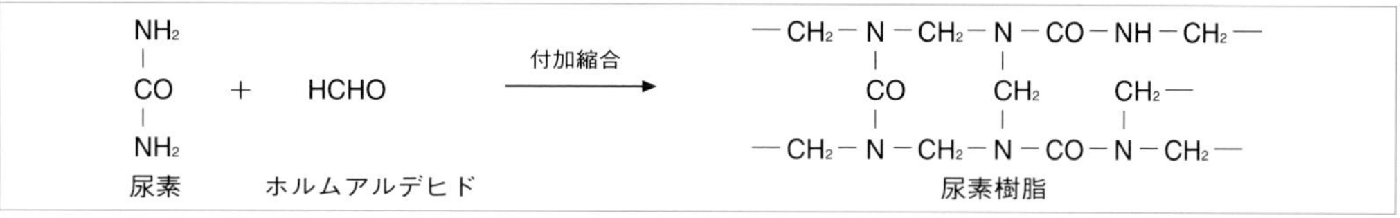

図3．尿素樹脂の製法

■ メラミン樹脂 メラミン$C_3N_3(NH_2)_3$とホルムアルデヒドを塩基触媒を用いて付加縮合させると，**メラミン樹脂** が得られる(図4)。メラミン樹脂は耐熱性，耐水性，耐薬品性にすぐれ，尿素樹脂よりも硬いため，食器や化粧板の表面加工に用いられている。

✿**4.** 尿素樹脂やメラミン樹脂など，アミノ基をもつ単量体がホルムアルデヒドと付加縮合を起こしてできた樹脂は，アミノ樹脂と総称される。

図4．メラミン樹脂の製法

■ アルキド樹脂 多価カルボン酸と多価アルコールの縮合重合でつくられた熱硬化性樹脂を**アルキド樹脂**という(図5)。アルキド樹脂は耐候性，耐薬品性にすぐれ，自動車用の塗料や接着剤などに用いられている。

✿**5.** 無水フタル酸とグリセリンを主原料としてつくられるアルキド樹脂は，グリプタル樹脂とよばれる。

図5．アルキド樹脂の製法

6 ゴム

1 天然ゴムの弾性は

■ **生ゴム(天然ゴム)** ゴムノキの樹皮に傷をつけると，白い乳液が流れ出す。この乳液はコロイド溶液で，**ラテックス**とよばれる。ラテックスに酢酸などを加えて凝析させたものを**生ゴム(天然ゴム)**という。

■ **生ゴムの構造** 生ゴムを空気を遮断した状態で加熱(乾留)すると熱分解が起こり，イソプレンC_5H_8の液体が得られる。このことから，生ゴムは，イソプレンが付加重合してできたポリイソプレン$(C_5H_8)_n$であることがわかる。

$$\overset{①}{CH_2}=\overset{②}{C}-\overset{③}{CH}=\overset{④}{CH_2}$$
$$|$$
$$CH_3$$

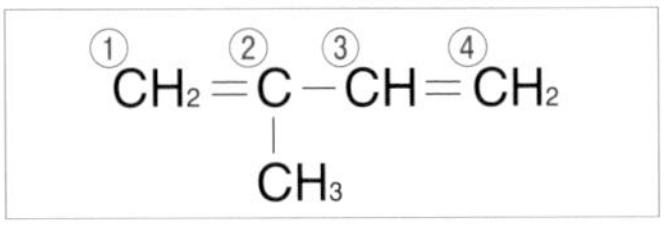

図1. イソプレンの構造
イソプレンの正式な名称は，2-メチル-1,3-ブタジエンである。

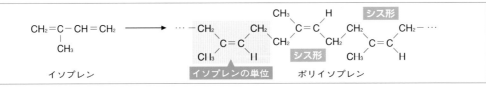

図2. 生ゴムの構造

✿1. イソプレンの付加重合は特殊で，両端の1位，4位の炭素原子が付加重合すると同時に，中央の2位，3位の炭素原子の間に新たに二重結合が生じる。

✿2. アカテツ科の常緑高木の樹液から得られるグッタペルカは，トランス形のポリイソプレンで，弾性がなく硬いプラスチック状の物質である。

■ **ゴム弾性** 生ゴムでは，2位，3位の炭素原子間の二重結合がすべてシス形の構造をとり，分子全体としては，丸まった形をとりやすい。しかし，1，2位と3，4位の炭素原子間の結合は単結合で，自由に回転できるため，ゴムを引っ張ると，分子は伸びた形となる。ただし，伸びた形は乱雑さの小さい不安定な状態なので，もとの丸まった乱雑さの大きい安定な状態に戻ろうとする。これが**ゴム弾性**の生じる原因である。

縮む
伸ばす

2 ゴムの加硫

■ **加硫** 生ゴムは，弾性が小さい，高温ではべたつく，低温ではもろいなどの欠点をもつので，そのままでは使用できない。

生ゴムに硫黄を数%加えて約140℃に加熱すると，鎖状のゴム分子の所々に硫黄原子による架橋構造が形成され，ゴムの弾性，強度，耐久性が向上する。この操作を**加硫**と

✿3. このとき，炭素原子間の二重結合も少し減るので，化学的に安定したゴムになる。

いい，加硫されたゴムを**弾性ゴム**という。

　生ゴムに硫黄を30～40％加えて長時間熱すると，**エボナイト**とよばれる黒色で硬いプラスチック状の物質が得られる。エボナイトは，プラスチックが普及する以前は，電気器具や万年筆の軸などに利用されていた。

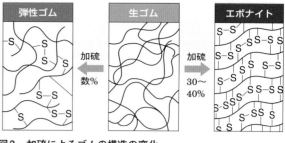

図3．加硫によるゴムの構造の変化

 加硫…ゴムに硫黄を加えて加熱すると，架橋構造ができ，弾性や強度，耐久性が向上する。

③ 合成ゴム

■ **合成ゴム**　イソプレンに似た構造をもつ単量体を付加重合させると，弾性のある**合成ゴム**が得られる。

■ **付加重合で得られる合成ゴム**

[1]　**ブタジエンゴム**　耐摩耗性，耐寒性にすぐれる。

$$n\text{CH}_2=\text{CH}-\text{CH}=\text{CH}_2 \longrightarrow \text{[CH}_2-\text{CH}=\text{CH}-\text{CH}_2\text{]}_n$$

[2]　**クロロプレンゴム**　耐候性，耐熱性，耐油性にすぐれる。

$$n\text{CH}_2=\underset{\text{Cl}}{\text{C}}-\text{CH}=\text{CH}_2 \longrightarrow \text{[CH}_2-\underset{\text{Cl}}{\text{C}}=\text{CH}-\text{CH}_2\text{]}_n$$

■ **共重合で得られる合成ゴム** ○4

[1]　**スチレン-ブタジエンゴム（SBR）**　耐摩耗性，耐熱性，耐老化性にすぐれる。 ○5

$$\text{CH}_2=\text{CH}-\text{CH}=\text{CH}_2 \quad + \quad \text{CH}_2=\text{CH}$$

$$\longrightarrow \quad \cdots\text{CH}_2-\text{CH}=\text{CH}-\text{CH}_2-\text{CH}_2-\text{CH}-\cdots$$

[2]　**アクリロニトリル-ブタジエンゴム（NBR）**　耐油性に特にすぐれる。 ○6

$$\text{CH}_2=\text{CH}-\text{CH}=\text{CH}_2 \quad + \quad \underset{\text{CN}}{\text{CH}_2=\text{CH}}$$

$$\longrightarrow \quad \cdots\text{CH}_2-\text{CH}=\text{CH}-\text{CH}_2-\text{CH}_2-\underset{\text{CN}}{\text{CH}}-\cdots$$

■ **シリコーンゴム**　分子中にSi-Oの結合を含み，C=Cの結合を含まない。耐熱性，耐久性，耐薬品性にすぐれる。

○4．単量体の混合割合を変えることにより，さまざまな性質の合成ゴムをつくることができる。

○5．ベンゼン環を含むため機械的強度が大きく，おもに自動車用タイヤに用いられている。

○6．石油ホースや印刷用ロールなどに用いられている。

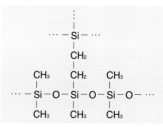

図4．シリコーンゴムの構造

7 機能性高分子

⚙ 1. p-ジビニルベンゼンで架橋せずに極性の強い官能基を導入すると，樹脂自体が水に溶けてしまう。

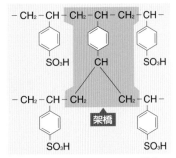

図1. 陽イオン交換樹脂の構造

図2. イオン交換樹脂
海水の淡水化，硬水の軟化，実験用や研究用の純水(脱イオン水)の製造などに利用されている。

図3. 純水の製造

1 イオン交換樹脂とは

■ **イオン交換樹脂** 溶液中のイオンを別のイオンと交換するはたらきをもつ合成樹脂を**イオン交換樹脂**という。

スチレン $CH_2=CH-C_6H_5$ に少量の p-ジビニルベンゼン $CH_2=CH-C_6H_4-CH=CH_2$ を加えて共重合させると，p-ジビニルベンゼンによってポリスチレン鎖が架橋された，立体網目状構造をもつ合成樹脂ができる。この架橋されたポリスチレンのベンゼン環の水素原子Hを，酸性または塩基性の基で置換すると，イオン交換樹脂が得られる。[1]

■ **陽イオン交換樹脂** 架橋構造をもつポリスチレンに酸性のスルホ基 $-SO_3H$ などを導入したものを**陽イオン交換樹脂**という(図1)。この樹脂に塩化ナトリウム NaCl 水溶液を通すと，樹脂中の H^+ と水溶液中のナトリウムイオン Na^+ が交換される。

$$R-SO_3H + Na^+ \rightleftarrows R-SO_3Na + H^+ \cdots ①$$
(Rは樹脂の炭化水素基を表す。)

なお，このとき得られたナトリウム型の樹脂 $R-SO_3Na$ を使うと，水溶液中の別の陽イオンを Na^+ と交換することができる。

$$2R-SO_3Na + Ca^{2+} \rightleftarrows (R-SO_3)_2Ca + 2Na^+$$

■ **陰イオン交換樹脂** 架橋構造をもつポリスチレンに塩基性のアルキルアンモニウム基 $-N^+R_3$ などを導入したものを**陰イオン交換樹脂**という。この樹脂に NaCl 水溶液を通すと，樹脂中の OH^- と水溶液中の塩化物イオン Cl^- が交換される。

$$R-CH_2-N(CH_3)_3OH + Cl^-$$
$$\rightleftarrows R-CH_2-N(CH_3)_3Cl + OH^- \cdots ②$$

■ **イオン交換樹脂の利用** 陽イオン交換樹脂と陰イオン交換樹脂を円筒(カラム)に詰め，上から塩類を含んだ水溶液を流していくと，水溶液中の陽イオンは H^+，陰イオンは OH^- と交換される。生じた H^+ と OH^- はただちに中和して H_2O となるので，下からは塩類を含まない純粋な水(脱イオン水)が得られる(図3)。

■ イオン交換樹脂の再生
①，②式の反応は可逆反応で，使用したイオン交換樹脂に酸や塩基の水溶液を流すと，樹脂をもとの状態に戻すことができる。

2 特殊な機能をもつ高分子

■ 吸水性高分子
樹脂中に多量の水を取り込むことができる高分子を**吸水性高分子**という。

アクリル酸ナトリウム $CH_2=CHCOONa$ の付加重合体をわずかに架橋したものは，代表的な吸水性高分子である。

$$n \; \begin{array}{c} CH_2=CH \\ | \\ COONa \end{array} \quad \xrightarrow{\text{付加重合}} \quad \begin{array}{c} CH_2-CH \\ | \\ COONa \end{array}_n$$

水を吸収すると，$-COONa$ の部分が電離し，ナトリウムイオン Na^+ は水中へ拡散する。残った $-COO^-$ は互いに反発するため，網目構造の隙間が広がる。この隙間に多量の水が入り，入った水は水素結合により保持される。

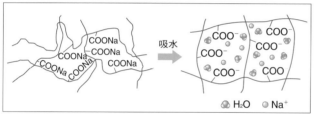

図5．吸水性高分子の吸水（模式図）

■ 生分解性高分子
体内の酵素や土壌中の微生物のはたらきで分解される高分子を**生分解性高分子**という。

乳酸 $CH_3CH(OH)COOH$ を縮合重合させて得られるポリエステルは**ポリ乳酸**とよばれ，代表的な生分解性高分子である。ポリ乳酸のような脂肪族のポリエステルは，ポリエチレンテレフタラート（→p.282）のような芳香族のポリエステルに比べて生分解されやすい[3]。

生分解性高分子は，近年，プラスチックの廃棄にともなう環境問題の解決策の1つとして，利用が推進されている[4]。

■ 導電性高分子
金属並みの導電性をもつ高分子を**導電性高分子**という。

ポリアセチレン $+CH=CH+_n$ は，重合体の主鎖が単結合と二重結合が交互につながった構造（**共役二重結合**）で，電子が高分子中を移動できるため，半導体の性質をもつ。これに少量のヨウ素 I_2 を添加したものは金属並みの電導性を示し，コンデンサーや高機能電池などに利用されている。

⚙2．自身の質量の数百倍以上の水を吸収し，ゲル化して保持することができる。

図4．吸水性高分子の吸水
吸水性高分子は，紙おむつや生理用品のほか，砂漠緑化用の土壌保水剤にも利用されている。

⚙3．生分解性高分子でつくられた外科手術用の縫合糸は，生体内で約半年間で水と二酸化炭素に分解されるので，抜糸の必要がない。

⚙4．白川英樹博士は，導電性高分子の発見・開発により，2000年度ノーベル化学賞を受賞した。

■その他の機能性高分子
- 光透過性高分子（→p.285）
- 感光性高分子…光の作用によって構造が変化し，溶媒に不溶となる高分子。印刷用の凸版，歯科材料などに利用。
- 形状記憶高分子…ある温度以上に熱すると，もとの形に戻る高分子。形状記憶ねじなどに利用。

8 プラスチックの処理と再利用

廃棄プラスチックの問題点

現在，廃棄プラスチックは焼却や埋め立てによって処分されている。プラスチックを燃焼すると，多量の熱を発生して焼却炉を傷めることがあるほか，ポリ塩化ビニルなどを焼却すると有害な物質が発生することがある。また，プラスチックの多くは自然界では分解されにくいため，埋め立てても地球上に長く残留し続ける。

☼1. 塩素を含むプラスチックが燃えるとき，猛毒のダイオキシン類が発生することがある。800℃以上では発生しにくいが，300℃程度では発生しやすい。

図1．ダイオキシンの構造（例）

☼2. 耐腐食性というプラスチックの長所が，廃棄された時点では短所になる。そのため，生分解性プラスチックの開発・利用が求められている。また，プラスチックには軽量であるという長所もあるが，これも輸送費などの面を考慮すると，廃棄された時点では短所になる。そのため，プラスチックの減容化技術の開発も求められている。

1 プラスチックのリサイクルは

リサイクル

廃棄プラスチックによる環境汚染と，限りある石油資源の有効利用を促進する目的で，容器包装リサイクル法が施行され（1997年），プラスチックの**リサイクル（再生利用）**が始まった。現在では，リサイクルのための技術が開発され，その実用化が進んでいる。プラスチックのリサイクルには，次の3つの方法がある。

1 マテリアルリサイクル プラスチックを融解し，再び製品に加工して利用する方法を**マテリアルリサイクル**という。種類が異なるプラスチックが混じると性能が著しく劣化するため，分別が重要である。

2 ケミカルリサイクル プラスチックに熱や圧力を加えるなどして原料の単量体に戻し，新しいプラスチックをつくる方法を**ケミカルリサイクル**という。不溶・不融の熱硬化性樹脂の再利用には最も効果的な方法である。可燃性の廃棄物を固形燃料に加工したり，熱処理してガス化・油化したりする方法もある。

3 サーマルリサイクル 焼却したときに発生する熱を直接または間接的にエネルギーとして利用する方法を**サーマルリサイクル**という。

☼3. ごみ発電，温水プール，地域冷暖房などへ利用されている。リサイクルは「循環」を意味するため海外ではリサイクルと見なさないことが多い。

| PETボトル | 紙製包装容器 | プラスチック製包装容器 | 飲料用スチール缶 | 飲料用アルミ缶 |

図2．識別マーク　分別回収ができるように，これらの容器や包装を用いた製品には識別マークをつけることが法律で義務づけられている。

重要実験 ナイロン66の合成

方法

1. ビーカーにアジピン酸ジクロリド0.5 mLをとる。これに1,2-ジクロロエタン15 mLを加え、溶かす。

   ※アジピン酸を使うと加圧や加熱が必要になるため、アジピン酸ジクロリドを使う。

   ※アジピン酸ジクロリドやヘキサメチレンジアミンは腐食性があるので、皮膚につけないように注意する。

2. 小さめのビーカーに水20 mLをとり、水酸化ナトリウム0.5 gを加える。これにヘキサメチレンジアミン1 gを加え、溶かす。

3. 2の液を、1の液に静かに加える。

   ※液は、ガラス棒を伝わらせて静かに注ぐ。

4. 1の液と2の液の境界にできた薄い膜をピンセットではさんで持ち上げ、切れないように試験管に巻きつける。

5. 4で得られた糸をアセトンで洗った後、乾燥させる。

   ※アセトンには引火性があるので、火気に十分に注意する。

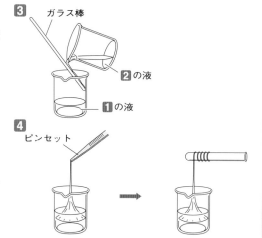

結果

■ 弾性の小さい、白色の糸が得られた。

考察

1. アジピン酸ジクロリドClCO(CH$_2$)$_4$COClとヘキサメチレンジアミンH$_2$N(CH$_2$)$_6$NH$_2$からナイロン66が生じるときの反応を、化学反応式で示せ。

   → nClCO(CH$_2$)$_4$COCl + nH$_2$N(CH$_2$)$_6$NH$_2$ ⟶ ${-}$CO(CH$_2$)$_4$CONH(CH$_2$)$_6$NH${-}_n$ + $2n$HCl

2. 方法2で、水酸化ナトリウムを加えるのはなぜか。

   → ナイロン66が生じるときに副生する塩化水素を中和し、反応を進みやすくするため。

3. 方法3で、1の液を2の液に加えるのではなく、2の液を1の液に加えるのはなぜか。

   → 1,2-ジクロロエタンの密度は1.3 g/cm^3、水の密度は1.0 g/cm^{3}で、2つの液を混ぜると2層に分離する。このとき、密度が大きい1の液の上に密度の小さい2の液を注ぐと、2つの液の境界にできる薄い膜を乱さずにすむから。

4. 方法5で、得られた糸をアセトンで洗うのはなぜか。

   → ナイロン66は上層(水層)を通ってくるので湿っているが、アセトンなどの親水性の有機溶媒で洗うと、乾燥がはやくなるから。

重要実験 フェノール樹脂の合成

方法

1. 蒸発皿にフェノール3g，37％ホルムアルデヒド水溶液（ホルマリン）4mL，濃アンモニア水1mL，水酸化ナトリウムの固体1粒を入れ，これを三脚上の金網にのせ，ガラス棒でよくかき混ぜながら加熱する。

　※フェノールを皮膚につけないようにする。また，ホルマリンの蒸気は有毒なので，ドラフトなど通気のよい場所で行う。

2. 弱火で5分間ほど加熱し，溶液に粘性が出てきたら火を消し，ゆっくり冷やす。できた生成物のようすを観察する。

3. 試験管3本に，それぞれアセトン，エタノール，ヘキサンを3mLずつとり，これに2でできた物質の一部を加え，溶けるかどうかを調べる。

4. 2でできた物質をさらに中火で5分間ほど加熱し，ゆっくり冷やす。できた生成物のようすを観察する。また，3の有機溶媒にそれぞれ溶けるかどうかも調べる。

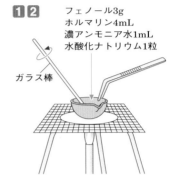

12
フェノール3g
ホルマリン4mL
濃アンモニア水1mL
水酸化ナトリウム1粒
ガラス棒

3 2でできた物質の一部
アセトン 3mL　エタノール 3mL　ヘキサン 3mL

4 4でできた物質の一部
アセトン 3mL　エタノール 3mL　ヘキサン 3mL

結果

1. 方法1での生成物は，全体が溶け合った状態の，粘性の小さな無色透明な溶液であった。
2. 方法2での生成物は，粘性の大きな淡黄色の液体で，3種類の有機溶媒に溶解した。
3. 方法4での生成物は，黄褐色の固体状態で，3種類の有機溶媒にはまったく溶けなかった。

考察

1. 方法2で生成した物質は何か。 ──→ フェノールとホルムアルデヒドの混合物に塩基触媒を加えて加熱したので，生じたのはレゾールである。

2. 方法2での生成物と方法4での生成物の違いを説明せよ。 ──→ 2での生成物は直鎖状構造で，分子量もそれほど大きくないので，有機溶媒に溶ける。

　4での生成物は立体網目状構造で，分子量も大きいので，有機溶媒にも溶けない。

3. 方法2での生成物と方法4での生成物と考えられる構造をそれぞれ構造式で示せ。

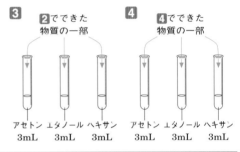

1. □ 天然繊維以外の繊維をまとめて何という？
2. □ 植物繊維の綿や麻の主成分は何？
3. □ 動物繊維の絹の主成分は，何というタンパク質？
4. □ 天然繊維を溶媒に溶かし，それを繊維として再生したものを何という？
5. □ セルロースを原料とする再生繊維を特に何という？
6. □ シュワイツァー試薬に溶かしたセルロースを再生させた繊維の名称は？
7. □ 天然繊維を化学的に処理し，その構造の一部を変化させた繊維を何という？
8. □ アジピン酸とヘキサメチレンジアミンの縮合重合で得られる合成繊維の名称は？
9. □ ε-カプロラクタムの開環重合で得られる合成繊維の名称は？
10. □ ナイロンに対して，芳香族のポリアミド系繊維を何という？
11. □ テレフタル酸とエチレングリコールの縮合重合で得られる繊維の名称は？
12. □ 天然繊維の綿に似た性質をもつ合成繊維の名称は？
13. □ ポリビニルアルコールにホルムアルデヒドを作用させる操作を何という？
14. □ 合成高分子で熱・圧力を加えると成形・加工ができるものを何という？
15. □ 加熱すると軟化し，冷やすと硬化する合成樹脂を何という？
16. □ 加熱しても軟化せず，いっそう硬くなる合成樹脂を何という？
17. □ フェノールとホルムアルデヒドの付加縮合で得られる高分子の名称は？
18. □ 尿素樹脂とメラミン樹脂を合わせて何という？
19. □ 生ゴムに数％の硫黄を加えて加熱する操作を何という？
20. □ スチレンとブタジエンを共重合して得られる合成ゴムの名称は？
21. □ 架橋したポリスチレンにスルホ基を導入した合成樹脂を何という？
22. □ 体内の酵素や土壌中の微生物によって分解されやすい高分子を何という？
23. □ プラスチックを融解し，再び製品として再利用する方法を何という？

解答

1. 化学繊維
2. セルロース
3. フィブロイン
4. 再生繊維
5. レーヨン
6. 銅アンモニアレーヨン（キュプラ）
7. 半合成繊維
8. ナイロン66
9. ナイロン6
10. アラミド繊維
11. ポリエチレンテレフタラート
12. ビニロン
13. アセタール化
14. プラスチック（合成樹脂）
15. 熱可塑性樹脂
16. 熱硬化性樹脂
17. フェノール樹脂
18. アミノ樹脂
19. 加硫
20. スチレン-ブタジエンゴム
21. 陽イオン交換樹脂
22. 生分解性高分子
23. マテリアルリサイクル

① 繊維の分類

次の図は，繊維の分類を表したものである。①〜⑤にあてはまるものを，あとの**ア〜ケ**からすべて選べ。

繊維━┳━天然繊維━┳━植物繊維 ……………… ①
　　　┃　　　　　　┗━動物繊維 ……………… ②
　　　┗━化学繊維━┳━合成繊維 ……………… ③
　　　　　　　　　　┣━半合成繊維 …………… ④
　　　　　　　　　　┗━再生繊維 ……………… ⑤

ア ポリエステル　　**イ** ナイロン
ウ 絹　　　　　　　**エ** アクリル繊維
オ レーヨン　　　　**カ** 綿
キ アセテート繊維　**ク** 羊毛
ケ 麻

② 再生繊維・半合成繊維

次の文中の[ ]に適する語句を記せ。

(1) セルロースに水酸化ナトリウムと二硫化炭素を作用させると，①[　　　]とよばれる粘性の大きいコロイド溶液が得られる。①を細孔から希硫酸中に押し出すとセルロースが再生され，②[　　　]とよばれる繊維が得られる。また，①を薄膜状に再生したものは③[　　　]とよばれる。

(2) 水酸化銅(Ⅱ)を濃アンモニア水に溶かしたものを①[　　　]という。セルロースを①に溶かして細孔から希硫酸中に押し出すと，②[　　　]または③[　　　]とよばれる再生繊維が得られる。

(3) セルロースに氷酢酸，無水酢酸，少量の濃硫酸を作用させると，①[　　　]が得られる。①は工業用の溶媒に溶けにくいが，水を加えて穏やかに加水分解して②[　　　]にすると，アセトンに溶けるようになる。これを細孔から温かい空気中に押し出し，アセトンを蒸発させると，③[　　　]とよばれる繊維が得られる。

③ ビニロン

次の文中の[ ]に適する語句を記せ。

ビニロンは日本で最初に開発された合成繊維で，次のような方法で製造される。

まず，触媒を用いて酢酸ビニルを①[　　　]させると，ポリ酢酸ビニルが得られる。これを②[　　　]して得られるポリビニルアルコールは，親水性の③[　　　]基を多くもつため，水に溶ける。そこで，ポリビニルアルコール分子中の③基を④[　　　]で処理すると，水に溶けない繊維であるビニロンが得られる。

④ 合成繊維

次の①〜⑤の構造をもつ合成繊維について，あとの問いに答えよ。

① $-C-\overset{}{\underset{O}{\parallel}}\bigcirc-C-O-CH_2-CH_2-O-$
　　$\underset{O}{\parallel}$　　　$\underset{O}{\parallel}$

② $-CH_2-CH-CH_2-CH_2-CH_2-CH- $
　　　　$\underset{O-CH_2-O}{}$　　　　　$\underset{OH}{}$

③ $-N-(CH_2)_6-N-C-(CH_2)_4-C- $
　　$\underset{H}{}$　　　　$\underset{H}{}$ $\overset{O}{\parallel}$　　　$\overset{O}{\parallel}$

④ $-N-(CH_2)_5-C- $
　　$\underset{H}{}$　　　$\overset{O}{\parallel}$

⑤ $-CH_2-CH- $
　　　　　　$\underset{CN}{}$

(1) それぞれの繊維の名称を記せ。

(2) それぞれの繊維の原料となる単量体を，**ア〜キ**から選べ。また，繊維の主鎖ができるときの重合反応の種類を，**A〜C**から選べ。

〔単量体〕

ア 酢酸ビニル　　　**イ** アクリロニトリル
ウ アジピン酸　　　**エ** エチレングリコール
オ ヘキサメチレンジアミン
カ カプロラクタム　**キ** テレフタル酸

〔重合反応の種類〕

A 縮合重合　　**B** 付加重合
C 開環重合

5 合成樹脂の分類

次の文中の[　]に適する語句を記せ。

　合成高分子化合物のうち，熱や圧力を加えると成形や加工ができるものを，合成樹脂または①[　　　]という。

　合成樹脂には，熱を加えると軟化し，冷やすと硬くなる②[　　　]と，熱を加えると硬化し，再び熱しても軟化しない③[　　　]がある。②は④[　　　]構造をもつ高分子からできており，⑤[　　　]反応で合成されるものが多い。これに対し，③は⑥[　　　]構造をもつ高分子からできており，⑦[　　　]反応で合成されるものが多い。

6 合成樹脂

①～④に示す高分子とその原料物質の名称を答えよ。また，①～④に該当する記述をあとのア～エから選べ。

①
```
 H H
 | |
-C-C-
 | |
 H Cl
```

②
```
    OH          OH
    |           |
         -CH2-
    
    CH2         CH2
    
         CH2
    OH          OH
```

③
```
 H H
 | |
-C-C-
 | |
 H C6H5
```

④
```
 H CH3
 | |
-C-C-
 | |
 H C-O-CH3
   ‖
   O
```

ア　透明性が高く，有機ガラスともよばれる。

イ　電気絶縁性が高く，ベークライトともいう。

ウ　完全燃焼させると，二酸化炭素と水が物質量比2：1で生成する。

エ　加熱した銅線につけ，バーナーの外炎に入れると，炎が青緑色になる。

7 ゴム

次の文を読み，あとの問いに答えよ。

　ゴムノキの樹皮に傷をつけると，①[　　　]とよばれる白い乳液が流れ出る。これに酸を加えて凝析させると，生ゴムが得られる。生ゴムは②[　　　]が付加重合した構造をもち，二重結合は③[　　　]形の配置をとっている。生ゴムに④[　　　]を数%加えて加熱すると，ゴム弾性や強度が大きくなる。これは，④原子が鎖状のゴム分子どうしを⑤[　　　]構造で結びつけるためで，このような操作を⑥[　　　]という。

(1) 文中の[　]に適する語句を記せ。

(2) 次の構造をもつ合成ゴムの名称と，その単量体の名称をそれぞれ答えよ。

$$\left[\begin{array}{c} CH_2-CH-CH_2-CH=CH-CH_2 \\ \quad\quad | \\ \quad\quad CN \end{array} \right]_n$$

8 イオン交換樹脂

次の文を読み，あとの問いに答えよ。

　①[　　　]に少量のp-ジビニルベンゼンを混合して②[　　　]させると，立体網目状構造をもつ合成樹脂(樹脂Aとする)が得られる。

　樹脂Aに濃硫酸を反応させて，③[　　　]基をつけたものは，水溶液中の④[　　　]を捕捉し，同時に⑤[　　　]を放出することができる。このような樹脂を⑥[　　　]という。

　一方，樹脂Aに-CH_2-N(CH_3)_3OHのような基をつけたものは，水溶液中の⑦[　　　]を捕捉し，同時に⑧[　　　]を放出することができる。このような樹脂を⑨[　　　]という。

(1) 文中の[　]に適する語句を記せ。

(2) 十分な量の陽イオン交換樹脂に0.10mol/L塩化ナトリウム水溶液50mLを通した後，純水を流して全量0.50Lの水溶液を得た。この水溶液のpHを求めよ。

知っているかい？
こんな話 あんな話③

⊙ いわゆる化学に関する内容には，まずテストには出ないが，けっこうおもしろいものがたくさんあります。それらの中からいくつか選び出し，話に仕立ててみました。そう，コーヒーでも飲みながら読むのが，よく似合うかな。

✿ 昆布からはじまる立体異性体の話

　昆布に含まれるグルタミン酸がうま味のもとであることが発見されたのは，1908年の日本でのこと。ヨーロッパ留学から帰国した池田菊苗博士が，湯豆腐にしみ出した昆布だしの味に興味を覚え，グルタミン酸の抽出に成功したのだそうです。

　グルタミン酸はアミノ酸の一種で，炭素原子Cに，−H，−COOH，−NH₂，−CH₂CH₂COOHの4つの原子団が結合した構造です。グルタミン酸は不斉炭素原子をもち，L型とD型の2種類の鏡像異性体が存在します。この2種類のグルタミン酸は物理的性質や化学的性質はほぼ同じなのですが，不思議なことに，L型のものからはうま味を感じるのに対し，D型のものからは苦みを感じます。現在のところ，なぜ味が違うのか，はっきりとした理由はわかっていませんが，アミノ酸分子と私たちの体の受容体の構造に関係しているのではないかと考えられています。

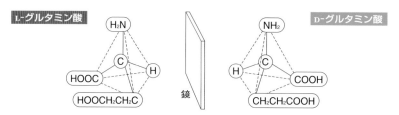

　実は，自然界に存在するアミノ酸は，すべてL型の構造をとるのです。私たちの体のタンパク質を構成するアミノ酸も，昆布に含まれるグルタミン酸もすべてL型です。それに対し，人工的にアミノ酸を合成すると，L型のものとD型のものがほぼ半分ずつ混ざったものができます。市販されているうま味調味料に含まれるグルタミン酸も，過去には人工合成による大量生産が目指されましたが，現在では，サトウキビの廃糖蜜に発酵菌を作用させて生産しています。

　グルタミン酸と同じように，ほかのアミノ酸も，L型とD型では生体に対するはたらき方が違います。アミノ酸によっては，一方の異性体が毒として作用することもあります。医薬・農薬・香料・食品添加物にはさまざまなアミノ酸が利用されていますから，アミノ酸の鏡像異性体のうちの一方だけを人工合成する技術は，最重要課題ともいえるものでした。日本の野依良治博士は，遷移元素を含む特殊な有機化合物を触媒に使い，鏡像異性体のうちの一方のみを人工合成する方法を開発し，2001年度のノーベル化学賞を受賞しました。この技術は，身近なところでは，ハッカの香料の原料となるL−メントールの合成などに利用されています。

🔵 化学用語はだれがつくった？

「元素」「酸化」「分析」など，わたしたちが化学の学習で使っている用語は，いったいだれがつくったんだろう……？　そんなことをふと考えたことはありませんか。

実は，これらの用語の多くは，江戸時代のある学者によってつくられました。その名は宇田川榕庵。この榕庵がどんな人だったかというと……。

宇田川榕庵（1798〜1846）は，津山藩（現在の岡山県の一部）の藩医で，蘭学者でもありました。榕庵は数多くの蘭書（オランダ語で書かれた書物）を日本語に翻訳しましたが，それは，医師として有用な医術の書ばかりでなく，植物学，動物学，化学など多岐にわたるものでした。榕庵は，実験による実証を重視した実用的な書物の出版をめざしていたようです。

このような翻訳作業のなかで，それまでの日本語にはなかった言葉が必要となり，自らつくって使用したのが，「元素」「酸化」「分析」などの用語だったのです。「酸素」「水素」などの元素名や，「細胞」「属」などの生物学用語なども，実は榕庵の造語です。これらの用語は今では当たり前に使われ，なくてはならないものになっていますが，200年前には日本語として存在していなかったんですね。

榕庵は1837年にわが国初の体系的な化学の専門書『舎密開宗』を出版した人物でもあります。日本における化学の幕開けを飾った人物と言っても過言ではないでしょう。

🔵 空気からパンをつくった男

ハーバーが水素と窒素からアンモニアを合成する方法（→ p.110）を開発したのは1908年のこと。ドイツの土地はもともとやせており，小麦などの主要な穀物をつくるには窒素肥料が必要でした。当時は，原料のチリ硝石を輸入に頼っていましたが，イギリスやフランスとの対立を深めていた第一次世界大戦前の時期ですから，すぐにも輸入が途絶えてもおかしくありませんでした。そう，食糧危機は目前に迫っていたのです。

そのようなとき，ハーバーが画期的な方法を開発し，ドイツの農業を救ったのです。ハーバーが開発した方法では，空気中の窒素が原料となります。つまり，水素がある限り，アンモニアを半永久的に生産できるわけです。窒素肥料の不足による食糧危機は克服されました。ハーバーは，この功績から「空気からパンをつくった」とたたえられ，1918年には「空中窒素からのアンモニア合成」によりノーベル化学賞を受賞しました。

しかし，ドイツの化学兵器開発の中心人物であったことから第一次大戦後には戦争犯罪人の候補に挙げられ，ユダヤ人であったことからナチスの弾圧を受けるなど，晩年は順風満帆の人生とはいかなかったようです。

復習も また楽し クロスワードパズル

◉ 最後に少し趣向を変えて，クロスワードパズルに挑戦してみましょう。ます目に入る言葉は，化学と関係があるものがほとんどです。では，どうぞごゆっくり。 （答えは p.337）

タテのカギ

1. 元素を原子番号の順に並べると，化学的性質が似た元素が周期的に現れます。これを元素の○○○○○○といいます。
2. **ヨコのカギ3**は，この人が考案した電池を携帯用に改良したものです。
3. プラスチックには熱○○性があり，いろんな形に変形させやすい。
4. 電気エネルギーを用いて酸化還元反応を起こします。
5. 塩酸と水酸化ナトリウム水溶液を混ぜると起こります。
6. ちょっと化学から離れて……。3月3日は桃の節句とよばれます。
11. 周期表の左下にある元素ほど，○○イオンになりやすい。
12. 炭素数が4のアルコールは○○ノールとよばれます。
14. 手落ちなく無駄なく物事を行う人は「何をさせても○○がない」などと評価されます。もちろん，化学の学習も……。
15. ダイヤモンドは，炭素原子が○○○○○結合だけで結びついてできた結晶です。
16. 分子式が同じであっても構造が異なる物質を，互いに○○○○○といいます。
17. 人類が最もありがたがる元素の1つです。
18. C=C結合やC≡C結合をもつ有機化合物は，○○反応を起こしやすい。
19. 物質を構成する最小の粒子です。
20. 水素イオン○○○のことをpHといいます。
21. 現在では，フェノールは○○○法によって製造されています。

ヨコのカギ

1. フランスの化学者。気体の体積と温度の関係を発見しました。
3. 単1，単2，単3，…といえば？
6. 元素記号**As**で表されます。
7. 東ヨーロッパの穀倉地帯にある共和国です。首都はキーウで，チョルノービリ（チェルノブイリ）はこの国にあります。
8. 「余の辞書に○○○○の文字はない」という名言を残したナポレオン。死因を**ヨコのカギ6**による暗殺とする説もあるようです。
9. 2族元素のうち，ベリリウムと○○ネシウムはアルカリ土類金属には含まれないことがあります。
10. 生物が得意なキミに。○○○○○はリン酸エステルの構造をもつ油脂で，生体内では細胞膜などとして重要な役割を果たします。
13. 気体の状態方程式に完全に従います。
19. 原子の中心部にあり，正の電荷をもっています。
22. 金や白金も，これには溶けます。
23. フタル酸はオルト位，イソフタル酸は○○位，テレフタル酸はパラ位にカルボキシ基をもちます。
24. 最も簡単な構造のジカルボン酸。水溶液は，中和滴定における酸の標準溶液としておなじみです。
25. プラスチックは20世紀以降に石油を原料としてつくられた有機物で，○○○○樹脂ともよばれます。

1編
物質の状態

1章 物質の状態変化 ……………… p.14

❶
(1) A…**融解**　B…**凝固**　C…**蒸発**
　　 D…**凝縮**　E…**昇華**　F…**凝華**
(2) ① **固体**　② **液体**　③ **気体**
　　 ④ **気体**　⑤ **固体**

考え方 (2)② 液体は固体よりもやや体積が大きく，その隙間を利用して，分子は相互に位置を変えることができるので，形が変化する。つまり，流動性を示すことになる。

❷
① **融点**　② **液体**　③ **融解**　④ **蒸発**
⑤ **沸騰**　⑥ **沸点**　⑦ **凝縮**　⑧ **気液平衡**
⑨ **飽和蒸気圧(蒸気圧)**　⑩ **大き**

考え方 ①～③ 固体から液体への状態変化を融解といい，このときの温度を融点という。
④～⑥ 液体表面から蒸気が発生する現象を蒸発，液体内部からも気体が発生する現象を沸騰という。
⑦⑧ 密閉容器中に液体を入れて放置すると，蒸発速度＝凝縮速度となり，見かけ上，蒸発や凝縮が停止したような状態となる。この状態を気液平衡という。

❸
55 kJ

考え方 水のモル質量は $H_2O = 18\,g/mol$ である。
(i) 氷の融解に必要な熱量は，
　　$6.0\,kJ/mol \times 1.0\,mol = 6.0\,kJ$
(ii) 水の温度上昇に必要な熱量は，
　　(熱量)＝(質量)×(比熱)×(温度変化)より，

$18\,g \times 4.2\,J/(g \cdot K) \times 100\,K = 7560\,J$
$= 7.56\,kJ$
(iii) 水の沸騰に必要な熱量は，
　　$41\,kJ/mol \times 1.0\,mol = 41\,kJ$
(i)＋(ii)＋(iii)より，
　　$6.0 + 7.56 + 41 = 54.56\,kJ ≒ 55\,kJ$

❹
(1) AB 間…**固体**　　BC 間…**固体と液体**
　　 CD 間…**液体**　　DE 間…**液体と気体**
　　 EF 間…**気体**
(2) t_1…**融点**　　t_2…**沸点**
(3) BC 間…**融解**　　　DE 間…**沸騰**
(4) BC 間…**融解熱**　　DE 間…**蒸発熱**

考え方 BC 間，DE 間では加熱しているにもかかわらず温度が上昇しないのは，加えた熱エネルギーが状態変化のために使われるからである。融解により吸収される熱量(融解熱)よりも，沸騰により吸収される熱量(蒸発熱)のほうが数倍大きいことが多い。

❺
(1) ○　　(2) ×　　(3) ○　　(4) ×　　(5) ×

考え方 (2) 液体の蒸気圧は温度のみで決まり，容器の体積を変えても変化しない。
(4) 気体から液体への状態変化(凝縮)では，熱を放出する。
(5) 一般には，固体のほうが液体よりも密度が大きいが，氷(固体)は隙間の大きい結晶構造をしているので，水(液体)よりも氷(固体)のほうが密度が小さい。

❻
① **分子量**　② **ファンデルワールス力**
③ **無極性**　④ **極性**　⑤ **水素結合**

考え方 ①② 無極性分子では，分子量が大きくなるほどファンデルワールス力が強くなり，沸点は高くなる。

③④ 分子量が同程度であれば，極性分子のほうが無極性分子よりもファンデルワールス力が強くなり，沸点は高くなる。

⑤ HF，H_2O，NH_3など第2周期の水素化合物は，分子間に水素結合がはたらくので，ほかの同族の水素化合物に比べて，著しく沸点が高くなる。

(1) ア　　(2) ウ　　(3) ウ

考え方 (1) 温度を上げると，液体の蒸気圧は大きくなる。

(2) 体積を大きくすると，一時的に水の蒸気圧は小さくなるが，さらに水の蒸発が進み，やがて蒸気圧はもとの値（一定）になる。

(3) 体積を小さくすると，一時的に水の蒸気圧は大きくなるが，さらに水の凝縮が進み，やがて蒸気圧はもとの値（一定）になる。

　一般に，蒸気圧は，温度が一定ならば一定値をとる。容器の大きさやほかの気体の存在の有無にはまったく関係しない。

(1) $6.0 \times 10^4 \, Pa$
(2) 水，エタノール，ジエチルエーテル
(3) 78℃　　(4) 水　　(5) 約94℃

考え方 (2) 同じ温度で比較したとき，分子間力の大きい物質ほど，蒸気圧は小さくなる。

(3) エタノールの蒸気圧が大気圧（$1.0 \times 10^5 \, Pa$）になる温度を読み取ると，78℃である。

(4) 液体の分子間にはたらく引力（分子間力）が強い物質ほど，沸点は高くなり，蒸発熱は大きくなると考えられる。

(5) （液体の蒸気圧）＝（外圧）になると，液体は沸騰する。よって，水の蒸気圧が$8.0 \times 10^4 \, Pa$になる温度を読み取ればよい。

⑨

(1) Ⅰ…気体　　Ⅱ…液体　　Ⅲ…固体
(2) Ⅰ→Ⅱ…凝縮　　Ⅲ→Ⅱ…融解
　　Ⅲ→Ⅰ…昇華
(3) AB…蒸気圧曲線　　AC…融解圧曲線
　　AD…昇華圧曲線
(4) A…三重点　　B…臨界点
(5) 超臨界流体

考え方 (1) $1.013 \times 10^5 \, Pa$（1気圧）において，低温側から順に，固体，液体，気体の状態である。

(3) ABは液体の蒸気圧と温度の関係を示す曲線。ACは圧力と融点の関係を示す曲線。ADは固体の昇華圧と温度の関係を示す曲線。

(4) 点Aでは固体，液体，気体が共存している。点Bでは，液体と気体の密度が等しくなり，互いに区別することができなくなる。

(5) 点B以上の温度，圧力では，超臨界状態となり，液体と気体の性質をあわせもつ。また，この状態にある物質を超臨界流体という。

2章 気体の性質 ……………… p.27

①

(1) ウ　　(2) イ　　(3) ア

考え方 グラフの問題は，気体の状態方程式$PV = nRT$において，一定であるものをkとまとめると，残った変数の関係がわかりやすくなる。

(1) $PV = nRT$で，n，R，Tが一定より，
　　$PV = k$　　⟶　　PとVは反比例。
(2) $PV = nRT$で，P，n，Rが一定より，
　　$V = kT$　　⟶　　VはTに比例。
(3) $PV = nRT$で，n，R，Tが一定より，
　　$PV = k$　　⟶　　PVは一定。

②

(1) ① 2.5×10^5　　② 0.50
(2) ① 1.3　　　　② 1.1×10^5

考え方 (1) 温度一定なので，ボイルの法則 $P_1V_1 = P_2V_2$ を利用する。
① $1.0 \times 10^5 \times 5.0 = P_2 \times 2.0$
② $1.0 \times 10^5 \times 5.0 = 1.0 \times 10^6 \times V_2$

(2) 温度，圧力が変化しているので，ボイル・シャルルの法則 $\dfrac{P_1V_1}{T_1} = \dfrac{P_2V_2}{T_2}$ を利用する。
① $\dfrac{8.0 \times 10^4 \times 1.5}{300} = \dfrac{1.0 \times 10^5 \times V_2}{330}$
② $\dfrac{8.0 \times 10^4 \times 1.5}{300} = \dfrac{P_2 \times 1.0}{273}$

③

(1) **9.3 L**　　(2) **1.7×10^5 Pa**　　(3) **72**

考え方 (1) 気体の状態方程式 $PV = nRT$ を利用する。
$1.5 \times 10^5 \times V = 0.56 \times 8.3 \times 10^3 \times 300$

(2) 気体の状態方程式 $PV = \dfrac{w}{M}RT$ を利用する。
$P \times 5.0 = \dfrac{4.0}{16} \times 8.3 \times 10^3 \times 400$

(3) 気体の状態方程式 $PV = \dfrac{w}{M}RT$ を利用する。
$1.00 \times 10^5 \times 0.200 = \dfrac{0.465}{M} \times 8.3 \times 10^3 \times 373$

④

窒素の分圧…**8.0×10^4 Pa**
酸素の分圧…**6.0×10^4 Pa**
全圧…**1.4×10^5 Pa**

考え方 温度一定なのでボイルの法則を利用する。
$P_1V_1 = P_2V_2$
混合後の N_2，O_2 の分圧を P_{N_2}，P_{O_2} とすると，
$2.0 \times 10^5 \times 2.0 = P_{N_2} \times 5.0$
$1.0 \times 10^5 \times 3.0 = P_{O_2} \times 5.0$
$P_{N_2} = 8.0 \times 10^4$ Pa
$P_{O_2} = 6.0 \times 10^4$ Pa
全圧は，
$8.0 \times 10^4 + 6.0 \times 10^4 = 14 \times 10^4 = 1.4 \times 10^5$ Pa

⑤

(1) **9.6×10^4 Pa**　　(2) **3.2×10^{-2} mol**

考え方 (1) （大気圧）＝（酸素の分圧）＋（水の飽和蒸気圧）より，（酸素の分圧）＝（大気圧）－（水の飽和蒸気圧）
$1.0 \times 10^5 - 4.0 \times 10^3 = 9.6 \times 10^4$ Pa

(2) 気体の状態方程式 $PV = nRT$ より，
$9.6 \times 10^4 \times 0.83 = n \times 8.3 \times 10^3 \times 300$
$n = 3.2 \times 10^{-2}$ mol

⑥

(1) **6.0×10^4 Pa**　　(2) **9.4×10^4 Pa**
(3) **6.2 L**

考え方 (1) 液体の水が存在するので，水蒸気の分圧は27℃の飽和蒸気圧と等しく，4.0×10^3 Pa である。
$P_{N_2} = 6.4 \times 10^4 - 4.0 \times 10^3 = 6.0 \times 10^4$ Pa

(2) ボイルの法則より，窒素の分圧 P は，
$6.0 \times 10^4 \times 3.0 = P \times 2.0$
$P = 9.0 \times 10^4$ Pa
液体の水が存在するので，水蒸気の分圧は 4.0×10^3 Pa のままである。よって，全圧は，
$9.0 \times 10^4 + 4.0 \times 10^3 = 9.4 \times 10^4$ Pa

(3) 水がちょうど蒸発したとき，水蒸気の分圧は 4.0×10^3 Pa である。このときの容器の体積 V は，気体の状態方程式 $PV = nRT$ より，
$4.0 \times 10^3 \times V = 0.010 \times 8.3 \times 10^3 \times 300$
$V \fallingdotseq 6.2$ L

3章 固体の構造 ……………… p.39

①

(1) ① **自由電子**　② **金属結晶**
(2) ① **イオン結合**　② **イオン結晶**
(3) ① **分子間力**　② **分子結晶**
(4) **共有結合の結晶**

考え方 (1) 多数の金属原子が集まると，各価電子が自由電子となって金属結合を形成し，

金属結晶ができる。

(2) 金属原子が電子を放出して陽イオンに，非金属原子が電子を受領して陰イオンとなり，イオン結合を形成し，イオン結晶ができる。

(3) 非金属原子が分子をつくると，分子間力によって集合し，分子結晶ができる。

(4) 非金属原子（C，Siなど）は，分子をつくらずに共有結合によって，共有結合の結晶をつくる。

②

(1) 面心立方格子　　(2) 1.4×10^{-8} cm
(3) 4 個　　　　　　(4) 2.7 g/cm^3

考え方 (2) 面心立方格子では，各面の対角線上で原子が接している。単位格子の一辺の長さを l〔cm〕とすると，面の対角線の長さは $\sqrt{2}\,l$〔cm〕で，原子半径 r の4個分に等しい。

$$\sqrt{2}\,l = 4r \qquad r = \frac{\sqrt{2}}{4}l$$

$$r = \frac{\sqrt{2}}{4}l = \frac{1.41 \times 4.05 \times 10^{-8}}{4}$$

$$\fallingdotseq 1.4 \times 10^{-8} \text{ cm}$$

(3) $\frac{1}{8}$（頂点）$\times 8 + \frac{1}{2}$（面心）$\times 6 = 4$ 個

(4) 密度 $= \dfrac{\text{単位格子の質量}}{\text{単位格子の体積}} = \dfrac{\text{Al原子4個の質量}}{\text{単位格子の体積}}$

$$= \frac{\dfrac{27\,\text{g/mol}}{6.0 \times 10^{23}\,\text{/mol}} \times 4}{(4.05 \times 10^{-8})^3\,\text{cm}^3} \fallingdotseq 2.7 \text{ g/cm}^3$$

③

(1) 1.3×10^{-8} cm　　(2) 2 個
(3) 9.6×10^{-23} g　　(4) 58

考え方 (1) 体心立方格子では，立方体の対角線上で原子が接している。単位格子の一辺の長さを l〔cm〕とすると対角線の長さは $\sqrt{3}\,l$〔cm〕で，原子半径 r 4個分に等しい。

$$\sqrt{3}\,l = 4r \qquad r = \frac{\sqrt{3}}{4}l$$

$$r = \frac{\sqrt{3}}{4}l = \frac{1.73 \times 2.9 \times 10^{-8}}{4}$$

$$\fallingdotseq 1.3 \times 10^{-8} \text{ cm}$$

(2) $\frac{1}{8}$（頂点）$\times 8 + 1$（内部）$= 2$ 個

(3) 単位格子中には金属原子2個分が含まれているから，質量＝密度×体積より，

$$\frac{7.9\,\text{g/cm}^3 \times (2.9 \times 10^{-8})^3\,\text{cm}^3}{2} = 9.63 \times 10^{-23}$$

$$\fallingdotseq 9.6 \times 10^{-23} \text{ g}$$

(4) 金属原子 1 mol の質量を求め，単位〔g〕をとると，原子量が求められる。

$$9.63 \times 10^{-23}\,\text{g} \times 6.0 \times 10^{23}\,\text{/mol} \fallingdotseq 58 \text{ g/mol}$$

④

(1) 六方最密構造　　(2) 2 個

考え方 (2) 正六角柱の中に含まれる原子は，

$$\frac{1}{6}\text{（頂点）}\times 12 + \frac{1}{2}\text{（底面の中心）}\times 2 + 3\text{（内部）}$$
$$= 6 \text{ 個}$$

単位格子は正六角柱の $\frac{1}{3}$ に相当するから，2個分の原子が含まれることになる。

⑤

(1) Na$^+$ … 4 個　　Cl$^-$ … 4 個　　(2) 2.2 g/cm^3

考え方 (1) Na$^+$：$\frac{1}{4}$（各辺）$\times 12 + 1$（内部）$= 4$ 個

Cl$^-$：$\frac{1}{8}$（頂点）$\times 8 + \frac{1}{2}$（各面）$\times 6 = 4$ 個

(2) 単位格子中には，NaClの単位粒子が4個分含まれるから，

密度 $= \dfrac{\text{単位格子の質量}}{\text{単位格子の体積}} = \dfrac{\text{NaCl粒子4個の質量}}{\text{単位格子の体積}}$

$$= \frac{\dfrac{58.5\,\text{g/mol}}{6.0 \times 10^{23}\,\text{/mol}} \times 4}{(5.6 \times 10^{-8})^3\,\text{cm}^3} \fallingdotseq 2.2 \text{ g/cm}^3$$

4章 溶液の性質 ……………… p.61

①

(1) ア，イ，ク　　(2) ウ，オ
(3) エ，ケ　　　　(4) カ，キ

考え方 (1)(2) イオン結晶（塩化ナトリウム NaCl，硝酸カリウム KNO$_3$）および，極性分子から

なる物質（スクロース $C_{12}H_{22}O_{11}$，グルコース $C_6H_{12}O_6$，塩化水素 HCl）は水に溶けやすい。このうち，**電解質**は，NaCl，KNO_3，HCl であり，**非電解質**は，$C_{12}H_{22}O_{11}$，$C_6H_{12}O_6$ である。

(3) 無極性分子からなる物質（ナフタレン $C_{10}H_8$，ヨウ素 I_2）は水には溶けにくいが，ヘキサン C_6H_{14} やベンゼン C_6H_6 などの無極性の有機溶媒に溶けやすい。

(4) イオン結晶であっても，炭酸カルシウム $CaCO_3$ や硫酸バリウム $BaSO_4$ のように，イオン結合の結合力が強いために水に溶けにくいものがある。

❷

(1) **0.20**　　(2) **2.5**　　(3) **2.0**　　(4) **0.10**

考え方 (1) モル濃度 $= \dfrac{1.0\,\mathrm{mol}}{5.0\,\mathrm{L}} = 0.20\,\mathrm{mol/L}$

(2) 質量モル濃度 $= \dfrac{1.0\,\mathrm{mol}}{0.40\,\mathrm{kg}} = 2.5\,\mathrm{mol/kg}$

(3) 水溶液 1 L 中に塩化ナトリウム NaCl が 117 g 溶けているから，NaCl $= 58.5\,\mathrm{g/mol}$ より，

$$\dfrac{117\,\mathrm{g}}{58.5\,\mathrm{g/mol}} = 2.0\,\mathrm{mol}$$

(4) グルコース分子の物質量は，

$$\dfrac{1.2 \times 10^{22}}{6.0 \times 10^{23}/\mathrm{mol}} = 0.020\,\mathrm{mol}$$

グルコース 0.020 mol が水溶液 0.200 L 中に含まれるから，モル濃度は，

$$\dfrac{0.020\,\mathrm{mol}}{0.200\,\mathrm{L}} = 0.10\,\mathrm{mol/L}$$

❸

(1) **18.0 mol/L**　　(2) **11.1 mL**

考え方 (1) 質量パーセント濃度とモル濃度の変換は，溶液 1 L（$= 1000\,\mathrm{cm}^3$）あたりで考えるとよい。濃硫酸 1 L（$= 1000\,\mathrm{cm}^3$）に含まれる H_2SO_4 の物質量は，$H_2SO_4 = 98.0\,\mathrm{g/mol}$ より，

$$\dfrac{1.84 \times 1000 \times 0.960}{98.0} \fallingdotseq 18.0\,\mathrm{mol}$$

(2) 必要な濃硫酸を x〔mL〕とすると，溶液を薄めても，溶質の物質量は変化しないから，

$$18.0 \times \dfrac{x}{1000} = 1.00 \times \dfrac{200}{1000} \qquad x \fallingdotseq 11.1\,\mathrm{mL}$$

❹

① **すべて溶け**　② **不飽和**　③ **35**　④ **16**

考え方 ①② 60 ℃ の水 100 g には，$NaNO_3$ は 124 g まで溶ける。加えた $NaNO_3$ は 100 g だから，できた溶液は不飽和溶液である。

③ $NaNO_3$ の溶解度は約 35 ℃ で 100 になる。

④ 60 ℃ の水 100 g に $NaNO_3$ 124 g で溶かすと 224 g の飽和水溶液ができる。これを 20 ℃ まで冷やすと，溶解度の差 $124 - 88 = 36\,\mathrm{g}$ の $NaNO_3$ が析出する。飽和水溶液 100 g のときの $NaNO_3$ の析出量を x〔g〕とすると，

$$\dfrac{\text{析出量}}{\text{溶液量}} = \dfrac{36}{224} = \dfrac{x}{100} \qquad x \fallingdotseq 16\,\mathrm{g}$$

❺

(1) **5.0×10^{-2} mol**　　(2) **22.4 mL**

(3) **1.5×10^{-2} g**

考え方 (1) 気体の溶解度（物質量で表した場合）は，圧力に比例するが，溶かす水の量にも比例する。

$$\dfrac{22.4}{22.4 \times 10^3} \times \underset{\text{(圧力)}}{5} \times \underset{\text{(体積)}}{10} = 5.0 \times 10^{-2}\,\mathrm{mol}$$

(2) 気体の溶解度（体積）は，溶かした圧力のもとでは，圧力の大きさによらず一定である。

(3) H_2 の分圧は，

$$1.0 \times 10^6 \times \dfrac{3}{4} = 7.5 \times 10^5\,\mathrm{Pa}$$

水素のモル質量は，$H_2 = 2.0\,\mathrm{g/mol}$ より，

$$\dfrac{22.4}{22.4 \times 10^3} \times 7.5 \times 2.0 = 1.5 \times 10^{-2}\,\mathrm{g}$$

❻

① **不揮発性**　② **蒸気圧降下**　③ **沸点上昇**

④ **凝固点降下**　⑤ **質量モル濃度**

考え方 ①② 溶媒に不揮発性の物質（溶質）を溶かした溶液の蒸気圧は，純溶媒の蒸気圧より低くなる（蒸気圧降下）。

③④ 溶液の沸点は純溶媒の沸点より高くなる（沸点上昇）。溶液の凝固点は純溶媒の凝固点より低くなる（凝固点降下）。

⑤ 沸点上昇度，凝固点降下の度合いΔtは，溶液の質量モル濃度mに比例する。$\Delta t = k \cdot m$

❼

(1) **0.39 K**　　(2) **−0.37℃**

(3) **100.26℃**

考え方 (1) 沸点上昇度Δtは，溶液の質量モル濃度mに比例する。$\Delta t = k \cdot m$

溶液の質量モル濃度mは，

$$m = \frac{\dfrac{27.0\,\text{g}}{180\,\text{g/mol}}}{0.20\,\text{kg}} = 0.75\,\text{mol/kg}$$

$\Delta t = 0.52 \times 0.75 = 0.39\,\text{K}$

(2) 溶液の質量モル濃度mは，

$$m = \frac{\dfrac{18.0\,\text{g}}{180\,\text{g/mol}}}{0.50\,\text{kg}} = 0.20\,\text{mol/kg}$$

$\Delta t = 1.85 \times 0.20 = 0.37\,\text{K}$

水の凝固点は0℃だから，溶液の凝固点は，

$0 - 0.37 = -0.37$℃

(3) 溶液の質量モル濃度mは，

$$m = \frac{0.050\,\text{mol}}{0.20\,\text{kg}} = 0.25\,\text{mol/kg}$$

$NaCl \longrightarrow Na^+ + Cl^-$ より，$NaCl$は非電解質の2倍の沸点上昇度を示すことに留意。

$\Delta t = 0.52 \times 0.25 \times \underline{2} = 0.26\,\text{K}$

水の沸点は100℃だから，溶液の沸点は

$100 + 0.26 = 100.26$℃

❽

(1) **C**　　(2) **b**

(3) 溶媒の水だけが凝固するので，残った溶液の濃度が大きくなり，凝固点降下が大きくなるから。

考え方 (1) 最も低い温度の**C**点になると，氷の結晶核が生じ，それを中心として急激に凝固が始まる。（**A〜C**点までは過冷却とよばれ，凝固点以下でありながら液体を保って

いる不安定な状態である。）

(2) 過冷却が起らなかったとしたときの理想的な溶液の凝固点は，冷却曲線の後半の直線部分を左に延長して求めた交点**A**で，その温度を正しく読むと**b**である。

❾

$7.5 \times 10^5\,\text{Pa}$

考え方 溶液の浸透圧Πは，溶液のモル濃度Cと絶対温度Tに比例する（ファントホッフの法則）。$\Pi = CRT$（R：気体定数）を利用する。

$\Pi = 0.29 \times 8.3 \times 10^3 \times 310 \fallingdotseq 7.5 \times 10^5\,\text{Pa}$

❿

① 酸化水酸化鉄(Ⅲ)　② 赤褐　③ 凝析
④ 親水　⑤ 塩析　⑥ 透析
⑦ 塩化物イオン　⑧ 電気泳動　⑨ 正
⑩ チンダル現象　⑪ 散乱
⑫ ブラウン運動

考え方 ①〜③ $FeCl_3 + 2H_2O \longrightarrow FeO(OH) + 3HCl$
生成した赤褐色のコロイド溶液は，酸化水酸化鉄(Ⅲ) $FeO(OH)$ のコロイド粒子が水中に分散した疎水コロイドであり，少量の電解質（Na_2SO_4）を加えると沈殿する。この現象を凝析という。

④⑤ デンプンやゼラチンのコロイド溶液は，親水コロイドであり，多量の電解質を加えると沈殿する。この現象を塩析という。

⑥ コロイド溶液を半透膜を用いて精製する操作を透析という。

⑧⑨ 電気泳動によって陰極側へ移動したコロイド粒子は，正コロイドである。

⑩⑪ コロイド溶液に横から強い光を当てたときに光の進路が輝いて見える現象をチンダル現象という。

⑫ コロイド粒子の行う不規則な運動をブラウン運動といい，周囲にある水分子が不規則にコロイド粒子に衝突するために起こる。

2編 物質の変化

1章 化学反応と熱・光 ……… p.74

1

(1) C_3H_8 (気) $+ 5O_2$ (気) $\longrightarrow$
　　$3CO_2$ (気) $+ 4H_2O$ (液)　$\Delta H = -2220\,kJ$

(2) $\dfrac{1}{2} N_2$ (気) $+ \dfrac{3}{2} H_2$ (気) $\longrightarrow NH_3$ (気)
　　　　$\Delta H = -46\,kJ$

(3) $NaOH$ (固) $+ aq \longrightarrow NaOHaq$
　　　　$\Delta H = -44\,kJ$

(4) $\dfrac{3}{2} O_2$ (気) $\longrightarrow O_3$ (気)　$\Delta H = 142\,kJ$

(5) $HClaq + NaOHaq \longrightarrow$
　　$NaClaq + H_2O$ (液)　$\Delta H = -57\,kJ$

考え方 化学反応式に反応エンタルピーΔHを書き加えた式(熱化学反応式)の書き方

> 着目する物質の係数を1として反応式を書き，反応式の後に反応エンタルピーΔHを書く。発熱反応は－，吸熱反応は＋(省略)を付記する。最後に，物質の状態も書き添える。

(1) C_3H_8 1 mol のとき，2220 kJ の発熱反応なので $\Delta H = -2220\,kJ$ となる。

(2) NH_3 の係数が1となる反応式を書く。

$$\dfrac{1}{2} N_2 + \dfrac{3}{2} H_2 \longrightarrow NH_3$$

上式に $\Delta H = -46\,kJ$ を書く。

(3) $NaOH$ のモル質量は 40 g/mol，$NaOH$ 1 mol あたりの発熱量は，

$$2.2\,kJ \times \dfrac{40\,g}{2.0\,g} = 44\,kJ$$

$\Delta H = -44\,kJ$ となる。

(4) O_3 の係数が1となる反応式を書く。

$$\dfrac{3}{2} O_2 \longrightarrow O_3$$

吸熱反応なので，$\Delta H = 142\,kJ$ となる。

(5) H^+ と OH^- の物質量はどちらも，

$$0.10\,mol/L \times \dfrac{200}{1000}\,L = 0.020\,mol$$

H^+ と OH^- が 1 mol ずつ反応するときに発生する熱量は，

$$1.14\,kJ \times \dfrac{1\,mol}{0.020\,mol} = 57\,kJ$$

発熱反応なので，$\Delta H = -57\,kJ$ となる。

2

(1) 吸熱反応　　(2) 生成物　　(3) いえない
(4) NO の生成エンタルピー

考え方 (1) $\Delta H > 0$ なので，吸熱反応である。

(3) 物質の燃焼は発熱反応であるから，燃焼エンタルピーΔHは必ず負の値になる。

(4) 与えられた式の両辺を2で割ると，

$$\dfrac{1}{2} N_2 (気) + \dfrac{1}{2} O_2 (気) \longrightarrow NO (気)$$
　　$\Delta H = 90\,kJ$

よって，$\Delta H = 90\,kJ/mol$ は NO の生成エンタルピーを表す。

3

(1) **591 kJ**　　(2) **14 K**

考え方 (1) $\Delta H = -394\,kJ$ より，C 1 mol の完全燃焼による発熱量は394 kJ である。
C 1 mol の質量は 12 g だから，

$$394\,kJ \times \dfrac{18\,g}{12\,g} = 591\,kJ$$

(2) 熱量＝質量×比熱×温度変化より，

$$591 \times 10^3\,J = 10 \times 10^3\,g \times 4.2\,J/(g \cdot K) \times t\,(K)$$
$$t \fallingdotseq 14\,K$$

4

(1) エ　　(2) ウ　　(3) イ
(4) カ　　(5) ア

考え方 (1) $NaOH$ 水溶液と HCl 水溶液の中和エンタルピーを表す。

(2) KOH (固)の溶解エンタルピーを表す。

(3) 黒鉛Cが一酸化炭素COに変化する反応は，Cが完全燃焼しているわけではないので，$\Delta H = -111\,kJ$ はCの燃焼エンタルピーではない。COが成分元素の単体C(黒鉛)，O_2(気)

から生成しており，COの生成エンタルピー
を表す。
(4) 黒鉛C（固体）がC（気体）に状態変化してお
り，黒鉛Cの昇華エンタルピーを表す。
(5) CH_4（気）1 molが完全燃焼しており，CH_4の
燃焼エンタルピーを表す。

(1) $-297\,kJ/mol$　　(2) 172
(3) $51\,kJ/mol$

考え方 (1) 与式を上から①，②とする。SO_2の
生成エンタルピーをx〔kJ/mol〕とすると，
　　S（斜方）$+ O_2$（気）$\longrightarrow SO_2$（気）
　　　　$\Delta H = x$〔kJ〕
①式－②式より，不要なSO_3（気）を消去
する。ΔHについても，同様の計算を行うと，
　　$x = (-396) - (-99) = -297\,kJ$
(2) 与式を上から①，②とする。
①式－②式×2より，不要なO_2（気）を消去
する。ΔHについても，同様の計算を行うと，
　　$x = (-394) - (-283 \times 2) = 172\,kJ$
(3) 与えられた反応エンタルピーを熱化学反応
式で表すと，
　　C_2H_4（気）$+ 3O_2$（気）$\longrightarrow$
　　　　$2CO_2$（気）$+ 2H_2O$（液）
　　　　$\Delta H = -1411\,kJ$ ･････････････････ ①
　　C（黒鉛）$+ O_2$（気）$\longrightarrow CO_2$（気）
　　　　$\Delta H = -394\,kJ$ ････････････････････ ②
　　H_2（気）$+ \dfrac{1}{2} O_2$（気）$\longrightarrow H_2O$（液）

　　　　$\Delta H = -286\,kJ$ ･･･････････････････ ③
エチレンの生成エンタルピーをx〔kJ/mol〕
とおくと，
　　$2C$（黒鉛）$+ 2H_2$（気）$\longrightarrow C_2H_4$（気）
　　　　$\Delta H = x$〔kJ〕 ･･････････････････ ④
④式に含まれる化学式を残すように，目的
の熱化学反応式を組み立てる。
　　左辺の$2C$（黒鉛）に着目$\longrightarrow$②式×2
　　左辺の$2H_2$に着目$\longrightarrow$③式×2
　　右辺のC_2H_4に着目（移項）$\rightarrow$①式×(-1)
②式×2＋③式×2－①式より，④式が得

られる。ΔHについても同様の計算を行うと，
　　$x = (-394 \times 2) + (-286 \times 2) - (-1411)$
　　　$= 51\,kJ$

① H_2O（気）　② 44　③ 242

考え方 エンタルピー図では，エンタルピーの
大きい物質を上位，小さい物質を下位に書く。
よって，下向きへの反応が発熱反応（$\Delta H < 0$），
上向きへの反応が吸熱反応（$\Delta H > 0$）となる。
H_2（気）$+ \dfrac{1}{2} O_2$（気）$\longrightarrow H_2O$（気）は発熱反応

なので，H_2（気）$+ \dfrac{1}{2} O_2$（気）が上位，H_2O（気）

が下位にある。H_2O（液）$\longrightarrow H_2O$（気）は吸熱
反応なので，H_2O（液）が下位，H_2O（気）が上位
にある。

$-45.8\,kJ/mol$

考え方 発熱量＝質量×比熱×温度変化より，
　　$(100 + 5.0)\,g \times 4.2\,J/(g \cdot K) \times 13.0\,K$
　　　$\fallingdotseq 5.73 \times 10^3\,J = 5.73\,kJ$
$NaOH$ 1 molの質量は40 gだから，
　　$5.73\,kJ \times \dfrac{40\,g}{5.0\,g} \fallingdotseq 45.8\,kJ$

8

$-2220\,kJ/mol$

考え方 与式を上から①，②，③とする。C_3H_8（気）
の燃焼エンタルピーをx〔kJ/mol〕とすると，
　　C_3H_8（気）$+ 5O_2$（気）$\longrightarrow$
　　　$3CO_2$（気）$+ 4H_2O$（液）　$\Delta H = x$〔kJ〕･･ ④
　　右辺の$3CO_2$に着目$\longrightarrow$①式×3
　　右辺の$4H_2O$（液）に着目$\longrightarrow$②式×4
　　左辺のC_3H_8に着目（移項）$\rightarrow$③式×(-1)
①式×3＋②式×4－③式より，④式が得られ
る。ΔHについても，同様の計算を行うと，
　　$x = (-394 \times 3) + (-286 \times 4) - (-106)$
　　　$= -2220\,kJ$

⑨

$$-852\,\mathrm{kJ/mol}$$

考え方 反応に関係する物質の生成エンタルピーが与えられている場合，次の公式を用いると，その反応の反応エンタルピーが求められる。

$$\left(\begin{matrix}反応エン\\タルピー\end{matrix}\right)=\left(\begin{matrix}生成物の生成エ\\ンタルピーの和\end{matrix}\right)-\left(\begin{matrix}反応物の生成エ\\ンタルピーの和\end{matrix}\right)$$
ただし，単体の生成エンタルピーは0とする。

$$x=(-1676+0)-\{0+(-824)\}$$
$$=-852\,\mathrm{kJ}$$

⑩

(1) $-46\,\mathrm{kJ/mol}$　　(2) $946\,\mathrm{kJ/mol}$
(3) $391\,\mathrm{kJ/mol}$

考え方 (1) エンタルピー図より，
$$N_2(気)+3H_2(気)\longrightarrow 2NH_3(気)$$
$$\varDelta H=-92\,\mathrm{kJ}$$
NH_3 1 mol あたりでは，
$$\frac{1}{2}N_2(気)+\frac{3}{2}H_2(気)\longrightarrow NH_3(気)$$
$$\varDelta H=-46\,\mathrm{kJ}$$
NH_3（気）の生成エンタルピーは $-46\,\mathrm{kJ/mol}$。
(2) $N\equiv N$ 結合の結合エンタルピーを x〔kJ/mol〕とすると，エンタルピー図より，
$$x+(436\times3)=2254$$
$$x=946\,\mathrm{kJ}$$
(3) NH_3 2 mol 中には，N-H 結合が 6 mol 含まれるから，
$$\frac{2254+92}{6}=391\,\mathrm{kJ}$$

⑪

$$-137\,\mathrm{kJ/mol}$$

考え方 反応に関係する各結合の結合エンタルピーが与えられている場合，その反応の反応エンタルピーが求められる。各結合エンタルピーを絶対値で代入するときは，次の公式を用いればよい。

$$\left(\begin{matrix}反応エン\\タルピー\end{matrix}\right)=\left(\begin{matrix}反応物の結合エン\\タルピーの総和\end{matrix}\right)-\left(\begin{matrix}生成物の結合エン\\タルピーの総和\end{matrix}\right)$$

$$x=\underbrace{\{(416\times4)}_{\mathrm{C-H}}+\underbrace{589}_{\mathrm{C=C}}+\underbrace{436\}}_{\mathrm{H-H}}-\underbrace{\{(416\times6)}_{\mathrm{C-H}}+\underbrace{330\}}_{\mathrm{C-C}}$$
$$=-137\,\mathrm{kJ}$$

2章 電池と電気分解 ……………… p.88

①

① 酸化還元　② 負極　③ 正極　④ 起電力
⑤ 一次電池　⑥ 二次電池（蓄電池）

考え方
イオン化傾向が大きい金属…負極⇒酸化反応が起こり，外部へ電子が流れ出す。
イオン化傾向が小さい金属…正極⇒外部から電子が流れ込み，還元反応が起こる。

②

(1) ダニエル電池
(2) Zn板…Zn $\longrightarrow$ Zn^{2+} + 2e$^-$
　　Cu板…Cu^{2+} + 2e$^-$ $\longrightarrow$ Cu　　(3) b
(4) 負極活物質…Zn
　　正極活物質…Cu^{2+}（CuSO$_4$）
(5) 小さくなる。

考え方 (2) イオン化傾向は Zn > Cu である。負極の Zn が酸化される反応が起こる。正極では，Cu^{2+} が還元される反応が起こる。
(3) 電流は正極から負極に流れる。
(4) 負極では亜鉛のイオン化（酸化反応）が起こるから，負極活物質は亜鉛である。正極では銅（Ⅱ）イオンからの銅の析出（還元反応）が起こるから，正極活物質は銅（Ⅱ）イオンである。
(5) Zn と Cu より Ni と Cu のほうがイオン化傾向の差が小さいので，起電力も小さくなる。

❸

(1) $(-)$ Pb $|$ H_2SO_4**aq** $|$ PbO_2 $(+)$

(2) 負極…Pb $+$ $SO_4{}^{2-}$ $\longrightarrow$ $PbSO_4$ $+$ **2e**$^-$

　　正極…PbO_2 $+$ **4H**$^+$ $+$ $SO_4{}^{2-}$ $+$ **2e**$^-$

　　　　　　$\longrightarrow$ $PbSO_4$ $+$ $2H_2O$

(3) 減少する。　　(4) **負極**

考え方 (2) 負極の鉛Pbは酸化されて硫酸鉛（Ⅱ）
$PbSO_4$になり，正極の酸化鉛（Ⅳ）PbO_2は
還元されて硫酸鉛（Ⅱ）$PbSO_4$になる。

(3) 放電時の両極で起こる反応式は次の通り。
　　Pb $+$ PbO_2 $+$ $2H_2SO_4$ $\longrightarrow$ $2PbSO_4$ $+$ $2H_2O$
放電により，H_2SO_4（溶質）が消費され，H_2O
（溶媒）が生成するので，電解液の希硫酸の
濃度は小さくなる。

(4) 放電時には，鉛蓄電池の負極から外部回路
へ電子が流れ出していたので，充電時には，
外部電源の負極から鉛蓄電池の負極へ電子
を送り込めばよい。

❹

① **陰**　② **陽**　③ **還元**　④ **陽**

⑤ **酸化**　⑥ **陰**　⑦ **銅（Ⅱ）イオン**

考え方 ③ 電気分解の陰極では，外部から送り
込まれてくる電子を受け取る還元反応が起
こる。

⑤ 電気分解の陽極では，外部へ電子が吸い取
られていくので，電子を失う酸化反応が起
こる。

⑥ 陽極にPtやCなどの化学的に安定な物質を
用いた場合，電極自身は変化しないから，
水溶液中の陰イオンまたは水分子が酸化さ
れ，電子を失う。

⑦ イオン化傾向がAg以上の金属を用いた場合，
その金属自身が酸化されて溶け出す反応が
優先して起こる。

❺

ア

考え方 イ…$2H_2O$ $\longrightarrow$ O_2 $+$ **4H**$^+$ $+$ **4e**$^-$ より，
O_2 1 mol をつくるには，電子 4 mol が必要で
ある。

ウ…$2H^+$ $+$ **2e**$^-$ $\longrightarrow$ H_2，$2Cl^-$ $\longrightarrow$ Cl_2 $+$ **2e**$^-$
より，同体積の H_2 と Cl_2 が発生する。

エ…各金属の原子量をイオンの価数で割った値
に比例する。

オ…t〔min〕$= 60t$〔s〕より，
電気量 $= i \times 60t = 60it$〔C〕

❻

(1) 4.8×10^3 C　　(2) ① **1.6 g**　② **0.28 L**

考え方 (1) 電気量〔C〕$=$ 電流〔A〕$\times$ 時間〔s〕より，
$1.25 \times (60 \times 60 + 4 \times 60 + 20)$
$= 4825$ C

(2) ファラデー定数 $F = 9.65 \times 10^4$ C/mol より，
$$\frac{4825\,\text{C}}{9.65 \times 10^4\,\text{C/mol}} = 0.050\,\text{mol}$$

① Cu^{2+} $+$ **2e**$^-$ $\longrightarrow$ Cu より，電子 2 mol が
流れると Cu 1 mol（64 g）が析出するから，
Cu：$0.050 \times \dfrac{1}{2} \times 64 = 1.6$ g

② $2H_2O$ $\longrightarrow$ O_2 $+$ **4H**$^+$ $+$ **4e**$^-$ より，電子
4 mol が流れると，O_2 1 mol（22.4 L）が発
生するから，
O_2：$0.050 \times \dfrac{1}{4} \times 22.4 = 0.28$ L

❼

(1) **オ**　　(2) **ウ**　　(3) **エ**

考え方 (1) イオン化傾向の大きいK，Ca，Na，
Mg，Alの金属塩の水溶液を電気分解しても，
陰極には金属は析出しない。

(2) 陰極ではすべて H_2 が発生し，陽極では**ウ**で
は Cl_2 が発生するが，これ以外では O_2 が発
生する。

(3) 陽極…$2Cl^-$ $\longrightarrow$ Cl_2 $+$ **2e**$^-$
陰極…$2H_2O$ $+$ **2e**$^-$ $\longrightarrow$ H_2 $+$ $2OH^-$
陽極では塩素 Cl_2 が発生し，陰極では水素
H_2 が発生するとともに，NaOH も生成する。

❽

(1) 陰極…$Al^{3+} + 3e^- \longrightarrow Al$

陽極…$C + O^{2-} \longrightarrow CO + 2e^-$

$\quad\quad\quad C + 2O^{2-} \longrightarrow CO_2 + 4e^-$

(2) **29.8時間**

(3) 物質…氷晶石

理由…アルミナの融点を下げるため。

考え方 (1) Al_2O_3 の融解液では，次のように電離する。

$$Al_2O_3 \longrightarrow 2Al^{3+} + 3O^{2-}$$

陰極では，Al^{3+} が還元されて Al が析出する。陽極では，O^{2-} が酸化されて O_2 が発生するはずであるが，高温のため電極の炭素 C と O^{2-} が反応して，実際には，CO_2 や CO が発生する。

(2) Al 1 mol を得るには，電子 3 mol が必要である。Al 1.8 kg（$= 1800$ g）を得るのに必要な電子の物質量は，

$$\frac{1800}{27} \times 3 = 200 \text{ mol}$$

$F = 9.65 \times 10^4 \text{ C/mol}$，電流効率 90.0% より，電流を流した時間を x〔h〕とすると，

$$(200 \times x \times 3600) \times 0.90 = 200 \times 9.65 \times 10^4$$

$$x \fallingdotseq 29.8 \text{ h}$$

(3) アルミナの融点（$2054\,℃$）は高いが，氷晶石 Na_3AlF_6 と混合すると，約 $1000\,℃$ で融解する。

❾

(1) **7.2×10^3 C**　　(2) **2.7 A**

(3) 気体…酸素　　体積…**0.42 L**

(4) 物質…銅　　質量…**2.4 g**

考え方 電解槽の直列接続であるから，両槽を流れる電気量は同じである。

(1) $Ag^+ + e^- \longrightarrow Ag$ より，e^- 1 mol が流れると Ag 1 mol が析出する。したがって，流れた電気量は，

$$9.65 \times 10^4 \text{ C/mol} \times \frac{8.10 \text{ g}}{108 \text{ g/mol}} \fallingdotseq 7.24 \times 10^3 \text{ C}$$

(2) 平均 x〔A〕の電流が流れたとすると，

$$x\text{〔A〕} \times (45 \times 60) \text{ s} = 7.24 \times 10^3 \text{ C}$$

$$x \fallingdotseq 2.7 \text{ A}$$

(3) 電解槽 B の陽極では，陰イオンの SO_4^{2-} は反応せず，代わりに H_2O が酸化される。

$$2H_2O \longrightarrow 4H^+ + O_2 + 4e^-$$

流れた e^- の物質量は，

$$\frac{7.24 \times 10^3 \text{ C}}{9.65 \times 10^4 \text{ C/mol}} = 7.50 \times 10^{-2} \text{ mol}$$

e^- 4 mol が流れると O_2 1 mol が発生する。発生した O_2 の体積（標準状態）は，

$$\left(7.50 \times 10^{-2} \times \frac{1}{4}\right) \text{ mol} \times 22.4 \text{ L/mol} = 0.42 \text{ L}$$

(4) $Cu^{2+} + 2e^- \longrightarrow Cu$ より，e^- 2 mol が流れると Cu 1 mol が析出する。析出した Cu の質量は，

$$\left(7.50 \times 10^{-2} \times \frac{1}{2}\right) \text{ mol} \times 64 \text{ g/mol} = 2.4 \text{ g}$$

❿

(1) **1.9×10^3 C**　　(2) **0.11 L**　　(3) **0.67 L**

考え方 (1) $Cu^{2+} + 2e^- \longrightarrow Cu$ より，e^- 2 mol が流れると Cu 1 mol が析出する。流れた電気量を x〔C〕とすると，

$$\frac{x\text{〔C〕}}{9.65 \times 10^4 \text{ C/mol}} \times \frac{1}{2} \times 64 \text{ g/mol} = 0.64 \text{ g}$$

$$x = 1.93 \times 10^3 \text{ C}$$

(2) $2H_2O \longrightarrow O_2 + 4H^+ + 4e^-$ より，e^- 4 mol が流れると O_2 1 mol が発生する。発生した O_2 の体積（標準状態）は，

$$\frac{1.93 \times 10^3 \text{ C}}{9.65 \times 10^4 \text{ C/mol}} \times \frac{1}{4} \times 22.4 \text{ L/mol} = 0.112 \text{ L}$$

(3) 回路全体を流れた電気量の総和は，

$$3.0 \text{ A} \times (32 \times 60 + 10) \text{ s} = 5.79 \times 10^3 \text{ C}$$

電解槽 B に流れた電気量は，

$$5.79 \times 10^3 - 1.93 \times 10^3 = 3.86 \times 10^3 \text{ C}$$

両極での反応は，

陰極…$2H^+ + 2e^- \longrightarrow H_2$

陽極…$2H_2O \longrightarrow O_2 + 4H^+ + 4e^-$

電子 e^- 4 mol が流れると，両極で合計 3 mol の気体が発生するから，発生した気体の体積（標準状態）の合計は，

$$\frac{3.86 \times 10^3 \text{ C}}{9.65 \times 10^4 \text{ C/mol}} \times \frac{3}{4} \times 22.4 \text{ L/mol} = 0.672 \text{ L}$$

3章 化学反応の速さ ·············· p.101

①
① 減少　② 増加　③ 大き　④ 衝突回数
⑤ 大き　⑥ 活性化エネルギー　⑦ 触媒

考え方 ①② 反応速度は，反応物または生成物の濃度の単位時間あたりの変化量で表す。
③〜⑥ 反応速度は，反応物の濃度，温度，触媒の有無などによって変化する。
⑦ 触媒を使うと反応速度が大きくなるのは，触媒が活性化エネルギーの小さい別の反応経路をつくるからである。

②
(1) カ　(2) オ　(3) ア　(4) カ
(5) ウ　(6) エ

考え方 (1) 酸化マンガン(Ⅳ) MnO_2 のように，自身は変化せず，反応を促進するはたらきをもつ物質を触媒という。
(2) 硝酸は，光や熱で分解が促進される。
$$4HNO_3 \longrightarrow 4NO_2 + 2H_2O + O_2$$
(4) 血液中の酵素カタラーゼが過酸化水素の分解反応の触媒としてはたらく。
(5) 塩酸は強酸，酢酸は弱酸なので，同濃度であっても塩酸のほうが水素イオン濃度 $[H^+]$ が大きい。
(6) 固体が関与する反応では，粉末にすると表面積が大きくなり，反応に関与する粒子の数が増加するため，反応速度が大きくなる。

③
(1) 発熱反応
(2) 遷移状態(活性化状態)
(3) 活性化エネルギー
(4) ・反応物の濃度を大きくする。
　　・温度を高くする。
　　・触媒を加える。
(5)

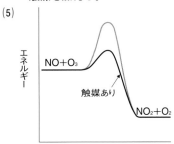

考え方 (1) 反応物よりも生成物がもつエネルギーのほうが小さいので，発熱反応である。
(4)(5) 触媒を用いると，活性化エネルギーの小さい別の経路を通って反応が進むようになる。ただし，反応エンタルピーの大きさは変わらない。

④
(1) ウ　(2) $1.2 \times 10^{-1} L^2/(mol^2 \cdot s)$
(3) $5.4 \times 10^{-2} mol/(L \cdot s)$

考え方 (1) 反応開始直後の反応物の濃度 $[A]$ と反応速度 v との関係から，反応速度式における $[A]$ の次数 x を求めることができる。
$[B]$ を一定に保ったまま $[A]$ を2倍にすると，v は4倍になっている。
→ v は $[A]$ の2乗に比例
また，$[A]$ を一定に保ったまま $[B]$ を2倍にすると，v は2倍になっている。
→ v は $[B]$ に比例
したがって，$v = k[A]^2[B]$
(2) 反応速度式に，実験の結果を代入する。
$$0.036 \, mol/(L \cdot s)$$
$$= k \times 1.00^2 \, (mol/L)^2 \times 0.30 \, mol/L$$

$$k = 1.2 \times 10^{-1} \, L^2/(mol^2 \cdot s)$$

(3) 反応速度定数 k が求まると，与えられた反応物の濃度 [A]，[B] における瞬間の反応速度 v が求められる。

$$v = 1.2 \times 10^{-1} \times 1.50^2 \times 0.20$$
$$= 5.4 \times 10^{-2} \, mol/(L \cdot s)$$

4章 化学平衡 ················· p.113

①② 正反応，逆反応（順不同）　③ 停止
④ 減少量　⑤ 化学平衡の移動（平衡の移動）
⑥⑦⑧ 濃度，温度，圧力（順不同）

考え方 ①〜④ 可逆反応において，正反応の速度と逆反応の速度が等しくなり，見かけ上，反応が停止した状態を平衡状態という。このとき，反応物の濃度と生成物の濃度は一定となっている。
⑤〜⑧ 可逆反応が平衡状態にあっても，外部条件（濃度・温度・圧力）を変化させると，正反応または逆反応がいくらか進んで新しい平衡状態になる。これを化学平衡の移動（平衡の移動）という。

2

エ，オ

考え方 平衡状態では，次のことが成り立つ。
・正反応と逆反応の速さが等しい。
・各物質の濃度が一定に保たれている。

3

0.85 mol

考え方 平衡状態における酢酸エチル
$CH_3COOC_2H_5$ の物質量を x〔mol〕とすると，

	CH₃COOH	+	C₂H₅OH
平衡時	$1.0 - x$		$2.0 - x$

$$\rightleftharpoons \quad CH_3COOC_2H_5 + H_2O$$
$$\qquad\qquad x \qquad\qquad x \,〔mol〕$$

反応溶液の体積を V〔L〕とすると，

$$K = \frac{\dfrac{x}{V} \times \dfrac{x}{V}}{\dfrac{1.0 - x}{V} \times \dfrac{2.0 - x}{V}} = 4.0$$

$$\frac{x^2}{(1.0 - x)(2.0 - x)} = 4.0$$

$$3x^2 - 12x + 8 = 0$$

$$x = \frac{12 \pm 4\sqrt{3}}{6} \qquad x \fallingdotseq 0.85, \ 3.15$$

$$0 < x < 1.0 \text{ より，} \ x = 0.85 \, mol$$

4

(1) ア　　(2) イ　　(3) ウ　　(4) ウ　　(5) ア

考え方 右向きへの反応は，$\Delta H = -198 \, kJ$ より発熱反応である。
(1) 吸熱反応の方向（左）に平衡移動。
(2) 気体分子の数が減少する方向（右）に平衡移動。
(3) 触媒を加えると反応速度は大きくなるが，平衡は移動しない。
(4) 体積が一定なので，SO_2，O_2，SO_3 の分圧は変化しない。よって，平衡は移動しない。
(5) 圧力が一定なので，アルゴン Ar を加えたことにより，体積が増加する。したがって，SO_2，O_2，SO_3 の分圧は小さくなり，気体分子の数が増加する方向（左）に平衡移動。

5

(1) **d**　　(2) **c**　　(3) **b**　　(4) **e**　　(5) **a**

考え方 反応条件の変化によって，反応速度と平衡の移動を同時に考えさせる問題である。グラフが横軸と平行になったとき，この反応は平衡状態に達したことを示す。また，平衡状態に達するまでのグラフの傾きは，反応速度の大きさを示している。
(1) 反応速度は増大する。平衡が左に移動するので，NH_3 の生成量は減少する。
(2) 反応速度は減少する。平衡が右に移動するので，NH_3 の生成量は増加する。
(3) 反応速度は増大する。平衡が右に移動する

ので，NH_3の生成量は増加する。

(4) 反応速度は減少する。平衡が左に移動するので，NH_3の生成量は減少する。

(5) 反応速度は増大する。平衡は移動しないので，NH_3の生成量は変化しない。

5章 電解質水溶液の平衡 ‥ p.126

1

① 電離度　② 強電解質　③ 1
④ 弱電解質　⑤ 電離平衡　⑥ 電離定数

考え方 強酸，強塩基などをまとめて強電解質という。強電解質では，$\alpha \fallingdotseq 1$ である。また，弱酸，弱塩基などをまとめて弱電解質という。弱電解質では，$\alpha \ll 1$ である。弱酸HAの一部が電離すると，次式のような電離平衡の状態になる。

$$HA \rightleftharpoons H^+ + A^-$$

この平衡定数を特に電離定数という。

2

(1) ア　　(2) ウ　　(3) イ　　(4) イ

考え方 (1) 酢酸イオンCH_3COO^-の濃度が増加するので，平衡は左に移動する。このように，電解質の水溶液にその電解質と同種のイオンを加えると平衡が移動する現象を，共通イオン効果という。

(2) Na^+，Cl^- はこの平衡の共通イオンではないので，平衡は移動しない。

(3) 酢酸の電離平衡は正式には次式で表される。
$$CH_3COOH + H_2O \rightleftharpoons CH_3COO^- + H_3O^+$$
よって，水H_2Oが増加すると，H_2Oが減少する方向(右)に平衡が移動する。

(4) $H^+ + OH^- \longrightarrow H_2O$
よって，水素イオンH^+の濃度が減少するので，H^+が増加する方向(右)に平衡が移動する。

3

(1) $K_b = \dfrac{[NH_4^+][OH^-]}{[NH_3]}$　　(2) $K_b = c\alpha^2$

(3) **11.3**

考え方 (1) 化学平衡の法則より，
$$K = \frac{[NH_4^+][OH^-]}{[NH_3][H_2O]}$$
$[H_2O]$はアンモニアNH_3の電離によってほとんど変化しないので，定数とみなせる。
$$K[H_2O] = \frac{[NH_4^+][OH^-]}{[NH_3]} = (一定)$$
この$K[H_2O]$がアンモニアの電離定数K_bである。

(2)
	NH_3	$+ H_2O \rightleftharpoons$	NH_4^+	$+ OH^-$
平衡時	$c(1-\alpha)$	一定	$c\alpha$	$c\alpha$

$$K_b = \frac{c\alpha \times c\alpha}{c(1-\alpha)} = \frac{c\alpha^2}{1-\alpha} \fallingdotseq c\alpha^2 \,[mol/L]$$
$\alpha \ll 1$なので，$1-\alpha \fallingdotseq 1$と近似できる。

(3) $[OH^-] = c\alpha = c\cdot\sqrt{\dfrac{K_b}{c}} = \sqrt{c \cdot K_b}$
$$[OH^-] = \sqrt{0.20 \times 2.3 \times 10^{-5}}$$
$$= \sqrt{2 \times 2.3 \times 10^{-6}}$$
$$pOH = -\log_{10}(2^{\frac{1}{2}} \times 2.3^{\frac{1}{2}} \times 10^{-3})$$
$$= 3 - \frac{1}{2}\log_{10}2 - \frac{1}{2}\log_{10}2.3 = 2.67$$
$pH + pOH = 14$ より，
$$pH = 14 - 2.67 = 11.33 \fallingdotseq 11.3$$

4

イ

考え方 ア…硫酸は2価の強酸，硝酸は1価の強酸なので，同濃度では硫酸のほうが水素イオン濃度が大きい。したがって，pHは硫酸のほうが小さい。(×)

イ…酢酸は1価の弱酸，塩酸は1価の強酸なので，同濃度では酢酸のほうが水素イオン濃度が小さい。したがって，pHは酢酸のほうが大きい。(○)

ウ…酸をいくら薄めても塩基性にはならない。そのpHは限りなく7に近づくだけである。(×)

エ…pHが12なので，$[H^+] = 10^{-12}\,mol/L$
したがって，$[OH^-] = 10^{-2}\,mol/L$
これを10倍に薄めると，
$$[OH^-] = 10^{-3}\,mol/L$$

したがって，$[H^+] = 10^{-11}\,mol/L$ となり，pHは11。（×）

⑤

① $CH_3COO^- + H^+ \longrightarrow CH_3COOH$
② $CH_3COOH + OH^- \longrightarrow CH_3COO^- + H_2O$
③ 緩衝液

考え方 CH_3COOH と CH_3COONa の混合水溶液中には，CH_3COOH と CH_3COO^- が多量に存在する。この溶液に少量の酸や塩基を加えても，CH_3COOH の電離平衡が移動することによってpHはほぼ一定に保たれる（緩衝作用）。このような溶液を緩衝液という。

⑥

沈殿が生じる。

考え方 問題文より，混合後の水溶液の体積は10mLである。
混合直後の塩化物イオン Cl^- の濃度は，
$$[Cl^-] = 1.0 \times 10^{-3}\,mol/L$$
一方，銀イオン Ag^+ の濃度は，
$$[Ag^+] = 1.0 \times 10^{-3} \times \frac{0.1}{10} = 1.0 \times 10^{-5}\,mol/L$$
したがって，Ag^+ と Cl^- の濃度の積は，
$$[Ag^+][Cl^-] = 1.0 \times 10^{-3} \times 1.0 \times 10^{-5}$$
$$= 1.0 \times 10^{-8}\,(mol/L)^2$$
これは，塩化銀AgClの溶解度積 1.8×10^{-10} $(mol/L)^2$ より大きいので，AgClの沈殿は生じる。
一般に，水溶液中のイオン濃度の積と溶解度積の大小を比較することにより，沈殿生成の有無を判定できる。

・イオン濃度の積＞溶解度積→沈殿が生じる。
・イオン濃度の積≦溶解度積→沈殿が生じない。

---

③編 無機物質

1章 非金属元素の性質 …… p.151

❶

オ

考え方 オ…F_2 と Cl_2 は気体であるが，Br_2 は液体，I_2 は固体である。

❷

① 酸化マンガン(IV)
② 高度さらし粉（さらし粉）　③ 塩素水
④ 次亜塩素酸　⑤ 酸化　⑥ 漂白作用
⑦ 塩化水素

考え方 ①② 化学反応式は次の通り。
$$MnO_2 + 4HCl \longrightarrow MnCl_2 + 2H_2O + Cl_2$$
$Ca(ClO)_2 \cdot 2H_2O + 4HCl$
高度さらし粉
$$\longrightarrow CaCl_2 + 4H_2O + 2Cl_2$$
$CaCl(ClO) \cdot H_2O + 2HCl$
さらし粉
$$\longrightarrow CaCl_2 + 2H_2O + Cl_2$$
③〜⑥ 塩素が水に溶けると，その一部が水と反応して塩化水素と次亜塩素酸を生じる。
$$Cl_2 + H_2O \rightleftharpoons HCl + HClO$$
次亜塩素酸は強い酸化作用を示す。
$$ClO^- + 2e^- + 2H^+ \longrightarrow Cl^- + H_2O$$
⑦ $H_2 + Cl_2 \xrightarrow{\text{光}} 2HCl$

❸

(1) $MnO_2 + 4HCl \longrightarrow MnCl_2 + 2H_2O + Cl_2$
(2) A…水　B…濃硫酸
(3) A…塩化水素　B…水
(4) 下方置換

考え方 (1) MnO_2（酸化剤）がHClを酸化することによって Cl_2 を発生させている。ただし，酸化剤の強さは $Cl_2 > MnO_2$ だから，加熱に

よってCl_2を反応系から追い出すことによっ
て，この反応が右向きに進行する。

(2)(3) 加熱するので，Cl_2とともにHClとH_2Oも
発生する。まず，Aの水にHClを吸収させ，
さらにBの濃硫酸にH_2Oを吸収させ，乾燥
した塩素が得られる。

④

(1) HF　　(2) HCl　　(3) HF
(4) HI　　(5) HCl

考え方 (1) HFは弱酸，ほかは強酸である。

(2) $H_2 + Cl_2 \longrightarrow 2HCl$

(3)(5) AgFは沈殿しない。AgClは白色，AgBr
は淡黄色，AgIは黄色の沈殿となる。

(4) Br_2やI_2よりCl_2のほうが酸化力が大きいた
め，次の反応が起こり，褐色のBr_2や赤褐色
のI_2が遊離する。

$$2HBr + Cl_2 \longrightarrow 2HCl + Br_2$$
$$2HI \ \ + Cl_2 \longrightarrow 2HCl + I_2$$

⑤

① オゾン　② 紫外線　③ 淡青　④ 酸化

考え方 ①② $3O_2 \longrightarrow 2O_3$ $\Delta H = 284\,kJ$
オゾンの生成反応は吸熱反応なので，電気・
光エネルギーを供給しないと進行しない。

④ オゾンは強い酸化作用をもつ。

(酸性)$O_3 + 2H^+ + 2e^- \longrightarrow O_2 + H_2O$

(中性)$O_3 + H_2O + 2e^- \longrightarrow O_2 + 2OH^-$

⑥

① 黄　② 固　③ 斜方硫黄　④ 単斜硫黄
⑤ ゴム状硫黄　⑥ 同素体　⑦ ゴム状硫黄

考え方 硫黄の同素体には，95℃以下で安定な
斜方硫黄，95℃～119℃で安定な単斜硫黄のほ
か，無定形固体のゴム状硫黄がある。単斜硫黄
とゴム状硫黄を常温・常圧で放置すると，しだ
いに斜方硫黄に変化する。
このうち，二硫化炭素CS_2に溶けるのは，結晶
である斜方硫黄と単斜硫黄で，無定形固体であ

るゴム状硫黄は二硫化炭素には溶けない。

⑦

(1) オ　　(2) カ　　(3) エ　　(4) キ　　(5) イ

考え方 (1) 揮発性の酸の塩に不揮発性の酸を加
えて熱すると，揮発性の酸が遊離する。

$$NaCl + H_2SO_4 \longrightarrow NaHSO_4 + HCl$$

(2) 希硫酸は強酸性を示す。

(3) 濃硫酸は，有機化合物からH：O＝2：1の
割合で奪う作用(脱水作用)がある。

$$C_{12}H_{22}O_{11} \longrightarrow 12C + 11H_2O$$

(4) 熱濃硫酸には酸化作用がある。

$$Cu + 2H_2SO_4 \longrightarrow CuSO_4 + SO_2 + 2H_2O$$

(5) 濃硫酸には水分を吸収する性質(吸湿性)が
ある。

⑧

(1) ① 二酸化硫黄　② 三酸化硫黄
　　③ 発煙硫酸　④ 濃硫酸

(2) 接触法

(3) 工程…B　　触媒…酸化バナジウム(V)

考え方 (1) 三酸化硫黄SO_3を水に吸収させると，
発熱量が大きいために発煙し，かえって吸
収率が悪くなる。そこで，濃硫酸にゆっく
り吸収させて発煙硫酸とした後，希硫酸中
の水と反応させて，96～98％程度の濃硫酸
をつくる。

(3) 工程Bは可逆反応で，反応が進みにくいた
め，酸化バナジウム(V)V_2O_5の触媒を用い
て反応を右向きに進めている。

$$2SO_2 + O_2 \rightleftharpoons 2SO_3$$

⑨

(1) キップの装置　　(2) ① B　② A

(3) ウ，エ，カ

考え方 (2) 活栓を開くと，Bの部分で固体と液
体が接触し，気体が発生する。活栓を閉じ
ると内部の気体の圧力によりB内の液体が

Cのほうに押し下げられ，固体と液体の接触がなくなって，気体の発生が止まる。

(3) 硫化水素H_2Sは，無色・腐卵臭の有毒な気体で還元作用をもつ。

$$H_2S \longrightarrow S + 2H^+ + 2e^-$$

⑩

(1) 反応で生じた水が加熱部分に流れ込み，試験管が破損するのを防ぐため。

(2) イ　　(3) 上方置換

(4) 濃塩酸をつけたガラス棒を近づけ，白煙が生じることで確認する。

考え方 (2) 塩基性のNH_3の乾燥には，中性または塩基性の乾燥剤を用いる。濃硫酸は酸性の乾燥剤で，NH_3を吸収するので不適である。また$CaCl_2$は中性の乾燥剤であるが，アンモニアとは反応して$CaCl_2 \cdot 8NH_3$を生じるため，使用できない。

⑪

(1) B　　(2) A　　(3) B　　(4) B

(5) A

考え方	色	におい	溶解性	製法
NO	無色	——	水に不溶	銅と希硝酸
NO$_2$	赤褐色	刺激臭	水に可溶	銅と濃硝酸

NOは空気中で速やかに酸化されて，NO_2になる性質がある。

$$2NO + O_2 \longrightarrow 2NO_2$$

⑫

(1) エ　　(2) ア

考え方 (1) Al，Fe，Niは，濃硝酸には不動態となるため不溶であるが，希硝酸には可溶である。

(2) 濃硝酸は鉄容器に保存されることがある。

⑬

① 黄リン　② 赤リン　③ 毒　④ 自然発火

⑤ 十酸化四リン　⑥ 白　⑦ 乾燥剤

⑧ リン酸

考え方	分子構造	発火点	毒性	自然発火
黄リン	P$_4$分子	35℃	猛毒	する
赤リン	P$_x$分子	260℃	微毒	しない

⑤ $4P + 5O_2 \longrightarrow P_4O_{10}$

⑥⑦ 十酸化四リンP_4O_{10}は，吸湿性の強い白色の粉末で，強力な乾燥剤に用いられる。

⑧ $P_4O_{10} + 6H_2O \longrightarrow 4H_3PO_4$

リン酸は中程度の強さをもつ3価の酸である。

⑭

① 酸　② ドライアイス　③ 不完全燃焼

④ 無　⑤ 無

考え方 ①② 二酸化炭素は無色・無臭の気体で，水に少し溶けて弱い酸性を示す。

$$CO_2 + H_2O \rightleftharpoons [H_2CO_3] \rightleftharpoons H^+ + HCO_3^-$$

③〜⑤ 一酸化炭素は無色・無臭の気体で水に溶けにくい。また，COは血液中のヘモグロビンと強く結合し，その酸素運搬能力を失わせるため，きわめて毒性が強い。

⑮

① 水酸化ナトリウム(炭酸ナトリウム)

② 水ガラス　③ ケイ酸

④ シリカゲル　⑤ 乾燥剤(吸着剤)

考え方 ① SiO_2を$NaOH$やNa_2CO_3とともに加熱すると，ケイ酸ナトリムNa_2SiO_3が得られる。

$$SiO_2 + 2NaOH \longrightarrow Na_2SiO_3 + H_2O$$
$$SiO_2 + Na_2CO_3 \longrightarrow Na_2SiO_3 + CO_2$$

③ $Na_2SiO_3 + 2HCl \longrightarrow H_2SiO_3 + 2NaCl$
　　弱酸の塩　　強酸　　　　　弱酸　　強酸の塩

④ シリカゲル($SiO_2 \cdot nH_2O$ ($0 < n < 1$))は多

孔質の固体で，表面積が大きく，さまざま
な分子を吸着するので，乾燥剤，吸着剤に
用いられる。

⑯

(1) ②

(2) ① 製法…イ
　　　反応式…NaCl＋H₂SO₄
　　　　　　　　　　　$\longrightarrow$ NaHSO₄＋HCl
　　② 製法…ウ
　　　反応式…2NH₄Cl＋Ca(OH)₂
　　　　　　　　　$\longrightarrow$ CaCl₂＋2H₂O＋2NH₃
　　③ 製法…エ
　　　反応式…CaCO₃＋2HCl
　　　　　　　　　$\longrightarrow$ CaCl₂＋H₂O＋CO₂
　　④ 製法…ア
　　　反応式…FeS＋H₂SO₄
　　　　　　　　　　　$\longrightarrow$ FeSO₄＋H₂S

(3) ① イ　② ア　③ エ　④ ウ

[考え方] (2)① 揮発性の酸の塩＋不揮発性の酸
　　　　　　　$\longrightarrow$ 不揮発性の酸の塩＋揮発性の酸
　　② 弱塩基の塩＋強塩基
　　　　　　　　　$\longrightarrow$ 強塩基の塩＋弱塩基
　　③④ 弱酸の塩＋強酸 $\longrightarrow$ 強酸の塩＋弱酸
(3) ①は酸性の気体で，リトマス紙を赤変する。
　　②は塩基性の気体で，リトマス紙を青変する。
　　③は無色・無臭の気体で，石灰水を白濁さ
　　せる。④は無色・腐卵臭の気体である。

2章 金属元素とその化合物

3章 無機物質と人間生活 ·· p.184

❶

① 1　② 1　③ 陽　④ 酸化　⑤ 水素
⑥ 塩基　⑦ 炎色反応　⑧ 赤　⑨ 黄
⑩ 赤紫　⑪ 2　⑫ 2　⑬ 陽
⑭ アルカリ土類金属　⑮⑯ ベリリウム，
　　マグネシウム(順不同)　⑰ 水素

[考え方] 2族元素のBe，Mg，Ca，Sr，Ba，Ra
の6元素をまとめてアルカリ土類金属という。
ただし，ベリリウムBe，マグネシウムMgは炎
色反応を示さず，常温の水とも反応しないこと
から，ほかの4元素とは少し性質に違いがある
ので，アルカリ土類金属に含めないこともある。
カルシウムCaは常温の水とも反応して水素を
発生し，水酸化カルシウムを生成する。
　　　Ca＋2H₂O $\longrightarrow$ Ca(OH)₂＋H₂

❷

① 塩化ナトリウム　② 炭酸水素ナトリウム
③ NaCl　④ NaHCO₃　⑤ 石灰石
⑥ CaCO₃　⑦ 炭酸水素ナトリウム
⑧ NaHCO₃　⑨ 塩化アンモニウム
⑩ Ca(OH)₂　⑪ CaCl₂

[考え方] 炭酸ナトリウムの工業的製法をアンモ
ニアソーダ法(ソルベー法)という。
　　NaCl＋NH₃＋CO₂＋H₂O
　　　　　　　$\longrightarrow$ NaHCO₃＋NH₄Cl　… (i)
　　CaCO₃ $\longrightarrow$ CaO＋CO₂ ················(ii)
　　CaO＋H₂O $\longrightarrow$ Ca(OH)₂ ···············(iii)
　　2NaHCO₃ $\longrightarrow$ Na₂CO₃＋CO₂＋H₂O … (iv)
　　2NH₄Cl＋Ca(OH)₂
　　　　　　　$\longrightarrow$ CaCl₂＋2NH₃＋2H₂O　… (v)
(i)～(v) を1つの反応式にまとめると，
　　2NaCl＋CaCO₃ $\longrightarrow$ Na₂CO₃＋CaCl₂ … (vi)
(vi)の反応は，CaCO₃が沈殿するので，本来，
左向きにしか進まない。しかし，NH₃をうまく
利用することによって，右向きに反応を進行さ
せている。

❸

① ウ　② イ　③ キ　④ ウ　⑤ ク
⑥ ウ　⑦ ア

[考え方] ①～⑦の反応式は次の通りである。
① NaOH＋HCl $\longrightarrow$ NaCl＋H₂O
② NaCl水溶液を電気分解すると，陰極付近に
　　NaOHが生じる。
③ 2NaOH＋CO₂ $\longrightarrow$ Na₂CO₃＋H₂O

④ $Na_2CO_3 + 2HCl \longrightarrow 2NaCl + H_2O + CO_2$

⑤ $NaCl + NH_3 + CO_2 + H_2O$
$\longrightarrow NaHCO_3 + NH_4Cl$

⑥ $NaHCO_3 + HCl \longrightarrow NaCl + H_2O + CO_2$

⑦ $2NaHCO_3 \longrightarrow Na_2CO_3 + H_2O + CO_2$

❹

(1) B (2) C (3) C (4) A

(5) C (6) A

考え方 (1) Mgは熱水とは反応するが, 常温の水とは反応しない。

(2) $Mg(OH)_2$は水に溶けにくく, 弱塩基に分類される。一方$Ca(OH)_2$, $Ba(OH)_2$は水に溶け, 水溶液は強い塩基性を示す。

(3) Mgは炎色反応を示さないが, Caは橙赤色, Baは黄緑色の炎色反応を示す。

(5) $MgSO_4$は水に可溶であるが, $CaSO_4$, $BaSO_4$は水に不溶である。

(6) 2族元素の炭酸塩($MgCO_3$, $CaCO_3$, $BaCO_3$)はすべて水に不溶である。

❺

(1) B (2) A (3) B (4) A

(5) C (6) A (7) A

考え方 (1) AlはAl^{3+}, ZnはZn^{2+}になる。

(2) Al, Znともに塩酸に溶け水素を発生する。

(3) 濃硝酸で不動態となるのはAl, Fe, Niである。

(4) AlやZnは両性金属で, その単体は酸の水溶液にも強塩基の水溶液にも溶ける。

(5) $Al(OH)_3$は過剰のアンモニア水に不溶であるが, $Zn(OH)_2$は過剰のアンモニア水に溶ける。

(6)(7) $Al(OH)_3$や$Zn(OH)_2$は両性水酸化物, Al_2O_3やZnOは両性酸化物とよばれ, いずれも酸の水溶液にも強塩基の水溶液にも溶ける。

❻

① 硫酸銅(Ⅱ) ② 水酸化銅(Ⅱ) ③ 深青

④ 酸化銅(Ⅱ) ⑤ 赤 ⑥ 酸化銅(Ⅰ)

考え方 ①〜⑥の反応式は次の通りである。

① $Cu + 2H_2SO_4 \longrightarrow CuSO_4 + SO_2 + 2H_2O$

② $Cu^{2+} + 2OH^- \longrightarrow Cu(OH)_2$

③ $Cu(OH)_2 + 4NH_3 \longrightarrow [Cu(NH_3)_4]^{2+} + 2OH^-$

④ $Cu(OH)_2 \longrightarrow CuO + H_2O$

⑤⑥ $4CuO \xrightarrow{1000℃以上} 2Cu_2O + O_2$

❼

(1) Fe^{3+} (2) Fe^{3+} (3) Fe^{2+}

(4) Fe^{3+} (5) Fe^{2+}

考え方 (1) Fe^{3+}を含む水溶液に塩基を加えると, $FeO(OH)$(赤褐色沈殿)を生じる。

(2) Fe^{3+}は$K_4[Fe(CN)_6]$と反応して濃青色沈殿(ベルリンブルー)を生じる。

(3) Fe^{2+}は$K_3[Fe(CN)_6]$と反応して濃青色沈殿(ターンブルブルー)を生じる。

(4) Fe^{3+}はSCN^-と反応して血赤色溶液になる。

(5) $Fe^{2+} + 2OH^- \longrightarrow Fe(OH)_2$(緑白色沈殿)

❽

(1) ⓐ AgCl ⓑ $FeO(OH)$, $Al(OH)_3$
ⓒ $FeO(OH)$ ⓓ $Na[Al(OH)_4]$
ⓔ $CaCO_3$

(2) アンモニア水, チオ硫酸ナトリウム水溶液

(3) 沈殿を塩酸に溶かした後, ヘキサシアニド鉄(Ⅱ)酸カリウム水溶液を加え, 濃青色沈殿を生じることを確認する。

(4) $Al(OH)_3 + NaOH \longrightarrow Na[Al(OH)_4]$

考え方 (1) ⓐ $Ag^+ + Cl^- \longrightarrow AgCl$
ⓑ $Fe^{3+} + 3OH^- \longrightarrow FeO(OH) + H_2O$
$Al^{3+} + 3OH^- \longrightarrow Al(OH)_3$
ⓓ $Al(OH)_3 + OH^- \longrightarrow [Al(OH)_4]^-$
ⓔ $Ca^{2+} + CO_3^{2-} \longrightarrow CaCO_3$

(3) 沈殿を塩酸に溶解し, KSCN水溶液を加えると血赤色溶液になることでも確認できる。

(4) Al(OH)₃は両性水酸化物なので，過剰の水酸化ナトリウム水溶液に溶ける。

⑨
① ア　② カ　③ イ　④ キ　⑤ オ
⑥ エ　⑦ ウ　⑧ ク

考え方 ② 水酸化カルシウム Ca(OH)₂ の水溶液を石灰水という。
③ 炭酸カルシウム CaCO₃ は石灰石とよばれるが，その純粋なものは大理石である。
④ 酸化カルシウム CaO は生石灰とよばれる。
⑤ 硫酸カルシウム二水和物 CaSO₄·2H₂O はセッコウ，硫酸カルシウム半水和物
CaSO₄·$\frac{1}{2}$H₂O は焼きセッコウという。
⑥ 塩化次亜塩素酸カルシウム一水和物 CaCl(ClO)·H₂O をさらし粉という。
⑦ 硫酸カリウムアルミニウム十二水和物 AlK(SO₄)₂·12H₂O をミョウバンという。
⑧ 水酸化カルシウム Ca(OH)₂ は消石灰とよばれる。

⑩
(1) ① 銑鉄　② 二酸化ケイ素　③ スラグ
　　④ 鋼
(2) $Fe_2O_3 + 3CO \longrightarrow 2Fe + 3CO_2$

考え方 (1) 溶鉱炉から得られた鉄は銑鉄とよばれ，炭素を約 4 % 含み，硬いがもろい。
銑鉄を転炉に入れ，酸素 O₂ によって不純物を除き，同時に炭素量 2 ～ 0.2 % 程度を減らすと，強靭で粘りのある鋼が得られる。
石灰石は熱分解して酸化カルシウムとなり，鉄鉱石中の二酸化ケイ素と反応して，ケイ酸カルシウムになる。これをスラグという。
$$CaCO_3 \longrightarrow CaO + CO_2$$
$$CaO + SiO_2 \longrightarrow CaSiO_3$$

⑪
(1) ① イオン化傾向　② ボーキサイト
　　③ 水酸化アルミニウム
　　④ 酸化アルミニウム(アルミナ)
　　⑤ 氷晶石　⑥ 溶融塩電解(融解塩電解)
(2) **320 mol**

考え方 (1) 酸化アルミニウム Al₂O₃ の融点は高いので，氷晶石 Na₃AlF₆ の融解液に少しずつ Al₂O₃ を加えながら，約 960 ℃ で電気分解を行う(溶融塩電解)。
(2) 陽極で起こる反応は，
$$C + O^{2-} \longrightarrow CO + 2e^-$$
$$C + 2O^{2-} \longrightarrow CO_2 + 4e^-$$
したがって，陽極を流れた電子の物質量は，
$$80 \times 2 + 200 \times 4 = 960 \,\text{mol}$$
陰極で起こる反応は $Al^{3+} + 3e^- \longrightarrow Al$ なので，得られるアルミニウムは，
$$960 \times \frac{1}{3} = 320 \,\text{mol}$$

⑫
(1) キ　(2) イ　(3) ウ　(4) ア　(5) オ
(6) カ　(7) エ

考え方 各合金をつくる金属(○は主成分)は次の通り。
(1)(Fe), Cr, Ni　(2)(Ni), Cr
(3)(Cu), Sn　(4)(Cu), Zn　(5)(Cu), Ni
(6)(Al), Cu, Mg　(7)(Sn), Ag, Cu

⑬
① 電解精錬　② 陽　③ 陰　④ 硫酸銅(Ⅱ)
⑤ 酸化　⑥ 還元　⑦ 陽極泥

考え方 それぞれの電極で起こる反応は，
陽極：$Cu \longrightarrow Cu^{2+} + 2e^-$
陰極：$Cu^{2+} + 2e^- \longrightarrow Cu$
粗銅中の不純物のうち，イオン化傾向の小さい銀 Ag や金 Au などは，イオン化せず，単体のまま陽極の下に沈殿する(陽極泥)。イオン化傾向の大きい亜鉛 Zn やニッケル Ni，鉄 Fe などは，

イオンとなって溶け出すが，低電圧のため，陰極に析出することなく，イオンのまま水溶液中に残る。このように，電気分解を利用して，金属の純度を高める操作を電解精錬という。

⑭

(1) カ　　(2) ウ　　(3) イ　　(4) ア
(5) エ　　(6) オ

考え方 (1) セメントの主成分は石灰石である。
(2) ケイ砂 SiO_2 にホウ砂（主成分 $Na_2B_4O_7$）を加えてつくられる耐熱性のあるガラスである。
(3) ケイ砂に Na_2CO_3 や PbO を加えてつくられるガラスで，光の屈折率が大きく，光学レンズに用いられる。
(4) ケイ砂だけでつくられたガラスで，繊維状に加工したものは光ファイバーに用いられる。
(5) 陶磁器の原料は，陶土（良質の粘土）に石英や長石の粉末を加えたものである。
(6) ケイ砂に Na_2CO_3 や $CaCO_3$ を加えてつくられるガラスで，窓ガラス，びんなどに用いられる。

4編 有機化合物

1章 有機化合物の特徴 …… p.196

❶

イ，エ，カ

考え方 有機化合物を構成する元素の種類は少ないが，炭素原子どうしが共有結合で鎖状や環状に結合して多種類の化合物をつくる。
有機化合物は融点・沸点が低く，可燃性で，高温では分解してしまうものが多い。また，非電解質で，水に溶けにくく，有機溶媒に溶けやすいものが多い。

❷

① 示性式　② 構造式　③ 組成式
④ 分子式

考え方 有機化合物には次のような表し方がある。

　　CH_3COOH　　$C_2H_4O_2$　　CH_2O

構造式　　　　示性式　　　分子式　　組成式

❸

オ

考え方 異性体は，分子式は等しいが，性質が異なる物質である。異性体のうち，原子の並び方が異なるものを構造異性体といい，立体構造が異なるものを立体異性体という。

❹

(1) 元素分析
(2) a…ウ　　b…オ　　c…ア
(3) A…水　　B…二酸化炭素

考え方 (2)(3) **a** には，試料を完全燃焼させるために酸化銅（Ⅱ）を入れる。
吸収管 **A** には塩化カルシウムを入れて水を吸収させ，吸収管 **B** にはソーダ石灰（NaOH＋CaO）を入れて二酸化炭素を吸収させる。ソーダ石灰は塩基性の乾燥剤なので，**A** に入れると水と二酸化炭素の両方を吸収してしまい，炭素と水素の質量を別々に求めることができなくなる。

⑤

(1) C…**1.04mg**　H…**0.26mg**
　　O…**0.70mg**
(2) **C₂H₆O**

考え方 (1) Cの質量 $= 3.82 \times \dfrac{12}{44} ≒ 1.04\,\text{mg}$

　　Hの質量 $= 2.34 \times \dfrac{2.0}{18} = 0.26\,\text{mg}$

　　Oの質量 $= 2.00 - (1.04 + 0.26) = 0.70\,\text{mg}$

(2) C，H，Oの原子の数の比は，
　　$\text{C} : \text{H} : \text{O} = \dfrac{1.04}{12} : \dfrac{0.26}{1.0} : \dfrac{0.70}{16}$
　　　　　　$= 0.0866 : 0.26 : 0.0437$
　　　　　　$≒ 2 : 6 : 1$
　　　　　　(最小の数を1とおく)
　　よって，組成式は C_2H_6O である。

⑥

$C_2H_4O_2$

考え方 酸素の割合は，
　　$100 - (40 + 6.6) = 53.4\,\%$
C，H，Oの原子の数の比は，
　　$\text{C} : \text{H} : \text{O} = \dfrac{40}{12} : \dfrac{6.6}{1.0} : \dfrac{53.4}{16}$
　　　　　　　$= 3.33 : 6.6 : 3.33 ≒ 1 : 2 : 1$
よって，組成式は CH_2O（式量30）である。
　　$n = \dfrac{\text{分子量}}{\text{組成式の式量}} = \dfrac{60}{30} = 2$
したがって，分子式は $C_2H_4O_2$ である。

2章 脂肪族炭化水素 ………… p.208

❶

(1) ア　　(2) エ　　(3) オ　　(4) ウ
(5) イ

考え方 (2)(3) 環式炭化水素のうち，ベンゼン環をもつものを芳香族炭化水素といい，ベンゼン環をもたないものを脂環式炭化水素という。脂環式炭化水素には，シクロアルカンやシクロアルケンなどがある。
(4)(5) 鎖式炭化水素のうち，C＝C結合を1個ももつものをアルケン，C≡C結合を1個ももつものをアルキンという。

❷

(1) **アとウ**　　(2) **エとカ（オとカ）**
(3) **エとオ**

考え方 各物質の名称は次の通りである。
　　ア，ウ…1,1-ジクロロエタン
　　イ…1,1,2-トリクロロエタン
　　エ…トランス-1,2-ジクロロエチレン
　　オ…シス-1,2-ジクロロエチレン
　　カ…1,1-ジクロロエチレン
(1) **ア**と**ウ**はC-C結合を回転させると重なり合うので，同一物質である。

❸

(1) **3種類**　　(2) **6種類**

考え方 (1) 分子式 C_5H_{12} は一般式 C_nH_{2n+2} に該当するので，アルカンである。主鎖の炭素数ごとに場合分けして数えていくとよい。
(i) CH₃-CH₂-CH₂-CH₂-CH₃
(ii) CH₃-CH-CH₂-CH₃　　(iii) CH₃-C-CH₃
　　　　｜　　　　　　　　　　　｜
　　　　CH₃　　　　　　　CH₃　CH₃

(i)はペンタン，(ii)は2-メチルブタン，(iii)は2,2-ジメチルプロパンという。
(2) 分子式 C_4H_8 は一般式 C_nH_{2n} に該当するので，**アルケンまたはシクロアルカン**である。ア

ルケンでは主鎖の炭素数ごと，シクロアルカンでは環構造の炭素数ごとに場合分けして数えていくとよい。なお，単に異性体と言われた場合は，構造異性体のほか，立体異性体(シス-トランス異性体，鏡像異性体)も考慮する必要がある。

(i) $H_2C=CH-CH_2-CH_3$ ... (structure)

(ii) (structure) (iii) (structure)

(iv) (structure)

(v) H_2C-CH_2 / H_2C-CH_2 (vi) CH_2 / $H_2C-CH-CH_3$

(i)は1-ブテン，(ii)はシス-2-ブテン，(iii)はトランス-2-ブテン，(iv)は2-メチルプロペン，(v)はシクロブタン，(vi)はメチルシクロプロパンという。

④

(1) $CH_3CH(CH_3)CH_3$
(2) $CH_3CH_2CH_2CH_3$
(3) $CH_2=CHCH_2CH_3$
(4) $CH_2=CHCl$
(5) CH_2ClCH_2Cl
(6) $CH_2=CCl_2$

考え方 示性式では，C=C結合やC≡C結合の線(価標)は官能基として扱うので，省略せずに書く。また，枝分かれの部分は( )で示す。

⑤

(1) $H-C≡C-H$
(2) $CaC_2 + 2H_2O \longrightarrow Ca(OH)_2 + C_2H_2$
(3) 臭素の赤褐色が消え，無色になる。

考え方 (1) 炭化カルシウムCaC_2は，Ca^{2+}と$(C≡C)^{2-}$からなるイオン結晶で，水を加えるとただちに加水分解が起こり，$C_2^{2-} + 2H^+ \longrightarrow C_2H_2$(アセチレン)が発生する。

(3) アセチレンの三重結合に臭素が付加反応する。

$CH≡CH + Br_2 \longrightarrow CHBr=CHBr$

⑥

(1) B　　(2) A　　(3) A　　(4) B

考え方 (1)(4) アルカンは，光の存在下でハロゲンと置換反応を行うが，付加反応は行わない。
(2)(3) アルケンのC=C結合やアルキンのC≡C結合は，ハロゲンやハロゲン化水素，水などと付加反応を行うが，置換反応は行わない。

⑦

① 炭素　② アルカン　③ アルケン
④ アルキン　⑤ メタン　⑥ C_nH_{2n+2}
⑦ 4　⑧ 構造異性体　⑨ 二重結合
⑩ C_nH_{2n}　⑪ シクロアルカン
⑫ 三重結合　⑬ C_nH_{2n-2}　⑭ 置換
⑮ 付加　⑯ 付加重合

考え方 アルカンの一般式はC_nH_{2n+2}，アルケンとシクロアルカンの一般式はC_nH_{2n}，アルキンとシクロアルケンの一般式はC_nH_{2n-2}である。
一般に，C=C結合や環構造が1か所増えるごとにH原子が2個減り，C≡C結合が1か所増えるごとにH原子が4個減る。
アルカンのおもな反応は置換反応であるが，アルケンやアルキンのおもな反応は付加反応である。

⑧

ウ，オ

考え方 シス-トランス異性体は，C=C結合の炭素原子にそれぞれ異なる原子・原子団が結合した化合物に存在する。

ウ…

$$H_3C \underset{}{\overset{H}{\diagdown}} C=C \overset{H}{\underset{}{\diagup}} CH_3$$
シス-2-ブテン

$$H_3C \underset{}{\overset{H}{\diagdown}} C=C \overset{CH_3}{\underset{}{\diagup}} H$$
トランス-2-ブテン

オ…

$$CH_3-CH_2 \underset{}{\overset{H}{\diagdown}} C=C \overset{H}{\underset{}{\diagup}} CH_3$$
シス-2-ペンテン

$$CH_3-CH_2 \underset{}{\overset{H}{\diagdown}} C=C \overset{CH_3}{\underset{}{\diagup}} H$$
トランス-2-ペンテン

⑨

(1) $C_2H_4 + 3O_2 \longrightarrow 2CO_2 + 2H_2O$

(2) $CH_2=CH_2 + H_2O \longrightarrow CH_3CH_2OH$

(3) $CH\equiv CH + H_2O \longrightarrow CH_3CHO$

(4) $CH\equiv CH + CH_3COOH$
$\longrightarrow CH_2=CHOCOCH_3$

考え方 (2) エチレンに水を付加すると，二重結合のうち1本が切れ，一方のC原子にH，もう一方のC原子にOHが付加し，エタノールが生成する。

(3) アセチレンに水を付加すると生じるビニルアルコール $CH_2=CH(OH)$ は不安定で，ただちにアセトアルデヒドに変化する。

$$\left[H \underset{H}{\overset{H}{\diagdown}} C=C \overset{H}{\underset{OH}{\diagup}} \right] \xrightarrow[\text{Hの移動}]{} H-\underset{H}{\overset{H}{C}}-C \overset{H}{\underset{}{\diagdown}} O$$

(4) アセチレンに酢酸を付加すると，三重結合のうちの1本が切れ，一方のC原子にH，もう一方のC原子にOCOCH₃が付加し，酢酸ビニルが生成する。

⑩
エ

考え方 $C_nH_m + \left(n + \dfrac{m}{4}\right) O_2 \longrightarrow nCO_2 + \dfrac{m}{2} H_2O$
$CO_2 : H_2O = 2 : 1$ より $n = m$ で，これを満たすのはアセチレン C_2H_2 である。

⑪

(1) 置換反応

(2) ① CH_3Cl ② CH_2Cl_2 ③ $CHCl_3$
④ CCl_4

考え方 (1) アルカンは光の存在下でハロゲンとは置換反応が起こる。たとえば，メタンに光を当てながら塩素を作用させると，H原子がCl原子と置換され，種々の塩素置換体の混合物が生成する。

(2) ①はクロロメタン，②はジクロロメタン，③はトリクロロメタン，④はテトラクロロメタンという。

⑫

(1) ウ，エ　　(2) ア，イ　　(3) エ
(4) ア，イ

考え方 (1) エタンとシクロヘキサンは飽和炭化水素で，光を当てるとハロゲンと置換反応を行う。

(2) エチレンとアセチレンは不飽和炭化水素で，各種の分子と付加反応を行う。

(3) C_5以上の炭化水素が該当する。C_6のシクロヘキサンは有機溶媒として用いられる。

(4) 臭素水（赤褐色）の脱色は，C=C結合やC≡C結合の検出に利用される。

3章 酸素を含む脂肪族化合物 … p.224

①

ア，イ，オ

考え方 ア…メタノールは，-OHが結合したC原子には炭化水素基が結合していないが，第一級アルコールに分類される。

ウ…分子量が最も小さいのはメタノールである。

エ…エチレングリコールは1,2-エタンジオールともよばれる2価アルコールである。

カ…ケトンを生じるのは，第二級アルコールを酸化したときである。

❷

① 酸化 　② ホルムアルデヒド
③ アセトアルデヒド　 ④ カルボン酸
⑤ 還元　 ⑥ 銀　 ⑦ 赤　 ⑧ 酸化銅(Ⅰ)

[考え方] ① 第一級アルコールが酸化されると,
　　 アルデヒドが生成する。
② $CH_3OH + (O) \longrightarrow HCHO + H_2O$
③ $CH_3CH_2OH + (O) \longrightarrow CH_3CHO + H_2O$
⑤〜⑧ アルデヒドは還元性を示し, アンモニ
　　 ア性硝酸銀水溶液中の Ag^+ を還元して Ag を
　　 析出させたり(銀鏡反応), フェーリング液
　　 中の Cu^{2+} を還元して Cu_2O の赤色沈殿を生
　　 じさせたりする(フェーリング液の還元)。

❸

(1) $CH_3COOH + C_2H_5OH$
　　　　　　　 $\longrightarrow CH_3COOC_2H_5 + H_2O$
(2) エステル
(3) 触媒
(4) 蒸発したエタノールや酢酸エチルを液体
　　 にして, 反応容器内に戻すはたらき。
(5) けん化

[考え方] (2) カルボン酸の-OH とアルコールの
　　 -H から脱水縮合して得られる化合物をエス
　　 テルという。
(4) このようなはたらきをする冷却器を還流冷
　　 却器という。
(5) エステルを塩基で加水分解することを, 特
　　 にけん化という。
　　 $CH_3COOC_2H_5 + NaOH$
　　　　　　 $\longrightarrow CH_3COONa + C_2H_5OH$

❹

A…H-C-O-CH$_2$-CH$_3$
　　　 ‖
　　　 O
B…CH$_3$-C-O-CH$_3$
　　　 ‖
　　　 O

[考え方] 分子式 $C_3H_6O_2$ のエステルには, ギ酸と
エタノールからなるギ酸エチルと, 酢酸とメタ
ノールからなる酢酸メチルがある。
加水分解生成物Cは銀鏡反応を示すカルボン酸
なのでギ酸である。したがって, Aはギ酸エチ
ル, Dはエタノールである。
また, Bを加水分解すると生じるアルコールは,
酸化によってホルムアルデヒドが得られること
から, メタノールである。

❺

(1) イ, ウ, カ　　　(2) イ, ウ, エ, カ
(3) ア, キ　　　　 (4) オ, ク
(5) ウ, エ　　　　 (6) キ

[考え方] (1)(2)(5) アルコールは中性物質で, 低分
　　 子量のものは水によく溶ける。脱離反応(分
　　 子内脱水)によってアルケン, 縮合反応(分
　　 子間脱水)によってエーテルを生じる。ただ
　　 し, メタノールでは, 脱離反応は起こらない。
　　 また, カルボン酸と反応してエステルを生
　　 じる。メタノールやエタノールなどの第一
　　 級アルコールを酸化するとアルデヒドが生
　　 じ, 2-プロパノールなどの第二級アルコール
　　 を酸化するとケトンが生じる。
(3) カルボン酸は酸性物質で, 低分子のものは
　　 水に溶けやすい。ギ酸はホルミル基をもつ
　　 ため還元性を示し, 銀鏡反応を示す。ただし,
　　 フェーリング液の還元はきわめて起こりに
　　 くい。
(4) エステルは中性物質で, 水に溶けにくい。
　　 酸や塩基によって加水分解される。
(6) アルデヒドは還元性を示し, 銀鏡反応を示
　　 したり, フェーリング液を還元したりする。

❻

A…$(CH_3)_2CHOH$　　　B…$CH_3CH_2CH_2OH$
C…$CH_3CH_2OCH_3$　　 D…$(CH_3)_2CO$
E…CH_3CH_2CHO　　　 F…CH_3CH_2COOH
G…$CH_3CH_2COOCH_2CH_2CH_3$
H…$CH_3CH=CH_2$

考え方 C_3H_8O の異性体には，2種類のアルコールと1種類のエーテルが存在する。

CH₃-CH₂-CH₂-OH   1-プロパノール

$$CH_3-CH-CH_3 \quad \text{2-プロパノール}$$
$$\quad\quad |$$
$$\quad\quad OH$$

CH₃-O-CH₂-CH₃   エチルメチルエーテル

AとBは金属ナトリウムと反応するので，アルコールである。また，Cは金属ナトリウムと反応しないので，エーテルである。

Aを酸化すると還元性を示さないDになるので，Aは第二級アルコール，Dはケトンである。

$$CH_3-CH-CH_3 \xrightarrow{[O]} CH_3-C-CH_3$$
$$\quad\quad | \qquad\qquad\qquad ||$$
$$\quad\quad OH \qquad\qquad\qquad O$$
2-プロパノール（A）　　アセトン（D）

Bを酸化すると還元性を示すEになるので，Bは第一級アルコール，Eはアルデヒドであり，Eをさらに酸化すると得られるFはカルボン酸である。

$$CH_3-CH_2-CH_2-OH \xrightarrow{[O]} CH_3-CH_2-CHO$$
1-プロパノール（B）　　プロピオンアルデヒド（E）
$$\xrightarrow{[O]} CH_3-CH_2-COOH$$
プロピオン酸（F）

カルボン酸とアルコールを反応させると，エステルができる。

$$CH_3CH_2COOH + CH_3CH_2CH_2OH$$
$$\longrightarrow CH_3CH_2COOCH_2CH_3 + H_2O$$
プロピオン酸プロピル（G）

濃硫酸には脱水作用があり，約 $160 \sim 170℃$ では脱離反応（分子内脱水）によってアルケンが生じる。

$$CH_3-CH_2-CH_2-OH \longrightarrow CH_3-CH=CH_2 + H_2O$$
プロペン（H）

❼

(1) C　　(2) B　　(3) C　　(4) A

(5) A　　(6) C

考え方 (1) ともに水中ではミセルとよばれるコロイド粒子をつくるため，チンダル現象が見られる。

(2) 合成洗剤は，カルシウムイオン Ca^{2+} やマグネシウムイオン Mg^{2+} と反応しないため，硬水中でも泡立ち，洗浄作用を示す。

(3) ともに油滴を繊維表面からはがしてミセルの内側に取り込み，水中に分散させる。

(4) セッケンは弱酸の塩なので，塩酸（強酸）を加えると，脂肪酸（弱酸）が遊離する。

$$RCOONa + HCl \longrightarrow RCOOH + NaCl$$

(5) セッケンは弱酸と強塩基からなる塩なので，水中では加水分解して，水溶液は弱塩基性を示す。

$$RCOO^- + H_2O \rightleftharpoons RCOOH + OH^-$$

(6) ともに親水性の部分と疎水性の部分をあわせもった界面活性剤である。

❽

A…エ　B…ア　C…オ　D…ウ　E…イ

考え方 AとCは水に不溶。➡エかオ

Cは果実臭をもつ。➡エステルのオ

Aはジエチルエーテルのエ。

DはNaHCO₃を分解するので，炭酸より強い酸である。➡カルボン酸のウ

Eは還元性を示す。➡アルデヒドのイ

❾

(1) ヨードホルム反応

(2) 名称…ヨードホルム　化学式…CHI_3

(3) イ，オ，カ

考え方 (1)(2) 次の反応により，黄色のヨードホルム CHI_3 が沈殿する。

$$CH_3COCH_3 + 3I_2 + 4NaOH$$
$$\longrightarrow CH_3COONa + CHI_3 + 3NaI + 3H_2O$$

(3) ヨードホルム反応は，$CH_3CH(OH)-$ や CH_3CO- の構造が炭化水素基R-または水素原子Hと結合した化合物で陽性である。

イ $CH_3-CH-(H)$
$\quad\quad\quad |$
$\quad\quad\quad OH$
エタノール

オ $CH_3-CH-(CH_3)$
$\quad\quad\quad |$
$\quad\quad\quad OH$
2-プロパノール

カ $CH_3-C-(H)$
$\quad\quad\quad ||$
$\quad\quad\quad O$
アセトアルデヒド

⑩

15.3 L

考え方 リノール酸 $C_{17}H_{31}COOH$ は，飽和脂肪酸のステアリン酸 $C_{17}H_{35}COOH$ より H 原子が 4 個少ない。つまり，C=C 結合を 2 個もつ。したがって，この油脂 1 分子中には C=C 結合が 6 個含まれるから，油脂 1 mol に対して水素は 6 mol 付加する。

この油脂の示性式は $(C_{17}H_{31}COO)_3C_3H_5$ で，分子量は 878 であるから，付加する水素の体積は，

$$\frac{100\,g}{878\,g/mol} \times 6 \times 22.4\,L/mol ≒ 15.3\,L$$

 ⑪

(1) **884**　　(2) **3 個**

考え方 (1) 油脂 **1 mol** をけん化するのに必要な KOH (式量 56) は **3 mol** であるから，油脂の平均分子量を M とすると，

$$\frac{1}{M} \times 3 \times 56 \times 10^3 = 190$$

$$M ≒ 884$$

(2) 油脂中の C=C 結合 **1 mol** に対して I_2 が **1 mol** 付加するから，油脂 1 分子中の C=C 結合の数を n とすると，

$$\frac{100}{884} \times n \times 254 = 86.2$$

$$n ≒ 3$$

 4章 芳香族化合物

5章 有機化合物と人間生活 … p.244

❶

(1) C_8H_{10}

(2) X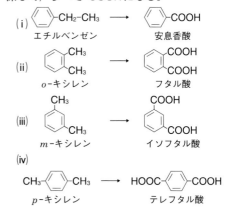

　　Y

　　Z

(3) X…**安息香酸**
　　Y…**フタル酸**
　　Z…**テレフタル酸**

考え方 (1) 元素組成より，

$$C : H = \frac{90.6}{12} : \frac{9.4}{1.0} ≒ 4 : 5$$

したがって，組成式は C_4H_5 (式量 53) である。分子量が 106 なので，

$$n \cdot \frac{106}{53} = 2$$

よって，分子式は C_8H_{10} である。

(2)(3) 分子式 C_8H_{10} で表される芳香族炭化水素には，次の 4 種類の構造異性体が存在する。$KMnO_4$ で酸化すると，側鎖はその長短に関係なく，すべて-COOH になる。

❷

(1) A…C_6H_5Br，ブロモベンゼン
　　B…$C_6H_5NO_2$，ニトロベンゼン
　　C…C_6H_{12}，シクロヘキサン
　　D…$C_6H_5SO_3H$，ベンゼンスルホン酸

(2) D

(3) ① 置換反応　② 置換反応
　　③ 付加反応　④ 置換反応

考え方 ベンゼンは付加反応より置換反応を起こしやすいが，特殊な条件下では付加反応も起こる。

① $C_6H_6 + Br_2 \longrightarrow C_6H_5Br + HBr$

② $C_6H_6 + HNO_3 \longrightarrow C_6H_5NO_2 + H_2O$

③ $C_6H_6 + 3H_2 \longrightarrow C_6H_{12}$

④ $C_6H_6 + H_2SO_4 \longrightarrow C_6H_5SO_3H + H_2O$

(3) 反応③は，副生成物が存在しないので，付加反応と考えられる。

❸

(1) C　　(2) A　　(3) C　　(4) A

(5) B　　(6) A

考え方 〈共通の性質〉

・金属Naと反応してH_2を発生する。

・無水酢酸と反応してエステルを生じる。

〈フェノール類だけの性質〉

・弱酸性の物質で，NaOHと反応して塩をつくる。

・塩化鉄(Ⅲ)水溶液によって呈色する。

・ニトロ化やスルホン化を受けやすい。

〈アルコールだけの性質〉

・中性物質で，NaOHとは反応しない。

・低級のものは水によく溶ける。

・酸化するとアルデヒドやケトンを生じる。

❹

A 　B 　C

考え方 分子式C_7H_8Oで表される芳香族化合物には，次の5種類がある。

アルコール　　　　　　　エーテル

(ⅰ) 　　(ⅱ) OCH₃

フェノール類

(ⅲ) OH CH₃　(ⅳ) OH CH₃　(ⅴ) OH CH₃

Cは金属Naと反応しないので，-OHをもたない(ⅱ)メチルフェニルエーテルである。

Aは金属Naと反応するが，塩化鉄(Ⅲ)水溶液で呈色しないので，アルコール性の-OHをもつ(ⅰ)ベンジルアルコールである。

Bは金属Naと反応し，塩化鉄(Ⅲ)水溶液で呈色するので，フェノール性の-OHをもつ。酸化によりo-位に置換基をもつサリチル酸を生じるので，(ⅲ)のo-クレゾールである。

❺

ア，ウ

考え方 ア… CH₃ $\xrightarrow{[O]}$ COOH

イ…安息香酸は冷水には溶けにくいが，熱水にはかなり溶ける。

ウ…カルボキシ基中に-OHの構造を含むので，カルボン酸も金属Naと反応する。

エ…安息香酸はこれ以上酸化されない。

オ…安息香酸はカルボン酸なので，アルコールとは反応してエステルを生成するが無水酢酸とは反応しない。

6

(1) A

OCOCH₃ / COOH , アセチルサリチル酸

B

OH / COOCH₃, サリチル酸メチル

(2) A…解熱鎮痛剤　B…消炎塗布剤

(3) B　(4) A

(5) ① アセチル化　② エステル化

考え方 サリチル酸は‐OHと‐COOHの両方をもつので，フェノール類とカルボン酸の両方の性質を示す。

(1)(2)(5) サリチル酸の‐OHが無水酢酸と反応すると，アセチル化が起こり，アセチルサリチル酸が生じる。アセチルサリチル酸はアスピリンの商品名で知られる医薬品で，解熱鎮痛剤として用いられる。

（構造式）
OH / COOH ＋ (CH₃CO)₂O
⟶ OCOCH₃ / COOH ＋ CH₃COOH

一方，サリチル酸の‐COOHがメタノールと反応すると，エステル化が起こり，サリチル酸メチルが生じる。サリチル酸メチルはハッカ臭がある医薬品で，消炎塗布薬として用いられる。

（構造式）
OH / COOH ＋ CH₃OH
⟶ OH / COOCH₃ ＋ H_2O

(3) 塩化鉄(Ⅲ)水溶液による呈色反応は，フェノール類の検出に用いられる。

(4) 酸の強さはカルボン酸＞炭酸なので，炭酸より強い酸であるカルボン酸が$NaHCO_3$と反応して二酸化炭素が発生する。

（構造式）
OCOCH₃ / COOH ＋ $NaHCO_3$
⟶ OCOCH₃ / COONa ＋ H_2O ＋ CO_2

7

(1) エ　(2) ウ　(3) イ　(4) ア

考え方 (1) スルホン酸は強酸性物質。

(2) フェノール類は炭酸より弱い弱酸性物質。

(3) カルボン酸は炭酸より強い弱酸性物質。

(4) アミンはアンモニアより弱い弱塩基性物質。

8

(1) 6 種類　(2) エ　(3) ア　(4) ウ，カ

考え方 (1) キシレン $C_6H_4(CH_3)_2$ のベンゼン環に結合しているH原子1個を‐NO_2で置換したものである。o‐キシレンから2種類，m‐キシレンから3種類，p‐キシレンから1種類の合計6種類の構造異性体が生じる。

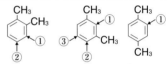

(2) 臭素水と付加反応するのは，C=C結合をもつ物質(エ：スチレン)である。

(3) カルボン酸やスルホン酸は炭酸より強い酸なので$NaHCO_3$と反応するが，フェノール類は炭酸より弱い酸なので$NaHCO_3$とは反応しない。

(4) フェノール類は，塩化鉄(Ⅲ)水溶液によって青～赤紫色に呈色する。ベンジルアルコール(カ)は，‐OHがベンゼン環に直結していないので，フェノール類ではない。

9

(1) 水層Ⅰ…アニリン　水層Ⅱ…安息香酸
　水層Ⅲ…フェノール
　エーテル層Ⅲ…ニトロベンゼン

(2) ① $C_6H_5NH_2 ＋ HCl ⟶ C_6H_5NH_3Cl$
② $C_6H_5COOH ＋ NaHCO_3$
　　⟶ $C_6H_5COONa ＋ CO_2 ＋ H_2O$
③ $C_6H_5OH ＋ NaOH$
　　　⟶ $C_6H_5ONa ＋ H_2O$

考え方 ① 塩基性物質のアニリンがHClaqと
反応してアニリン塩酸塩となり，水層Iに
移る。
② 炭酸より強い酸性物質の安息香酸が
NaHCO₃aqと反応して安息香酸ナトリウム
となり，水層IIに移る。
③ 酸性物質のフェノールがNaOHaqと反応し
てナトリウムフェノキシドとなり，水層III
に移る。
なお，ニトロベンゼンは中性物質なので，酸と
も塩基とも反応せず，エーテル層IIIに残る。

⑩
(1) A —ONa，ナトリウムフェノキシド

B ⟨⟩—N⁺≡NCl⁻ ，
塩化ベンゼンジアゾニウム

C ⟨⟩—N=N—⟨⟩—OH ，
***p*-フェニルアゾフェノール**
(*p*-ヒドロキシアゾベンゼン)

(2) **赤橙色**
(3) ① **中和** ② **ジアゾ化** ③ **カップリング**
(4) **塩化ベンゼンジアゾニウムは不安定で，**
常温でも分解されるから。

考え方 (3)① フェノールは酸性物質であり，
NaOHにより中和される。

⟨⟩—OH ＋ NaOH

⟶ ⟨⟩—ONa ＋ H₂O

② 芳香族アミンからジアゾニウム塩をつく
る反応をジアゾ化という。

⟨⟩—NH₂ ＋ 2HCl ＋ NaNO₂

⟶ ⟨⟩—N₂Cl ＋ NaCl ＋ 2H₂O

③ ジアゾニウム塩が芳香族化合物と反応し
てアゾ化合物を生成する反応をカップリ
ングという。

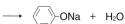

⟶ ⟨⟩—N=N—⟨⟩—OH ＋ NaCl

(4) 塩化ベンゼンジアゾニウムは，温度が上が
ると次のように加水分解する。

⟨⟩—N₂Cl ＋ H₂O

⟶ ⟨⟩—OH ＋ N₂ ＋ HCl

⑪
(1) **ウ** (2) **イ** (3) **ア** (4) **エ**

考え方 (1) 陽イオン界面活性剤は逆性セッケン
ともよばれ，洗浄力は小さいが，殺菌力が
大きい。
(2) 陰イオン界面活性剤は，多くの衣料用・台
所用洗剤に用いられており，洗浄力が大き
い。
(3) 非イオン界面活性剤は，生体に対する作用
(脱脂力)が小さく，液体洗剤として用いら
れる。
(4) 両性界面活性剤は，分子中に正電荷と負電
荷をあわせもち，酸性，塩基性でも洗浄力
を失わない。

⑫
(1) **生薬** (2) **化学療法薬**
(3) **対症療法薬** (4) **抗生物質**
(5) **耐性菌** (6) **副作用**

考え方 (4) 微生物がつくり出し，ほかの微生物
の生育を妨げる医薬品を抗生物質といい，
細菌による感染症の治療に利用される。
(5) 抗生物質などの薬剤に対して抵抗性をもつ
細菌類を耐性菌という。抗生物質の多用は，
耐性菌の増加につながる。
(6) 医薬品が生物に与える作用を薬理作用とい
い，そのうち，有効な作用を主作用(薬効)，
有害な作用を副作用という。

⑬

(1) ① アセチル　② 解熱鎮痛
　　③ アセチルサリチル酸
　　④ 消炎塗布　⑤ サリチル酸メチル
　　⑥ 対症療法薬　⑦ 化学療法薬

(2) A

$\text{(構造式)}\quad + \quad (CH_3CO)_2O$

$\longrightarrow \quad \text{(構造式)OCOCH}_3 \quad + \quad CH_3COOH$
　　　　　　　　COOH

B

$\text{(構造式)OH}\quad + \quad CH_3OH$
　　　　COOH

$\longrightarrow \quad \text{(構造式)OH} \quad + \quad H_2O$
　　　　　　　　COOCH$_3$

(3) **2.6 g**

考え方 (3) サリチル酸(分子量138) 1 mol と無
水酢酸(分子量102) 1 mol から，アセチル
サリチル酸(分子量180) 1 mol が生じる。
サリチル酸と無水酢酸の物質量を比較する
と，

　　サリチル酸 : $\dfrac{2.0}{138}$ mol

　　無水酢酸 : $\dfrac{4.0}{102}$ mol

サリチル酸のほうが少ない。
したがって，生成するアセチルサリチル酸
の物質量はサリチル酸の物質量と等しくな
り，無水酢酸が余ることがわかる。生成す
るアセチルサリチル酸の質量は，

　　$180 \times \dfrac{2.0}{138} \fallingdotseq 2.6$ g

⑭

① アミノ　② 還元　③ 酸化
④ 界面活性
(1) ウ　　(2) エ　　(3) イ　　(4) ア
(5) オ

考え方 (1) 酸性染料・塩基性染料は，染料中の
$-SO_3^-$ や $-NH_3^+$ などの部分が，繊維中の
$-NH_3^+$ や $-COO^-$ などの部分とイオン結合し
て染着する。

(2) アリザリンは代表的な媒染染料で，金属イ
オンを媒介として，繊維と染料分子を染着
させる。

(3) 藍のインジゴは代表的な建染染料で，還元
してから繊維に染着させる。その後，空気
で酸化すると，青色に発色する。

(5) 分散染料は水に不溶な染料で，界面活性剤
で乳化して水中に分散させた後，繊維に染
着させる。

5編
高分子化合物

1章 天然高分子化合物 …… p.274

①

① 単量体(モノマー)　② 重合体(ポリマー)
③ 重合度　④ 付加重合　⑤ 縮合重合
⑥ 共重合

考え方 高分子化合物をつくる小さな分子を単量体(モノマー)といい，これらが多数結合した大きな分子を重合体(ポリマー)という。また重合体をつくる単位構造の数を重合度という。付加反応の繰り返しによる重合が付加重合，縮合反応の繰り返しによる重合が縮合重合，2種類以上の単量体による重合が共重合である。

②

① $C_6H_{12}O_6$　② 単糖類
③ ガラクトース(マンノース)
④ フルクトース　⑤ α　⑥ β　⑦ 平衡
⑧ 還元性　⑨ ホルミル(アルデヒド)

考え方 グルコースとガラクトース，マンノースは立体異性体，グルコースとフルクトースは構造異性体の関係にある。

α-グルコース　α-ガラクトース
α-マンノース　β-フルクトース

グルコースとガラクトースやマンノースは，ホルミル基-CHOをもつことからアルドースとよばれ，フルクトースはカルボニル基>COをもつことからケトースとよばれる。
グルコースの水溶液中(25℃)では，α型のものとβ型のものが1:2，鎖状のものが少量という割合で平衡状態に達している。

③

① $C_{12}H_{22}O_{11}$　② 二糖類　③ 麦芽糖
④ グルコース　⑤ ホルミル基(アルデヒド基)
⑥ 転化糖　⑦ 示す　⑧ 乳糖
⑨ ガラクトース　⑩ 示す

考え方 マルトースはα-グルコースと別のグルコースが脱水縮合したもので，水溶液は還元性を示す。
スクロースはα-グルコースとβ-フルクトースが脱水縮合したもので，それぞれの還元性を示す部分で縮合しているため，還元性を示さない。スクロースの加水分解は転化とよばれる。転化によって生じるグルコースとフルクトースの等量混合物は転化糖とよばれ，その水溶液は還元性を示す。
ラクトースはβ-ガラクトースと別のグルコースが脱水縮合したもので，水溶液は還元性を示す。

④

① 多糖類　② アミロース
③ アミロペクチン　④ デキストリン
⑤ 還元
⑥ ヨウ素-ヨウ化カリウム溶液(ヨウ素溶液)
⑦ ヨウ素デンプン反応

考え方 デンプンは，直鎖状構造のアミロースと，枝分かれ構造のアミロペクチンからなる。アミロースは比較的分子量が小さく，熱水に溶ける。アミロペクチンは比較的分子量が大きく，熱水にも溶けない。
デンプンを酵素アミラーゼで加水分解すると，分子量がやや小さくなった多糖類(デキストリン)を経て，二糖類のマルトースになる。

デンプンのらせん構造にヨウ素I_2の分子が取り込まれると，青～青紫色に呈色する。なお，純粋なアミロースでは濃青色，純粋なアミロペクチンでは赤紫色となり，グリコーゲンでは赤褐色となる。

❺

(1) ① カルボキシ　② アミノ
　　③ 双性イオン　④ グリシン
　　⑤ $CH_2(NH_2)COOH$　⑥ ニンヒドリン
　　⑦ 紫　⑧ ペプチド　⑨ ポリペプチド

(2) A
$$\begin{array}{c} H \\ R-\overset{|}{\underset{|}{C}}-COO^- \\ NH_3^+ \end{array}$$
　　B
$$\begin{array}{c} H\ O\ \ \ \ H\ O \\ H_2N-\overset{|}{\underset{|}{C}}-\overset{||}{C}-\overset{|}{\underset{|}{N}}-\overset{|}{\underset{|}{C}}-\overset{||}{C}-OH \\ R\ \ \ \ \ H\ R' \end{array}$$

(3) 酸性
$$\begin{array}{c} H \\ R-\overset{|}{\underset{|}{C}}-COOH \\ NH_3^+ \end{array}$$
　　塩基性
$$\begin{array}{c} H \\ R-\overset{|}{\underset{|}{C}}-COO^- \\ NH_2 \end{array}$$

考え方 (1) **アミノ酸**は，結晶中では**カルボキシ基**-COOHから**アミノ基**-NH₂へ**水素イオン**H⁺が移動した，**双性イオン**の形で存在している。そのため，アミノ酸の結晶は，イオン結晶のように融点が高く，水に溶けやすく，有機溶媒に溶けにくいものが多い。
　アミノ酸にニンヒドリン溶液を加えて温めると，赤紫～青紫色に発色する。この反応を**ニンヒドリン反応**といい，**アミノ基**-NH₂の検出に利用される。
　アミノ酸どうしが脱水縮合して生じたアミド結合-CO-NH-は，特に**ペプチド結合**とよばれる。

(3) 酸性の水溶液中では，アミノ酸は-COO⁻の部分がH⁺を受け取って-COOHとなり，全体としては陽イオンとなる。塩基性の水溶液中では，アミノ酸は-NH₃⁺の部分がH⁺を放出して-NH₂となり，全体としては陰イオンとなる。

❻

(1) ① ペプチド　② 一次構造　③ 水素
　　④ α-ヘリックス　⑤ β-シート
　　⑥ 二次構造　⑦ 三次構造

(2) システイン

(3) イオン結合，ファンデルワールス力，水素結合

考え方 (1) ペプチド結合-CONH-の部分では，>C=O…H-N<のような水素結合が形成され，この水素結合によって，α-ヘリックス構造やβ-シート構造などの二次構造ができる。

(2) ジスルフィド結合-S-S-は，2個のシステインのチオール基-SHが酸化されてできる構造で，タンパク質の立体構造の維持に重要な役割を果たしている。

(3) ポリペプチドの側鎖（R-）間にはたらく相互作用によって，三次構造ができあがる。

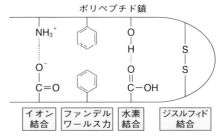
ポリペプチド鎖

❼

(1) 反応の名称…ビウレット反応　色…ア

(2) 反応の名称…ニンヒドリン反応　色…ア

(3) 反応の名称…キサントプロテイン反応
　　色…エ

(4) 反応の名称…**硫黄反応**　色…キ

考え方 (1) ビウレット反応では，2個以上のペプチド結合をもつ化合物が銅(Ⅱ)イオンと錯イオンをつくることにより，呈色する。したがって，アミノ酸やジペプチドではビウレット反応は起こらない。

(2) ニンヒドリン反応は，ペプチド結合に関係しない遊離のアミノ基によって起こる。

(3) キサントプロテイン反応では，芳香族アミノ酸がもつベンゼン環が濃硝酸によってニトロ化されるために，黄色に呈色する。

(4) 含硫アミノ酸に水酸化ナトリウムを加えて加熱すると，硫化物イオン S^{2-} が遊離する。S^{2-} は鉛（Ⅱ）イオン Pb^{2+} と反応し，硫化鉛（Ⅱ）PbS の黒色沈殿が生じる。

❽

(1) ① タンパク質　② 活性化エネルギー
　　③ 基質　④ 最適pH　⑤ 7
　　⑥ ペプシン　⑦ トリプシン

(2) 基質特異性

(3) 高温では，酵素をつくるタンパク質が変性するから。

考え方 (1)(2) 生体内に存在する触媒を酵素という。酵素は決まった基質にしか作用しない。この性質を基質特異性という。
　酵素のはたらきが最大になるpH，温度を，それぞれ最適pH，最適温度という。多くの酵素では，最適pHは7前後，最適温度は35〜40℃程度である。

(3) 酵素はタンパク質でできている。したがって，熱によってその立体構造が変化すると（変性），そのはたらきは失われる（失活）。

❾

(1) a…デオキシリボース　b…リン酸
　　c…塩基　d…ヌクレオチド

(2) ① シトシン　② チミン　③ アデニン
　　④ グアニン

(3) 二重らせん構造，ワトソンとクリック

(4) **19 %**

考え方 (1) 核酸はすべての生物体に存在する高分子化合物で，五炭糖，塩基，リン酸からなるヌクレオチドが多数結合したポリヌクレオチドからできている。糖の種類がデオキシリボースからなるものをDNA（デオキシリボ核酸），リボースからなるものをRNA（リボ核酸）という。

DNAを構成する塩基は，アデニン（A），チミン（T），グアニン（G），シトシン（C）であるが，RNAを構成する塩基は，チミン（T）の代わりにウラシル（U）である。

(4) DNA中の塩基は，アデニン（A）とチミン（T），グアニン（G）とシトシン（C）というように，水素結合で結びつく相手が決まっている（相補性）。したがって，含有量はアデニンとチミンが等しく，グアニンとシトシンが等しくなる。
　アデニンの割合が31 %なので，チミンも31 %である。よって，シトシンの割合は，
$$(100 - 31 \times 2) \div 2 = 19\,\%$$

2章 合成高分子化合物 ……… p.296

❶

① カ，ケ　② ウ，ク　③ ア，イ，エ
④ キ　　　⑤ オ

考え方 天然繊維以外の繊維を化学繊維といい，化学繊維は，合成繊維，半合成繊維，再生繊維に分類される。
ポリエステルやナイロンは，石油などから合成したもので，合成繊維に分類される。
アセテート繊維は，天然繊維の構造の一部を変化させたもので，半合成繊維に分類される。
レーヨンは，天然繊維を溶媒に溶かしてから再生させたもので，再生繊維に分類される。

❷

(1) ① ビスコース　② ビスコースレーヨン
　　③ セロハン

(2) ① シュワイツァー試薬
　　②③ 銅アンモニアレーヨン，キュプラ

(3) ① トリアセチルセルロース
　　② ジアセチルセルロース
　　③ アセテート繊維

考え方 (1) ビスコースレーヨンは吸湿性があり，下着などに用いられる。

(2) 銅アンモニアレーヨンは柔らかい感触と絹に似た風合いをもち，服の裏地や舞台用のドレスなどに用いられる。

(3) アセテート繊維は外観が絹に似ており，シャツやネクタイなどに用いられる。
ビスコースレーヨンと銅アンモニアレーヨンは再生繊維に分類され，アセテート繊維は半合成繊維に分類される。

❸

① 付加重合　② けん化(加水分解)
③ ヒドロキシ　④ ホルムアルデヒド

考え方 ポリ酢酸ビニルを水酸化ナトリウム水溶液でけん化すると，ポリビニルアルコールが生じる。これをホルムアルデヒドでアセタール化すると，ビニロンができる。

$$\left[\begin{array}{c}CH_2-CH \\ |\\ OCOCH_3\end{array}\right]_n \xrightarrow{nNaOH} \left[\begin{array}{c}CH_2-CH \\ |\\ OH\end{array}\right]_n$$

$$\xrightarrow{\frac{n}{3}HCHO} \left[\begin{array}{c}CH_2-CH-CH_2-CH-CH_2-CH \\ |\qquad\quad|\qquad\qquad| \\ O-CH_2-O\qquad\quad OH\end{array}\right]_{\frac{n}{3}}$$

ポリビニルアルコールのヒドロキシ基-OHのうち，30〜40%程度がアセタール化によって疎水性の構造となるため，ビニロンは水に溶けない。その一方で，60〜70%程度の-OHが残っているため，適度な吸湿性と強度を示す。

❹

(1) ① ポリエチレンテレフタラート
　　② ビニロン　③ ナイロン66
　　④ ナイロン6
　　⑤ アクリル繊維(ポリアクリロニトリル)

(2) ① 単量体…エ，キ　　重合…A
　　② 単量体…ア　　　　重合…B
　　③ 単量体…ウ，オ　　重合…A
　　④ 単量体…カ　　　　重合…C
　　⑤ 単量体…イ　　　　重合…B

考え方 ① テレフタル酸とエチレングリコールの縮合重合によってポリエチレンテレフタラートが生じる。

② 酢酸ビニルを付加重合させてポリ酢酸ビニルをつくり，けん化してポリビニルアルコールとした後，ホルムアルデヒドを作用させて部分的にアセタール化するとビニロンが生じる。

③ アジピン酸とヘキサメチレンジアミンの縮合重合によってナイロン66が生じる。

④ ε-カプロラクタムの開環重合によってナイロン6が生じる。

⑤ アクリロニトリルの付加重合によってアクリル繊維が生じる。

❺

① プラスチック　② 熱可塑性樹脂
③ 熱硬化性樹脂　④ 直鎖状　⑤ 付加重合
⑥ 立体網目状　⑦ 付加縮合

考え方 合成樹脂(プラスチック)は，熱に対する性質によって，熱可塑性樹脂と熱硬化性樹脂に分類される。
付加重合によってできた重合体や，1分子あたり2か所の官能基をもつ単量体が縮合重合してできた重合体は，直鎖状の構造をもち，熱可塑性樹脂である。
一方，1分子あたり3か所以上の官能基をもつ単量体が付加縮合してできた重合体は，立体網目状構造をもち，熱硬化性樹脂である。

❻

① 名称…ポリ塩化ビニル
　　原料…塩化ビニル　記述…エ
② 名称…フェノール樹脂
　　原料…フェノール，ホルムアルデヒド
　　記述…イ
③ 名称…ポリスチレン
　　原料…スチレン　記述…ウ
④ 名称…ポリメタクリル酸メチル
　　原料…メタクリル酸メチル　記述…ア

考え方 ① ポリ塩化ビニルは塩素Clを含む硬質のプラスチックである。

② フェノール樹脂は，発明者ベークランドの名前をとってベークライトともいう。

③ $(C_8H_8)_n + 10nO_2 \longrightarrow 8nCO_2 + 4nH_2O$

④ ポリメタクリル酸メチルは大きな側鎖をもつため結晶化しにくく，透明性の大きなプラスチックとなる。

❼

(1) ① ラテックス　② イソプレン　③ シス
　　 ④ 硫黄　⑤ 架橋　⑥ 加硫

(2) 合成ゴム…アクリロニトリル-ブタジエンゴム
　　単量体…アクリロニトリル，ブタジエン

考え方 天然ゴム（生ゴム）はイソプレンC_5H_8が付加重合したポリイソプレンであり，分子中に含まれるC=C結合はすべてシス形である。

$nCH_2{=}C(CH_3){-}CH{=}CH_2$
$\longrightarrow$ $\{CH_2{-}C(CH_3){=}CH{-}CH_2\}_n$

シス形のポリイソプレンは，C=C結合の部分で分子鎖が折れ曲がっているため，結晶化しにくく，ゴム弾性を示す。

生ゴムに数％の硫黄Sを加えて加熱すると，鎖状構造のゴム分子の二重結合部分に硫黄原子が架橋構造をつくり，立体網目状構造となる。そのため，ゴムの弾性や強度，耐久性などが向上する。

❽

(1) ① スチレン　② 共重合　③ スルホ
　　 ④ 陽イオン　⑤ 水素イオン
　　 ⑥ 陽イオン交換樹脂　⑦ 陰イオン
　　 ⑧ 水酸化物イオン　⑨ 陰イオン交換樹脂

(2) **2.0**

考え方 (1) p-ジビニルベンゼンで架橋したポリスチレンを濃硫酸でスルホン化したものが陽イオン交換樹脂である。

$R{-}SO_3H + Na^+ \rightleftharpoons R{-}SO_3Na + H^+$

p-ジビニルベンゼンで架橋したポリスチレンにトリメチルアンモニウム基などを導入したものが陰イオン交換樹脂である。

$R{-}CH_2{-}N^+(CH_3)_3OH^- + Cl^-$
$\rightleftharpoons R{-}CH_2{-}N^+(CH_3)_3Cl^- + OH^-$

(2) 陽イオンの交換によって水溶液中に放出された水素イオンH^+の物質量は，

$$0.10 \times \frac{50}{1000} = 5.0 \times 10^{-3}\,mol$$

水溶液の体積は0.50Lだから，

$$[H^+] = \frac{5.0 \times 10^{-3}}{0.50} = 1.0 \times 10^{-2}\,mol/L$$

したがって，pHは2.0である。

■ホッとタイムの解答

p.300・301

¹シャ	ル	ル	■	カ	ン	デ	ン	チ

（クロスワードパズルの解答）

¹シャ	ル	ル	■	カ	ン	デ	ン	チ
ユ	■	ク	■	⁶ヒ	ソ	■	ン	ユ
⁷ウ	ク	ラ	イ	ナ	■	⁸フ	カ	ノ	ウ
キ	■	ン	■	⁹マ	グ	■	イ	■	ワ
¹⁰リ	ン	シ	シ	ツ	■	¹¹ヨ	■	¹²ブ	
ツ	■	エ	■	¹³リ	¹⁴ソ	¹⁵ウ	キ	タ	¹⁶イ
■	¹⁷キ	■	¹⁸フ	■	ツ	■	ヨ	■	セ
¹⁹ゲ	ン	²⁰シ	カ	ク	■	²²オ	ウ	ス	イ
ン	■	ス	■	²³メ	タ	■	ユ	■	タ
²⁴シ	ュ	ウ	サ	ン	■	²⁵ゴ	ウ	セ	イ

さくいん

●色数字は中心的に説明してあるページを示す。

数字・英字

14族元素 …………………… 37
1価アルコール ………… 210
1気圧 ……………………… 9
2,4,6-トリニトロトルエン …………… 232
2,4,6-トリブロモフェノール ……………… 229
2価アルコール ………… 210
3価アルコール ………… 210
6属系統分離法 ………… 174
ABS洗剤 ………………… 220
DNA ……………………… 267
DNAの二重らせん構造 …………………… 268
DNAの複製 …………… 268
IUPAC …………………… 205
LNG ……………………… 204
LPG ……………………… 204
mRNA …………………… 269
NMRスペクトル法 …… 197
p-ヒドロキシアゾベンゼン ………………… 233
p-フェニルアゾフェノール …………… 233
Pa ………………………… 9
PET ……………………… 282
pH ………………………… 117
RNA ………………… 267,269
rRNA …………………… 269
TNT ……………………… 232
tRNA …………………… 269
α-アミノ酸 …………… 258
α-グリコシド結合 …… 253
α-グルコース ………… 251
α-ヘリックス ………… 262
β-グリコシド結合 …… 254
β-グルコース ………… 251
β-シート ……………… 262

あ

亜鉛 ……………………… 163

亜鉛イオン …………… 163
赤さび …………………… 179
アクア錯イオン ……… 165
アクリル樹脂 ………… 285
アクリル繊維 ………… 283
アクリロニトリル-ブタジエンゴム ……… 289
麻 ………………………… 276
アスタチン …………… 132
アスパラギン酸 ……… 259
アスファルト ………… 204
アセタール化 ………… 283
アセチル化 …………… 233
アセチル基 …………… 233
アセチルサリチル酸 …………… 231,235,237
アセチレン …………… 202
アセテート繊維 ……… 279
アセトアニリド ……… 233
アセトアミノフェン … 237
アセトアルデヒド …… 213
アセトン ……………… 213
アゾ化合物 …………… 233
アゾ染料 ……………… 242
圧縮係数 ……………… 23
アデニン ……………… 267
アドレナリン ………… 239
アニリン ……………… 236
アニリン塩酸塩 ……… 232
アニリンブラック …… 233
脂環式化合物 ………… 189
アボガドロの法則 …… 18
アミド結合 …………… 233
アミノ基 ……………… 189
アミノ酸 ……………… 258
アミノ樹脂 …………… 287
アミラーゼ …………… 266
アミロース …………… 256
アミロペクチン ……… 256
アミン …………… 205,232
アモルファス ……… 36,181
アモルファスシリコン … 36
アラニン ……………… 259
アラミド繊維 ………… 281

アリザリン …………… 242
アルカリ ……………… 154
アルカリ金属 ………… 154
アルカリ剤 …………… 240
アルカリ性 …………… 154
アルカリ土類金属 …… 157
アルカリマンガン乾電池 …………………… 78
アルカリ融解 ………… 229
アルカン ……………… 198
アルキド樹脂 ………… 287
アルキル基 …………… 198
アルキルベンゼンスルホン酸塩 ……………… 220
アルキル硫酸エステル塩 …………………… 220
アルキン ………… 202,205
アルケン ………… 200,205
アルコール ……… 205,210
アルコール発酵 … 210,252
アルゴン ……………… 131
アルゴン溶接 ………… 131
アルデヒド ……… 205,212
アルデヒド基 ………… 189
アルドース …………… 251
アルブミン …………… 263
アルマイト ……… 160,179
アルミナ ………… 161,162
アルミニウム …………… 160,176,178
アルミニウムの製錬 … 83
安息香酸 ……………… 230
安息香酸ナトリウム … 230
アンモニア ……… 140,299
アンモニアソーダ法 … 155
硫黄 …………………… 136
硫黄反応 ……………… 264
イオン結晶 …… 28,32,37
イオン交換樹脂 ……… 290
イオン半径比 ………… 33
異性体 …………… 190,211
イソプレン …………… 288
一次構造 ……………… 262
一次電池 ……………… 76

胃腸薬 ………………… 239
一酸化炭素 …………… 143
一酸化窒素 …………… 140
イミノ基 ……………… 262
医薬品 ………………… 237
陰イオン交換樹脂 …… 290
陰イオンの検出 ……… 175
陰極 …………………… 82
インジゴ ……………… 242
陰性 …………………… 129
インベルターゼ ……… 266
ウイルス ……………… 238
ウェーラー …………… 188
ウラシル ……………… 267
うわぐすり …………… 180
エーテル ………… 205,211
エールリッヒ ………… 238
液化石油ガス ………… 204
液化天然ガス ………… 204
液晶 …………………… 40
エステル …………… 205,214,216,222
エステル化 ……… 216,229
エタノール …………… 210
エタノールデヒドロゲナーゼ ……………… 266
エタン ………………… 199
エチルアルコール …… 210
エチレン ………… 200,206
エチレングリコール … 282
エチン ………………… 202
エテン ………………… 200
エボナイト …………… 289
塩化カルシウム ……… 158
塩化カルシウム管 …… 193
塩化銀 …………… 135,171
塩化水素 ……………… 134
塩化スズ(Ⅱ)二水和物 …………………… 164
塩化セシウム型 ……… 32
塩化鉄(Ⅲ) …………… 228
塩化鉄(Ⅲ)六水和物 … 168
塩化ナトリウム型 …… 32

塩化ベンゼンジアゾニウム‥‥‥‥‥‥‥‥ 233
塩化マグネシウム‥‥‥‥ 159
塩基性アミノ酸‥‥‥‥‥ 258
塩基性酸化物‥‥‥‥‥‥ 137
塩基性染料‥‥‥‥‥‥‥ 242
塩橋‥‥‥‥‥‥‥‥‥‥‥ 81
塩酸‥‥‥‥‥‥‥‥‥‥‥ 135
炎色反応‥‥‥‥‥‥‥‥ 157
塩析‥‥‥‥‥‥‥‥‥‥‥ 56
塩素‥‥‥‥‥‥‥‥‥‥‥ 132
塩素化‥‥‥‥‥‥‥‥‥ 227
塩素酸カリウム‥‥‥‥‥ 135
塩素水‥‥‥‥‥‥‥‥‥ 133
塩素の発生装置‥‥‥‥‥ 132
エンタルピー図‥‥‥64,70
黄血塩‥‥‥‥‥‥‥‥‥ 167
黄銅‥‥‥‥‥ 163,169,179
黄リン‥‥‥‥‥‥‥‥‥ 142
オキシドール‥‥‥‥‥‥ 137
オキソ酸‥‥‥‥‥‥‥‥ 137
オストワルトの希釈律 115
オストワルト法‥‥‥‥‥ 141
遅い反応‥‥‥‥‥‥‥‥‥ 90
オゾン‥‥‥‥‥‥‥‥‥ 136
オリゴ糖‥‥‥‥‥‥‥‥ 250
オルト‥‥‥‥‥‥‥‥‥ 227
温室効果ガス‥‥‥‥‥‥ 144

か

カーバイド‥‥‥‥‥‥‥ 202
カーボンナノチューブ‥‥‥‥‥‥‥‥‥‥‥ 143
カーボンファイバー‥‥ 283
開環重合‥‥‥‥‥‥249,281
界面活性剤‥‥‥‥‥219,240
化学結合‥‥‥‥‥‥‥‥‥‥ 8
化学修飾‥‥‥‥‥‥‥‥ 239
化学繊維‥‥‥‥‥‥‥‥ 276
化学電池‥‥‥‥‥‥‥‥‥ 76
化学発光‥‥‥‥‥‥‥‥‥ 71
化学平衡‥‥‥‥‥‥‥‥ 102
化学平衡の移動‥‥‥‥‥ 107
化学平衡の状態‥‥‥‥‥ 103
化学平衡の法則‥‥‥‥‥ 104
化学用語‥‥‥‥‥‥‥‥ 299
化学療法薬‥‥‥‥‥‥‥ 238
可逆反応‥‥‥‥‥‥‥‥ 102
架橋‥‥‥‥‥‥‥‥‥‥ 290
架橋構造‥‥‥‥‥‥286,288
核酸‥‥‥‥‥‥‥‥‥‥ 267
核磁気共鳴‥‥‥‥‥‥‥ 197

核磁気共鳴スペクトル‥‥‥‥‥‥‥‥‥‥‥ 197
過酸化水素‥‥‥‥‥‥‥ 137
可視光線‥‥‥‥‥‥‥‥ 241
過充電‥‥‥‥‥‥‥‥‥‥ 79
加水分解‥‥‥‥‥‥‥‥ 216
加水分解定数‥‥‥‥‥‥ 120
カタラーゼ‥‥‥‥‥‥‥ 266
活性化エネルギー‥‥‥‥‥‥‥‥‥‥‥96,109
活性化状態‥‥‥‥‥‥‥‥ 96
活性錯体‥‥‥‥‥‥‥‥‥ 96
活性中心‥‥‥‥‥‥‥‥ 265
活性部位‥‥‥‥‥‥‥‥ 265
活物質‥‥‥‥‥‥‥‥76,77
カップリング‥‥‥‥‥‥ 233
果糖‥‥‥‥‥‥‥‥‥‥ 252
可燃性‥‥‥‥‥‥‥‥‥ 144
下方置換‥‥‥‥‥‥‥‥ 148
過マンガン酸カリウム‥‥‥‥‥‥‥‥‥‥‥ 172
ガラクトース‥‥‥‥‥‥ 252
ガラス‥‥‥‥‥‥‥36,181
カリウム‥‥‥‥‥‥‥‥ 154
加硫‥‥‥‥‥‥‥‥‥‥ 288
カルシウム‥‥‥‥‥‥‥ 157
カルボキシ基‥‥‥‥189,214
カルボニル化合物‥‥‥‥ 212
カルボニル基‥‥‥‥‥‥ 189
カルボン酸‥‥205,214,215
過冷却‥‥‥‥‥‥‥‥‥‥ 52
カロザース‥‥‥‥‥‥‥ 280
還元剤‥‥‥‥‥‥‥‥‥ 130
還元性‥‥‥‥‥‥‥‥‥ 144
還元糖‥‥‥‥‥‥‥‥‥ 253
還元反応‥‥‥‥‥‥‥‥‥ 82
感光性‥‥‥‥‥‥‥135,171
感光性高分子‥‥‥‥‥‥ 291
緩衝液‥‥‥‥‥‥‥118,121
緩衝作用‥‥‥‥‥‥‥‥ 118
乾性油‥‥‥‥‥‥‥‥‥ 217
乾燥剤‥‥‥‥‥‥‥‥‥ 148
乾電池‥‥‥‥‥‥‥‥‥‥ 78
官能基‥‥‥‥‥‥‥‥‥ 189
簡略構造式‥‥‥‥‥‥‥ 189
乾留‥‥‥‥‥‥‥‥213,226
含硫アミノ酸‥‥‥‥‥‥ 258
顔料‥‥‥‥‥‥‥‥‥‥ 241
気液平衡‥‥‥‥‥‥‥‥‥‥ 9
幾何異性体‥‥‥‥‥‥‥ 191
貴ガス‥‥‥‥‥‥‥‥‥ 131
希ガス‥‥‥‥‥‥‥‥‥ 131
貴金属‥‥‥‥‥‥‥‥‥ 178

ギ酸‥‥‥‥‥‥‥‥‥‥ 214
キサントプロテイン反応‥‥‥‥‥‥‥‥‥‥‥ 264
基質‥‥‥‥‥‥‥‥‥‥ 265
基質特異性‥‥‥‥‥‥‥ 265
キシレン‥‥‥‥‥‥‥‥ 227
キセノン‥‥‥‥‥‥‥‥ 131
キセロゲル‥‥‥‥‥‥‥‥ 54
気体定数‥‥‥‥‥‥‥‥‥ 18
気体の圧力‥‥‥‥‥‥‥‥‥ 9
気体の状態方程式‥‥‥‥‥ 18
気体の発生装置‥‥‥‥‥ 147
気体の溶解度‥‥‥‥‥‥‥ 46
気体の溶解度と圧力‥‥‥‥ 46
キップの装置‥‥‥130,147
基底状態‥‥‥‥‥‥‥‥‥ 71
起電力‥‥‥‥‥‥‥‥‥‥ 76
絹‥‥‥‥‥‥‥‥‥‥‥ 277
絹の精錬‥‥‥‥‥‥‥‥ 277
希薄溶液‥‥‥‥‥‥‥‥‥ 50
逆浸透‥‥‥‥‥‥‥‥‥‥ 53
逆性セッケン‥‥‥‥‥‥ 240
逆反応‥‥‥‥‥‥‥‥‥ 102
球状タンパク質‥‥‥‥‥ 263
吸水性高分子‥‥‥‥‥‥ 291
キューティクル‥‥‥‥‥ 277
吸熱反応‥‥‥‥‥‥‥‥‥ 64
キュプラ‥‥‥‥‥‥‥‥ 278
凝固‥‥‥‥‥‥‥‥‥‥‥‥ 6
凝固点‥‥‥‥‥‥‥‥‥‥‥ 6
凝固点降下‥‥‥‥‥‥‥‥ 50
凝固点降下度‥‥‥‥‥50,58
共重合‥‥‥‥‥‥‥‥‥ 248
共重合体‥‥‥‥‥‥‥‥ 248
凝縮‥‥‥‥‥‥‥‥‥‥‥‥ 6
凝縮熱‥‥‥‥‥‥‥‥‥‥‥ 6
凝析‥‥‥‥‥‥‥‥‥‥‥ 56
凝析力‥‥‥‥‥‥‥‥‥‥ 57
鏡像異性体‥‥‥‥‥191,258
共通イオン‥‥‥‥‥‥‥ 122
共通イオン効果‥‥‥‥‥ 122
強電解質‥‥‥‥‥‥‥‥ 114
共役二重結合‥‥‥‥‥‥ 291
共有結合の結晶‥‥‥‥‥‥‥‥‥28,34,37
極性溶媒‥‥‥‥‥‥‥‥‥ 43
極軟鋼‥‥‥‥‥‥‥‥‥ 178
希硫酸‥‥‥‥‥‥‥‥‥ 139
銀‥‥‥‥‥‥‥‥‥171,177
銀アセチリド‥‥‥‥‥‥ 203
均一触媒‥‥‥‥‥‥‥‥‥ 95
銀鏡反応‥‥‥‥‥‥212,251
金属‥‥‥‥‥‥‥‥‥‥ 178

金属結晶‥‥‥‥‥28,29,37
金属元素‥‥‥‥‥‥‥‥ 129
金属性‥‥‥‥‥‥‥‥‥ 129
金属のイオン化傾向‥‥‥‥ 81
金属の製錬‥‥‥‥‥‥‥ 161
グアニン‥‥‥‥‥‥‥‥ 267
クーロン‥‥‥‥‥‥‥‥‥ 84
クエン酸‥‥‥‥‥‥‥‥ 215
クチクラ‥‥‥‥‥‥‥‥ 277
グッタペルカ‥‥‥‥‥‥ 288
組立法‥‥‥‥‥‥‥‥‥‥ 68
クメン‥‥‥‥‥‥‥‥‥ 229
クメン法‥‥‥‥‥‥‥‥ 229
クラッキング‥‥‥‥‥‥ 204
グラファイト‥‥‥‥34,143
グラフェン‥‥‥‥‥‥‥ 143
グリコーゲン‥‥‥‥‥‥ 256
グリコシド結合‥‥‥‥‥ 253
グリシン‥‥‥‥‥‥‥‥ 259
グリセリン‥‥‥‥‥‥‥ 217
グリプタル樹脂‥‥‥‥‥ 287
クリプトン‥‥‥‥‥‥‥ 131
グルタミン酸‥‥‥‥259,298
グルテリン‥‥‥‥‥‥‥ 263
クレゾール‥‥‥‥‥‥‥ 228
黒さび‥‥‥‥‥‥‥‥‥ 179
グロブリン‥‥‥‥‥‥‥ 263
クロム‥‥‥‥‥‥‥‥‥ 172
クロム酸鉛(Ⅱ)‥‥‥‥‥ 172
クロム酸カリウム‥‥‥‥ 172
クロム酸銀‥‥‥‥‥‥‥ 172
クロム酸バリウム‥‥‥‥ 172
クロロプレンゴム‥‥‥‥ 289
軽金属‥‥‥‥‥‥‥‥‥ 178
ケイ酸‥‥‥‥‥‥‥‥‥ 146
ケイ酸塩工業‥‥‥‥‥‥ 180
ケイ酸ナトリウム‥‥‥‥ 146
形状記憶合金‥‥‥‥‥‥ 179
形状記憶高分子‥‥‥‥‥ 291
ケイ素‥‥‥‥‥‥‥‥‥ 145
系統分離‥‥‥‥‥‥‥‥ 174
軽油‥‥‥‥‥‥‥‥‥‥ 204
結合エネルギー‥‥‥‥‥‥ 69
結合エンタルピー‥‥‥‥‥ 69
結晶‥‥‥‥‥‥‥‥‥‥‥ 28
結晶格子‥‥‥‥‥‥‥‥‥ 28
結晶水‥‥‥‥‥‥‥‥‥‥ 44
結晶領域‥‥‥‥‥‥‥‥ 249
ケトース‥‥‥‥‥‥‥‥ 251
ケトン‥‥‥‥‥‥205,212,213
ケトン基‥‥‥‥‥‥‥‥ 189
ケブラー‥‥‥‥‥‥‥‥ 281
ケミカルリサイクル‥‥ 292

ケラチン……………263,277
ゲル……………………54
ケルビン………………17
けん化……………216,219,283
限外顕微鏡………………55
限界半径比………………33
けん化価………………218
元素の周期表……………128
元素の周期律……………128
元素分析………………192
原油……………………204
鋼……………………166,178
抗ウイルス剤……………238
光化学反応………………94
光学異性体………………191
光学活性………………191
光学不活性………………191
硬化油…………………217
抗がん剤………………238
高級アルコール…………210
高級アルコール洗剤……220
高級カルボン酸…………215
高級脂肪酸………………217
合金……………………178,179
抗菌作用………………238
硬鋼……………………178
光合成…………………71
高次構造………………262
格子定数………………30
硬水……………………219
合成高分子化合物………248
合成ゴム………………289
合成樹脂………………284
合成繊維………………276,280
合成洗剤………………219,220
合成染料………………242
抗生物質………………238
酵素……94,240,265,272
構造異性体………………190
構造式…………………189
構造式の決定……………194
酵素-基質複合体………265
酵素の失活………………266
鋼鉄……………………167
高度さらし粉……………133
鉱物染料………………242
高分子…………………248
高分子化合物……………248
高密度ポリエチレン…249
コークス………………143,226
氷の結晶………………35
コールタール……………226
黒鉛……………………34,143

佃什触媒………………99
固体の溶解度……………44
五炭糖…………………251
コドン…………………269
ゴム状硫黄………………138
ゴム弾性………………288
コラーゲン………………263
コルテックス……………277
コロイド………………54
コロイド溶液……………54
コロイド粒子……………54
コンクリート……………182
コンクリートの中性化
　………………………182
混合気体………………20
紺青……………………167

さ

サーマルリサイクル…292
再汚染防止剤……………240
再結晶…………………45,192
最硬鋼…………………178
再生繊維………………276,278
再生利用………………292
最適pH…………………266
最適温度………………266
最密構造………………30
錯イオン………………165
錯塩……………………165
酢酸エチル………………216
酢酸ナトリウム…………120
酢酸ペンチル……………216
さび……………………179
さらし粉………………135
サリチル酸………………231
サリチル酸メチル
　………………231,235,237
サルバルサン……………238
サルファ剤………………238
酸化亜鉛………………163
酸化アルミニウム………162
酸化カルシウム…………158
酸化作用………………172
酸化水酸化鉄(Ⅲ)…168
酸化鉄(Ⅱ)……………167
酸化鉄(Ⅲ)……………168
酸化銅(Ⅰ)……………170
酸化銅(Ⅱ)……………170
酸化反応………………82,201
酸化物…………………137
酸化マンガン(Ⅳ)
　………………………132,172

残畫仙……………………204
三次構造………………262
三重点…………………11
酸性アミノ酸……………258
酸性酸化物………………137,144
酸性染料………………242
酸素……………………136
酸素アセチレン炎………202
酸素族元素………………136
酸無水物………………214
次亜塩素酸………………133
ジアセチルセルロース
　………………………279
ジアゾ化………………233
ジアゾニウム塩…………233
塩の加水分解……………120
ジカルボン酸……………214
磁器……………………180
色素……………………241
識別マーク………………292
示強変数………………109
シクロアルカン…………199
ジクロアルカン…………205
シス形…………………191
システイン………………259
シス-トランス異性体
　………………………191
シスプラチン……………238
ジスルフィド結合………262
示性式…………………189
実在気体………………23
十酸化四リン……………142
実用電池………………78
質量作用の法則…………104
質量パーセント濃度……48
質量モル濃度……………48
シトシン………………267
ジブロモインジゴ………242
ジペプチド………………261
脂肪……………………217
脂肪酸…………………214
脂肪油…………………217
脂肪酸…………………217
弱酸の遊離………………230
弱電解質………………114
斜方硫黄………………138
シャルガフの法則………268
シャルルの法則…………16
臭化銀…………………135,171
臭化水素………………134
周期……………………128
周期表…………………128
重金属…………………178

重曹……………………248
重合体…………………201,248
重合度…………………248
重合反応………………203
臭素……………………132
重曹……………………156
臭素化…………………229
臭素水…………………133
充電……………………77,79
充填率…………………29,31
重油……………………204
縮合重合………………249
縮合重合体………………249
縮合反応………………211
主鎖……………………205
主作用…………………237,239
酒石酸…………………215
受容体…………………239
ジュラルミン……160,179
シュリーレン現象………42
シュワイツァー試薬…278
純銅……………………83,169
昇華圧曲線………………11
昇華エンタルピー………65
蒸気圧…………………10
蒸気圧曲線………………10,11
蒸気圧降下………………50
消去法…………………67
焼結……………………180
硝酸……………………141
硝酸エステル……………216,232
硝酸銀…………………171
消石灰…………………158
状態図…………………11,41
少糖類…………………250
消毒薬…………………238
鍾乳石…………………159
鍾乳洞…………………159
蒸発……………………6
蒸発エンタルピー………65
蒸発熱…………………6
上方置換………………148
生薬……………………237
蒸留……………………192
触媒……………94,97,265
触媒の利用………………95
植物繊維………………276
植物染料………………241
助色団…………………242
所属原子数………………29
ショ糖…………………253
処方量…………………239
シリカゲル………………146

シリコーンゴム‥‥‥‥ 289
シリコン‥‥‥‥‥‥‥ 34
示量変数‥‥‥‥‥‥‥ 109
親水基‥‥‥‥‥‥‥‥ 42
親水コロイド‥‥‥‥‥ 56
浸透‥‥‥‥‥‥‥‥‥ 53
浸透圧‥‥‥‥‥‥‥‥ 53
浸透作用‥‥‥‥‥‥‥ 220
真の溶液‥‥‥‥‥‥‥ 54
水酸化亜鉛‥‥‥‥‥‥ 163
水酸化アルミニウム‥‥ 162
水酸化カルシウム‥‥‥ 158
水酸化鉄（Ⅱ）‥‥‥‥ 167
水酸化ナトリウム‥‥‥ 155
水晶‥‥‥‥‥‥‥‥‥ 34
水上置換‥‥‥‥‥ 22,148
水性ガス‥‥‥‥‥‥‥ 130
水素‥‥‥‥‥‥ 130,299
水素イオン指数‥‥‥‥ 117
水素吸蔵合金‥‥‥‥‥ 80
水素結合‥‥‥‥ 8,35,42
水素爆鳴気‥‥‥‥‥‥ 130
水和‥‥‥‥‥‥‥‥‥ 42
水和イオン‥‥‥‥‥‥ 42
水和水‥‥‥‥‥‥‥‥ 44
水和物‥‥‥‥‥‥‥‥ 44
スクラーゼ‥‥‥‥‥‥ 266
スクロース‥‥‥‥‥‥ 253
スクロースの溶解平衡‥‥ 44
酢酸‥‥‥‥‥‥‥‥‥ 214
酢酸カルシウム‥‥‥‥ 213
スズ‥‥‥‥‥‥‥‥‥ 164
スチレン-ブタジエン
　ゴム‥‥‥‥‥‥‥‥ 289
ステンレス鋼‥‥‥ 167,179
ストレプトマイシン‥‥ 238
ストロボ‥‥‥‥‥‥‥ 131
ストロンチウム‥‥‥‥ 157
素焼き‥‥‥‥‥‥‥‥ 180
スルホ基‥‥‥‥‥‥‥ 189
スルホン化‥‥‥‥‥‥ 227
正極‥‥‥‥‥‥‥‥‥ 76
正極活物質‥‥‥‥‥‥ 76
成形‥‥‥‥‥‥‥‥‥ 180
正コロイド‥‥‥‥‥‥ 55
生成エンタルピー‥‥‥ 65
生石灰‥‥‥‥‥‥‥‥ 158
青銅‥‥‥‥ 164,169,179
正反応‥‥‥‥‥‥‥‥ 102
生分解性高子‥‥‥‥ 291
ゼオライト‥‥‥‥‥‥ 240
石英ガラス‥‥‥‥ 36,181
析出‥‥‥‥‥‥‥‥‥ 44

石筍‥‥‥‥‥‥‥‥‥ 159
石炭ガス‥‥‥‥‥‥‥ 226
石油化学工業‥‥‥‥‥ 204
石油ガス‥‥‥‥‥‥‥ 204
赤リン‥‥‥‥‥‥‥‥ 142
セシウム‥‥‥‥‥‥‥ 154
石灰水‥‥‥‥‥‥‥‥ 158
セッケン‥‥‥‥‥ 217,219
セッコウ‥‥‥‥‥‥‥ 159
接触改質‥‥‥‥‥‥‥ 204
接触分解‥‥‥‥‥‥‥ 204
接触法‥‥‥‥‥‥‥‥ 139
絶対温度‥‥‥‥‥‥‥ 16
絶対零度‥‥‥‥‥‥‥ 16
セメント‥‥‥‥‥‥‥ 182
セラミックス‥‥‥‥‥ 180
セリシン‥‥‥‥‥‥‥ 277
セリン‥‥‥‥‥‥‥‥ 259
セルシウス温度‥‥‥‥ 16
セルロイド‥‥‥‥‥‥ 257
セルロース‥‥‥‥‥‥ 257
セレン‥‥‥‥‥‥‥‥ 136
セロハン‥‥‥‥‥‥‥ 279
セロビオース‥‥‥‥‥ 254
全圧‥‥‥‥‥‥‥‥‥ 20
繊維‥‥‥‥‥‥‥‥‥ 276
遷移元素‥‥‥‥‥ 129,166
遷移状態‥‥‥‥‥‥‥ 96
繊維状タンパク質‥‥‥ 263
旋光性‥‥‥‥‥‥‥‥ 191
洗浄作用‥‥‥‥‥ 219,220
洗浄補助剤‥‥‥‥‥‥ 240
染着‥‥‥‥‥‥‥‥‥ 241
銑鉄‥‥‥‥‥‥‥‥‥ 167
染料‥‥‥‥‥‥‥‥‥ 241
双性イオン‥‥‥‥‥‥ 259
相転移‥‥‥‥‥‥‥‥ 33
総熱量保存の法則‥‥‥ 67
相補性‥‥‥‥‥‥‥‥ 268
ソーダガラス‥‥‥‥‥ 36
ソーダ石灰ガラス‥‥‥ 181
ソーダ石灰管‥‥‥‥‥ 193
族‥‥‥‥‥‥‥‥‥‥ 128
側鎖‥‥‥‥‥‥‥ 205,227
速度定数‥‥‥‥‥‥‥ 91
疎水基‥‥‥‥‥‥‥‥ 42
疎水コロイド‥‥‥‥‥ 56
粗製ガソリン‥‥‥‥‥ 204
組成式の決定‥‥‥‥‥ 193
粗銅‥‥‥‥‥‥‥‥‥ 83
粗銅‥‥‥‥‥‥‥‥‥ 169
ソフトセグメント‥‥‥ 281
ゾル‥‥‥‥‥‥‥‥‥ 54

ソルベー法‥‥‥‥‥‥ 155

た

ターンブルブルー‥‥‥ 168
第一級アルコール‥‥‥ 210
ダイオキシン‥‥‥‥‥ 292
大気圧‥‥‥‥‥‥‥‥ 9
第三級アルコール‥‥‥ 210
対症療法薬‥‥‥‥‥‥ 237
体心立方格子‥‥‥‥‥ 29
耐性菌‥‥‥‥‥‥‥‥ 239
ダイヤモンド‥‥‥ 34,143
第二級アルコール‥‥‥ 210
ダウンズ法‥‥‥‥‥‥ 155
多価アルコール‥‥‥‥ 210
脱イオン水‥‥‥‥‥‥ 290
脱離反応‥‥‥‥‥‥‥ 211
建染染料‥‥‥‥‥‥‥ 242
多糖類‥‥‥‥‥‥ 250,255
ダニエル‥‥‥‥‥‥‥ 77
ダニエル電池‥‥‥‥‥ 77
単位格子‥‥‥‥‥‥‥ 28
炭化カルシウム‥‥‥‥ 202
炭化ケイ素‥‥‥‥‥‥ 145
炭化水素‥‥‥‥‥‥‥ 198
炭化水素基‥‥‥‥‥‥ 189
炭酸カルシウム‥‥‥‥ 159
炭酸水素ナトリウム‥‥ 156
炭酸ナトリウム‥‥‥‥ 155
単斜硫黄‥‥‥‥‥‥‥ 138
単純タンパク質‥‥‥‥ 263
炭水化物‥‥‥‥‥‥‥ 250
弾性ゴム‥‥‥‥‥‥‥ 289
炭素‥‥‥‥‥‥‥‥‥ 143
炭素環式化合物‥‥‥‥ 189
炭素繊維‥‥‥‥‥‥‥ 283
炭素族元素‥‥‥‥‥‥ 143
炭田ガス‥‥‥‥‥‥‥ 204
単糖類‥‥‥‥ 250,251,270
タンパク質‥‥‥‥ 262,271
タンパク質の変性‥‥‥ 263
単量体‥‥‥‥‥‥ 201,248
チオ硫酸ナトリウム‥‥ 171
置換体‥‥‥‥‥‥‥‥ 199
置換反応‥‥‥‥‥‥‥ 199
蓄電池‥‥‥‥‥‥‥‥ 77
窒素‥‥‥‥‥‥‥ 140,299
窒素族元素‥‥‥‥‥‥ 140
チミン‥‥‥‥‥‥‥‥ 267
抽出‥‥‥‥‥‥‥‥‥ 192
中性アミノ酸‥‥‥‥‥ 258

中性洗剤‥‥‥‥‥‥‥ 220
中和エンタルピー‥‥‥ 65
中和滴定曲線‥‥‥‥‥ 121
中和点‥‥‥‥‥‥‥‥ 121
中和法‥‥‥‥‥‥‥‥ 219
潮解‥‥‥‥‥‥‥‥‥ 155
潮解性‥‥‥‥‥‥‥‥ 142
超電導合金‥‥‥‥‥‥ 179
超臨界状態‥‥‥‥‥ 11,41
超臨界流体‥‥‥‥‥ 11,41
直接染料‥‥‥‥‥‥‥ 242
チロシン‥‥‥‥‥‥‥ 259
チンダル現象‥‥‥‥‥ 55
定圧反応‥‥‥‥‥‥‥ 64
低級アルコール‥‥‥‥ 210
低級カルボン酸‥‥‥‥ 215
呈色反応‥‥‥‥‥‥‥ 228
低密度ポリエチレン‥‥ 249
デオキシリボ核酸‥‥‥ 267
滴下ろうと‥‥‥‥‥‥ 147
デキストリン‥‥‥‥‥ 256
鉄‥‥‥‥‥‥‥‥ 176,178
鉄筋コンクリート‥‥‥ 182
鉄族元素‥‥‥‥‥‥‥ 166
鉄の製錬‥‥‥‥‥‥‥ 166
テトラサイクリン‥‥‥ 238
デュマ法‥‥‥‥‥‥‥ 19
テルル‥‥‥‥‥‥‥‥ 136
テレフタル酸‥‥‥ 231,282
転移RNA‥‥‥‥‥‥‥ 269
転化‥‥‥‥‥‥‥‥‥ 254
電解‥‥‥‥‥‥‥‥‥ 82
電解精錬‥‥‥‥‥‥ 83,169
電解槽の接続‥‥‥‥‥ 85
典型元素‥‥‥‥‥‥‥ 129
転化糖‥‥‥‥‥‥‥‥ 254
電気泳動‥‥‥‥‥‥‥ 55
電気分解‥‥‥‥‥‥‥ 82
電球‥‥‥‥‥‥‥‥‥ 131
電極‥‥‥‥‥‥‥‥‥ 76
転写‥‥‥‥‥‥‥‥‥ 269
電池‥‥‥‥‥‥‥‥‥ 76
電池式‥‥‥‥‥‥‥‥ 76
電池の起電力‥‥‥‥‥ 81
電池の原理‥‥‥‥‥‥ 76
電池の分極‥‥‥‥‥‥ 77
天然ガス‥‥‥‥‥‥‥ 204
天然高分子化合物‥‥‥ 248
天然ゴム‥‥‥‥‥‥‥ 288
天然繊維‥‥‥‥‥‥‥ 276
天然染料‥‥‥‥‥‥‥ 241
デンプン‥‥‥‥‥ 255,270
電離‥‥‥‥‥‥‥‥‥ 43

電離式‥‥‥‥‥‥ 114
電離定数‥‥‥‥ 115,124
電離度‥‥‥‥‥ 114,124
電離平衡‥‥ 114,116,259
伝令RNA ‥‥‥‥‥ 269
転炉‥‥‥‥‥‥‥ 166
銅‥‥‥‥‥ 169,177,179
銅(Ⅱ)イオン‥‥‥‥ 170
銅アンモニアレーヨン
　‥‥‥‥‥‥‥‥ 278
陶器‥‥‥‥‥‥‥ 180
陶磁器‥‥‥‥‥‥ 180
透析‥‥‥‥‥‥‥ 55
同族元素‥‥‥‥‥ 128
銅族元素‥‥‥‥‥ 169
同族体‥‥‥‥‥‥ 198
導電性高分子‥‥‥ 291
等電点‥‥‥‥‥‥ 260
銅の製錬‥‥‥‥‥ 169
動物繊維‥‥‥ 276,277
動物染料‥‥‥‥‥ 242
動物デンプン‥‥‥ 256
灯油‥‥‥‥‥‥‥ 204
糖類‥‥‥‥‥‥‥ 250
ドーマク‥‥‥‥‥ 238
土器‥‥‥‥‥‥‥ 180
トタン‥‥‥‥‥ 163,179
ドライアイス‥‥‥ 144
ドラッグデザイン‥237
トランス形‥‥‥‥ 191
トランスファーRNA‥269
トリアセチルセルロース
　‥‥‥‥‥‥‥‥ 279
トリニトロセルロース
　‥‥‥‥‥‥‥‥ 257
トリプシン‥‥‥‥ 266
トリプレット‥‥‥ 269
トリペプチド‥‥‥ 261
トルエン‥‥‥‥‥ 227
ドルトンの分圧の法則‥21
トレハロース‥‥‥ 254

な

ナイロン6 ‥‥‥‥ 281
ナイロン610‥‥‥‥ 280
ナイロン66‥‥‥ 280,293
ナトリウム‥‥‥‥ 154
ナフサ‥‥‥‥‥‥ 204
ナフタレン‥‥‥‥ 227
ナフトール‥‥‥‥ 228
生ゴム‥‥‥‥‥‥ 288
鉛‥‥‥‥‥‥‥‥ 164

鉛グラフ‥‥‥‥‥ 101
鉛蓄電池‥‥‥‥ 79,164
鉛蓄電池の放電‥‥ 79
軟化点‥‥‥‥‥‥ 249
軟鋼‥‥‥‥‥‥‥ 178
難溶性塩‥‥‥‥‥ 122
ニクロム‥‥‥‥‥ 179
ニクロム酸カリウム‥172
二原子分子‥‥ 130,132
二酸化硫黄‥‥‥‥ 138
二酸化ケイ素‥‥‥ 145
二酸化炭素‥‥‥‥ 144
二酸化窒素‥‥‥‥ 140
二次構造‥‥‥‥‥ 262
二次電池‥‥‥‥‥ 77
ニッケル・水素電池‥80
二糖類‥‥‥ 250,253,270
ニトロ化‥‥ 227,229,232
ニトロ化合物‥‥‥ 232
ニトロ基‥‥‥‥‥ 189
ニトログリセリン
　‥‥‥‥‥‥ 216,238
ニトロトルエン‥‥ 232
ニトロベンゼン‥ 232,236
乳化作用‥‥‥‥‥ 220
乳酸‥‥‥‥‥‥‥ 215
ニューセラミックス‥182
乳濁液‥‥‥‥‥‥ 220
乳糖‥‥‥‥‥‥‥ 254
尿素樹脂‥‥‥‥‥ 287
ニンヒドリン反応‥‥260
ヌクレオシド‥‥‥ 267
ヌクレオチド‥‥‥ 267
ネオン‥‥‥‥‥‥ 131
ネオンサイン‥‥‥ 131
熱化学反応式‥‥‥ 67
熱化学方程式‥‥‥ 64
熱可塑性樹脂‥ 284,286
熱硬化性樹脂‥ 284,286
熱量計‥‥‥‥‥‥ 66
ネマチック液晶‥‥ 40
燃焼エンタルピー‥ 65
燃料電池‥‥‥‥‥ 79
濃縮法‥‥‥‥‥‥ 45
濃硝酸‥‥‥‥‥‥ 141
濃度‥‥‥‥‥‥‥ 48
濃度の換算‥‥‥‥ 49
濃硫酸‥‥‥‥‥‥ 139
ノーメックス‥‥‥ 281
ノボラック‥‥‥‥ 286

は

ハードセグメント‥‥281
ハーバー‥‥‥‥‥ 299
ハーバー・ボッシュ法
　‥‥‥‥‥‥ 110,140
パーマ‥‥‥‥‥‥ 264
配位結合‥‥‥‥‥ 165
配位子‥‥‥‥‥‥ 165
配位数‥‥ 29,30,32,165
媒染染料‥‥‥‥‥ 242
麦芽糖‥‥‥‥‥‥ 253
白色光‥‥‥‥‥‥ 241
白銅‥‥‥‥‥ 169,179
パスカル‥‥‥‥‥ 9
発煙硫酸‥‥‥‥‥ 139
発光の原理‥‥‥‥ 71
発色団‥‥‥‥‥‥ 242
発熱反応‥‥‥‥‥ 64
速い反応‥‥‥‥‥ 90
パラ‥‥‥‥‥‥‥ 227
バリウム‥‥‥‥‥ 157
ハロゲン‥‥‥ 132,188
ハロゲン化銀‥‥ 135,171
ハロゲン化合物‥‥ 205
ハロゲン化水素‥‥ 134
ハロゲンの化合物‥‥134
半合成繊維‥‥‥ 276,279
半電池‥‥‥‥‥‥ 81
礬土‥‥‥‥‥‥‥ 157
半導体‥‥‥‥‥‥ 145
半透膜‥‥‥‥‥‥ 53
反応エンタルピー
　‥‥‥‥‥ 64,65,66,69
反応エンタルピーの
　計算方法‥‥‥‥ 68
反応速度‥‥‥‥‥ 90
反応速度式‥‥‥‥ 91
反応速度定数‥‥‥ 91
反応熱‥‥‥‥‥‥ 64
ビウレット反応‥‥ 264
光化学反応‥‥‥‥ 71
光ファイバー‥ 146,181
非還元糖‥‥‥‥‥ 253
卑金属‥‥‥‥‥‥ 178
非金属元素‥‥‥‥ 129
非金属性‥‥‥‥‥ 129
ピクリン酸‥‥‥‥ 229
非結晶領域‥‥‥‥ 249
飛行船‥‥‥‥‥‥ 131
非晶質‥‥‥‥‥ 36,181
ビスコース‥‥‥‥ 278
ビスコースレーヨン‥279

ヒ素‥‥‥‥‥‥‥ 140
必須アミノ酸‥‥‥ 258
ヒドロキシ基‥‥‥ 189
ヒドロキシケトン基‥252
ヒドロキシ酸‥‥‥ 215
ビニリデン基‥‥‥ 284
ビニルアルコール‥‥203
ビニル化合物‥‥ 201,284
ビニル基‥‥‥‥‥ 284
ビニロン‥‥‥‥‥ 283
標準状態‥‥‥‥‥ 18
標準水素電極‥‥‥ 81
標準大気圧‥‥‥‥ 9
標準電極電位‥‥‥ 81
氷酢酸‥‥‥‥‥‥ 214
ビルダー‥‥‥‥‥ 240
ファインセラミックス
　‥‥‥‥‥‥‥‥ 182
ファラデー‥‥‥‥ 84
ファラデー定数‥‥ 84
ファラデーの電気分解
　の法則‥‥‥‥‥ 84
ファンデルワールスの
　状態方程式‥‥‥ 24
ファンデルワールス力
　‥‥‥‥‥‥‥ 7,35
ファントホッフの法則‥53
フィブロイン‥‥ 263,277
風解‥‥‥‥‥‥‥ 156
フェーリング液‥‥ 212
フェーリング液の還元
　‥‥‥‥‥‥‥‥ 251
フェニルアラニン‥‥259
フェニル基‥‥‥‥ 229
フェノール‥‥‥ 228,235
フェノール樹脂‥ 286,294
フェノール類‥‥‥ 228
不可逆反応‥‥‥‥ 102
付加重合‥‥‥ 201,248
付加重合体‥‥‥‥ 248
付加縮合‥‥‥ 249,286
付加反応‥‥‥‥‥ 201
不乾性油‥‥‥‥‥ 217
不揮発性‥‥‥‥‥ 139
負極‥‥‥‥‥‥‥ 76
負極活物質‥‥‥‥ 76
不均一触媒‥‥‥‥ 95
複塩‥‥‥‥‥‥‥ 162
複合タンパク質‥‥ 263
副作用‥‥‥‥‥‥ 239
複素環式化合物‥‥ 189
負コロイド‥‥‥‥ 55
不斉炭素原子‥‥‥ 191

ブタジエンゴム‥‥‥‥ 289
ふたまた試験管‥‥‥‥ 147
フタル酸‥‥‥‥‥‥‥ 231
ブチン‥‥‥‥‥‥‥‥ 202
フッ化カルシウム‥‥‥ 134
フッ化水素‥‥‥‥‥ 8,134
フッ化水素酸‥‥‥‥‥ 134
フッ素‥‥‥‥‥‥‥‥ 132
フッ素樹脂‥‥‥‥‥‥ 285
沸点‥‥‥‥‥‥‥‥‥ 6,10
沸点上昇‥‥‥‥‥‥‥ 50
沸点上昇度‥‥‥‥‥‥ 50
沸騰‥‥‥‥‥‥‥‥‥ 6,10
ブテン‥‥‥‥‥‥‥‥ 200
不動態‥ 141,160,167,172
ブドウ糖‥‥‥‥‥‥‥ 251
不飽和化合物‥‥‥‥‥ 189
不飽和結合‥‥‥‥‥‥ 188
不飽和脂肪酸‥‥‥ 214,217
不飽和度‥‥‥‥‥‥‥ 218
フマル酸‥‥‥‥‥‥‥ 215
フラーレン‥‥‥‥‥‥ 143
ブラウン運動‥‥‥‥‥ 55
プラスチック‥‥‥‥‥ 284
プラスチックの処理‥‥ 292
ブリキ‥‥‥‥‥‥‥‥ 164
フルクトース‥‥‥‥‥ 252
プロピレン‥‥‥‥‥‥ 200
プロピン‥‥‥‥‥‥‥ 202
プロペン‥‥‥‥‥‥‥ 200
分圧‥‥‥‥‥‥‥‥‥ 20
分液ろうと‥‥‥‥ 192,234
分散剤‥‥‥‥‥‥‥‥ 240
分散質‥‥‥‥‥‥‥‥ 54
分散染料‥‥‥‥‥‥‥ 242
分散媒‥‥‥‥‥‥‥‥ 54
分子間力‥‥‥‥‥‥‥ 7
分子結晶‥‥‥‥ 28,35,37
分子コロイド‥‥‥‥‥ 249
分子式‥‥‥‥‥‥‥‥ 188
分子式の決定‥‥‥‥‥ 194
分子内塩‥‥‥‥‥‥‥ 259
分属試薬‥‥‥‥‥‥‥ 174
分離の原理‥‥‥‥‥‥ 234
分留‥‥‥‥‥‥‥‥‥ 204
平均分子量‥‥‥‥ 22,249
平衡移動‥‥‥‥‥‥‥ 107
平衡移動の原理‥‥‥‥ 107
平衡状態‥‥‥‥‥‥‥ 103
平衡定数‥‥‥‥‥‥‥ 104
平衡の移動‥‥‥‥‥‥ 111
ベークライト‥‥‥‥‥ 286

ヘキサシアニド鉄（Ⅱ）
　酸カリウム三水和物‥ 167
ヘキサシアニド鉄（Ⅲ）
　酸カリウム‥‥‥‥‥ 168
ヘキソース‥‥‥‥‥‥ 251
ヘスの法則‥‥‥‥‥ 67,72
ペニシリン‥‥‥‥‥‥ 238
ペプシン‥‥‥‥‥‥‥ 266
ペプチダーゼ‥‥‥‥‥ 266
ペプチド‥‥‥‥‥‥‥ 261
ペプチド結合‥‥‥‥‥ 261
ヘミアセタール構造‥‥ 252
ヘリウム‥‥‥‥‥‥‥ 131
ベリリウム‥‥‥‥‥‥ 157
ベルリンブルー‥‥‥‥ 167
べんがら‥‥‥‥‥‥‥ 168
ベンジルアルコール‥‥ 228
ベンゼン‥‥‥‥‥‥‥ 226
ベンゼン環‥‥‥‥ 189,226
ペントース‥‥‥‥‥‥ 251
ヘンリーの法則‥‥‥‥ 46
ボイル・シャルルの
　法則‥‥‥‥‥‥‥‥ 17
ボイルの法則‥‥‥‥‥ 16
ホウケイ酸ガラス‥‥‥ 181
芳香族アミノ酸‥‥‥‥ 258
芳香族化合物‥‥‥ 189,226
芳香族カルボン酸‥‥‥ 230
芳香族炭化水素‥‥‥‥ 226
放電‥‥‥‥‥‥‥‥‥ 76
飽和化合物‥‥‥‥‥‥ 189
飽和結合‥‥‥‥‥‥‥ 188
飽和脂肪酸‥‥‥‥ 214,217
飽和蒸気圧‥‥‥‥‥‥ 10
飽和溶液‥‥‥‥‥‥‥ 44
ボーキサイト‥‥‥‥‥ 161
補酵素‥‥‥‥‥‥‥‥ 266
保護コロイド‥‥‥‥‥ 57
補助因子‥‥‥‥‥‥‥ 266
補色‥‥‥‥‥‥‥‥‥ 241
ポリイソプレン‥‥‥‥ 288
ポリエステル‥‥‥‥‥ 282
ポリエチレン‥‥‥‥‥ 285
ポリエチレンテレフタ
　ラート‥‥‥‥‥‥‥ 282
ポリ塩化ビニリデン‥‥ 285
ポリ塩化ビニル‥‥‥‥ 285
ポリ酢酸ビニル‥‥‥‥ 285
ポリスチレン‥‥‥‥‥ 285
ポリ乳酸‥‥‥‥‥‥‥ 291
ポリヌクレオチド‥‥‥ 267
ポリビニルアルコール
　‥‥‥‥‥‥‥‥‥‥ 283

ポリプロピレン‥‥‥‥ 285
ポリペプチド‥‥‥‥‥ 261
ポリマー‥‥‥‥‥ 201,248
ポリメタクリル酸メチル
　‥‥‥‥‥‥‥‥‥‥ 285
ボルタ‥‥‥‥‥‥‥‥ 77
ボルタ電池‥‥‥‥‥‥ 77
ポルトランドセメント
　‥‥‥‥‥‥‥‥‥‥ 182
ホルマリン‥‥‥‥‥‥ 212
ホルミル基‥‥‥‥ 189,214
ホルムアルデヒド
　‥‥‥‥‥‥‥‥ 212,221
ホルムアルデヒド水溶液
　‥‥‥‥‥‥‥‥‥‥ 283
ボンベ熱量計‥‥‥‥‥ 66
本焼き‥‥‥‥‥‥‥‥ 180
翻訳‥‥‥‥‥‥‥‥‥ 269

ま

マグネシウム‥‥‥‥‥ 157
マテリアルリサイクル
　‥‥‥‥‥‥‥‥‥‥ 292
マルターゼ‥‥‥‥‥‥ 266
マルトース‥‥‥‥‥‥ 253
マレイン酸‥‥‥‥‥‥ 215
マンガン‥‥‥‥‥‥‥ 172
マンガン乾電池‥‥‥‥ 78
マンガン鋼‥‥‥‥‥‥ 172
ミーシャー‥‥‥‥‥‥ 267
水‥‥‥‥‥‥‥‥‥‥ 137
水ガラス‥‥‥‥‥‥‥ 146
水軟化剤‥‥‥‥‥‥‥ 240
水のイオン積‥‥‥‥‥ 116
水の電気分離‥‥‥‥‥ 130
水の特異性‥‥‥‥‥‥ 8
ミセル‥‥‥‥‥‥‥‥ 219
ミョウバン‥‥‥‥‥‥ 162
ミリメートル水銀柱‥‥ 9
無鉛はんだ‥‥‥‥ 164,179
無機化合物‥‥‥‥‥‥ 188
無機高分子化合物‥‥‥ 248
無機触媒‥‥‥‥‥‥‥ 265
無機繊維‥‥‥‥‥‥‥ 276
無極性溶媒‥‥‥‥‥‥ 43
無水酢酸‥‥‥‥‥‥‥ 214
無水物‥‥‥‥‥‥‥‥ 44
無水マレイン酸‥‥‥‥ 215
無声放電‥‥‥‥‥‥‥ 136
無定形炭素‥‥‥‥‥‥ 143
命名法‥‥‥‥‥‥‥‥ 205
メタ‥‥‥‥‥‥‥‥‥ 227

メタクリル樹脂‥‥‥‥ 285
メタノール‥‥‥‥‥‥ 210
メタン‥‥‥‥‥‥ 199,206
メチオニン‥‥‥‥‥‥ 259
メチルアセチレン‥‥‥ 202
メチルアルコール‥‥‥ 210
メチルプロペン‥‥‥‥ 200
めっき‥‥‥‥‥‥‥‥ 179
メッセンジャーRNA‥ 269
メラミン樹脂‥‥‥‥‥ 287
綿‥‥‥‥‥‥‥‥‥‥ 276
面心立方格子‥‥‥‥‥ 29
メンデレーエフ‥‥‥‥ 128
モノカルボン酸‥‥‥‥ 214
モノマー‥‥‥‥‥ 201,248
モル凝固点降下‥‥‥‥ 51
モルタル‥‥‥‥‥‥‥ 182
モル濃度‥‥‥‥‥‥‥ 48
モル沸点上昇‥‥‥‥‥ 51
モル分率‥‥‥‥‥‥‥ 21

や

焼きセッコウ‥‥‥‥‥ 159
薬効‥‥‥‥‥‥‥‥‥ 239
薬理作用‥‥‥‥‥‥‥ 237
薬効‥‥‥‥‥‥‥‥‥ 237
融解‥‥‥‥‥‥‥‥‥ 6
融解エンタルピー‥‥‥ 65
融解塩電解‥‥‥ 83,154,161
融解曲線‥‥‥‥‥‥‥ 11
融解熱‥‥‥‥‥‥‥‥ 6
有機化合物‥‥‥‥ 188,192
有機高分子化合物‥‥‥ 248
融点‥‥‥‥‥‥‥‥‥ 6
釉薬‥‥‥‥‥‥‥‥‥ 180
油脂‥‥‥‥‥‥‥‥‥ 217
油脂の硬化‥‥‥‥‥‥ 217
油田ガス‥‥‥‥‥‥‥ 204
ユリア樹脂‥‥‥‥‥‥ 287
陽イオン交換樹脂‥‥‥ 290
陽イオンの検出‥‥‥‥ 173
溶液‥‥‥‥‥‥‥‥‥ 42
溶解エンタルピー‥‥‥ 65
溶解性の一般原則‥‥‥ 43
溶解度‥‥‥‥‥‥‥‥ 44
溶解度曲線‥‥‥‥‥‥ 44
溶解度積‥‥‥‥‥‥‥ 123
溶解平衡‥‥‥‥‥ 44,122
溶解和‥‥‥‥‥‥‥‥ 43
ヨウ化銀‥‥‥‥‥ 135,171
ヨウ化水素‥‥‥‥‥‥ 134
窯業‥‥‥‥‥‥‥‥‥ 180

陽極……………………87
陽極泥……………83,169
溶鉱炉……………166
溶質……………42
陽性……………129
ヨウ素……………132
ヨウ素価……………218
ヨウ素デンプン反応
………………133,255
ヨウ素の凝華……………133
ヨウ素溶液………133,255
ヨウ素-ヨウ化カリウム
溶液…………255
溶媒……………42
羊毛……………277
溶融塩電解…83,154,161
ヨードホルム……………211
ヨードホルム反応
………………211,213
四次構造……………262

酢酸エチル……………216
ラクトース……………254
らせん構造……………255
ラテックス……………288
ラドン……………131
リサイクル……………292
リシン……………259
理想気体……………23
リチウム……………154
リチウムイオン電池…80
リチウム電池……………78
立体異性体………190,298
リパーゼ……………266
リフォーミング……………204
リボ核酸……………267
リボソーム RNA……269
硫化亜鉛……………163
硫化亜鉛型……………32

硫化小素………………139
硫化鉄(Ⅱ)……………167
硫化物……………138
硫酸……………139
硫酸カルシウム……………159
硫酸鉄(Ⅱ)七水和物……167
硫酸銅(Ⅱ)五水和物…170
硫酸バリウム……………159
硫酸マンガン(Ⅱ)……172
両性化合物……………259
両性金属……160,163,164
両性酸化物………137,160
両性水酸化物…160,162
リン……………140
臨界圧力……………41
臨界温度……………41
臨界点……………11
リンゴ酸……………215
リン酸……………142
リン酸エステル結合…267

ルーメン………………276
ルシャトリエの原理
………………107,109
ルビジウム……………154
ルミノール反応……………71
レアメタル……………178
励起状態……………71
冷却曲線……………52
冷却法……………45
レーヨン……………278
レセプター……………239
レゾール……………286
連鎖反応……………71
緑青……………169
六炭糖……………251
六方最密構造……………29

<著者紹介>

●卜部吉庸(うらべ・よしのぶ)

1956(昭和31)年，奈良県に生まれ，京都教育大学特修理学科卒業後，奈良県立二階堂高校，奈良高等学校，五條高等学校，畝傍高等学校，大淀高等学校，橿原高等学校を経て，現在，上宮太子高等学校講師。

▶おもな著書に，『これでわかる化学基礎』『必修整理ノート化学基礎』『必修整理ノート化学』『やさしくわかりやすい化学基礎』『化学計算の考え方解き方』(以上，文英堂)，『化学の新研究』『化学の新演習』『化学の新標準演習』(以上，三省堂)などがある。

□ 編集協力　㈱ファイン・プランニング　菊地陽子　南山優
□ 図版作成　㈱ファイン・プランニング　㈱アート工房　甲斐美奈子
□ イラスト　清武博二　ふるはしひろみ　よしのぶもとこ
□ 写真提供　JAXA　OPO/OADIS　PhotoAC　アフロ　コーベットフォトエージェンシー　仲下雄久　㈱ナリカ
　　　　　　iStock/connect11　iStock/luchschen　文英堂編集部

シグマベスト
高校これでわかる 化学

本書の内容を無断で複写(コピー)・複製・転載することを禁じます。また，私的使用であっても，第三者に依頼して電子的に複製すること(スキャンやデジタル化等)は，著作権法上，認められていません。

ⓒ卜部吉庸　2023　　　　Printed in Japan

著　者　卜部吉庸
発行者　益井英郎
印刷所　図書印刷株式会社
発行所　株式会社文英堂
〒601-8121　京都市南区上鳥羽大物町28
〒162-0832　東京都新宿区岩戸町17
(代表)03-3269-4231

●落丁・乱丁はおとりかえします。